电力安全标准汇编

电力建设卷

（上册）

国家能源局电力安全监管司　编

浙江人民出版社
ZHEJIANG PEOPLE'S PUBLISHING HOUSE

中国电力传媒集团
CHINA ELECTRIC POWER MEDIA GROUP

内 容 提 要

　　为了保障电力系统的安全运行，促进电力标准和规程规范的全面实施，国家能源局组织编写了《电力安全标准汇编》。

　　《电力安全标准汇编 电力建设卷》分为上、下两册，本书为上册，主要内容包括：电力建设安全工作规程、电力工程勘测安全技术规程、电力高处作业防坠器、架空配电线路带电安装及作业工具设备、架空输电线路带电安装导则及作业工具设备、火力发电建设工程启动试运及验收规程、起重机安全操作规程、施工现场临时用电安全技术规范等，共 12 个标准。

　　本书可作为全国电力行业从事设计、施工、验收、运行、维护、检修、安全、调度、通信、用电、计量和管理等方面的技术人员和管理人员的必备标准工具书，也可作为电力工程相关专业人员和师生的参考工具书。

图书在版编目（CIP）数据

　　电力安全标准汇编. 电力建设卷. 上册/国家能源局电力安全监管司编. —杭州：浙江人民出版社，2014.1

　　ISBN 978-7-213-05822-6

　　Ⅰ. ①电… Ⅱ. ①国… Ⅲ. ①电力安全—安全标准—汇编—中国 ②电力工程—工程施工—安全标准—汇编—中国 Ⅳ. ①TM7-65

　　中国版本图书馆 CIP 数据核字（2013）第 250782 号

电力安全标准汇编 电力建设卷（上册）

作　　者：国家能源局电力安全监管司

出版发行：浙江人民出版社　中国电力传媒集团

经　　销：中电联合（北京）图书销售有限公司
　　　　　销售部电话：（010）63416768　60617430

印　　刷：三河市鑫利来印装有限公司

责任编辑：杜启孟　宗　合

责任印制：郭福宾

版　　次：2014 年 1 月第 1 版·2014 年 1 月第 1 次印刷

规　　格：787mm×1092mm　16 开本·27.25 印张·680 千字

书　　号：ISBN 978-7-213-05822-6

定　　价：**98.00 元**

敬 告 读 者

如有印装质量问题，销售部门负责退换

编 制 说 明

　　电能是社会发展，人民生活不可或缺的重要能源；安全是现代社会生产经营活动顺利进行的前提条件。因此，保障电力系统安全稳定运行，既是电力工业科学发展、安全发展的迫切需要，又是提升国力、国民生活水平和维护社会稳定、促进社会和谐的必要条件。

　　近年来，我国电力系统安全生产工作取得了丰硕成果，各类事故逐年减少，安全生产水平逐步提高，电力安全标准日臻完善。然而，有关电力行业安全的标准相对分散，缺乏全面、系统的分类汇总，不利于电力企业安全生产和电力安全科学研究工作。

　　为贯彻落实党中央、国务院关于开展安全生产的重要指示，进一步加强电力系统安全意识，促进电力标准和规程规范的全面实施，我们组织了本套标准汇编，主要汇集了最新版的国家安全标准、电力行业安全标准等。标准汇编力求系统、准确，编排力争科学、精炼，基本满足电力行业技术管理人员、电力科学研究人员的工作需要。

　　随着我国社会生产水平的发展，标准将不断更新、完善。目前，安全标准的覆盖尚不全面，有些标准需要今后补充制定，本标准汇编中所收录的标准也会及时修订，希望广大读者在参考、引用汇编中所收录标准的同时，关注标准的发布、修订等信息，及时更新并使用最新标准。

国家能源局电力安全监管司

2013 年 12 月

目　　录

电力建设安全工作规程
第1部分：火力发电厂

DL 5009. 1—2002

代替 DL 5009.1—1992

目　　次

前　　言

本部分的全部技术内容为强制性。

DL 5009《电力建设安全工作规程》分为三个部分：

——第 1 部分：火力发电厂；

——第 2 部分：架空电力线路；

——第 3 部分：变电所。

本部分为 DL 5009 的第 1 部分，是 DL 5009.1—1992《电力建设安全工作规程（火力发电厂部分）》的修订。颁发十年来，DL 5009.1—1992 为电力建设的安全施工、确保电建职工的安全与健康起到了积极的作用。但是随着大容量、高参数机组的出现和新工艺、新技术的迅速发展，原"标准"的部分内容已不适用或已被淘汰，故在这次修订中作了大量的删改与增容。

本部分结合火力发电厂施工的特点，对安全、文明施工提出了全面的要求。

本部分代替 DL 5009.1—1992《电力建设安全工作规程（火力发电厂部分）》。

本部分与 DL 5009.1—1992 相比主要变化如下：

——强调从技术上确保作业点的环境安全，个人防护用品只能作为第二道防护。

——增加"文明施工"一章（见第 5 章）。

——增加原电力工业部颁发的《火电工程施工安全设施规定》中的各种安全施工设施。

——删除原标准中有关制氧站和乙炔站内容（原标准第 485 条～第 514 条）。

——删除"修配加工"中有关锻工作业、铸工作业、热镀锌作业等内容（原标准第 613 条～第 659 条）。

——增加"角向磨光机"（见 13.2.4）。

——增加"人工挖孔桩"、"振冲桩施工"、"深层搅拌（旋喷）桩施工"、"强夯"四节（见 16.3、16.4、16.5、16.6）。

——增加"桩基及地基处理工程"（见第 16 章）。

——部分条文的词句及严格用词的修改和顺序变更。

本部分由国家电力公司电源建设部提出并归口。

本部分由中国电机工程学会电力建设安全技术分委会起草。

本部分起草人员：李岗、翟焕民、周柯、宋宝成、李强、林镇周、高艳彬、张天华、刘用霖。

本部分委托中国电机工程学会电力建设安全技术分委会负责解释。

电力建设安全工作规程
第1部分：火力发电厂

1 范围

本部分规定了火力发电厂（包括核电站的常规岛部分）建筑、安装施工过程中，为确保施工人员的生命安全和身体健康而应采取的措施和应遵守的安全施工、文明施工要求。

本部分适用于新建、扩建和改建的火力发电厂（包括核电站的常规岛部分）的建筑、安装、现场加工、调试、启动等工作。

2 规范性引用文件

下列文件中的条款通过 DL 5009 的本部分的引用而成为本部分的条款。凡是注日期的引用文件，其随后所有的修改单（不包括勘误的内容）或修订版均不适用于本部分，然而，鼓励根据本部分达成协议的各方研究是否可使用这些文件的最新版本。凡是不注日期的引用文件，其最新版本适用于本部分。

GB 3608　高处作业分级

GB 3883.1　手持式电动工具的安全

GB 4387　工业企业厂内铁路、道路运输安全规程

GB 5082　起重吊运指挥信号

GB 5144　塔式起重机安全规程

GB/T 5972　起重机械用钢丝绳检验和报废实用规范

GB/T 6067　起重机械安全规程

GB 6722　爆破安全规程

GB 8703　辐射防护规定

GB/T 8918　钢丝绳

GB 9448　焊接与切割安全

GB 50030　氧气站设计规范

GB 50031　乙炔站设计规范

GB 50194　建设工程施工现场供用电安全规范

GB 50202　建筑地基基础工程施工质量验收规范

GBJ 16　建筑设计防火规范

DL 408　电业安全工作规程（发电厂和变电所电气部分）

DL/T 5031　电力建设施工及验收技术规范（管道篇）

GWF 01　放射性工作人员健康管理规定

JGJ 33　建筑机械使用安全技术规程

SDJ 276　架空电力线外爆压接施工工艺规程

SDJ 277　架空电力线内爆压接施工工艺规程

TJ 36　工业企业设计卫生标准

3　施工现场

3.1　总则

3.1.1　施工总平面布置应符合国家防火、工业卫生、环境保护等有关规定。

3.1.2　临时建筑工程应有设计，并经审核批准后方可施工；竣工后应经验收合格方可使用；使用中应定期进行检查维修。

3.1.3　施工现场的排水设施应全面规划。排水沟的截面及坡度应经计算确定，其设置位置不得妨碍交通。凡有可能承载荷重的排水沟均应设盖板或敷设涵管，盖板的厚度或涵管的大小和埋设深度应经计算确定。排水沟及涵管应保持畅通。

3.1.4　施工现场的力能管线敷设应合理，投产后不得任意切割或移动，如需切割或移动，应事先办理审批手续，经批准后方可施工。

3.1.5　施工现场及其周围的悬崖、陡坎、深坑及高压带电区等危险区域均应有防护设施及警告标志；坑、沟、孔洞等均应铺设与地面平齐的盖板或设可靠的围栏、挡脚板及警告标志。危险处所夜间应设红灯示警。现场设置的各种安全设施严禁挪动或移作他用。

3.1.6　生活区与施工现场应隔开。非工作需要的人员不得在现场住宿。与施工无关的人员不得进入施工现场。

3.1.7　进入施工现场的施工人员必须穿戴合格的劳动保护服装并正确佩戴安全帽。严禁穿拖鞋、凉鞋、高跟鞋或带钉的鞋，以及短袖上衣或短裤进入施工现场。严禁酒后进入施工现场。

3.1.8　从事高处、高温、粉尘、有毒、放射性物质等的作业人员必须经体格检查，合格者方可从事该项工作，并定期接受身体复查。

3.1.9　凡在有粉尘或有害气体的室内或容器内作业，均应设除尘、通风或净化装置，并配备足够的劳动保护用品。

3.1.10　下坑井、隧道、深沟内工作前，必须先检查其内是否积聚有可燃、有毒或可能引起窒息的气体，如有异常，必须认真排除，在确认可靠后，方可进入作业。

3.2　道路

3.2.1　施工现场的道路应坚实、平坦，并应尽量避免与铁路交叉；主厂房周围的道路应筑成环形的并与附属建筑物的道路连通。双车道的宽度不得小于 6m，单车道的宽度不得小于 3.5m；在栈桥或架空管线下方的道路，其通行空间的高度不得小于 5m。道路两侧应有排水沟。各种器材、废料等应堆放在排水沟外侧 0.5m 以外。

3.2.2　运输道路应尽量减少弯道和交叉。载重汽车的弯道半径一般不得小于 15m，特殊情况下不得小于 10m，并应有良好的瞭望条件。

3.2.3　现场道路跨越沟槽时应搭设牢固的两侧有可靠栏杆的便桥，并经验收合格后方可使用。人行便桥的宽度不得小于 1m；手推车便桥的宽度不得小于 1.5m；马车、汽车便桥应经设计，其宽度不得小于 3.5m。桥的两侧应设可靠的栏杆。

3.2.4　现场道路不得任意挖掘或截断，如必须开挖，应事先征得施工管理部门和消防部门的同意并限期修复。开挖期间必须有保证安全通行的措施。

3.2.5　现场的铁路专用线应按铁道部门的有关规定进行设计、施工、维修和运行。道路和铁路相交处的路面应与轨面平齐；交通频繁的交叉处应有明显的警告标志和信号，并设置落杆。

3.2.6 铁路专用线两侧暂存的器材距铁路中心线不得小于2.5m；严禁在铁路岔线及铁轨上堆放物品。

3.2.7 现场的机动车辆应限速行驶，时速一般不得超过15km。路边应设交通指示标志，危险地区应设"危险"、"禁止通行"等警告标志，夜间应设红灯示警。场地狭小、运输繁忙的地点应设临时交通指挥。

3.3 材料、设备的堆放及保管

3.3.1 材料、设备应按施工总平面布置规定的地点定值定位堆放整齐，并符合搬运及消防的要求。堆放场地应平坦、不积水，地基应坚实。

3.3.2 器材不得紧靠建筑物的墙壁堆放，应留有0.5m以上的间距，两端应封闭。

3.3.3 各类脚手杆、脚手板、紧固件以及安全设施、防护用具等均应存放在干燥、通风处并符合防腐、防火等要求；木杆应去皮竖放，钢管应除锈刷漆，每年或新工程开工前应进行一次检查、鉴定，合格者方可使用。

3.3.4 易燃易爆物品、有毒物品及射源等应分别存放在与普通仓库隔离的专用仓库内，并按有关规定严格管理。汽油、酒精、油漆及其稀释剂等挥发性易燃物品应密封存放。

3.3.5 酸类及有害人体健康的物品应放在专设的库房内或场地上，并做出标记。库房应强制通风。

3.3.6 有车辆出入的仓库，其主要通道的宽度不得小于2.5m；各材料堆之间的通道不得小于1.5m。

4 防火防爆

4.0.1 施工现场及生活区宜设独立电源的消防网。

4.0.2 消防管道的管径及消防水的扬程应满足施工期最高消防点的需要。

4.0.3 室外消防栓应根据建筑物的耐火等级和密集程度布设，一般每隔120m应设置一个。仓库、宿舍、加工场地及重要设备旁应有相应的灭火器材，一般按建筑面积每120m² 设置灭火器一个。

4.0.4 消防设施应有防雨、防冻措施，并定期进行检查、试验，确保消防水畅通、灭火器有效。

4.0.5 消防水带、灭火器、砂桶（箱、袋）、斧、锹、钩子等消防器材应放置在明显、易取处，不得任意移动或遮盖，严禁挪作他用。

4.0.6 办公室、工具房、休息室、宿舍等房屋内严禁存放易燃、易爆物品。

4.0.7 在油库、木工间及易燃、易爆物品仓库等易燃、易爆场所严禁吸烟，设"严禁烟火"的明显标志，并采取相应的防火措施。

4.0.8 在易燃、易爆区周围动用明火或进行可能产生火花的作业时，必须办理动火工作票，经有关部门批准，并采取相应措施方可进行。

4.0.9 存放炸药、雷管，必须得到当地公安部门的许可，并分别存放在专用仓库内，指派专人负责保管，严格领、退料制度。

4.0.10 氧气、乙炔、汽油等危险品仓库应有避雷及防静电接地设施，屋面应采用轻型结构，并设置气窗及底窗，门、窗应向外开启。

4.0.11 运输易燃、易爆等危险物品，应按当地公安部门的有关规定申请，经批准后方可进行。

4.0.12 临时建筑及仓库的设计应符合 GBJ 16 的规定。

4.0.13 仓库应根据储存物品的性质采用相应耐火等级的材料建成。

4.0.14 采用易燃材料搭设的临时建筑应有相应的防火措施。

4.0.15 各类建筑之间的防火安全距离应满足 GBJ 16 的规定。

4.0.16 挥发性的易燃材料不得装在敞口容器内或存放在普通仓库内。

4.0.17 装过挥发性油剂及其他易燃物质的容器，应及时退库，并保存在距建（构）筑物不小于 25m 的单独隔离场所。

4.0.18 装过挥发性油剂及其他易燃物质的容器未经采取措施，严禁用电焊或火焊进行焊接或切割。

4.0.19 闪点在 45℃ 以下的桶装易燃液体不得露天存放。必须少量存放时，在炎热季节应严防暴晒并采取降温措施。

5 文明施工

5.1 施工准备阶段

5.1.1 施工组织设计中必须有明确的安全、文明施工内容和要求。

5.1.2 文明施工责任区应划分明确，责任应落实。

5.1.3 总平面布置应合理、紧凑。施工用地应符合施工组织设计的规定。

5.1.4 总平面布置中应有废料、垃圾及临时弃土堆放场，并应做到定期清理。

5.1.5 临时建筑设施应符合施工组织设计的规定，做到按图用地，布置得当，搭设合理，环境整洁。

5.1.6 场区围墙或围栏的搭设应稳定、整洁、美观。

5.1.7 场区施工道路应符合 3.2 节的规定。

5.1.8 现场排水设施应符合 3.1.3 条的规定。

5.1.9 设备及材料的堆放应符合 3.3 节的规定。

5.1.10 主厂房内必须设置垃圾通道或活动垃圾箱，并每天有专人清理。

5.1.11 主厂房及施工现场应设置水冲式或"干式"厕所，并有专人每天清扫。

5.1.12 场区文明施工标志、重点防火部位标志及紧急救护标志等应醒目、齐全。

5.1.13 生活区及食堂的卫生应符合当地的有关规定。

5.1.14 洗浴设施应满足施工高峰时的需要。

5.1.15 施工现场应有急救、保健设施。

5.2 工程施工阶段

5.2.1 土石方开挖及运输过程中，泥石不得沿途撒落，不得尘土飞扬、污染环境。

5.2.2 坑、沟边的堆土不得占用道路、不得长期存放，并应设专人及时清理。

5.2.3 工序安排应合理，衔接紧密，配合得当。上道工序交给下道工序的必须是干净、整洁、工艺符合要求的工作面。

5.2.4 施工场所应保持整洁，垃圾和废料应及时清除，做到"工完、料尽、场地清"。

5.2.5 主厂房内，设备、材料的堆放应整齐、有序，标识应清楚，不妨碍通行。

5.2.6 主厂房内堆放的设备或材料不得超过规定的期限，否则由材料部门按废料收回。

5.2.7 未经批准，不得任意在设备、结构、墙板或楼板上开孔或焊接临时结构。

5.2.8 起重用钢丝绳在作业完毕后必须及时收回，不得乱堆乱放。

5.2.9 保温材料应随用随运，施工中应有防止散落的措施，每天完工后必须清理现场。

5.2.10 氧气带、乙炔带及电源线应规范布置，工作结束应及时盘绕回收。

5.2.11 施工现场的安全施工设施、文明施工设施及消防设施严禁乱拆乱动。

5.2.12 施工现场应采取降低施工噪声的措施。

5.2.13 施工人员应有成品保护意识，严禁乱拆、乱拿和乱涂乱抹。

5.3 启动验收阶段

5.3.1 厂区道路畅通，路灯及标志齐全，厂房内永久照明投入使用，事故照明能正常投入。

5.3.2 屋顶密封不漏水，厂房内地面及墙面施工完，地沟内部已清理干净，盖板齐全、平整；平台、栏杆安装完善；保温、油漆工作结束。

5.3.3 设备、管道表面擦洗干净，物显本色；屏柜内无积灰，柜门关严；阀门、设备全部挂牌；各类管道、箱及电气设备应消灭七漏（漏煤、漏灰、漏烟、漏风、漏气、漏水、漏电）。

5.3.4 消防设备齐全、完好。

5.3.5 主要工作场所的湿度、噪声、粉尘浓度符合国家标准。

5.3.6 厂房内外环境整洁，已完成投资方提出的美化、绿化要求。

6 施工用电

6.1 总则

6.1.1 施工用电的布设应按已批准的施工组织设计进行，并符合当地供电部门的有关规定。

6.1.2 施工用电设施应有设计并经有关部门审核批准方可施工，竣工后应经验收合格方可投入使用。

6.1.3 施工用电设施安装完毕后，应有完整的系统图、布置图等竣工资料。施工用电应明确管理机构并由专业班组负责运行及维护。严禁非电工拆、装施工用电设施。

6.1.4 参加施工用电设施运行及维护的人员应熟练掌握触电急救法和人工呼吸法。

6.2 施工用电设施

6.2.1 35kV 及以下施工用变压器的户外布置：

1 变压器采用柱上安装时，其底部距地面的高度不得小于 2.5m；变压器安装应平稳牢固，腰栏距带电部分的距离不得小于 0.2m。

2 变压器在地面安装时，应装设在不低于 0.5m 的高台上，并设置高度不低于 1.7m 的栅栏。带电部分到栅栏的安全净距，10kV 及以下的应不小于 1m，35kV 的应不小于 1.2m。在栅栏的明显部位应悬挂"止步，高压危险！"的警告牌。

3 变压器中性点及外壳接地连接点的导电接触面应接触良好，连接应牢固可靠，接地电阻不得大于 4Ω。

6.2.2 变压器可就近装设防雨型的密闭式配电柜；当馈电回路多或容量大时应设配电室。

6.2.3 钢筋混凝土电杆不得掉灰露筋，不得环裂或弯曲。木杆、木横担不得有腐朽、劈裂。铁横担、铁包箍不得锈蚀或有裂纹。组立后的电杆不得有倾斜、下沉及杆基积水等现象。

6.2.4 用电线路及电气设备的绝缘必须良好，布线应整齐，设备的裸露带电部分应有防护措施。架空线路的路径应合理选择，避开易撞、易碰的场所，避开易腐蚀场所及热力管道。

6.2.5 低压架空线路一般不得采用裸线；采用铝或铜绞线时，导线截面积不得小于 16mm²。

6.2.6 低压架空线路采用绝缘线时，架设高度不得低于 2.5m；交通要道及车辆通行处，架设高度不得低于 5m；其他情况下的架设高度应满足表 6.2.6-1～表 6.2.6-3 的要求。

表 6.2.6-1　　　　　　　　　线路交叉时的最小垂直距离

线路电压（kV）	<1	1～10	35
最小垂直距离（m）	1	2	2.5

表 6.2.6-2　　　　　　　　　架空导线与地面的最小距离

	线路电压（kV）	<1	1～10
架空导线与地面的最小距离（m）	人员频繁活动区	6	6.5
	非人员频繁活动区	5	5.5
	极偏僻区	4	4.5
	公路及主要道路	6	7
	铁路轨顶	7.5	7.5
	构筑物顶部	2.5	3

表 6.2.6-3　　　　　　边导线在最大风偏时与构筑物之间的最小水平距离

线路电压（kV）	<1	1～10	35
最小水平距离（m）	1	1.5	3

6.2.7 架空线路的转角杆、分支杆及终端杆的拉线应采取防护措施，并在距地面 1.5m 以下的部分涂红、白色油漆示警。

6.2.8 几种线路同杆架设时，高压线必须位于低压线上方，电力线必须位于弱电线上方。线间距离应满足表 6.2.8 的要求。

表 6.2.8　　　　　　　　　同杆线路最小距离　　　　　　　　　　　　　　m

杆型	直线杆	分支（或转角）杆
10kV 与 10kV	0.8	0.45/0.6ᵃ
10kV 与低压	1.2	1.0
低压与低压	0.6	0.3
低压与弱电	1.2	

a. 距上面的横担取 0.45m，距下面的横担取 0.6m

6.2.9 通信、广播等弱电线路与电力线路同杆架设时，弱电线路应悬挂在钢线上，悬挂点的间距不得大于 1m，钢线应接地。

6.2.10 现场直埋电缆的走向应按施工总平面布置图的规定，沿主道路、组合场、固定的构筑物等的边缘直接埋设，埋深不得小于 0.7m；转弯处应在地面上设明显标志；通过道路时应采用保护套管，管径不得小于电缆外径的 1.5 倍，且不得小于 100mm。电缆沿构筑物架空敷设时，其高度不得低于 2m。电缆接头处应有防水和防止触电的措施。

6.2.11 现场集中控制的开关柜或配电箱的设置地点应平整，不得被水淹或土埋，并应防止碰撞和物体打击。开关柜或配电箱附近不得堆放杂物。

6.2.12 开关柜或配电箱应坚固，其结构应具备防火、防雨的功能。箱、柜内的配线应绝缘良好，排列整齐，绑扎成束并固定牢固。导线剥头不得过长，压接应牢固。盘面操作部位不得有带电体明露。

6.2.13 导线进出开关柜或配电箱的线段应加强绝缘并采取固定措施。

6.2.14 杆上或杆旁装设的配电箱应安装牢固并便于操作和维修；引下线应穿管敷设并做防水弯。

6.2.15 配电箱必须装设漏电保护器，做到一机一闸一保护。

6.2.16 用电设备的电源引线长度不得大于 5m。距离大于 5m 时应设便携式电源箱或卷线轴；便携式电源箱或卷线轴至固定式开关柜或配电箱之间的引线长度不得大于 40m，且应用橡胶软电缆。

6.2.17 施工用电的运行及维护班组应配备足够的绝缘工具。绝缘工具应定期进行试验，试验周期及要求见表 6.2.17。

表 6.2.17　　　　　　　　　　常用电气绝缘工具试验要求

序号	名称	电压等级	试验周期	试验时间(min)	交流耐压(kV)	泄漏电流(mA)	备　　注
1	绝缘棒	6～10kV	一年	5	44		
2	绝缘夹钳	≤35kV	一年	5	三倍线电压		
3	绝缘手套	高压	六个月	1	8	≤9	
4	绝缘手套	低压	六个月	1	2.5	≤2.5	
5	橡胶绝缘鞋	高压	六个月	2	15	≤7.5	
6	验电笔	6～10kV	六个月	5	40		发光电压不高于额定电压的 25%

6.2.18 电气设备附近应配备适用于扑灭电气火灾的消防器材。发生电气火灾时，应首先切断电源。

6.3 施工用电及照明

6.3.1 电气设备不得超铭牌使用，闸刀型电源开关严禁带负荷拉闸。

6.3.2 多路电源开关柜或配电箱应采用密封式的。开关旁应标明负荷名称，单相闸刀开关应标明电压。

6.3.3 不同电压的插座与插头应选用不同的结构，严禁用单相三孔插座代替三相插座。单相插座应标明电压等级。

6.3.4 严禁将电线直接勾挂在闸刀上或直接插入插座内使用。

6.3.5 手动操作开启式空气开关、闸刀开关及管形熔断器时，应戴绝缘手套或使用绝缘工具。

6.3.6 热元件和熔断器的容量应满足被保护设备的要求。熔丝应有保护罩。管形熔断器不得无管使用。熔丝不得削小使用。严禁用其他金属丝代替熔丝。

6.3.7 熔丝熔断后，必须查明原因，排除故障后方可更换。更换熔丝、装好保护罩后方可送电。

6.3.8 连接电动机械与电动工具的电气回路应设开关或插座，并应有保护装置。移动式电动机械应使用橡胶软电缆。严禁一个开关接两台及两台以上的电动设备。

6.3.9 现场的临时照明线路应相对固定，并经常检查、维修。照明灯具的悬挂高度应不低于 2.5m，并不得任意挪动；低于 2.5m 时应设保护罩。

6.3.10 在有爆炸危险的场所及危险品仓库内应采用防爆型电气设备和照明灯具，开关必须装在室外。在散发大量蒸汽、气体和粉尘场所，应采用密闭型电气设备。在坑井、沟道、沉箱内及独立的高层构筑物上，应备有独立电源的照明。

6.3.11 碘钨灯等特殊照明灯的金属支架应稳固，并采取接地或接零保护；支架不得带电移动。

6.3.12 电源线路不得接近热源或直接绑挂在金属构件上，不得架设在脚手架上。

6.3.13 工棚内的照明线应固定在绝缘子上，距建筑物的墙面或顶棚不得小于 2.5cm。穿墙时应套绝缘套管。管、槽内的电线不得有接头。

6.3.14 行灯的电压不得超过 36V，潮湿场所、金属容器及管道内的行灯电压不得超过 12V。行灯应有保护罩，其电源线应使用橡胶软电缆。

6.3.15 行灯电源必须使用双绕组变压器，其一、二次侧都应有熔断器。行灯变压器必须有防水措施，其金属外壳及二次绕组的一端均应接地或接零。采用双重绝缘或有接地金属屏蔽层的变压器，其二次侧不得接地。

6.3.16 锅炉燃烧室内的工作照明采用 220V 的临时性固定灯具时，必须装设漏电保护器，灯具必须有保护罩，电源线必须用橡胶软电缆，穿过墙洞、管口处应设保护套管，装设高度应为施工人员触及不到的地方。严禁用 220V 的临时照明作为行灯使用。

6.3.17 在光线不足及夜间工作的场所应有足够的照明，主要通道上应装设路灯。

6.3.18 电动机械及照明设备拆除后不得留有可能带电的部分。

6.3.19 在对地电压 250V 以下的低压电气网络上带电作业时：

1 被拆除或接入的线路，必须不带任何负荷。

2 相间及相对地应有足够的距离，并能满足工作人员及操作工具不致同时触及不同相导体的要求。

3 应有可靠的绝缘措施。

4 应设专人监护。

5 必须办理安全施工作业票。

6.4 接地及接零

6.4.1 对地电压在 127V 及以上的下列电气设备及设施均应装设接地或接零保护：

1 发电机、电动机、电焊机及变压器的金属外壳。

2 开关及其传动装置的金属底座或外壳。

3 电流互感器的二次绕组。

4 配电盘、控制盘的外壳。

5 配电装置的金属架构、带电设备周围的金属栅栏。

6 高压绝缘子及套管的金属底座。

7 电缆接头盒的外壳及电缆的金属外皮。

8 吊车的轨道及铆工、焊工、铁工等的工作平台。

9 架空线路的金属杆塔。

10 室内外配线的金属管道。

11 铁制的集装箱式办公室、休息室及工具间。

6.4.2 中性点不接地系统中的电气设备应采用接地保护，接地线应接至接地网上；总容量为100kVA及以上的系统，接地网的接地电阻不得大于4Ω；总容量为100kVA以下的系统，接地网的接地电阻不得大于10Ω。

6.4.3 当施工现场采用低压侧为380/220V中性点直接接地的变压器时，应按GB 50194的规定，采用工作零线和保护零线分开的接零保护。

6.4.4 用电设备的保护零线或保护地线应并联接地，严禁串联接地。

6.4.5 接零保护的规定：

1 架空线零线的终端、总配电盘及区域配电箱的零线应重复接地，接地电阻不得大于10Ω。

2 起重机轨道接零后，应再重复接地。

3 接引至电气设备的工作零线与保护零线必须分开，保护零线严禁接任何开关或熔断器。

4 接引至移动式和手提式电动机具的保护零线必须用软铜绞线，其截面积一般不得小于相线截面积的1/3，且不得小于1.5mm²。

6.4.6 地线及零线的连接应采用焊接、压接或螺栓连接等方法。若采用缠绕法时，必须按照电线对接、搭接的工艺要求进行，严禁简单缠绕或钩挂。

6.4.7 采用接零保护的单相220V电气设备，应设单独的保护零线，不得利用设备自身的工作零线兼作保护零线。

6.4.8 同一系统中的电气设备，严禁一部分采用接地保护，另一部分采用接零保护。

6.4.9 使用外借电源时，电气设备所采用的保护方式应与外借电源系统中的保护方式一致。

6.4.10 起重机械行驶的轨道两端应设接地装置。轨道较长时，每隔20m应补设一组接地装置，接地电阻不得大于4Ω。

6.4.11 严禁利用易燃易爆气体或液体管道作为接地装置的自然接地体。

6.4.12 施工现场防雷接地的设置：

1 高度在20m及以上的金属井字架、钢脚手架、机具、烟囱及水塔等均应设置防雷设施。避雷针的接地电阻不得大于10Ω。组立起的构架应及时接地。

2 独立避雷针的接地线与电力接地网、道路边缘、建筑物出入口的距离不得小于3m。

3 防雷接地装置采用圆钢时，其直径不得小于16mm；采用扁钢时，其厚度不得小于4mm、截面积不得小于160mm²。

6.4.13 在有爆炸危险场所的电气设备，其正常不带电的金属部分必须可靠地接地或接零。

6.4.14 在有爆炸危险的场所，严禁利用金属管道、构筑物的金属构架及电气线路的工作零线作为接地线或接零线用。

6.4.15 下列设施必须采取防静电接地措施：

1 用于加工、储存及运输各种易燃易爆液体、气体或粉末的设备。

2 施工现场及车间内连接成整体的氧气管道及乙炔管道。

6.5 施工用电管理

6.5.1 施工用电系统投入运行前，应建立管理机构，设立运行、维修专业班组并明确职责及管理范围。

6.5.2 根据用电情况制定用电、运行、维修等管理制度以及安全操作规程。运行、维护专业人员必须熟悉有关规程制度。

6.5.3 凡需接引或变动较大的负荷时，应事先向用电管理机构提出申请，经批准后由运行班组进行接引或变动。接引或变动前应对设备做好电气检查记录。进行接引或变动电源工作必须办理工作票并设监护人。

6.5.4 施工用电设施除经常性的维护外，还应在雨季及冬季前进行全面的清扫和检修；在台风、暴雨、冰雹等恶劣天气后，应进行特殊性的检查、维护。

6.5.5 配电室、开关柜及配电箱应加锁、设警告标志，并设置干粉灭火器等消防器材。

6.5.6 施工电源使用完毕后应及时拆除。

6.5.7 配电室的值班巡视工作应按 DL 408 的有关规定执行。

6.5.8 施工用电线路及设备的检修和恢复送电应按第 26 章的有关规定执行。

7 季节性施工

7.1 夏季、雨汛期施工

7.1.1 夏季、雨季前应做好防风、防雨、防火、防暑降温等准备工作；现场排水系统应整修畅通，必要时应筑防汛堤。

7.1.2 各种高层建筑及高架施工机具的避雷装置均应在雷雨季前进行全面检查，并进行接地电阻测定。

7.1.3 台风和汛期到来之前，施工现场及生活区的临建设施及高架机械均应进行维修和加固，防汛器材应及早准备。

7.1.4 暴雨、台风、汛期后，应对临建设施、脚手架、机电设备、电源线路等进行检查并及时维修加固。有严重险情的应立即排除。

7.1.5 机电设备及配电系统应按有关规定进行绝缘检查和接地电阻测定。

7.1.6 夏季应根据施工特点和气温情况适当调整作息时间。露天作业集中的地方，应搭设休息凉棚；特殊高温作业地点，应采取防暑降温措施。

7.2 冬季施工

7.2.1 入冬之前，主厂房临时端、固定端、屋顶以及门窗孔洞应及早封闭。

7.2.2 对消防器具应进行全面检查，对消防设施应做好保温防冻措施。

7.2.3 对取暖设施应进行全面检查并加强用火管理，及时清除火源周围的易燃物。

7.2.4 现场道路以及脚手架、跳板和走道上的积水、霜雪应及时清除并采取防滑措施。

7.2.5 施工机械及汽车的水箱应予以保温。停用后，无防冻液的水箱应将存水放尽。油箱或容器内的油料冻结时，应采用热水或蒸汽化冻，严禁用火烤化。

7.2.6 汽车及轮胎式机械在冰雪路面上行驶时应装防滑链。

8 高处作业及交叉作业

8.1 高处作业

8.1.1 凡在坠落高度基准面 2m 及以上有可能坠落的高处进行的作业均称为高处作业。不同高度的可能坠落范围半径见表 8.1.1。

表 8.1.1	不同高度的可能坠落半径			m
作业位置至其底部的垂直距离	2～5	5～15	15～30	>30
其可能坠落的范围半径	3	4	5	6

注：1. 通过最低坠落着落点的水平面称为坠落高度基准面。

2. 在作业位置可能坠落到的最低点称为该作业位置的最低坠落着落点。

8.1.2 在编制施工组织设计及作业指导书时，应尽量减少高处作业；施工技术人员编制的作业指导书中的高处作业部分，应采取措施确保作业点是安全的，安全带只能作为第二道防护。

8.1.3 高处作业的平台、走道、斜道等应装设由上下两道栏杆（上道栏杆高 1.05～1.2m，下道栏杆高 0.5～0.6m）和栏杆柱组成的防护栏杆和 18cm 高的挡脚板，或设防护立网。

8.1.4 当高处行走区域不能够装设防护栏杆时，应设置 1.05m 高的安全水平扶绳，且每隔 2m 应设一个固定支撑点。

8.1.5 高处作业区周围的孔洞、沟道等应设盖板、安全网或围栏。

8.1.6 特殊高处作业应与地面设联系信号或通信装置并由专人负责。

8.1.7 在夜间或光线不足的地方进行高处作业，必须设足够的照明。

8.1.8 遇有六级及以上大风或恶劣气候时，应停止露天高处作业。

8.1.9 凡参加高处作业的人员应进行体格检查。经医生诊断患有不宜从事高处作业病症的人员不得参加高处作业。

8.1.10 高处作业必须系好安全带，安全带应挂在上方的牢固可靠处；高处作业人员应衣着灵便。

8.1.11 高处作业人员在从事活动范围较大（水平活动在以垂直线为中心的 1.5m 半径范围内）的作业时，必须使用速差自控器。

8.1.12 高处作业人员使用绳梯或钢筋爬梯上下攀登时必须使用攀登自锁器。

8.1.13 高处作业地点、各层平台、走道及脚手架上不得堆放超过允许载荷的物件，施工用料应随用随吊。

8.1.14 上下脚手架应走斜道或梯子，不得沿脚手杆或栏杆等攀爬。不得任意攀登高层构筑物。

8.1.15 高处作业人员应配带工具袋，较大的工具应系保险绳；传递物品时，严禁抛掷。

8.1.16 高处作业人员不得坐在平台或孔洞的边缘，不得骑坐在栏杆上，不得躺在走道板上或安全网内休息；不得站在栏杆外作业或凭借栏杆起吊物件。

8.1.17 高处作业时，点焊的物件不得移动；切割的工件、边角余料等应放置在牢靠的地方或用铁丝扣牢并有防止坠落的措施。

8.1.18 高处作业区附近有带电体时，传递绳应使用干燥的麻绳或尼龙绳；严禁使用金属线。

8.1.19 在石棉瓦、油毡等轻型或简易结构的屋面上作业时，必须有防止坠落的可靠措施。

8.1.20 在电杆上进行作业前应检查电杆及拉线埋设是否牢固、强度是否足够，并应选用适合于杆型的脚扣，系好安全带；在架构及电杆上作业时，地面应有专人监护、联络；登杆工具应按表 8.1.20 的规定进行检查、试验。

14

表 8.1.20　　　　　　　　　　　　　登杆工具的试验标准

名称	试验静拉力（kN）	试验周期	外表检查周期	试验时间
安全绳（带）	2.25			
升降板	2.25	半年	一个月	5min
脚扣	1			
竹（木）梯	1.8			

8.1.21　特殊高处作业的危险区应设围栏及"严禁靠近"的警告牌，危险区内严禁人员逗留或通行。

8.1.22　非有关施工人员不得攀登高处。登高参观的人员应由专人陪同，并严格遵守有关安全规定。

8.2　交叉作业

8.2.1　施工中应尽量减少立体交叉作业。必需交叉时，施工负责人应事先组织交叉作业各方，商定各方的施工范围及安全注意事项；各工序应密切配合，施工场地尽量错开，以减少干扰；无法错开的垂直交叉作业，层间必须搭设严密、牢固的防护隔离设施。

8.2.2　交叉作业场所的通道应保持畅通；有危险的出入口处应设围栏或悬挂警告牌。

8.2.3　隔离层、孔洞盖板、栏杆、安全网等安全防护设施严禁任意拆除；必须拆除时，应征得原搭设单位的同意，并采取临时安全施工措施，作业完毕后立即恢复原状并经原搭设单位验收；严禁乱动非工作范围内的设备、机具及安全设施。

8.2.4　交叉作业时，工具、材料、边角余料等严禁上下投掷，应用工具袋、箩筐或吊笼等吊运。严禁在吊物下方接料或逗留。

8.2.5　在生产运行区进行交叉作业时，必须执行工作票制度，制定安全施工措施，进行交底后严格执行，必要时应由运行单位派人监护。

9　脚手架及梯子

9.1　总则

9.1.1　脚手架的荷载不得超过 $270kg/m^2$。搭设好的脚手架应经施工部门及使用部门验收合格并挂牌后方可交付使用。使用中应定期检查和维护。

9.1.2　荷载超过 $270kg/m^2$ 的脚手架或形式特殊的脚手架应进行设计，并经技术负责人批准后方可搭设。

9.1.3　在构筑物上搭设脚手架应验算构筑物的强度。

9.1.4　脚手架不得钢、木混搭。

9.1.5　脚手架的立杆应垂直。钢管立杆应设置金属底座或垫木。竹、木立杆应埋入地下 30～50cm，杆坑底部应夯实并垫以砖石；遇松土或无法挖坑时应绑扫地杆。横杆应平行并与立杆成直角搭设。

9.1.6　竹、木立杆和大横杆应错开搭接，搭接长度不得小于 1.5m。绑扎时小头应压在大头上，绑扣不得少于三道。立杆、大小横杆相交时，应先绑两根，再绑第三根；不得一扣绑三根。小横杆和大横杆不得伸出脚手架之外。

9.1.7　脚手架的两端、转角处以及每隔 6～7 根立杆，应设支杆及剪刀撑。支杆和剪刀撑与地面的夹角不得大于 $60°$。支杆埋入地下的深度不得小于 30cm。架子高度在 7m 以上或无法设支杆时，竖向每隔 4m、横向每隔 7m 必须与建筑物连接牢固。

9.1.8 脚手板的铺设：

　　1　脚手板应满铺，不应有空隙和探头板。脚手板与墙面的间距不得大于 20cm。

　　2　脚手板的搭接长度不得小于 20cm。对头搭接处应设双排小横杆。双排小横杆的间距不得大于 20cm。

　　3　在架子拐弯处，脚手板应交错搭接。

　　4　脚手板应铺设平稳并绑牢，不平处用木块垫平并钉牢，但不得用砖垫。

　　5　在架子上翻脚手板时，应由两人从里向外按顺序进行。工作时必须挂好安全带，下方应设安全网。

9.1.9 脚手架的外侧、斜道和平台应搭设由上下两道横杆及栏杆组成的防护栏杆。上杆离地高度 1.05～1.2m，下杆离地高度 0.5～0.6m。并设 18cm 高的挡脚板或设防护立网；里脚手的高度应低于外墙 20cm。

9.1.10 斜道板、跳板的坡度不得大于 1∶3，宽度不得小于 1.5m，并应钉防滑。防滑条的间距不得大于 30cm。

9.1.11 采用直立爬梯时梯档应绑扎牢固，间距不大于 30cm。严禁手中拿物攀登。不得在梯子上运送、传递材料及物品。直立爬梯的高度超过 2m 时应使用攀登自锁器。

9.1.12 竹、木脚手架的绑扎材料可采用 8 号镀锌铁丝或直径不小于 10mm 的棕绳或水葱竹篾。

9.1.13 在通道及扶梯处的脚手架横杆不得阻碍通行，应抬高并加固。在搬运器材的或有车辆通行的通道处的脚手架，立柱应设围栏并挂警告牌。

9.1.14 脚手架应经常检查，在大风、暴雨后及解冻期应加强检查。长期停用的脚手架，在恢复使用前应经检查、鉴定合格后方可使用。

9.1.15 非专业工种人员不得搭、拆脚手架。搭设脚手架时作业人员应挂好安全带，递杆、撑杆作业人员应密切配合。施工区周围应设围栏或警告标志，并由专人监护，严禁无关人员入内。

9.1.16 拆除脚手架应按自上而下的顺序进行，严禁上下同时作业或将脚手架整体推倒。

9.1.17 各种材质脚手架的立杆、大横杆及小横杆的间距不得大于表 9.1.17 的规定。

表 9.1.17　　　　　　　　立杆、大横杆及小横杆的间距　　　　　　　　　　　　　m

脚手架类型	立杆	大横杆	小横杆
钢管脚手架	2		1.5
木脚手架	1.5	1.2	1
竹脚手架	1.3		0.75

9.2　脚手架及脚手板的选材与规格

9.2.1 钢管脚手杆及钢脚手板：

　　1　钢管脚手杆应用外径为 48～51mm，壁厚为 3～3.5mm 的钢管，长度以 4～6.5m 及 2.1～2.8m 为宜。凡弯曲、压扁、有裂纹或已严重锈蚀的钢管，严禁使用。

　　2　扣件应有出厂合格证；凡有脆裂、变形或滑丝的，严禁使用。

　　3　立杆、大横杆的接头应错开，搭接长度不得小于 50cm，承插式的管接头插接长度不得小于 8cm；水平承插式接头应有穿销并用扣件连接，不得用铁丝或绳子绑扎。

4 高层钢管脚手架应安装避雷装置。附近有架空线路时，应满足表9.2.1安全距离的要求并采取可靠的隔离防护措施。

表9.2.1　　　　　与架空输电线及其他带电体的最小安全距离

电压（kV）		<1	1～10	35	110	220
安全距离（m）	沿垂直方向	1.5	3.0	4.0	5.0	6.0
	沿水平方向	1.0	1.5	2.0	4.0	6.0

5 钢脚手板应用厚2～3mm的A3钢板，规格以长度为1.5～3.6m、宽度为23～25cm、肋高为5cm的为宜。板的两端应有连接装置，板面应有防滑孔。凡有裂纹、扭曲的不得使用。

9.2.2 木脚手杆及木脚手板：

1 木杆应采用去皮杉木或其他坚韧硬木。凡腐朽、折裂、枯节等易折木杆，以及杨木、柳木、桦木、椴木、油松等，一律严禁使用。

2 木质立杆有效部分的小头直径不得小于7cm。横杆有效部分的小头直径不得小于8cm，6～8cm的可双杆合并使用，或单杆加密使用。

3 木脚手板应用5cm厚的杉木或松木板，宽度以20～30cm为宜，长度以不超过6m为宜。凡腐朽、扭曲、破裂的，或有大横透节及多节疤的，严禁使用。距板两端8cm处应用镀锌铁丝箍绕2～3圈或用铁皮钉牢。

9.2.3 竹脚手杆及竹脚手板：

1 竹脚手必须搭设双排架子；立杆、大横杆、剪刀撑、支杆等有效部分的小头直径不得小于7.5cm，小横杆有效部分的小头直径不得小于9cm。直径在6～9cm之间的可双杆合并或单杆加密使用。凡青嫩、枯脆、白麻、虫蛀的，严禁使用。

2 竹片脚手板的厚度不得小于5cm，螺栓孔不得大于10mm，螺栓必须拧紧。竹片脚手板的长度以2.2～2.3m为宜，宽度以40cm为宜。

9.2.4 特殊形式的脚手架：

1 挑式脚手架的斜撑杆上端应与挑梁嵌槽固定，并用螺栓、扒钉或铁丝等连接；下端应固定在立柱或构筑物上。

2 在门窗洞口搭设的挑架（或称外伸脚手架），其斜杆与墙面的夹角一般不大于30°并应支承在建筑物的牢固部分，不得支承在窗台板、窗檐、线脚等处；墙内大横杆两端伸过门窗洞两侧的部分应不少于25cm；挑梁的所有受力点都应绑双扣；挑梁应设防护栏杆。

3 移动式脚手架工作时应与建筑物绑牢，并将其滚动部分固定住。移动前，架上的材料、工具以及施工垃圾等应清除干净。移动时应有防止倾倒的措施。

4 悬吊式脚手架：

1）悬吊系统应经设计。使用前，应进行两倍设计荷重的静负荷试验，并对所有受力部分进行详细的检查、鉴定，合格后方可使用。

2）悬吊式脚手架严禁超负荷使用。在工作中，对其结构、挂钩及钢丝绳应指定专人每天进行检查和维护。

3）全部悬吊系统所用钢材应为Q235钢的一级品。各种挂钩应用套环扣紧。

4）吊架的挑梁必须固定在建筑物的牢固部位上。

5）升降用的卷扬机、滑轮以及钢丝绳应根据施工荷重计算选用。卷扬机应用地锚固定，并备有双重制动闸。钢丝绳的安全系数不得小于 14。使用中，应防止钢丝绳与构筑物的棱角摩擦。

 6）脚手板应满铺并设 1.05m 高的栏杆及 18cm 高的挡脚板或设防护立网。

 7）脚手架应固定在构筑物的牢固部位上。

 8）脚手架的升降过程应缓慢、平稳。

 9）悬挂式钢管吊架在搭设过程中，除立杆与横杆的扣件必须牢固外，立杆的上下两端还应加设一道保险扣件。立杆两端伸出横杆的长度不得少于 20cm。

 10）在悬挂式吊架上的施工人员必须系好安全带并挂在构筑物的牢固部分或保险绳上。

9.3 梯子

9.3.1 移动式梯子宜用于高度在 4m 以下的短时间内可完成的作业。梯子应有专人负责保管、维护及修理。梯子使用前应进行检查。

9.3.2 梯子的制作：

 1 应轻便、坚固，用优质材料制成。

 2 支柱应能承受作业人员携带工具攀登时的总重量。

 3 横档间距为 30cm，不得有缺档。横档应用榫头嵌入。梯子的底宽不得小于 50cm。

 4 立柱两端用螺杆或铁丝拧紧。长度超过 3m 时，中间应加设一道紧固螺栓。

 5 人字梯应有坚固的铰链和限制开度的拉链。

9.3.3 梯子的使用：

 1 搁置稳固，与地面的夹角以 60° 为宜。梯脚应有可靠的防滑措施，顶端应与构筑物靠牢。在松软的地面上使用时，应有防陷、防侧倾的措施。

 2 严禁手拿工具或器材上下；在梯子上作业应备工具袋。

 3 严禁两人站在同一个梯子上作业，梯子的最高两档不得站人。

 4 梯子不得接长或垫高使用。如必须接长时，应连接牢固并加设支撑。

 5 梯子严禁搁置在悬挂式吊架上。

 6 梯子不能稳固搁置时，应设专人扶持或用绳索将梯子下端与固定物绑牢。在梯子上作业时，应有防止落物打伤梯下人员的安全措施。

 7 在通道上使用时，应设专人监护或设置临时围栏。

 8 梯子放在门前使用时，应有防止门被突然开启的措施。

 9 梯子上有人时，严禁移动梯子。

 10 在转动机械附近使用时，应采取隔离防护措施。

 11 严禁搁置在木箱等不稳固或易滑动的物体上使用。梯子靠在管子上使用时，其上端应有挂钩或用绳索绑牢。

9.3.4 钢筋爬梯的制作与使用：

 1 钢筋采用 Q235 钢，直径由计算确定，但不得小于 12mm。

 2 挂钩应无伤痕、无裂口，横档应焊接牢固。使用时，上部应牢固地连接在构筑物上。

 3 梯身每隔 3m 应设一道长 15cm 的撑框。长度超过 10m 的爬梯，中间每隔 5m 应与构筑物绑牢。

 4 不得在钢筋爬梯上拉设电源线。严禁将钢筋爬梯作为接地线使用。

 5 钢筋爬梯必须与攀登自锁器配合使用。

10 起重与运输

10.1 起重作业

10.1.1 凡属下列情况之一者，必须办理安全施工作业票，并应有施工技术负责人在场指导：

1 重量达到起重机械额定负荷的90%及以上。

2 两台及两台以上起重机械抬吊同一物件。

3 起吊精密物件、不易吊装的大件或在复杂场所进行大件吊装。

4 爆炸品、危险品必须起吊时。

5 起重机械在输电线路下方或其附近作业。

10.1.2 起吊物应绑挂牢固。吊钩悬挂点应在吊物重心的垂直线上，吊钩钢丝绳应保持垂直，不得偏拉斜吊。落钩时应防止由于吊物局部着地而引起吊绳偏斜。吊物未固定时严禁松钩。

10.1.3 起吊大件或不规则组件时，应在吊件上拴以牢固的溜绳。

10.1.4 两台及两台以上起重机械抬吊同一物件时：

1 绑扎时应根据各台起重机的允许起重量按比例分配负荷。

2 在抬吊过程中，各台起重机的吊钩钢丝绳应保持垂直，升降、行走应保持同步；各台起重机所承受的载荷不得超过本身80%的额定能力。

10.1.5 有主、副两套起升机构的起重机，主、副钩不得同时开动。但对于设计允许同时使用的专用起重机除外，并应遵守本标准10.1.4的规定。

10.1.6 起吊前应检查起重机械及其安全装置；吊件吊离地面约10cm时应暂停起吊并进行全面检查，确认正常后方可正式起吊。

10.1.7 起重机严禁同时操作三个动作。在接近额定载荷的情况下，不得同时操作两个动作。动臂式起重机在接近额定载荷的情况下，严禁降低起重臂。

10.1.8 起重工作区域内无关人员不得逗留或通过；起吊过程中严禁任何人员在起重机伸臂及吊物的下方逗留或通过。对吊起的物件必须进行加工时，应采取可靠的支承措施并通知起重机操作人员。

10.1.9 起重机吊运重物时一般应走吊运通道，严禁从人员的头顶上方越过。

10.1.10 吊起的重物必须在空中作短时间停留时，指挥人员和操作人员均不得离开工作岗位。

10.1.11 不明重量、埋在地下或冻结在地面上的物件不得起吊。

10.1.12 起重机在作业中如遇出现故障或出现不正常现象时，应采取措施放下重物，停止运转后进行检修，严禁在运转中进行调整或检修。起重机严禁采用自由下降的方法下降吊钩或重物。

10.1.13 严禁以运行的设备、管道以及脚手架、平台等作为起吊重物的承力点；利用构筑物或设备的构件作为起吊重物的承力点时，应经核算；利用构筑物时，还应征得原设计单位的同意。

10.1.14 遇大雪、大雾、雷雨等恶劣气候，或因夜间照明不足，指挥人员看不清工作地点、操作人员看不清指挥信号时，不得进行起重作业。

10.1.15 当作业地点的风力达到五级时，不得进行受风面积大的起吊作业；当风力达到六级及以上时，不得进行起吊作业。

10.2　起重机械

10.2.1　总则。

1　起重机械应标明最大起重量，并悬挂有关部门颁发的安全准用证。起重机械的制动、限位、连锁以及保护等安全装置应齐全并灵敏可靠。

2　塔式起重机、门座式起重机等高架起重机械应有可靠的避雷装置。

3　在轨道上移动的起重机，除铁路起重机外都必须在距轨道末端2m处设车挡。轨道应按6.4.5的2及6.4.10的要求接地。

4　起重机上应备有相应的灭火装置。操作室内应铺绝缘垫，不得存放易燃品。

5　未经机械主管部门同意，起重机械各部的机构和装置不得变更或拆换。

6　起重机械每使用一年至少应做一次全面技术检验。对新装、拆迁、大修或改变重要性能的起重机械，在使用前均应按出厂说明书的要求，进行静负荷及动负荷试验。制造厂无明确规定时，应按下列规定进行试验：

1）静负荷试验：应将试验的重物吊离地面10cm，悬空10min，以检验起重机构架的强度和刚性。静负荷试验所用重物的重量，对于新安装的、经过大修的或改变重要性能的起重机，应为额定起重量的125%；对于定期进行技术检验的起重机，应为额定起重量的110%。试验中如发现构架有永久变形，则应修理加固或降低原定的最大起重量方可使用。桥式起重机在试验中如发现桥架刚性不够，主梁跨中的下挠值在水平线下达到跨度的1/700且不能修复时，应报废。

2）动负荷试验：应在静负荷试验合格后进行。试验时应吊着试验重物反复地卷扬、移动、旋转或变幅，以检验起重机各部的运行情况，如有不正常现象则应更换或修理。动负荷试验所用重物的重量应为额定起重量的110%。

7　起重机械不得超负荷起吊。如必须超负荷时，应经计算，采取有效的安全措施，并经项目总工程师批准后方可进行。

8　在露天使用的龙门式起重机及塔式起重机的架身上不得安设增加受风面积的设施。

9　冬季操作室内温度低于5℃时应设采暖设施，夏季操作室内温度高于35℃时应设降温设施。

10　起重机作业时速度应均匀平稳，不得突然制动或在没有停稳时作反方向行走或回转。落钩时应低速轻放。

11　起重机应在各限位器限制的范围内作业，不得利用限位器的动作来代替正规操作。

12　起重机作业完毕后，应摘除挂在吊钩上的千斤绳，并将吊钩升起；对于用油压或气压制动的起重机，应将吊钩降至地面，吊钩钢丝绳呈收紧状态。悬臂式起重机应将起重臂放至40°～60°，刹住制动器，所有操纵杆放在空挡位置并切断主电源。如遇天气预报风力将达六级时，应将臂杆转至顺风方向并松开回转制动器；风力将达七级时，应将臂杆放下。汽车式起重机还应将支腿全部支出。

13　电动起重机的补充规定：

1）电气设备必须由电工进行安装、检修和维护。

2）电气装置应安全可靠，熔丝应符合规定。

3）电气装置在接通电源后不得进行检修和保养。

4）作业中如遇突然停电，应先将所有的控制器恢复到零位，然后切断电源。

5）电气装置跳闸后，应查明原因，排除故障后方可合闸，不得强行合闸。

6）漏电失火时，应立即切断电源，严禁用水浇泼。

10.2.2 移动式起重机。

1 起重机停放或行驶时，其车轮、支腿或履带的前端或外侧与沟、坑边缘的距离不得小于沟、坑深度的1.2倍；否则必须采取防倾、防坍塌措施。

2 作业时，起重机应置于平坦、坚实的地面上，机身倾斜度不得超过制造厂的规定。

3 作业时，臂架、吊具、辅具、钢丝绳及吊物等与架空输电线及其他带电体的最小安全距离不得小于表9.2.1的规定，且必须设专人监护。

4 长期或频繁地靠近架空线路或其他带电体作业时，应采取隔离防护措施。

5 加油时严禁吸烟或动用明火。油料着火时，应使用泡沫灭火器或砂土扑灭，严禁用水浇泼。

6 履带式起重机行驶时，回转盘、臂杆及吊钩应固定住，下坡时不得空挡滑行。

7 履带式起重机吊物行走时，吊物应位于起重机的正前方，并用绳索拉住，缓慢行走；吊物离地面不得超过50cm，吊物重量不得超过起重机当时允许起重量的2/3。

8 汽车式起重机行驶时，应将臂杆放在支架上，吊钩挂在挂钩上并将钢丝绳收紧。

9 汽车式起重机及轮胎式起重机作业前应先支好全部支腿后方可进行其他操作；作业完毕后，应先将臂杆放在支架上，然后方可起腿。汽车式起重机除具有吊物行走性能者外，均不得吊物行走。

10 铁路式起重机在接近允许负荷时应夹好夹轨钳，支好支撑并进行试吊。带负荷向弯道内侧旋转或带负荷行走时，其负荷量不得超过当时允许起重量的80%。起重机必须在坡道上停留时，应在车轮下安设止轮器。

10.2.3 塔式及龙门式起重机。

1 两台塔式起重机之间的最小架设距离应保证处于低位的起重机的臂架端部与另一台起重机塔身之间至少有2m的距离，处于高位的起重机的最低位置的部件（吊钩升至最高点或最高位置的平衡重）与低位起重机中处于最高位置的部件之间的垂直距离不得小于2m。

2 起重机在运行时，无关人员不得上下扶梯；操作或检修人员必须上下时，严禁手拿工具或器材。

3 两台起重机在同一条轨道上以及在两条平行或交叉的轨道上进行作业时，两机之间应保持安全距离；吊物之间的距离不得小于3m。

4 作业完毕后，应将起重机停放在轨道中部。

5 塔式起重机作业完毕后，应将起重臂降至要求角度。

10.2.4 桥式及炉顶式起重机。

1 任何人员不得在行车轨道上站立或行走。

2 起重机在轨道上进行检修时，应切断电源，在作业区两端的轨道上用钢轨夹夹住，并设标示牌。其他起重机不得进入检修区。

3 作业完毕后，应将吊钩升起，切断电源。汽机房内的桥式起重机应停放在指定地点，不得停放在运行机组的上方。

10.2.5 扒杆及地锚。

1 新扒杆组装时，中心线偏差不得大于总支承长度的1/1000；多次使用过的扒杆再重新组装时，每5m长度内中心偏差和局部塑性变形均不得大于40mm；在扒杆全长内，中心偏差不得大于总支承长度的 1/200。

组装扒杆的连接螺栓必须紧固可靠。

扒杆的基础应平整坚实、不积水。

扒杆的连接板、扒杆头部和回转部分等，应每年对其变形、腐蚀、铆、焊或螺栓连接进行一次全面检查；在每次使用前，也应进行检查。

2 扒杆至少应设四根缆风绳；人字扒杆应设两根缆风绳；向前倾斜的扒杆如不能设置前稳定缆风绳时，必须在其后面架设牢固的支撑。

缆风绳与扒杆顶部及地锚的连接应牢固可靠。

缆风绳与地面的夹角一般不得大于 45°。

缆风绳越过主要道路时，其架空高度不得小于 7m。

缆风绳与架空输电线及其他带电体的安全距离应不小于表 9.2.1 的规定。

3 地锚的分布及埋设深度应根据地锚的受力情况及土质情况确定。

地锚坑在引出线露出地面的位置，其前面及两侧的 2m 范围内不得有沟、洞、地下管道或地下电缆等。

地锚坑引出线及其地下部分应经防腐处理。

地锚的埋设应平整，基坑不积水。

地锚埋设后应进行详细检查，试吊时应指定专人看守。

10.2.6 卷扬机。

1 基座的设置应平稳牢固，上方应搭设防护工作棚，操作位置应有良好的视野。

2 旋转方向应与控制器上标明的方向一致。

3 制动操纵杆在最大操纵范围内不得触及地面或其他障碍物。

4 卷筒与导向滑轮中心线应对正。卷筒轴心线与导向滑轮轴心线的距离：对平卷筒应不小于卷筒长度的 20 倍；对有槽卷筒应不小于卷筒长度的 15 倍。

5 钢丝绳应从卷筒下方卷入，卷筒上的钢丝绳应排列整齐，作业时钢丝绳卷绕在卷筒上的安全圈数应不小于 5 圈；回卷后最外层钢丝绳应低于卷筒突缘 2 倍钢丝绳直径的高度。

6 作业前应进行试车，确认卷扬机设置稳固，防护设施、电气绝缘、离合器、制动装置、保险棘轮、导向滑轮、索具等一切合格后方可使用。

7 作业时严禁向滑轮上套钢丝绳，严禁在卷筒、滑轮附近用手扶运行中的钢丝绳，不得跨越行走中的钢丝绳，不得在各导向滑轮的内侧逗留或通过。吊起的重物必须在空中短时间停留时，应用棘爪锁住。

8 运转中如发现有异常情况，必须立即停机进行排除。

10.2.7 施工电梯。

1 电梯应安装独立的保护和避雷接地装置，并应保持接地良好。

2 电梯底笼周围 2.5m 处必须设置稳固的防护栏杆，各层站过桥和运输通道应平整牢固，出入口的栏杆应安全可靠，全行程四周不得有影响安全运行的障碍物，并应搭设必要的防护屏障。

3 装设在阴暗处或夜班作业的电梯，必须在全行程上装设足够的照明和明亮的层站编号标志灯。

4 使用前应检查各部结构无变形、连接螺栓无松动、节点无开焊、装配正位、附壁牢固、站台平整、各部钢丝绳固定良好、运行范围内无障碍。

5 启动前应检查电气和各限位装置、梯笼门、围护门等连锁装置良好可靠并进行空车升降试验，确认正常后方可投入使用。

6 电梯在每班首次载重运行时，必须从最低层上升。严禁自上而下。当梯笼升离地面1～2m时应停车试验制动器的可靠性，如制动器不正常，必须修复后方可投入运行。

7 电梯运行中如发现机械有异常情况，应立即停机检查，排除故障并确认正常后方可继续运行。

8 操作人员应根据指挥人员的指挥信号操作。作业前必须发出戒备信号。梯笼内乘人或载物时，应使负荷均匀分布，防止偏重。严禁超负荷运行。

9 电梯运行到最上层和最低层时，不得以限位器的动作来代替正常操作。

10 在有大雨、大雾或六级及以上大风时，电梯应停止运行，并将梯笼降到最底层，切断电源。暴风雨后，应对电梯进行全面检查，确认正常后方可使用。

11 作业完毕后，应将梯笼降到最底层，各控制开关拨至零位，切断电源，锁好电源箱，闭锁梯笼门和围护门。

10.3 起重机的操作人员

10.3.1 起重机的操作人员应经专业技术培训，并经实际操作及有关安全规程考试合格、取得合格证后方可独立操作。

10.3.2 起重机的操作人员应熟悉所操作起重机各机构的构造和技术性能以及保养和维修的基本知识。

10.3.3 作业前应检查起重机的工作范围，清除妨碍起重机行走及回转的障碍物。检查轨道是否平直，有无沉陷；轨距及高差是否符合规定。

10.3.4 作业前应按照本机械的保养规定，执行各项检查和保养。

10.3.5 起重机安全操作的一般要求：

1 露天作业的轨道式起重机，作业前应先将夹轨钳松开；作业结束后应将夹轨钳夹住。

2 应在确认起重机上及周围无人后方可闭合主电源开关；如主电源开关上加锁或有标示牌时，应待有关人员拆除后方可闭合主电源开关。

3 闭合主电源开关前，应确认所有控制器手柄都处于零位。

4 应对制动器、吊钩、钢丝绳以及安全装置等进行检查并做必要的试验。如有异常，应在作业前排除。

5 进行维护保养时，应切断主电源开关，加锁并挂上标示牌；如有未消除的故障，应通知接班的操作人员。

10.3.6 雨、雪天作业时，应保持良好视线并防止起重机各部制动器受潮失效。作业前应检查各部制动器并进行试吊，确认可靠后方可进行作业。

10.3.7 起重机作业时，无关人员不得进入操作室。作业时操作人员必须精力集中，未经指挥人员许可，操作人员不得擅自离开工作岗位。

10.3.8 操作人员应按指挥人员的指挥信号进行操作。如指挥信号不清或将引起事故时，操作人员应拒绝执行并立即通知指挥人员。操作人员对任何人发出的危险信号均必须听从。

10.3.9 操作人员在起重机每个动作的操作前，均应发出戒备信号。起吊重物时，吊臂及吊物上严禁有人或有浮置物。

10.4 起重机的指挥人员

10.4.1 起重机的指挥人员必须经有关部门按 GB 5082 的规定进行安全技术培训，并经考试合格、取得合格证后方可上岗指挥。

10.4.2 指挥人员的职责及要求：

1 指挥人员应按照 GB 5082 的规定进行指挥。如采用对讲机指挥作业时，必须设定专用频道。

2 指挥人员发出的指挥信号必须清晰、准确。

3 指挥人员应站在使操作人员能看清指挥信号的安全位置上；当跟随负载进行指挥时，应随时指挥负载避开人及障碍物。

4 指挥人员不能同时看清操作人员和负载时，必须设中间指挥人员逐级传递信号，当发现错传信号时，应立即发出停止信号。

5 负载降落前，指挥人员必须确认降落区域安全方可发出降落信号。

6 当多人绑挂同一负载时，应作好呼唤应答，确认绑挂无误后，方可由指挥人员负责指挥起吊。

7 用两台起重机吊运同一负载时，指挥人员应双手分别指挥各台起重机以确保协调。

8 在开始起吊时，应先用微动信号指挥，待负载离开地面 10～20cm 并稳定后，再用正常速度指挥。在负载最后降落就位时，也应使用微动信号指挥。

10.5 绳索、吊钩和滑轮

10.5.1 钢丝绳。

1 钢丝绳的选用应符合 GB/T 8918 中规定的多股钢丝绳，并必须有产品检验合格证。

2 钢丝绳的安全系数及配合滑轮的直径应不小于表 10.5.1-1 的规定。

表 10.5.1-1   钢丝绳的安全系数及配合滑轮直径

钢丝绳的用途			滑轮直径 D	安全系数 K
缆风绳及拖拉绳			≥12d	3.5
驱动方式	人 力		≥16d	4.5
	机 械	轻 级	≥16d	5
		中 级	≥18d	5.5
		重 级	≥20d	6
千斤绳	有 绕 曲		≥2d	6～8
	无 绕 曲			5～7
地 锚 绳				5～6
捆 绑 绳				10
载人升降机			≥40d	14

注：d 为钢丝绳直径。

3 钢丝绳应防止打结或扭曲。

4 切断钢丝绳时应采取防止绳股散开的措施。

5 钢丝绳应保持良好的润滑状态，润滑剂应符合该绳的要求并不影响外观检查；钢丝绳每年应浸油一次。

6 钢丝绳不得与物体的棱角直接接触，应在棱角处垫以半圆管、木板等。

7 起重机的起升机构和变幅机构不得使用编结接长的钢丝绳。

8 钢丝绳在机械运动中不得与其他物体或相互间发生摩擦。

24

9　钢丝绳严禁与任何带电体接触。

10　钢丝绳严禁与炽热物体或火焰接触。

11　钢丝绳不得相互直接套挂连接。

12　钢丝绳应存放在室内通风、干燥处，并防止损伤、腐蚀或其他物理、化学因素造成的性能降低。

13　钢线绳端部用绳卡固定连接时，绳卡压板应在钢丝绳主要受力的一边，绳卡间距应不小于钢丝绳直径的 6 倍，绳卡的数量应不少于表 10.5.1-2 的要求。

表 10.5.1-2　　　　　　　　　钢丝绳端部固定用绳卡的数量

钢丝绳直径（mm）	7～18	19～27	28～37	38～45
绳卡数量（个）	3	4	5	6

两根钢丝绳用绳卡搭接时，除应遵守上述规定外，绳卡数量应比表 10.5.1-2 的要求增加 50%。

14　绳卡连接的牢固情况应经常进行检查。对不易接近处可采用将绳头放出安全弯的方法进行监视。

15　钢丝绳用编结法连接时，编结长度应大于钢丝绳直径的 15 倍，且不得小于 300mm。

16　通过滑轮的钢丝绳不得有接头。

17　钢丝绳的检查报废，除应符合 GB/T 8918 的要求外，还应按照 GB/T 5972 进行检验和检查。

1）钢丝绳的断丝数达到表 10.5.1-3 的规定数值时应报废。

表 10.5.1-3　　　　　　　　　钢丝绳报废断丝数

安全系数	GB/T 8918			
	绳（6×19）		绳（6×37）	
	一个节距中的断丝数（根）			
	交互捻	同向捻	交互捻	同向捻
<6	12	6	22	11
6～7	14	7	26	13
>7	16	8	30	15

注：一个节距是指每股钢丝绳缠绕一周的轴向距离。

2）钢丝绳有锈蚀或磨损时，表 10.5.1-3 的报废断丝数应按表 10.5.1-4 折减，并按折减后的断丝数报废。

表 10.5.1-4　　　　　　　折　减　系　数　　　　　　　%

钢丝表面磨损量或锈蚀量	10	15	20	25	30～40	>40
折减系数	85	75	70	60	50	0

3）吊运炽热金属或危险品的钢丝绳的报废断丝数，取一般起重机钢丝绳报废断丝数的一半，其中包括钢丝表面磨损进行的折减。

10.5.2 卸卡。

　　1 卸卡不得横向受力。

　　2 卸卡的销子不得扣在活动性较大的索具内。

　　3 不得使卸卡处于吊件的转角处,必要时应加衬垫并使用加大规格的卸卡。

10.5.3 纤维绳。

　　1 用作吊绳时,其许用应力不得大于 0.98kN/cm²。用作绑扎绳时,许用应力应降低 50%。

　　2 连接时应采用编结法,不得用打结的方法。

　　3 严禁在机械驱动的情况下使用。

　　4 有霉烂、腐蚀、损伤者不得用于起重作业;有断股者严禁使用。

10.5.4 吊钩。

　　1 吊钩应有制造厂的合格证等技术证明文件方可投入使用。否则应经检验,查明性能合格后方可使用。

　　2 吊钩应设有防止脱钩的封口保险装置。

　　3 吊钩上的缺陷不得进行焊补。

　　4 吊钩的检验应按 GB/T 6067 或 GB 5144 的有关规定执行。

　　5 吊钩出现下述情况之一时,应予以报废:

　　1)裂纹;

　　2)危险断面磨损达原尺寸的 10%;

　　3)开口度比原尺寸增加 15%;

　　4)扭转变形超过 10°;

　　5)危险断面或吊钩颈部产生塑性变形。

10.5.5 滑车及滑车组。

　　1 滑车应按铭牌规定的允许负荷使用。如无铭牌,应经计算及试验合格后方可使用。

　　2 滑车及滑车组使用前应进行检验和检查。轮槽壁厚磨损达原尺寸的 20%,轮槽不均匀磨损达 3mm 以上,轮槽底部直径减少量达钢丝绳直径的 50%,以及有裂纹、轮沿破损等情况者,不得使用,应予以报废。

　　3 在受力方向变化较大的场合和高处作业中,应采用吊环式滑车;如采用吊钩式滑车,必须对吊钩采取封口保险措施。

　　4 使用开门滑车时,必须将开门的钩环锁紧。

　　5 滑车组使用中两滑车滑轮中心间的最小距离不得小于表 10.5.5 的要求。

表 10.5.5　　　　　　　　　　　滑车组两滑车滑轮中心最小允许距离

滑车起重量（t）	滑轮中心最小允许距离（mm）	滑车起重量（t）	滑轮中心最小允许距离（mm）
1	700	10~20	1000
5	900	32~50	1200

10.6　运输及搬运

10.6.1 车辆运输。

　　1 在公路上运输重量大,或超长、超宽、超高的物件时,应遵守下列规定:

1）了解运输路线的情况，拟定运输方案，提出安全措施。

2）指定专人检查工具和运具，不超载。

3）物件的重心与车厢的承重中心基本一致，重心过高或偏移过多时，加配重进行调整。

4）易滚动的物件沿其滚动方向用楔子垫牢。

5）运输超长物件时应设置超长架，超长架固定在车厢上，物件与超长架及车厢应捆绑牢固。

6）关好车厢板。如无法关严时，将车厢板捆绑固定，但不得遮住尾灯。

7）运输途中有专人领车、监护，并设必要的标志。

2　用汽车运输易燃、易爆、有毒危险品时，押运人员必须坐在驾驶室内。

3　翻斗车的制翻装置应可靠，卸车时车斗不得朝有人的方向倾倒。翻斗车严禁载人。

4　用铁道平车运送物件时，应由后方推进，不得在前方拖拉；车上不得坐人。如数车同时运送，两车间应保持20m的距离。铁道平车应有可靠的制动装置。

5　叉车应按其规定的性能使用；使用前应对行驶、升降、倾斜等机构进行全面检查。

6　叉车不得快速启动、急转弯或突然制动。在转弯或斜坡处应低速行驶。倒车时不得紧急制动。

7　叉车作业结束后，应关闭所有控制器，切断动力源，扳下制动闸，将货叉放至最低位置并取出钥匙或拉出连锁后方可离开。

8　现场专用机动车辆的使用：

1）应由专人驾驶及保养，驾驶人员应经考试合格并取得驾驶许可证。

2）使用前应检查制动器、喇叭、方向机构等是否完好。

3）装运物件应垫稳、捆牢，不得超载。

4）行驶时，驾驶室外及车厢外不得载人，驾驶员不得与他人谈笑。启动前应先鸣号。载货时车速不得超过5km/h，空车车速不得超过10km/h。停车后应切断动力源，扳下制动闸后，驾驶员方可离开。

5）电瓶车充电时应距明火5m以上并加强通风。

10.6.2　水上运输。

1　船员应进行培训、考试合格并取得合格证；参加水上运输的人员应熟悉水上运输知识。

2　应根据船只载重量及平稳程度装载。严禁超重、超高、超宽、超长。

3　器材应分类堆放整齐并系牢；危险品应隔离并妥善放置，由专人负责保管。

4　应由熟悉水路的人员领航，并遵守航运安全规程。

5　船只靠岸停稳前不得上下。上下船只的跳板应搭设稳固。单行跳板的宽度不得小于50cm，厚度不得小于5cm，长度不得超过6m。

6　在水中绑扎或解散竹、木排的人员应会游泳，并佩戴救生衣等防护设备。

7　遇六级及以上大风、大雾、暴雨等恶劣天气，严禁水上运输，船只必须靠岸停泊。

8　船只应由专人管理，并应有安全航行管理制度，救生设备必须完好、齐全。

9　应注意收听气象台、站的广播，及时做好防台、防汛工作。

10.6.3　搬运。

1　沿斜面搬运时，所搭设的跳板应牢固可靠，坡度不得大于1∶3，跳板厚度不得小于5cm。

2 在坡道上搬运时，物件应用绳索拴牢，并做好防止倾倒的措施。作业人员应站在侧面。下坡时应用绳索溜住。

3 从火车上卸圆木应由专人指挥。拔夹杠时，应先拔中间的，后拔两端的；断铁丝时，应先剪上、中层，后剪下层。圆木滚下时，车上严禁站人；圆木滚下方向严禁任何人逗留或通过。

10.6.4 大型设备的运输及搬运。

1 搬运大型设备前，应对所经路线及两端装卸条件做详细调查，并制定搬运措施。

2 搬运大型设备前，应对路基下沉、路面松软以及冻土开化等情况进行调查并采取措施，防止在搬运过程中发生倾斜、翻倒；对沿途经过的桥梁、涵洞、沟道等应进行详细检查和验算，必要时应予以加固。

3 大型设备运输道路的坡度不得大于 15°；如不能满足要求时，必须征得制造厂同意并采取可靠的安全措施。

4 运输道路上方如有输电线路，通过时应保持安全距离，否则必须采取隔离措施。

5 用拖车装运大型设备时，应进行稳定性计算并采取防止剧烈冲击或振动的措施。行车时应配备开道车及押运联络员。

6 从车辆或船上卸下大型设备时，卸车、卸船平台应牢固，并应有足够的宽度和长度。荷重后平台不得有不均匀下沉现象。

7 搭设卸车、卸船平台时，应考虑到车、船卸载时弹簧弹起及船体浮起所造成的高差。

8 使用两台不同速度的牵引机械卸车、卸船时，应采取措施使设备受力均匀，牵引速度一致。牵引的着力点应在设备的重心以下。

9 被拖动物件的重心应放在拖板中心位置。拖运圆形物件时，应垫好枕木楔子；对高大而底面积小的物件，应采取防止倾倒的措施；对薄壁或易变形的物件，应采取加固措施。

10 拖运滑车组的地锚应经计算，使用中应经常检查。严禁在不牢固的建筑物或运行的设备上绑扎拖运滑车组。打桩绑扎拖运滑车组时，应了解地下设施情况并计算其承载力。

11 在拖拉钢丝绳导向滑轮内侧的危险区内严禁人员通过或逗留。

12 中间停运时，应采取措施防止物件滚动。夜间应设红灯示警，并设专人看守。

10.7 起重机械及起重工具检验

10.7.1 起重机械检验。

1 下述情况，应对起重机按有关标准进行试验：

1）正常工作的起重机，每两年进行一次。

2）新安装、经过大修及改造的起重机，在交付使用前。

3）闲置时间超过一年的起重机，在重新使用前。

4）经过暴风、地震、重大事故后，可能使强度、刚度、构件的稳定性、机构的重要性能受到损害的起重机，在重新使用前。

2 经常性检查，应根据工作繁重程度和环境恶劣的程度确定检查周期，但不得少于每月一次。检查内容一般包括：

1）起重机正常工作的技术性能。

2）安全及防护装置。

3）线路、罐、容器、阀、泵、其他液压或气动部件的工作性能及泄漏情况。

4）吊钩、吊钩螺母及防松装置。

5）制动器性能及零件的磨损情况。

6）钢丝绳磨损和尾端的固定情况。

7）链条的磨损、变形、伸长情况。

8）捆绑绳、吊挂链和钢丝绳及辅具。

3 定期检查，应根据工作的繁重程度和环境恶劣的程度确定检查周期，但不得少于每年一次。检查内容一般包括：

1）经常性检查的内容。

2）金属结构的变形、裂纹、腐蚀及焊缝、铆钉、螺栓等的连接情况。

3）主要零部件的磨损、裂纹、变形等情况。

4）指示装置的可靠性和精度。

5）动力系统和控制器等。

10.7.2 起重工具检验。

1 起重工具检查和试验的周期及要求见表10.7.2。

表 10.7.2　　　　　　　　　　　起重工具检查和试验的周期及要求

序号	名称		检查与试验的要求	周期
1	纤维绳	检查	绳子光滑、干燥无磨损现象	一月
		试验	以2倍允许负荷进行10min的静力试验，不应有断裂和显著的局部延伸	一年
2	起重用钢丝绳	检查	（1）绳扣可靠，无松动现象； （2）钢丝绳无严重磨损现象； （3）钢丝绳断丝数在规程规定的限度内	一月
		试验	以1.5倍允许荷重进行10min的静力试验，不应有断裂及显著的局部延伸现象	一年
3	链条葫芦	检查	（1）链节无严重锈蚀、无裂纹、无打滑现象； （2）齿轮完整、轮杆无磨损现象，开口销完整； （3）撑牙灵活，能起刹车作用； （4）撑牙平面的垫片有足够厚度，加荷重后不会打滑； （5）吊钩无裂纹、无变形； （6）润滑油充分	一月
		试验	（1）新装或大修的，以1.25倍允许荷重进行10min的静力试验后，再以1.1倍允许荷重做动力试验，制动性能良好，链条无拉长现象； （2）一般的定期试验，以1.1倍允许荷重进行10min的静力试验	一年
4	滑轮	检查	（1）滑轮完整灵活； （2）滑轮杆无磨损现象，开口销完整； （3）吊钩无裂纹、无变形； （4）润滑油充分	一月
		试验	（1）新装或大修的，以1.25倍允许荷重进行10min的静力试验后，再以1.1倍允许荷重做动负荷试验，无裂纹； （2）一般的定期试验，以1.1倍允许荷重进行10min的静力试验	一年
5	绳卡、卸卡等	检查	丝扣良好，表面无裂纹	一月
		试验	以2倍允许荷重进行10min的静力试验	一年

序号	名称		检查与试验的要求	周期
6	电动及机动卷扬机	检查	(1) 齿轮箱完整，润滑良好； (2) 吊杆灵活，连接处的螺丝无松动或残缺； (3) 钢丝绳无严重磨损现象，断丝数在规定范围内； (4) 吊钩无裂纹、无变形； (5) 滑轮杆无磨损现象； (6) 滚筒突缘高度至少比最外层钢丝表面高出该绳直径的2倍；吊钩放至最低时，滚筒上的钢丝绳至少剩5圈，绳头固定良好； (7) 机械传动部分的防护罩完整，开关及电动机外壳接地良好； (8) 卷扬限制器，在吊钩升起距起重构架300mm时吊钩会自动停止； (9) 荷重控制器动作正常； (10) 制动器灵活良好	一月
		试验	(1) 新安装或大修的，以1.25倍允许荷重进行10min的静力试验后，再以1.1倍允许荷重做动力试验，制动良好，钢丝绳无显著的局部延伸； (2) 一般的定期试验，以1.1倍允许荷重进行10min的静力试验	一年

注：1. 新的起重设备和工具，允许在设备证件发出之日起12个月内不需重新试验。

　　2. 一切机械和设备在大修后必须进行试验，而不受规定试验期限的限制。

　　3. 各项试验结果应做记录。

2　起重运输作业除应按上述规定执行外，还应遵照GB 5082及GB/T 6067的有关规定执行。

11　焊接、切割与热处理

11.1　总则

11.1.1　从事焊接、切割与热处理的人员应经专业安全技术教育，考试合格，取得合格证，并应熟悉触电急救法和人工呼吸法。

11.1.2　从事焊接、切割与热处理操作的人员，每年应进行一次职业性身体检查。对准备从事焊接、切割与热处理操作的人员，应经身体检查，双目裸视力均在0.4以上，且矫正视力在1.0以上，无高血压、心脏病、癫痫病、眩晕症等妨碍本作业的其他疾病及生理缺陷。

11.1.3　进行焊接、切割与热处理作业时，作业人员应穿戴专用护目镜、工作服、绝缘鞋、皮手套等符合专用防护要求的劳动防护用品。

11.1.4　焊接、切割与热处理的作业场所应有良好的照明（50～100 lm/m^2），应采取措施排除有害气体、粉尘和烟雾等，使之符合TJ 36的要求。在人员密集的场所进行焊接作业时，宜设挡光屏。

11.1.5　进行焊接、切割与热处理作业时，应有防止触电、爆炸和防止金属飞溅引起火灾的措施。

11.1.6　在焊接、切割地点周围5m的范围内，应清除易燃、易爆物品；确实无法清除时，必须采取可靠的隔离或防护措施。

11.1.7　对盛装过油脂或可燃液体的容器，应先用蒸汽冲洗，并在确认冲洗干净后方可进行焊接或切割。施焊或切割时，容器盖口必须打开，在容器的封头部位严禁站人。

11.1.8　严禁在带有压力的容器和管道、运行中的转动机械及带电设备上进行焊接、切割与热处理作业。

11.1.9 在规定的禁火区内或在已贮油的油区内进行焊接、切割与热处理作业时，必须严格执行该区安全管理的有关规定。

11.1.10 严禁对悬挂在起重机吊钩上的工件和设备等进行焊接与切割。

11.1.11 严禁在储存或加工易燃、易爆物品的场所周围 10m 的范围内进行焊接、切割与热处理作业。

11.1.12 在充氢设备运行区进行焊接、切割与热处理作业，必须制订可靠的安全措施，经总工程师及运行单位有关部门批准后方可进行。作业前，必须先测量空气中的含氢量，低于0.4％时方可进行。

11.1.13 不宜在雨、雪及大风天气进行露天焊接或切割作业。如确实需要时，应采取遮蔽雨雪、防止触电和防止火花飞溅的措施。

11.1.14 在高处进行焊接与切割作业时：

 1 严禁站在油桶、木桶等不稳固或易燃的物品上进行作业。

 2 作业开始前应对熔渣有可能落入范围内的易燃、易爆物品进行清除，或采取可靠的隔离、防护措施，并设专人监护。

 3 严禁随身携带电焊导线、气焊软管登高或从高处跨越，应在切断电源和气源后用绳索提吊。

 4 在高处进行电焊作业时，宜设专人进行拉合闸和调节电流等作业。

11.1.15 在金属容器及坑井内进行焊接与切割作业时：

 1 金属容器必须可靠接地或采取其他防止触电的措施。

 2 严禁将行灯变压器带入金属容器或坑井内。

 3 焊工所穿衣服、鞋、帽等必须干燥，脚下应垫绝缘垫。

 4 严禁在金属容器内同时进行电焊、气焊或气割作业。

 5 在金属容器内作业时，应设通风装置，内部温度不得超过 40℃；严禁用氧气作为通风的风源。

 6 在金属容器内进行焊接或切割作业时，入口处应设专人监护，并在监护人伸手可及处设二次回路的切断开关。监护人应与内部的工作人员保持联系，电焊作业中断时应及时切断焊接电源。

 7 在容器或坑井内作业时，作业人员应系安全绳，绳的一端交由容器外的监护人钩挂住。

 8 严禁将漏气的焊炬、割炬和橡胶软管带入容器内；焊炬、割炬不得在容器内点火。在作业间歇或作业完毕后，应及时将气焊、气割工具拉出容器。

 9 下坑井、隧道、深沟内作业前，必须先检查其内是否存有可燃或有毒的气体，如有异常，应认真排除，在确认可靠后方可进入作业。

 10 下班时或作业结束后应及时清点人数。

11.1.16 焊接、切割与热处理作业结束后，必须清理场地、消除焊件余热、切断电源，仔细检查工作场所周围及防护设施，确认无起火危险后方可离开。

11.2 电焊

11.2.1 施工现场的电焊机应采用集装箱形式统一布置，保持通风良好。电焊机及其外接头均应有相应的标牌及编号。

11.2.2 露天装设的电焊机应设置在干燥的场所并应有防护棚遮蔽，装设地点距易燃易爆物品应有一定的安全距离。

11.2.3 电焊机裸露的导电部位和转动部分必须装设防护罩。

11.2.4 电焊机一次侧电源线应绝缘良好，长度一般不得大于3m；超长时，应架高布设。

11.2.5 电焊机必须装设独立的电源控制装置，其容量应满足要求。

11.2.6 电焊机的外壳必须可靠接地，接地电阻不得大于4Ω。严禁多台电焊机串联接地。

11.2.7 电焊工作台必须可靠接地。在狭小或潮湿地点施焊时，应垫干燥木板或采取其他防止触电的措施，并设监护人。

11.2.8 电焊设备应经常维修、保养。使用前应进行检查，确认无异常后方可合闸。

11.2.9 在使用长期停用的电焊机前必须测试其绝缘电阻，电阻值不得低于0.5MΩ，接线部分不得有腐蚀和受潮现象。

11.2.10 焊钳及二次线的绝缘必须良好，导线截面应与工作参数相适应。焊钳手柄应有良好的隔热性能。

11.2.11 严禁将电焊导线靠近热源、接触钢丝绳、转动机械或将其搭设在氧气瓶、乙炔瓶上。

11.2.12 严禁将电缆外皮、轨道、管道或其他金属物品等作为电焊机的二次线。

11.2.13 电焊机二次线应布设整齐、固定牢固，并使用快速接头插座。电焊导线通过道路时，必须将其架高或穿入防护管内埋设在地下；通过铁道时，必须将其从轨道下面穿过。

11.2.14 倒换电焊机接头、转移作业地点、发生故障或电焊工离开作业场所时，必须切断电源。

11.2.15 进行氩弧焊、等离子切割或有色金属切割时，宜戴静电防护口罩。

11.2.16 进行埋弧焊时，应防止由于焊剂突然中断而引起的弧光辐射。

11.2.17 打磨钨极应使用专用砂轮机和强迫抽风装置；打磨钨极处的地面应经常进行湿式清扫。含有放射性物质的垃圾应集中深埋处理。

11.2.18 储存或运输钨极时应将钨极放在铅盒内。作业中随时使用的零星钨极应放在专用的盒内。

11.2.19 等离子切割应尽量采用自动或半自动操作。采用手工操作时，应有专门的防止触电及排烟尘等防护措施。

11.2.20 焊接预热件时，应采取隔热措施。

11.2.21 用高频引弧或稳弧进行焊接及切割时，应对电源进行屏蔽。

11.3 气焊与气割

11.3.1 气瓶的使用、运输和保管。

1 气瓶应按表11.3.1-1的规定进行漆色和标注。

表11.3.1-1　　　　　　　　气瓶漆色和标注

气瓶名称	气瓶颜色	标注字样	字样颜色
氧气瓶	天蓝色	氧	黑色
乙炔气瓶	白色	乙炔	红色
氩气瓶	灰色	氩气	绿色
氮气	黑色	氮	黄色

2 气瓶应每三年检验一次，盛装惰性气体的气瓶应每五年检验一次。定期技术检验项

目应包括：内、外表检验，水压试验（使用中的乙炔气瓶只做气压试验）；必要时应测量气瓶的最小厚度。

3 气瓶瓶阀及管接头处不得漏气。应经常检查丝堵和角阀丝扣的磨损及锈蚀情况，发现损坏应立即更换。

4 气瓶上必须装两道防震圈。

5 不得将气瓶与带电物体接触。氧气瓶不得沾染油脂。

6 气瓶的瓶阀严禁沾有油脂。如沾有油脂必须洗刷干净。

7 氧气瓶与减压器的连接头发生自燃时应迅速关闭氧气瓶的阀门。

8 严禁随意倾倒液化石油气瓶的残液。

9 瓶阀冻结时严禁用火烤，可用浸 40℃ 热水的棉布盖上使其缓慢解冻。

10 严禁直接使用不装减压器的气瓶或装设不合格减压器的气瓶。乙炔气瓶必须装设专用的减压器、回火防止器。

11 乙炔气瓶的使用压力不得超过 0.147MPa，输气流速不得大于 1.5～2.0m³/(h·瓶)。

12 气瓶内的气体不得用尽。氧气瓶必须留有 0.2MPa 的剩余压力，液化石油气瓶必须留有 0.1MPa 的剩余压力，乙炔气瓶内必须留有不低于表 11.3.1-2 规定的剩余压力。

表 11.3.1-2　　　　　　乙炔气瓶内剩余压力与环境温度的关系

环境温度（℃）	<0	0～15	15～25	25～40
剩余压力（MPa）	0.05	0.1	0.2	0.3

13 气瓶（特别是乙炔气瓶）使用时应直立放置，不得卧放。

14 液化石油气瓶使用时，应先点燃引火物，然后开启气阀。

15 气瓶的存放与保管：

1）气瓶应存放在通风良好的场所，夏季应防止日光暴晒。

2）严禁将气瓶和易燃物、易爆物混放在一起。

3）严禁与所装气体混合后能引起燃烧、爆炸的气瓶一起存放。

4）乙炔气瓶、液化石油气瓶应保持直立，并应有防止倾倒的措施。

5）严禁将气瓶靠近热源。

6）氧气、液化石油气瓶在使用、运输和储存时，环境温度不得高于 60℃；乙炔气瓶在使用、运输和储存时，环境温度不得高于 40℃。

7）严禁将乙炔气瓶放置在有放射性射线的场所，亦不得放在橡胶等绝缘体上。

16 气瓶的搬运：

1）气瓶搬运前应旋紧瓶帽。气瓶应轻装轻卸，严禁抛掷或滚动、碰撞。

2）汽车装运氧气瓶及液化石油气瓶时，一般应将气瓶横向排放，头部朝向一侧，装车高度不得超过车厢板。

3）汽车装运乙炔气瓶时，气瓶应直立排放，车厢高度不得小于瓶高的 2/3。

4）运输气瓶的车上严禁烟火。运输乙炔气瓶的车上应备有相应的灭火器具。

5）易燃物、油脂和带油污的物品不得与气瓶同车运输。

6）所装气体混合后能引起燃烧、爆炸的气瓶严禁同车运输。

7）运输气瓶的车厢上不得乘人。

17 气瓶库的建立：

1）气瓶库内不得有地沟、暗道；严禁有明火或其他热源；应通风、干燥，避免阳光直射。

2）气瓶库必须在明显、方便的地点设置灭火器具，并定期检查，确保处于良好状态。

3）气瓶库必须设专人管理，并建立安全管理制度。工作人员必须熟悉设备性能和操作维护规程，并经考试合格后方可上岗。

4）容积较小的仓库（储量在 50 瓶以下）距其他建筑物的距离应大于 25m。较大的仓库与施工生产地点的距离应不少于 50m，与住宅和办公楼的距离应不少于 100m。

5）氧气瓶、乙炔气瓶及液化石油气瓶储存仓库周围 10m 范围内严禁烟火并严禁堆放可燃物。

11.3.2 减压器及其使用。

1 减压器应符合下列要求：

1）新减压器有出厂合格证；

2）外套螺母的螺纹完好，使用纤维质垫圈（不得使用皮垫或胶垫）；

3）高、低压表有效，指针灵活；

4）安全阀完好、可靠。

2 减压器（特别是接头的螺帽、螺杆）严禁沾染油脂，不得沾有砂粒或金属屑。

3 减压器螺母在气瓶上的拧扣数不少于 5 扣。

4 减压器冻结时严禁用火烘烤，只能用热水、蒸汽解冻或自然解冻。

5 减压器损坏、漏气或有其他故障时，应立即停止使用，进行检修。

6 装卸减压器或因连接头漏气紧螺帽时，操作人员严禁戴沾有油污的手套和使用沾有油污的扳手。

7 安装减压器前，应稍打开瓶阀，将瓶阀上黏附的污垢吹净后立即关闭。吹灰时，操作人员应站在侧面。

8 减压器装好后，操作者应站在瓶阀的侧后面将调节螺丝拧松，缓慢开启气瓶瓶阀。停止作业时，应先关闭气瓶阀门，拧松减压器调节螺丝，放出软管中的余气，最后卸下减压器。

11.3.3 乙炔、氧气及液化石油气橡胶软管的使用。

1 橡胶软管应按下列规定着色：

1）氧气胶管为红色；

2）乙炔气管为黑色；

3）氩气管为绿色。

2 乙炔气橡胶软管脱落、破裂或着火时，应先将火焰熄灭，然后停止供气。氧气软管着火时，应先将氧气的供气阀门关闭，停止供气后再处理着火胶管，不得使用弯折软管的处理办法。

3 不得使用有鼓包、裂纹或漏气的橡胶软管。如发现有漏气现象，应将其损坏部分切除，不得用贴补或包缠的办法处理。

4 氧气橡胶软管、乙炔气橡胶软管严禁沾染油脂。

5 氧气橡胶软管与乙炔橡胶软管严禁串通连接或互换使用。

6 严禁把氧气软管或乙炔软管放置在高温、高压管道附近或触及赤热物体。不得将重物压在软管上。应防止金属熔渣掉落在软管上。

7 氧气、乙炔气及液化石油气橡胶软管横穿平台或通道时应架高布设或采取防压保护措施；严禁与电线、电焊线并行敷设或交织在一起。

8 橡胶软管的接头应用特制的卡子卡紧或用软金属丝扎紧。软管的中间接头应用气管接头连接并扎紧。

9 乙炔气、液化石油气软管堵塞或冻结时，严禁用氧气吹通或用火烘烤。

11.3.4 焊炬、割炬的使用。

1 焊炬、割炬点火前应检查连接处和各气阀的严密性。

2 焊炬、割炬点火时应先开乙炔阀、后开氧气阀；嘴孔不得对着人。

3 焊炬、割炬的焊嘴因连续工作过热而发生爆鸣时，应用水冷却；如因堵塞而发生爆鸣时，应立即停用，待剔通后方可继续使用。

4 严禁将点燃的焊炬、割炬挂在工件上或放在地面上。

5 严禁将焊炬、割炬做照明用；严禁用氧气吹扫衣服或纳凉。

6 气焊、气割操作人员应戴防护眼镜。当使用移动式半自动气割机或固定式气割机时操作人员应穿绝缘鞋，并采取防止触电的措施。

7 气割时应防止割件倾倒、坠落。距离混凝土地面（或构件）太近或集中进行气割时，应采取隔热措施。

8 气焊、气割作业完毕后，应关闭所有气源的供气阀门，并卸下焊（割）炬，严禁只关闭焊（割）炬阀门或将输气胶管弯折便离开作业场所。

9 严禁将未从供气阀上卸下的输气胶管、焊炬和割炬放入管道、容器、箱罐或工具箱内。

11.3.5 施工现场的气体管线

1 施工现场用的气体应根据施工需要采用专用管道集中输送，管道的安装和验收应符合 GB 50030、GB 50031 和 DL/T 5031 的要求。

2 气体管线着色应符合 11.3.1 条 1 款的规定。

3 氧气管道、乙炔管道的地下埋设：

1）埋设深度应根据地面负荷决定。管顶距地面一般不得小于 0.7m，且应在冻土层以下，否则应采取防冻措施。

2）穿过铁路或道路时，其交叉角不宜小于 45°；管顶距铁路轨面不得小于 1.2m，距道路路面不得小于 0.7m，且均应设套管，套管的两端伸出铁路路基或道路两边不应小于 1m；铁路路基或道路两边有排水沟时，应延伸出排水沟 1m；套管内的管段应尽量减少焊缝。

3）管子上部 30cm 范围内，用松土填平并捣实，或用砂填满后再回填土。

4）管道、阀门和附件外表面应进行防腐处理。阀门、附件处应设检查井。氧气管道、乙炔管道应单独设置，严禁有其他管道直接穿过。

5）乙炔管道和液化石油气管道严禁通过烟道、通风地沟或直接靠近高于 50℃ 的热表面；严禁穿过建（构）筑物和露天堆场的下面。

6）管道在填土前，应进行气密性检查，不得有漏气现象。

11.3.6 集中供氧气站及乙炔气站。

1 集中供氧气站及乙炔气站的设计应符合 GB 50030 与 GBJ 16 的规定。

2 集中供氧气站及乙炔气站之间的距离应大于 50m。

3 乙炔气站不得设在高压线路的下方、人员集中的地方或交通道路附近。

4 集中供氧气站、乙炔气站的墙壁应采用耐火材料，房顶应采用轻型材料，但不得使用油毛毡。

5 氧气站及乙炔气站应装有避雷设施。

6 氧气站及乙炔气站必须在明显方便的地点设置灭火器具，并定期进行检查。

7 氧气站及乙炔气站周围 10m 范围内严禁烟火。

8 氧气站及乙炔气站应设专人负责运行管理。站内主要部位应有醒目的安全标志。

11.4 热处理

11.4.1 热处理场所不得存放易燃、易爆物品，并应在明显、方便的地方设置足够数量的灭火器材。

11.4.2 管道热处理场所应设围栏并挂警告牌。

11.4.3 采用中频电源进行热处理时，必须执行经过批准的操作程序和指挥联络办法。严禁擅自操作。

11.4.4 从中频电源设备到热处理作业地点的专用电缆必须按规定布设，并有特殊标志。

11.4.5 拆装感应线圈必须在切断电源后进行，并应有防止线圈误带电的措施。

11.4.6 热处理操作人员在作业时，必须使用防止触电的防护用品。

11.4.7 采用水冷感应线圈时，冷却水应回收或用软管排入地沟，不得随地排放。

11.4.8 进行热处理作业时，操作人员不得擅自离开。作业结束后应详细检查，确认无起火危险后方可离开。

12 修配加工

12.1 总则

12.1.1 机床的操作人员应经过培训，考试合格后方可进行操作。机床应由专人操作。

12.1.2 安装机床时，应按其最大行程留出不小于 1m 的通道。

12.1.3 转动机械的操作人员应穿工作服并扎紧袖口，作业时不得戴手套，长发、发辫应盘入帽内。

12.1.4 机床外露的传动轴、传动带、齿轮、皮带轮等必须装保护罩；机床应有良好的接地。

12.1.5 作业前应检查机械、仪表及工具等的完好情况。机床检查应符合下列要求：

1 保险螺丝及销子不松动；

2 转动部分没有放工具、量具或其他物品。

12.1.6 机床在切削过程中，操作人员的面部不得正对刀口，不得在刀架的行程范围内检查切削面。

12.1.7 机床开动后严禁将头、手伸入其回转行程内。

12.1.8 严禁在运行的机床上面递送工具、夹具及其他物件，或直接用手触摸加工件。

12.1.9 严禁手拿沾有冷却液的棉纱冷却转动着的工件或刀具。

12.1.10 机械上的边角料及剪切下来的零星材料严禁直接用手清除；缠在刀具或工件上的带状切屑，必须用铁钩清除，清除时必须停车。

12.1.11 切削脆质金属或高速切削时应戴防护眼镜，并按切屑飞射方向加设挡板；切削生铁时应戴口罩。

12.1.12 机床有下列情况之一时，必须停车：

1 检查精度，测量尺寸，校对冲模剪口。

2 加工件变动位置。

3 机床发出不正常响声。

4 操作人员离开作业岗位，不论其时间长短。

12.1.13 每班工作完毕后，应切断电源，退出刀架，将各部手柄放在空挡位置，并清擦机械，做好保养工作和交接班手续。

12.2 机床作业

12.2.1 车床作业。

1 装卸卡盘时应在主轴孔内穿钢管或穿入坚实木棍。

2 加工件超出床头箱或机床尾部时，必须用托架并设围栏。偏重较大时，应加平衡铁块并用低速切削；平衡铁块必须安设牢固。

3 车削薄壁工件时，应将工件卡紧，严格控制切削量及切削速度，并随时紧固刀架螺丝；车刀不宜伸出过长。

4 高速切削大型工件时，不得紧急制动或突然变换旋转方向。如需换向，应先停车。

5 使用锉刀抛光时应将刀架退到安全位置；操作时应右手在前、左手握柄，严防衣袖触及工件或手臂碰到卡盘。

6 作业开始前应把车刀上牢，刀尖不可露出过长。

7 使用自动走刀时应扣上保险。清理车头轴眼、顶尖套筒等时，必须停车。

8 顶尖与尖眼中心孔应相互配合，不得用旧顶尖。车床在运行中不得松开顶尖座。

9 立车的转盘上严禁堆放物件，并应设防护装置。

12.2.2 铣床及刨床作业。

1 铣床自动进料时必须拉开工作台上的手柄，严防旋转伤人。

2 不得利用铣床动力去紧心轴螺母。

3 刨床开动前应检查其周围的环境，在其行程范围内不得有杂物或其他无关人员。

12.2.3 磨床作业。

1 磨床使用前应检查砂轮防护罩是否牢固，严禁使用有裂纹或有不稳定现象的砂轮片。

2 快速给进时，砂轮与工件应平稳接触。工作台移动时，工件应先与砂轮脱开。

3 修整砂轮必须使用专用刀具，严禁使用凿子或其他工具。

4 手工修整砂轮时，刀具架的底面必须抵在导板或垫板架上；机动修整砂轮时，进给量应均匀平稳，人应站在砂轮的侧面。

12.2.4 镗床作业。

1 调整镗床时，在升降主轴箱前应松开立柱上的夹紧装置；装镗杆前应检查主轴孔与镗杆是否完好，安装时不得用锤子或其他工具敲击镗杆。

2 镗床开始作业时应先用手动进给，使刀具接近工件，然后再用自动进给。

3 当工具处在工作位置时不得开车或停车。

4 旋转工作台应有安全防护设施。

12.3 钳工作业

12.3.1 台虎钳的钳把不得用套管接长加力或用手锤敲打；所夹工件不得超过钳口最大行程

的 2/3。

12.3.2 使用钢锯时工件应夹紧，工件将锯断时，应用手或支架托住。

12.3.3 使用活动扳手时，扳口尺寸应与螺帽相符，不得在手柄上加套管使用。

12.3.4 在同一工作台两边凿、铲工件时，中间应设防护网。单面工作台应有一面靠墙。操作人员应戴防护眼镜。

12.3.5 两人在同一工件上进行刮研时，不得对面操作。

12.3.6 检查设备内部时，应使用行灯或手电筒照明，严禁用明火。检查容易倾倒的设备时，必须支撑牢固。检查机械零部件的接合面时，应将吊起的部分支撑牢固，手不得伸入接合面内。

12.3.7 检修蓄电池时，应有防止酸液灼伤的措施；平整或清扫极板应在通风良好处进行。

12.3.8 拆卸的设备零部件应放置稳固。装配时，严禁用手插入接合面或探摸螺孔。取放垫铁时，手指应放在垫铁的两侧。

12.3.9 在用链条葫芦吊起的部件下进行工作时，必须将手拉链扣在起重链上，并用支架将吊件垫稳。

12.3.10 设备清洗、脱脂不得使用汽油，工作场所应通风良好，严禁烟火。

12.3.11 清洗后的零部件应待油气挥发后再进行组装。

12.3.12 使用钻床时，工件应夹（或压）牢固，严禁手扶施钻。

12.3.13 冲压工件时，操作人员应戴防护眼镜。每冲完一次，脚必须离开踏板。

12.3.14 装带顶杆的模具时，必须调整好上、下挡铁，缓慢调试；进行压印校正时，其行程不得超过最大行程的 65%。

12.4 铆工作业

12.4.1 工作平台必须有良好的接地。

12.4.2 滚动台两侧滚轮应保持水平，拼装体中心垂线与滚轮中心线夹角不得小于 35°，工件转动时外缘的线速度不得超过 3m/min。

12.4.3 在滚动台上拼装容器采用卷扬机牵引时，钢丝绳必须沿容器表面底部引出，并应在相反方向设置保险绳。

12.4.4 风铲的风管接头、阀门等应完好，铲头有裂纹的严禁使用；操作中应及时清理毛刺，铲头前方不得站人；更换铲头时风枪口必须朝下；严禁操作人员面对风枪口。

12.4.5 铆钉枪、风铲不用时应关闭风门、取出弹子。提拿时枪口应朝下，严禁将枪口对着人。

12.4.6 使用冲子冲孔时，对面不得有人，并应有防止冲子飞出伤人的措施。

12.4.7 从事铆接作业时，应穿戴必要的防护用品；铲打毛刺时，应戴防护眼镜；碎屑飞出方向不得有人。

12.4.8 多人搬运或翻钢板时，应有专人指挥，步调应一致。

12.4.9 在容器内进行锤击时，应有保护耳膜的措施。

12.4.10 卷板展开时，拉伸索具必须牢靠。展开方向两侧及板上不得站人，严防松索或切板时回弹伤人。

12.4.11 使用平板机时，应站在两侧操作，钢板过长时应用托架式小车或用吊车配合。板上不得站人。

12.4.12 卷板时，应站在卷板机的两侧操作。钢板卷到尾端时，应留有足够裕量。卷大直径筒体应有吊具配合。

12.4.13 严禁跨越转动着的卷板机或平板机的滚筒，不得站在行走的钢板上或其正前方。

12.4.14 卷板对缝必须在停机后进行。

12.4.15 圆管滚动时，应在滚动方向的前方设置限位装置。

12.4.16 用调直机调直或弯制型钢，应放稳并卡牢。移动型钢时，手应放在外侧，顶具必须焊有手柄。

12.4.17 使用剪板机时，钢板应放置平稳。剪板时，上剪刀片未复位时不得送料或将手伸入刀口下方。严禁剪切超过规定厚度的钢板，或剪切压不住的窄钢板。

12.4.18 刨边机的行走轨道不得有障碍物；清除刨屑必须停车。

13 小型施工机械及工具

13.1 总则

13.1.1 机具应由了解其性能并熟悉操作知识的人员操作。各种机具都应由专人进行维护，并应随机挂安全操作牌。

13.1.2 机具的转动部分及牙口、刃口等尖锐部分应装设防护罩或遮栏，转动部分应保持润滑。

13.1.3 机具的电压表、电流表、压力表、温度计、液量计等监测仪表，以及制动器、限制器、安全阀、闭锁机构等安全装置，必须齐全、完好。

13.1.4 机具应由专人负责保管，定期进行维护保养和鉴定。修复后的机具应经试转、鉴定合格后方可使用。

13.1.5 机具使用前必须进行检查，严禁使用已变形、已破损或有故障的机具。

13.1.6 机具应按其出厂说明书和铭牌的规定使用。

13.1.7 电动的工具、机具必须接地或接零良好。

13.1.8 电动的或风动的机具在运行中不得进行检修或调整；检修、调整或中断使用时，应将其能源断开。不得将机具或其附件放在机器或设备上。

13.1.9 不得站在移动式梯子上或其他不稳定的地方使用电动机具或风动机具。

13.1.10 使用射钉枪、压接枪等爆发性工具时，除应严格遵守说明书的规定外，还应遵守爆破的有关规定。

13.2 小型施工机械

13.2.1 砂轮机。

1 砂轮机的旋转方向不得正对其他机器、设备。

2 安装砂轮片时，砂轮片与两侧板之间应加柔软的垫片，严禁猛击螺帽。

3 砂轮片有缺损或裂纹者严禁使用，其工作转速应与砂轮机的转速相符。

4 砂轮机必须装设托架。托架与砂轮片的间隙应经常调整，最大不得超过 3mm；托架的高度应调整到使工件的打磨处与砂轮片中心处在同一平面上。

5 砂轮机的安全罩应完整；使用砂轮机时应站在侧面并戴防护眼镜。

6 不得两人同时使用一个砂轮片；不得在砂轮片的侧面打磨工件；不得用砂轮机打磨软金属、非金属以及大工件。

7 砂轮片的有效半径磨损到原半径的 1/3 时必须更换。

13.2.2 空气压缩机。

1 空气压缩机应保持润滑良好，压力表准确，自动启、停装置灵敏，安全阀可靠，并应由专人维护；压力表、安全阀及调节器等应定期进行校验。

2 严禁用汽油或煤油洗刷空气滤清器以及其他空气通路的零件。

3 输气管应避免急弯。打开进风阀前，应事先通知作业地点的有关人员。

4 出气口处不得有人工作，储气罐放置地点应通风，且严禁日光暴晒或高温烘烤。

5 运行中出现下列情况时应立即停机进行检修：

1）气压、机油压力、温度、电流等表计的指示值突然超出规定范围或指示不正常。

2）发生漏水、漏气、漏油、漏电或冷却液突然中断。

3）安全阀连续放气且无法调整或机械响声异常。

13.2.3 水泵。

1 水泵放置地点应坚实，安装应牢固、平稳，并有防雨措施。数台水泵并列安装时，泵与泵之间应有0.8～1m的间距。

2 安装后，电动机与水泵的连接应中心找正，联轴器的螺栓必须牢固，外露的转动部分应有防护装置。

3 水泵启动前应检查进、出水管支架是否牢固。

4 升、降吸水管时应站在有防护栏杆的平台上。任何人不得从正在运行的水泵上跨越。

5 运行中如发现下列情况，应立即停泵进行检修：

1）漏水、漏气或盘根部位发热。

2）滤网堵塞或运转声音异常。

3）电动机温度过高，电流突然增大或电压升降幅度超过额定值的±5%。

4）机械零件松动或其他故障。

6 作业完毕后应将放水阀打开，冬季应做好防冻措施。

7 使用潜水泵时，应根据制造厂规定的安全注意事项进行操作。潜水泵运行时，严禁任何人进入被排水的坑、池内。进入坑、池内工作时，必须切断潜水泵的电源。

13.2.4 角向磨光机。

1 作业时，操作人员应戴防护眼镜和防尘口罩。

2 磨光机所用砂轮外缘的安全线速度不得小于80m/s。

3 在切割作业时，砂轮不得倾斜。

13.2.5 其他机械。

1 滤油机及油系统的金属管道应采取防静电接地措施。滤油机应远离火源及烤箱，并有相应的防火措施。

2 真空泵应润滑良好，冷却水流量应充足，冬季应有防冻措施，并应由专人维护。

3 电动弯管机、坡口机、套丝机等应先空转，待转动正常后方可带负荷工作。运行中，严禁用手、脚接触其转动部分。

4 磁力吸盘电钻的磁盘平面应平整、干净、无锈，进行侧钻或仰钻时，应采取防止失电后钻体坠落的保护措施。

5 使用电动扳手时，应将反力矩支点靠牢并确实扣好螺帽后方可开动。

6 使用钻床时严禁戴手套，袖口应扎紧；钻具、工件均应固定牢固。薄工件和小工件施钻时，不得直接用手扶持。钻头转动时，严禁直接用手清除钻屑或用手接触转动部分。

13.3 手动工具

13.3.1 千斤顶。

1 使用前应检查各部分是否完好。油压式千斤顶的安全栓有损坏，螺旋式千斤顶或齿条式千斤顶的螺纹或齿条的磨损量达 20％时，严禁使用。

2 应设置在平整、坚实处，并用垫木垫平。千斤顶必须与荷重面垂直，其顶部与重物的接触面间应加防滑垫层。

3 严禁超载使用，不得加长手柄或超过规定人数操作。

4 使用油压式千斤顶时，任何人不得站在安全栓的前面。

5 在顶升的过程中，应随着重物的上升在重物下加设保险垫层，到达顶升高度后应及时将重物垫牢。

6 用两台及两台以上千斤顶同时顶升一个物体时，千斤顶的总起重能力应不小于荷重的两倍。顶升时应由专人统一指挥，确保各千斤顶的顶升速度及受力基本一致。

7 油压式千斤顶的顶升高度不得超过限位标志线；螺旋及齿条式千斤顶的顶升高度不得超过螺杆或齿条高度的 3/4。

8 不得在长时间无人照料下承受荷重。

9 下降速度必须缓慢，严禁在带负荷的情况下使其突然下降。

13.3.2 链条葫芦。

1 使用前应检查吊钩、链条、传动装置及刹车装置是否良好。吊钩、链轮、倒卡等有变形时，以及链条直径磨损量达 15％时，严禁使用。

2 两台及两台以上链条葫芦起吊同一重物时，重物的重量应不大于每台链条葫芦的允许起重量。

3 起重链不得打扭，亦不得拆成单股使用。

4 刹车片严防沾染油脂。

5 不得超负荷使用，起重能力在 5t 以下的允许 1 人拉链，起重能力在 5t 以上的允许 2 人拉链，不得随意增加人数猛拉。操作时，人不得站在链条葫芦的正下方。

6 吊起的重物如需在空中停留较长时间，应将手拉链拴在起重链上，并在重物上加设保险绳。

7 在使用中如发生卡链情况，应将重物垫好后方可进行检修。

13.3.3 喷灯。

1 使用前应进行检查，符合下列要求方可使用：

1）油筒不漏油，喷油嘴的螺纹丝扣不漏气。

2）加油量未超过油筒容积的 3/4。

3）加油嘴的螺丝塞已拧紧。

2 已使用煤油或柴油的喷灯严禁注入汽油。

3 喷灯内压力不可过高，火焰应调整适当。喷灯因连续使用，而温度过高时，应暂停使用。作业场所应空气流通。

4 使用中如发生喷嘴堵塞，应先关闭气门，待火灭后站在侧面用通针剔通。

5 使用喷灯的作业场所不得有易燃物。

6 喷灯在带电区附近作业时，火焰与带电部分的距离应满足表 13.3.3 的要求。

表 13.3.3　　　　　　　喷灯火焰与带电部分的最小允许距离

电压（kV）	<1	1~10	>10
最小允许距离（m）	1	1.5	3

7　在使用过程中如需加油时，必须灭火、泄压，待喷灯冷却后方可进行。

8　使用完毕后，应先灭火、泄压，待喷灯完全冷却后方可放入工具箱内。

13.3.4　其他手动工具。

1　冲子、扁铲等冲击性工具严禁用高速工具钢制作，锤击面不得淬火，冲击面毛刺应及时打磨清理；錾子、扁铲有卷边或裂纹的不得使用；顶部的油污应及时清除。

2　大锤、手锤、手斧等甩打性工具的把柄应用坚韧的木料制作，锤头应用金属背楔加以固定。打锤时，握锤的手不得戴手套，挥动方向不得对着人。

3　使用撬杠时，支点应牢靠。高处使用时严禁双手施压。

13.4　电动工具

13.4.1　移动式电动机械和手持电动工具的单相电源线必须使用三芯软橡胶电缆；三相电源线在 TT 系统中必须使用四芯软橡胶电缆，在 TN-S 系统中必须使用五芯软橡胶电缆。接线时，缆线护套应穿进设备的接线盒内并予以固定。

13.4.2　电动工具使用前应检查下列各项：

1　外壳、手柄无裂缝、无破损。

2　保护地线或保护零线连接正确、牢固。

3　电缆或软线完好。

4　插头完好。

5　开关动作正常、灵活，无缺损。

6　电气保护装置完好。

7　机械防护装置完好。

8　转动部分灵活。

13.4.3　长期停用或新领用的电动工具应用 500V 的兆欧表测量其绝缘电阻，如带电部件与外壳之间的绝缘电阻值达不到 2MΩ，必须进行维修处理。对正常使用的电动工具也应对绝缘电阻进行定期测量、检查。

13.4.4　电动工具的电气部分经维修后，必须进行绝缘电阻测量及绝缘耐压试验，试验电压为 380V，试验时间为 1min。

13.4.5　连接电动机械及电动工具的电气回路应单独设开关或插座，并装设漏电保护器，金属外壳应接地；电动工具必须做到"一机一闸一保护"。

13.4.6　电流型漏电保护器的额定漏电动作电流不得大于 30mA，动作时间不得超过 0.1s；电压型漏电保护器的额定漏电动作电压不得大于 36V。

13.4.7　电动机具的操作开关应置于操作人员伸手可及的部位。当休息、下班或作业中突然停电时，应切断电源侧开关。

13.4.8　使用 I 类可携式或移动式电动工具时，必须戴绝缘手套或站在绝缘垫上；移动工具时，不得提着电线或工具的转动部分。

13.4.9　在潮湿或含有酸类的场地上以及在金属容器内使用Ⅲ类绝缘的电动工具时，必须采取可靠的绝缘措施并设专人监护。电动工具的开关应设在监护人伸手可及的地方。

13.5 风动工具

13.5.1 风管应与供气的金属管连接牢固,并在作业前通气吹洗;吹洗时排气口不得对着人。

13.5.2 作业前,必须将附件牢靠地接装在套口中,严防在作业时飞出。

13.5.3 风锤、风镐、风枪等冲击性风动工具必须在置于工作状态后方可通气。

13.5.4 风管不得弯成锐角;风管遭受挤压或损坏时,应立即停止使用。

13.5.5 更换工具附件必须待余气排尽后方可进行。

13.5.6 严禁用氧气作为风动工具的气源。

14 土石方工程

14.1 总则

14.1.1 土石方开挖前应了解水文地质和地下设施情况,制定施工技术措施及安全施工措施。

14.1.2 挖掘区域内如发现不能辨认的物品、地下埋设物、古物等,严禁擅自敲拆,必须报告上级进行处理后方可继续施工。

14.1.3 在有电缆、管道及光缆等地下设施的地方进行土石方开挖时,应事先取得有关管理部门的书面同意,并有相应的安全措施且派有专人监护;严禁用冲击工具或机械挖掘。

14.1.4 挖掘土石方应自上而下进行,严禁使用挖空底脚的方法。挖掘前应将斜坡上的浮石清理干净,堆土的距离及高度应符合施工组织设计的有关规定。

14.1.5 在深坑及井内作业应采取可靠的防坍措施,坑、井内的通风应良好。在作业中应定时检测是否存在有毒气体或异常现象,如发现可疑情况应立即停止作业,撤离人员并报告上级处理。

14.1.6 在电杆或地下构筑物附近挖土时,其周围必须有加固措施。在靠近建筑物处挖掘基坑时,应采取相应的防塌陷措施。

14.1.7 沿铁路边缘挖土时,应派专人监护或在轨道外侧设围栏。围栏与轨道中心的距离:宽轨不得小于 2.5m,1m 宽的轻轨不得小于 2m,0.75m 以下的窄轨不得小于 1.5m。

14.1.8 在交通道路、广场或施工区域内挖掘沟道或坑井时,应在其周围设置围栏及警告标志,夜间应设红灯示警,围栏离坑边不得小于 0.8m。

14.1.9 上下基坑时应挖设台阶或铺设防滑走道板;若坑边狭窄,可使用靠梯;严禁攀登挡土支撑架上下或在坑井的边坡脚下休息。

14.1.10 在夜间进行土石方施工时,施工区域应有足够的照明。

14.1.11 用风钻打眼时,手不得离开钻把上的风门,严禁骑马式作业。更换钻头应先关闭风门。

14.1.12 凿岩机的橡胶风管严防缠绕或打结,严禁用弯折风管的方法停止供气。

14.1.13 雨期开挖基坑(槽)时,应注意边坡稳定,必要时可适当放缓边坡坡度或设置支撑;施工时应加强对边坡和支撑的检查。施工中应采取措施防止地面水流入坑(槽)内。

14.1.14 土方工程不宜在冬季施工。如须在冬季施工时,其施工方案应符合施工验收规范要求并经总工程师批准。施工前应准备充分,并做到连续施工。

14.2 排水

14.2.1 在有地下水或地面水流入基坑处进行挖土时,应有排水措施,并应防止因抽水而引起坍方、流砂。大型坑、井的排水措施应经过方案设计并按要求设置。

14.2.2 水泵在使用前应经电工检查，确保其绝缘和密封性能良好。水泵的使用、操作应按13.2.3和13.4.2、13.4.3的规定执行。

14.2.3 严禁在水中或潮湿之处搬移、检查正在运行的潜水泵，进行检查、移动时必须切断电源。

14.2.4 井点排水：

　　1 井点排水方案应经设计确定。

　　2 所用设备的安全性能应良好，水泵接管必须牢固、卡紧。作业时严禁将带压管口对准人体。

　　3 人工下管时应有专人指挥，起落动作一致，用力均匀；人字扒杆必须系好缆绳。

　　4 机械下管、拔管时，吊臂下严禁站人。

　　5 在有车辆或施工机械通过的地点，敷设的井点应予以加固。

14.3 边坡及支撑

14.3.1 永久性边坡坡度应符合设计要求，使用时间较长的临时性边坡坡度应符合GB 50202的要求。

14.3.2 在不能按GB 50202的要求留设边坡时，应设置支撑。支撑应根据具体施工情况进行选择和设计，且必须牢固可靠。

14.3.3 在边坡上侧堆土（或堆放材料）及移动施工机械时，应与边坡边缘保持一定的距离。当土质良好时，堆土（或材料）应距边缘0.8m以外，高度不宜超过1.5m。

14.3.4 在土方开挖中应随时注意边坡的变动情况，如出现滑坡迹象（如裂缝、滑动、流砂、塌落等）时，应立即采取下列措施：

　　1 暂停施工，必要时所有人员和机械撤至安全地点；

　　2 做好观测并记录；

　　3 通知设计单位提出处理措施。

14.3.5 拆除支撑应自下而上进行，更换支撑应先装后拆。拆除固壁支撑时应考虑对附近建筑物安全的影响。

14.4 人工开挖

14.4.1 人工开挖时，两人操作间距应以不互相碰撞为宜（一般保持2～3m），并应自上而下逐层开挖，严禁采用掏洞的挖掘方法。

14.4.2 在基坑内向上运土时，应在边坡上挖设台阶，其宽度不得小于0.7m，相邻台阶的高差不得超过1.5m。严禁利用挡土支撑搁置传土工具或站在支撑上传递。

14.4.3 用杠杆式或推磨式提升吊桶运土时，应经常检查绳索、滑轮、吊桶的牢固程度。吊桶下方严禁人员逗留。

14.4.4 人工开挖石方时，工具必须完好，站立位置应稳固。打锤与扶钎者不得面对面作业，扶钎者应戴防护手套。

14.4.5 爆破后的石块需人工撬挖时：

　　1 严禁站在石块滑落的方向撬挖或上下层同时撬挖，撬挖人员之间应保持适当的间距；

　　2 在撬挖作业地点的下方严禁通行，并应有专人警戒；

　　3 撬挖作业应在将悬浮层清除并撬挖成一个确无危险的坡度后方可收工；

　　4 在悬岩陡坡上作业时应系安全带。

14.4.6 不能装运的大石块应劈成小块。用铁锲劈石时，人间距离不得小于 1m；用锤劈时，人间距离不得小于 4m。

14.5 机械开挖

14.5.1 采用大型机械挖土时，应对机械的停放、行走、运土方法及挖土分层深度等制定出具体施工技术措施。

14.5.2 大型机械进入基坑时应有防止机身下陷的措施。开动挖土机前应发出规定的音响信号。

14.5.3 挖土机行走或作业时：

 1 严禁任何人在伸臂及挖斗下面通过或逗留；

 2 严禁人员进入斗内，不得利用挖斗递送物件；

 3 严禁在挖土机的回转半径内进行各种辅助作业或平整场地。

14.5.4 挖土机暂停作业时，应将挖斗放到地面上，不得使其悬空。

14.5.5 用机械装卸石块时：

 1 装料场及卸料场应划定危险区，无关人员不得进入；

 2 往机动车上装石渣应待车辆停稳后方可进行，挖斗严禁从驾驶室上方越过；

 3 起吊大石块时不得超重；

 4 必须待石块放置平稳后方可松开钢丝绳，严禁在未放稳前用力拖拉或转换方向。

14.5.6 清除斗内的泥土或石块，应在挖土机停止运转、司机许可后方可进行。

15 爆破工程

15.1 总则

15.1.1 爆破施工单位必须持有公安部门颁发的爆破资格证明。

15.1.2 爆破人员应经培训并考试合格，取得合格证。未经专业培训的人员不得参加爆炸物的运输、保管和爆破工作。

15.1.3 爆破区内的电线、管道、器材、机械设备及精密仪器等在爆破前应予以拆迁。无法拆迁时，应用能隔绝冲击波的坚固障板加以保护。

15.1.4 爆破前应对保留结构和爆破结构周围建筑物的性质及管线分布情况做详细调查。爆破的安全距离、保护方法及被炸结构的飞起、倒塌方向应经计算确定。

15.1.5 爆破作业必须有专人指挥，事先设立警戒范围及信号标志，规定警戒时间，并派出警戒人员。起爆前应进行检查，必须待所有人员、车辆、船只避入安全地点后方可起爆。警报解除后方可放行。炮工的掩蔽所必须坚固，掩避所至起爆点的道路必须畅通。

15.1.6 露天爆破的安全警戒半径：裸露药包、深眼法及峒室法不得小于 400m。炮眼法（浅眼法）及药壶法不得小于 200m。

15.1.7 加工起爆药包必须在爆破现场于爆破前进行，并按所需数量一次制作，严禁将成品留作备用。制作好的起爆药包应由专人负责妥善保管。在药包上装雷管必须在爆破地点进行。

15.1.8 连接导火索和火雷管必须在专用加工房内进行。切割导火索和导爆索必须用锋利的小刀，严禁用剪刀剪断或用石器、铁器敲断。切断导火索和导爆索的台桌上不得放置雷管。

15.1.9 装药必须用木棒或竹棒轻塞，严禁用力抵入或捣实。装药与制作起爆药包的人员严禁穿带有钉子及铁掌的鞋。

15.1.10 峒室法爆破药室在安装起爆体前应用低压照明。安装起爆体时必须用非金属手电筒或在峒室外用投光灯照明。

15.1.11 在城镇地区进行爆破作业或爆破现场附近有构筑物时，严禁采用扬弃爆破，必须使用小量炸药进行闷炮爆破，炮眼上应压盖掩护物，并应有减少震动波扩散的措施。

15.1.12 遇暴风雨、雷闪、大雾等天气或黑夜，严禁进行爆破施工。

15.1.13 爆破材料应根据使用条件选用并符合现行国家标准。爆破材料应在有效期内使用，过期的不得使用。严禁使用冻结或半冻结的硝化甘油炸药。

15.1.14 拆除原有的砖石、混凝土或钢筋混凝土基础等，应用松动（龟裂）爆破或控制爆破。

15.1.15 电力建设工程施工中宜采用电力起爆方法。其他爆破可参见 GB 6722 的要求。

15.2 爆破

15.2.1 电力起爆：

1 放炮器应由专人保管，电源应由专人控制，闸刀箱应上锁，放炮前严禁将把手或钥匙插入放炮器或接线盒内。

2 同一网路的电炮应使用同厂的雷管，各雷管的电阻误差应控制在 $\pm 0.2\Omega$ 以内。

3 应先将电雷管的脚线连接成短路，接母线时解开。连接母线应从药包开始向电源方向敷设。主线端头未接电源时应先用绝缘胶布包好。

4 应采用绝缘导线，其绝缘性能及截面积应符合设计要求。使用前应进行电阻和绝缘检验。导线连接时应防止错接、漏接或接触地面，不得利用水或大地作为电爆网路的回路。

5 连线时，必须将行灯撤至作业面 3m 以外。用手电筒照明时，应离连线地点 1.5m 以外。

6 在电爆网路敷设完毕，并确认人员已撤至安全地区后用欧姆表或爆破电桥检查网路。所测电阻与计算电阻相差不得超过 10%。

7 检测电雷管和线路应使用欧姆表、爆破电桥等爆破专用仪表，严禁用其他电源或设备在施工现场做通路试验。检测时，最大输出电流值不得大于 30mA。

8 在有杂散电流、静电、感应电或高频电磁波等可能引起电雷管早爆的地区和雷电区，除非有针对性措施方案外，不得采用电力起爆。

9 爆破中途遇雷电时，应迅速将已接好的各主线、支线端头解开并分别用绝缘胶布包好。

15.2.2 水下爆破：

1 水下爆破一般采用裸露药包法或炮眼法。选用的炸药应有良好的防水性能，且不变质，如采用其他炸药，必须采取严密的防水措施。

2 水下爆破应采用电力起爆，并应按电力爆破的有关规定执行。此外电雷管脚线和电力主线应防水并绝缘良好。

3 水下钻眼时，应使用带有套管的钻眼机。装药及爆破时应划定危险区，并设立警戒标志及值勤人员，必要时应封航。

4 装药应按顺序进行，一般先上游后下游依次对号入孔。

5 装药及爆破时，潜水员及炮工不得携带对讲机、电话机（固定式或移动式）和手电筒上船，施工现场应切断一切电源。

6 水下裸露爆破必须将药包固定在爆破点上，严防潜水员返回时把药包挂起来。爆破时，装药船应移向上游。

15.2.3 电力起爆后 15min、火炮起爆后 20min 方可进入施工现场，且最少应由两人巡视爆破地点，检查处理危岩、支架、瞎炮、残炮。施工人员应待解除警戒后方可进入施工现场。

15.2.4 在坑道内两个邻近作业面之间的厚度小于 20m 时，一方爆破，另一方作业人员应全部撤离作业面。

15.2.5 瞎炮处理：

1 电力爆破通电后若没有起爆，则应将主线从电源上解开并接成短路。短路后，如使用即发雷管的应待 5min，使用延期雷管的应待 15min 后，方可进入现场。

2 如由于接线不良造成的瞎炮可以重新接线后再起爆。

3 可在距原炮孔 60cm 处另打一平行炮孔眼，然后装药起爆。

4 可用竹木工具小心将炮孔上的堵塞物掏出，再装入起爆药包后引爆；或用水浸泡并冲洗药包，然后取出拒爆的雷管销毁。

5 严禁拉或拔电雷管的导线，严禁在炮孔内掏、挖出炸药。

6 在瞎炮处理完毕前，严禁在该地点进行其他作业。

7 交班前如未能将漏炮、瞎炮处理完毕，则应做好详细记录及交接工作，待接班人掌握全面情况后，交班人方可离开。

15.3 爆破材料的管理和运输

15.3.1 爆破材料库应符合防爆、防雷、防火、防潮和防鼠的要求并有良好的通风设施，库内温度应保持在 18℃～30℃之间。库房距村庄或其他建筑物应在 800m 以上。不足 800m 时，仓库四周必须修筑高出屋檐 1.5m 以上的土堤，或采用半地下库、山洞库，但其距离不得小于 400m。

15.3.2 施工现场临时储药小仓库必须设在隐蔽、安全的地方并由专人看管，存药量不得超过一天的用量，且不得超过：炸药 10t，雷管 2 万发。

15.3.3 炸药和雷管必须分库存放，两库间的安全距离应符合表 15.3.3 的规定。

表 15.3.3　　　　　　　　　炸药和雷管分库存放安全距离

最多存放雷管数（个）	1000	5000	10000	15000	20000
安全距离（m）	2.0	4.5	6.0	7.5	8.5

15.3.4 爆破器材库内严禁安装电灯照明，可采用自然光或在库房外安设探照灯进行投射采光。移动式照明只能使用安全手电筒或汽油安全灯。

15.3.5 爆破材料库应设有避雷装置，其接地电阻不得大于 10Ω。

15.3.6 库内爆破材料的储存：药箱堆放高度不得超过 1.6m，箱与箱间距不得小于 3cm，箱子每边堆放长度不得超过 5m，堆与堆的间距不得小于 1.3m，箱与仓库墙壁相距不得小于 50cm，箱子离地面不得小于 10cm。

15.3.7 性质不同的炸药应分库存放。同库存放时，两者的殉爆安全距离应符合表 15.3.7 的规定。

表 15.3.7　　　　　　　　不同性质炸药同存时的殉爆安全距离

	最大储存量（kg）	500	1000	5000	10000
安全距离（m）	硝胺炸药与铵油或胶质炸药同存时	20	38	85	120
	铵油炸药与胶质炸药同存时	16	22	50	70

15.3.8 炸药拆箱应在仓库的殉爆安全距离外进行，拆箱时严禁用力敲打。

15.3.9 爆破材料仓库应设警卫。库房内严禁吸烟或带入火种，库房人员及领料人员严禁穿带钉的鞋入库。

15.3.10 领用爆破材料应有严格的管理制度。炸药和雷管必须由炮工负责在白天领用，并分别装入非金属容器内，严禁装入衣袋。保管和领用人员必须当面点数签收，领用人员应亲自送往现场，不得转手。每人携带药量不得超过 20kg，带药人之间的距离应在 15m 以上。

15.3.11 爆破后剩余的炸药、雷管应分别存入临时储药小仓库，严禁私自收藏。

15.3.12 爆破材料的运输必须按公安部门的规定进行并指定专人负责。长途运输爆破材料应用符合安全要求的运输工具，不得使用自行车或两轮摩托车。运输应按规定的路线和时间进行，并由专人押运，押运人员不得随身携带可能引起爆炸的危险物品。

15.3.13 装运爆破材料的车船应有"危险"的醒目标志。运输途中遇到火源时，应在上风 200m 或下风 300m 以外绕行。中途停歇或遇雷雨时，应在离房屋、输电线、森林、桥梁、隧道等 200m 以外停放。大雾、风、雪天应减速行驶。

15.3.14 运输爆破物品应捆扎牢靠，严禁散装、改装，并应防止振动、冲击、倒置、坠落及摩擦。装卸时应轻拿轻放，放稳绑牢。

15.3.15 炸药、雷管不得同车、同船装运。雷管箱内应用柔软材料填实。

15.3.16 炸药的冬季运输、保管和使用，应有可靠的防潮、防冻措施。

15.4 爆破材料的销毁

15.4.1 对过期或质量有问题的爆破材料应进行检验。销毁的数量和措施应报爆破工作领导人批准，并报当地公安部门备案。

15.4.2 销毁工作应在安全地点进行，并设警戒人员。销毁的数量应根据场地的具体条件决定，并指定有经验的人员负责，不得单人作业，严禁无关人员或车辆进入危险区。下雨、下雪、大风、大雾和夜间都不得进行销毁工作。

15.4.3 爆破材料的销毁：

1 用爆炸法销毁爆破材料必须采用电雷管起爆。

2 对用溶解法或化学分解法处理后的不溶物或残渣应进行检验，确认失去爆炸性能后方可处理。

3 用烧毁法时，烧毁前必须详细检查，严防混入雷管、起爆药包等。严禁成箱（袋）烧毁。烧毁时各燃烧点间应保持一定的距离。点火后操作人员应迅速进入安全区。必须在确认燃尽或熄灭后方可走近燃烧点。

4 销毁后必须检查场地，确认销毁彻底。严禁在未完全冷却的场地上进行第二次销毁作业。

16 桩基及地基处理工程

16.1 总则

16.1.1 打桩机操作人员应经培训考试，取得操作合格证后方可上岗作业。

16.1.2 施工场地应平整压实，打桩机周围 5m 以内应无高压线路，作业区应有明显标志或围栏，严禁闲人进入。

16.1.3 移动桩架时应将桩锤放至最低位置，移动时应缓慢，统一指挥，并应有防止倾倒的措施。

16.1.4 卷扬钢丝绳应处于润滑状态，防止干摩擦。钢丝绳的使用及报废标准按 10.5.1 的规定执行。

16.1.5 作业中，如停机时间较长，应将桩锤落下、垫好。不得悬吊桩锤进行检修。

16.1.6 遇六级及以上大风或雷雨、大雾、大雪等恶劣气候应停止作业。当风力超过七级或有强热带风暴警报时，应将桩机顺风向停置，并加缆风绳，必要时，应将桩架放倒在地面上。

16.1.7 打桩机电气绝缘应良好，应有接地（或接零）保护。电源电缆应有专人收放，不得随地拖放。

16.1.8 作业完毕应将打桩机停放在坚实平整的地面上，制动并锁牢，桩锤落下，切断电源。

16.1.9 打桩机的安全操作可参照 JGJ 33。

16.2　打桩

16.2.1 混凝土预制桩、钢管桩、钢板桩及沉管灌注桩的施工。

1　施工场地坡度不应大于 1‰，地基承载力不得小于 85kN/m²。

2　桩帽及衬垫必须与桩型、桩架、桩锤相适应。如有损坏，则应及时整修或更换。

3　锤击不应偏心，开始时落距要小。如遇贯入度突然增大、桩身突然倾斜或位移、桩头严重损坏、桩身断裂、桩锤严重回弹等情况，应停止锤击，采取措施后方可继续作业。

4　套送桩时，应使送桩、桩锤和桩身中心在同一轴线上。插桩后应及时校正桩的垂直度，桩入土 3m 以上时，严禁用桩机行走或回转动作纠正桩的倾斜度。

5　用打桩机吊桩时，钢丝绳应按规定的吊点绑扎牢固，棱角处应垫以麻袋或草包。在桩上应系好拉绳，并由专人控制；不得偏吊或远距离起吊桩身。

6　吊桩前应将桩锤提起并固定牢靠；在起吊 2.5m 以外的混凝土预制桩时，则应将桩锤落在下部，待桩吊进后方可提升桩锤。

7　起吊时应使桩身两端同时离开地面，起吊速度应均匀，桩身应平稳，严禁在起吊后的桩身下通过。

8　桩身吊离地面后，如发现桩架后部翘起，应立即将桩身放下，并检查缆风、地锚的稳固情况。

9　严禁吊桩、吊锤、回转或行走同时进行。桩机在吊有桩或锤的情况下，操作人员不得离开岗位。

10　桩身沉入到设计深度后应将桩帽升高到 4m 以上，锁住后方可检查桩身或浇注混凝土。

11　送桩拔出后，地面孔洞必须及时回填或加盖。

16.2.2 钻（冲）孔灌注桩的施工。

1　桩机放置应平稳牢靠，并有防止桩机移位或下陷的措施，作业时应保证机身不摇晃，不倾倒。

2　孔顶应埋设钢护筒，其埋深应不小于 1m。

3　更换钻杆、钻头（钻锤）或放置钢筋笼、接导管时，应采取措施防止物件掉落孔里。

4　成孔后，孔口必须用盖板保护，附近不得堆放重物。

5　施工中应按规定要求排放泥浆，保护好环境。

16.3 人工挖孔桩

16.3.1 井孔上下应有可靠的通话联络。井下有人作业时，井上配合人员不得擅离职守。下班时，必须盖好孔口或设置安全防护围栏。

16.3.2 上班前应对井孔护壁、孔内气体等进行检查，确保符合安全要求。作业前，应先向孔底通风，然后人员方可下井作业。

16.3.3 井下作业人员应勤轮换，一般井下连续作业时间不宜超过 3h。

16.3.4 在挖孔作业中，当出现孔壁塌方、流沙及冒水现象严重时，井下人员应立即撤至地面，并在采取可靠的安全措施后方可继续施工。

16.3.5 用于吊土的设备必须安全可靠。从井下往上吊土时，井下作业人员应暂停工作并躲在安全隔板下。

16.3.6 井底抽水或浇灌混凝土时，应待井下人员上地面后方可进行。

16.3.7 施工用电应装设漏电保护装置。井内照明应采用不超过 12V 的安全电压。

16.3.8 井口应设置高出地面 15cm 的保护圈，以防止地面雨水流入孔内。

16.4 振冲桩施工

16.4.1 施工前应检查各部位连接牢固、完好。振冲器与减震器处的上、下两部分应用链条或钢丝绳连接起来。

16.4.2 振冲器和电缆必须严格密封、绝缘良好。水管接头应严密，不得漏水。

16.4.3 应有防止桩机移位或下陷的措施；作业时保持机身垂直，不摇晃、不倾倒。

16.4.4 振冲器必须处于垂直状态并离开地面后方可开机检验及作业。振冲器在土层深处时不得断电停振。

16.4.5 施工中应有控制泥浆排放的措施。

16.5 深层搅拌（旋喷）桩施工

16.5.1 作业前应检查各部件安装是否正确、牢固。作业中机件有异常响声、变形、发热、冒烟等不正常情况时，必须查出原因并及时排除。

16.5.2 应随时检查主机和井架的支撑情况，严防其倾斜。

16.5.3 钻进时如有卡钻现象，应停止给进，严重时应停钻并将钻具提升后进行检查、消缺。

16.5.4 喷料系统的压力不得超过许可范围，压力过高时，应立即停止空压机运转。

16.5.5 钻头或管路发生堵塞时，应立即停止喷送，并采取措施予以排除。在清除喷口堵塞物时，喷口不得对着人。

16.6 强夯

16.6.1 施工场地必须平整。作业区域应设有警戒标志或围栏，严禁非作业人员进入。

16.6.2 强夯机械必须按照强夯等级的要求经过计算选用，严禁超负荷作业。夯机在工作状态时，臂杆仰角应为 69°～71°。

16.6.3 夯锤上升接近规定高度时，必须加强观察，以防自动脱钩器失灵时夯锤上升过高。

16.6.4 夯锤必须有通气孔，如作业中有堵塞现象应随时清理。严禁任何人钻入通气孔或站在锤下进行清理。

16.6.5 从坑中提锤时，严禁人员站在锤上随锤提升。当出现锤底吸力增大时，应采取措施排除，不得强行提锤。

16.6.6 使用门架时，门架底座应与夯机着地部位保持水平。门架支腿在支垫稳固前，严禁提锤。

16.6.7 作业完毕，应将夯锤放在地面上。严禁在非作业时将夯锤悬挂在空中。

17 混凝土结构工程

17.1 模板工程

17.1.1 总则。

1 模板安装、拆除应按施工组织设计或施工方案进行，严禁任意变动。模板未固定前不得进行下道工序。

2 模板及支撑应满足结构及施工荷载要求，不得使用严重锈蚀、腐朽、扭裂、劈裂的材料。

3 在高处安装或拆除模板时应遵守高处作业的有关规定。施工人员应从梯子上下，不得在模板、支撑上攀登。严禁在高处的独木或悬吊式模板上行走。

4 用绳索捆扎、吊运模板时，应检查绳扣的牢固程度及模板的刚度。用车辆运送模板时，应在车上放稳、垫平或绑扎牢固。

17.1.2 模板安装。

1 模板顶撑应垂直，底端应平整并加垫木，木楔应钉牢，支撑必须用横杆和剪刀撑固定，支撑处地基必须坚实，严防支撑下沉、倾倒。

2 支设 4m 以上立柱模板时，其四周必须钉牢。操作时应搭设临时工作台。支设独立梁模板时，不得站在柱模上操作或在梁的底模上行走。

3 采用钢管脚手架兼作模板支撑时必须经过计算，每根立柱的荷载不得大于 2t。立柱必须设水平拉杆及剪刀撑。

4 采用桁排架支模时：

1）桁排架的承载能力应经计算，其安全系数不得小于一般承重木结构的规定。

2）成批新做的桁架、排架应抽样试验，对周转使用的旧桁排架，每期工程使用前应做荷载试验，以确定其实际承载能力。

3）桁排架支模应绘制施工图，确定安全网搭设部位和层数，安全网的外挑宽度不得小于 2m。

4）排架应设纵向及横向剪刀撑。排架立柱上下层应对直，其偏差不得大于立柱直径的 1/3，且不得超过 3cm。排架立柱底部应有通长垫板。

5）桁架搁置长度不得少于 12cm，桁架间应设水平拉条；梁下设置单桁架时，应与毗邻的桁架拉连稳固。

5 煤斗采用悬吊式支模时：

1）煤斗口底盘应设支承平台，平台支撑应经计算，并复核支承楼面的强度。当超过承载能力时应直接撑至地面。

2）煤斗内应设井字架作为安装模板、绑扎钢筋的脚手架。

3）应待混凝土达到设计强度后方可松动承重平台。

6 安装牛腿模板时，应在排架或支撑上搭设临时脚手架。安装梁外侧模可利用支撑挑头作为脚手，但必须铺板并设栏杆。

7 钢筋、模板组合吊装时，应计算模板刚度并确定吊点，吊点位置在施工中不得任意改变。

8 独立柱或框架结构中高度较大的柱安装后应用缆风绳拉牢。

9 支承上层楼板的模板时，应复核支承楼面的强度，支承着力点应根据计算确定。

10 使用机械吊装大模板或整体式模板时，应先进行试吊。必须在模板就位并加固后方可脱钩。

17.1.3 模板拆除。

1 模板拆除遵守下列规定：

1) 高处拆模应划定警戒范围，设置安全警戒标志并派专人监护，严禁非操作人员进入。

2) 拆除模板应按顺序分段进行。严禁猛撬、硬砸及大面积撬落或拉倒。

3) 拆模作业场所附近的及安设在模板上的临时电线、蒸汽管道等，应在通知有关部门拆除后方可进行拆模作业。

4) 重要结构物及较高的构筑物拆模时，应填写安全作业票。

5) 拆除模板时应选择稳妥可靠的立足点，高处拆模时必须系好安全带。

6) 拆除的模板严禁抛扔，应用绳索吊下或由滑槽（轨）滑下。滑槽（轨）周围不小于5m处应用危险标志旗绳围住。螺栓螺帽、垫块、销卡、扣件等小件物品应装袋后吊下。

7) 拆除薄腹梁、吊车梁、桁架等易失稳的预制构件的模板，应随拆随顶，防止构件倾倒。

8) 在施工设备附近拆模时，应做好设备的保护工作。在邻近生产运行部位拆模时，应征得运行单位同意。

9) 拆下的模板应及时运到指定地点集中堆放，不得堆放在脚手架或临时搭设的工作台上。

10) 下班时，不得留下松动的或悬挂着的模板以及扣件、混凝土块等悬浮物。

2 高处拆除大模板或整体模板，应先吊挂好后再拆除固定螺栓或其他固定件。在起吊前必须检查所有固定件已拆除，并待模板脱离混凝土后方可正式起吊。

3 拆除基础及地下工程的模板时，应先检查基坑边坡的稳定性，在确认安全或采取防范措施后方可进行操作。

17.2 钢筋工程

17.2.1 钢筋加工。

1 钢筋、半成品等应按规格、品种分类堆放整齐，制作场地应平整，工作台应稳固，照明灯具应加设网罩。

2 手工加工钢筋时：

1) 作业前应检查板扣、大锤等工具是否完好；

2) 在工作台上弯钢筋时，工作台上的铁屑应及时清理，以防铁屑飞溅入眼。

3) 切短于30cm的短钢筋必须用钳子夹牢，严禁直接用手把持。

3 钢筋碰焊工作必须在碰焊室内或碰焊棚下进行，且：

1) 碰焊室顶棚、墙面应使用防火材料；

2) 室内电源应设箱、上锁；

3) 碰焊机外壳必须接地良好，碰焊时严禁带电调整电流；

4) 室内应配备灭火器材。

4 钢筋、预应力钢筋的冷拉及钢绞线的预拉：

1) 冷拉设备应试拉合格并经验收后方可使用。

2) 冷拉设备及地锚应按最大工作物所需牵引力进行计算。成套冷拉设备应标明额定牵引力和冷拉钢筋的允许直径及延伸率。

3）冷拉设备的布置应使司机能看到设备的工作情况。冷拉卷扬机的前面应设防护挡板，否则应将卷扬机与冷拉方向成90°布置，并应用封闭式导向滑轮。

4）冷拉前应检查钢丝绳是否完好，轧钳及特制夹头的焊缝是否良好，卷扬机刹车是否灵活可靠，平衡箱的架子是否牢固等，确认各部良好后方可使用。

5）冷拉用夹头应经常检查，夹齿有磨损者不得使用。冷拉钢筋应上好夹具，发现有滑动或其他异常情况时，应先停车并放松钢筋后方可进行检修。

6）冷拉粗钢筋的夹钳应具有防止钢筋滑脱时飞出的装置。操作人员不得在正面作业。冷拉钢筋周围应设置防止钢筋断裂飞出的安全装置。

7）冷拉预应力粗钢筋前，应复核冷拉设备的各个部件（地锚、滑轮、钢丝绳、卷扬机、轧钳、拉力表等）。钢丝绳及轧钳的安全系数不得小于6，地锚的安全系数不得小于9。

8）冷拉时，沿线两侧各2m为特别危险区，严禁一切人员和车辆通行。

9）张拉钢筋采用电热法时，应由专人负责，并应有防止触电的安全措施。

5 采用竖向碰焊时：

1）碰焊机周围及下方的易燃物应及时清理。作业完毕后应检查现场，确认无火灾隐患后方可离开；

2）电源设备应安全可靠，并应有防止触电的措施。作业完毕后必须切断电源。

17.2.2 钢筋搬运。

1 多人抬运钢筋时，起、落、转、停等动作应一致，人工上下传递时不得站在同一垂直线上。

2 在平台、走道上堆放钢筋应分散、稳妥，钢筋的总重量不得超过平台的允许荷重。

3 搬运钢筋时与电气设施应保持安全距离，严防碰撞。在施工过程中应严防钢筋与任何带电体接触。

4 吊运钢筋必须绑扎牢固并设溜绳，钢筋不得与其他物件混吊。

17.2.3 钢筋安装。

1 主厂房框架、煤斗、汽轮机基座、水泵房等重要结构的钢筋制作、安装，应制定施工技术措施并经施工技术负责人批准后方可进行。

2 预制钢筋骨架的绑扎：

1）容易失稳的构件（如工字梁、花篮梁）必须设临时支撑。

2）大型梁（如除氧框架梁）、板等应搭设牢固的、拆除方便的马凳或架子。

3）起吊预制钢筋骨架时，下方严禁站人，待骨架吊至离就位点1m以内时方可靠近，就位并支撑稳固后方可脱钩。

3 现场钢筋的绑扎：

1）在高处或深坑内绑扎钢筋应搭设架子和马道。在高处无安全措施的情况下，严禁进行粗钢筋的校直工作及垂直交叉施工。

2）绑扎4m以上独立柱的钢筋时，应搭设临时脚手架；严禁依附立筋绑扎或攀登上下，柱筋应用临时支撑或缆风绳固定。

3）绑扎大型基础及地梁等的钢筋时，应设附加钢骨架、剪力撑或马凳。钢筋网与骨架未固定时严禁人员上下。在钢筋网上行走应铺设走道。

4）绑扎高层建筑的圈梁、挑檐、外墙、边柱等的钢筋时，应搭设外挂架或安全网，并系好安全带。

4 穿钢筋应有统一指挥并互相联系。

17.3 混凝土工程

17.3.1 混凝土搅拌站。

1 集中搅拌站的布置及操作：

1) 集中搅拌站的房屋结构及搅拌系统应经设计。

2) 搅拌站附近应布设平坦的环形道路。搅拌站四周应设排水沟并随时清理，保持畅通。砂石堆场应有适当的坡度。

3) 进料口、储料斗（罐）口应设安全隔栅或盖板。出料口应有足够的高度和宽度。

4) 采用刮斗式运料设备时，应经常检查钢丝绳的磨损情况。

5) 散装水泥的装卸过程应密封，并装设除尘设施。运输设备应加防尘罩。

6) 集中控制室内的各种电源开关应挂标志牌，操作联系应采用灯光或音响信号。

2 搅拌系统的运行：

1) 开车前应检查各系统是否良好。下班后应切断电源，电源箱应上锁。

2) 运行中严禁用铁铲伸入滚筒内扒料，或将异物伸入传动部分，发现故障应停车检修。

3) 清理送料斗下的砂石，必须待送料斗提升并固定稳妥后方可进行。清扫闸门及搅拌器应在切断电源后进行。

4) 在送料斗提升过程中严禁在斗下敲击斗身或从斗下通过。

5) 皮带运输机在运行过程中不得进行检修。皮带发生偏移等故障时，应停车排除。严禁从运行中的皮带上跨越或从其下方通过。

6) 皮带输送机运转未正常时不得上料。如遇停电或发生故障，应先切断电源再清除皮带上的材料。

7) 作业场所应保持清洁、湿润。

17.3.2 混凝土运输。

1 各种混凝土运输工具均应按规定路线行驶。采用自卸车、搅拌车运送混凝土时场区应有环形道路或回车场地。

2 用手推车运送混凝土：

1) 运输道路应平坦，斜道坡度不得超过 10%；

2) 脚手架跳板应顺车向铺设，固定牢固，并留有回车余地；

3) 在溜槽入口处应设 5cm 高的挡木。

3 用机动车运送混凝土：

1) 机动车司机应取得有关部门颁发的机动车驾驶证，并经考核合格后方可上岗。

2) 车辆通过人员来往频繁地区及转弯时应低速行驶，场区内正常车速不得超过 15km/h。

3) 在泥泞道路及冰雪路面上应低速行驶，不得急刹车；在冰雪路面上行驶时应装防滑链。

4) 遵守交通规则及有关规定。

4 用吊罐运送混凝土：

1) 钢丝绳、吊钩、吊扣必须符合安全要求，连接应牢固。罐内的混凝土不得装载过满。

2) 吊罐转向、行走应缓慢，不得急刹车，下降时应听从指挥信号，吊罐下方严禁站人。

3）卸料时罐底离浇制面的高度不得超过 1.2m；吊罐降落的工作平台应经校核。

5 用泵输送混凝土时，输送管的接头应紧密可靠，不漏浆，安全阀必须完好，固定管道的架子应牢固。输送前应试送。检修时必须卸压。

17.3.3 混凝土浇筑。

1 浇灌混凝土前应先制定运输及浇灌施工措施，检查模板及脚手架的牢固情况。运输道路应畅通。

2 当混凝土浇筑高度超过 3m 时，应使用溜槽或串筒。串筒之间应连接牢固。串筒连接较长时，挂钩应予以加固。严禁攀登串筒疏通混凝土。

3 往混凝土中加放块石：

1）块石应吊运或传递，当下方有人作业时，不得向下抛扔；

2）块石不得集中堆放在已绑扎的钢筋上或脚手架上。

4 汽轮机基座、煤斗，以及在隧道及深井（坑）内浇筑混凝土应有通风设施，上下应有联系信号。

5 振动器的使用：

1）电动振动器的电源线应采用绝缘良好的软橡胶电缆，开关及插头应完整、绝缘良好。严禁直接将电线插入插座。

2）使用振动器的操作人员应穿胶鞋、戴绝缘手套。

3）搬移振动器或暂停作业时应将电源切断。

4）不得将振动着的振动器放在模板、脚手架或已浇筑但尚未凝固的混凝土上。

5）严禁冲击或振动预应力钢筋。

17.3.4 混凝土冬季养护。

1 混凝土预制构件上易存水的孔洞、凹槽等处严防积水。

2 采用暖棚法时：

1）暖棚应经设计并绑扎牢固，使用中应经常检查并备有必要的灭火器材。

2）地槽式暖棚的槽沟土壁应加固，以防冻土坍塌。

3 采用电气加热法时：

1）电气加热区应设围栏并悬挂警告牌。

2）电气加热时钢筋应不带电，不得用手触摸钢筋。分段浇灌混凝土时，与电气加热部分相接而未浇入混凝土的钢筋应予以接地。

3）在电热部分进行浇灌或进行其他作业时应切断该段电源，并在电源开关处设置明显的"有人工作，禁止合闸！"的警告标志并指定专人监护。

4）在高处或地下管道、隧道的钢筋混凝土结构上进行电气加热时，必须待所有人员撤离加热地段后方可通电。

5）洒水养护时应切断电源。

4 采用蒸汽加热法时：

1）蒸汽锅炉应取得使用登记证，并应制定运行规程及安全管理制度，司炉人员应经培训、考试合格并持有合格证；

2）引用高压蒸汽作为热源时，应设减温减压装置并有压力表监视蒸汽压力；

3）室外部分的蒸汽管道应保温，阀门处应挂指示牌；

4）所有阀门的开闭及汽压的调整均应由训练合格的人员操作，总阀门应由专人管理并上锁；

    5）采用喷气加热法时应保持视线清晰；

    6）使用蒸汽软管加热时，蒸汽压力不得高于 0.049MPa；

    7）只有在蒸汽温度低于 40℃ 时工作人员方可进入蒸汽室。

  5 测温：

    1）测温人员应有防寒衣着，并设取暖休息室。

    2）测温工作所需的照明、走道、脚手等均应根据需要设置。

    3）电气加热法的电压在 110V 以上时，严禁带电测温。电压在 110V 以下时，必须采取绝缘措施，并应避免两手同时接触带电结构。

17.4 吊装

17.4.1 预制构件在吊装前强度必须达到设计要求并经验收合格。

17.4.2 构件的吊点应符合施工技术措施的规定，不得任意更改。吊索及吊环应经计算选择。

17.4.3 构件应绑扎平稳、牢固。用钢丝绳多圈绑扎时应顺序绕扎，不得重叠、打结或扭曲。不得在构件上堆放或悬挂零星物件。零星材料和物品应用钢丝绳绑扎牢固或用吊笼吊送。构件吊起作水平运输时，其底部应高出所跨越障碍物 50cm 以上。

17.4.4 柱子起吊前，应在柱上设临时爬梯或工具式操作台并加安全自锁器专用安全绳（钢丝绳或锦纶绳）。

17.4.5 构件就位后，应待接头焊牢或临时支撑固定好，并经负责校正人员同意后方可脱钩。

17.4.6 缆风绳跨越公路时，距离地面的高度不得低于 7m，并应设警告标志。

17.4.7 采用一钩多吊法吊装连系梁或屋面板时：

  1 索具及挂钩的安全系数不得小于 10；

  2 设起重机械操作监护人；

  3 就位时严禁站在上下两吊件之间作业，应使用长柄铁钩牵引构件就位。

18 特殊构筑物

18.1 预应力混凝土工程

18.1.1 使用千斤顶张拉。

  1 张拉区 10m 范围内为危险区，应设置围栏并悬挂"禁止通行"的警告牌。

  2 张拉钢筋时，两端严禁站人；操作人员应站在侧面作业并设置砂袋或其他遮挡物防护。

  3 张拉钢筋时，千斤顶螺丝套筒应套足，否则应复核螺丝剪力强度及挤压面是否安全。千斤顶暂停使用时，应将套筒压力表卸下。

  4 张拉钢绞线束的特制连接套筒，应定期检查其压损情况。与千斤顶连接时拉力中心应吻合，不得偏斜。

  5 油压千斤顶的支承座应用平整的铁块衬垫并接触良好，严禁用螺母衬垫。支承座撑好后应将钢丝绳松掉。

18.1.2 用电热法张拉钢筋。

  1 电气接线应由电工进行，线路应绝缘良好并便于观察。

2 电源设备及线路装设完毕后，应进行全面的检查并经通电试验，正常后方可开始作业。

3 张拉时操作人员必须戴绝缘手套，穿绝缘鞋，并应有可靠的防止烫伤的措施。张拉作业应由专人指挥，电源开关应由专人操作。

4 被张拉钢筋两端的螺母与铁板及钢筋与铁板之间的绝缘必须良好。

5 预应力钢筋的伸长率应预先计算，操作时应测量准确。

6 电压不宜超过 75V，作业地点应干燥，电热设备应有降温措施。

18.1.3 现场制作预应力管。

1 管芯成型的电气设备接地必须良好，信号应清晰，操作应方便，并应配备事故按钮，进入芯模作业时应使用行灯照明。

2 管模使用前应对电机、振动器、机架等各转动部分进行检查，确认良好无误。

3 用电热法张拉预应力钢筋时，夹具必须牢固，张拉小车及配重架四周应设围栅。钢筋的固定应在停车后无预应力的状态下进行。

4 压力喷浆应按 22.3.3 的规定执行。作业场所应加强通风、除尘。施工人员不得靠近喷射区。

5 预应力管的吊装和运输应有防止振动、碰撞和滑移的安全措施并按 17.4 的有关规定执行。

18.2 烟囱工程

18.2.1 参加施工的人员应经体格检查合格，并取得"高处作业证"，在烟囱施工中必须持证上岗。

18.2.2 筒身施工时应划定危险区并设置围栏，悬挂警告牌。当烟囱施工到 100m 以上时，其周围 30m 以内为危险区。危险区的进出口处应设专人值班。

18.2.3 烟囱入口通道的上方必须搭设防护隔离层，其宽度不得小于 3m，高度以 3～5m 为宜。隔离层应采用铺钢板的双层竹篱笆或厚度大于 5cm 的木板搭设。施工人员必须由通道内出入，严禁在通道外逗留或通过。

18.2.4 材料及半成品宜堆放在危险区以外，卷扬机、混凝土搅拌机、水泵等如设在危险区内，则必须有可靠的防护措施。

18.2.5 烟囱施工井架必须设有可靠的防雷接地设施。

18.2.6 采用竖井架施工时防护层的搭设：

1 如灰斗平台未随筒壁一起施工，则内部应铺设防护层。第一层离地面 2.5～3m，以后每隔 20m 左右设一层（应与筒壁内牛腿标高一致）。

2 如灰斗平台随筒壁一起施工，则平台以上部分可适当设隔离层，也可上下翻搭，但最高层与施工平台的距离不得大于 20m。

3 防护层不得向竖井架方向倾斜。

18.2.7 筒身采用无井架滑模施工时，灰斗平台应尽早安排施工，以代替筒身内的防护层。平台上应铺设煤渣、黄沙或芦席，并定期清理坠落物。

18.2.8 各类防护层的搭设：

1 灰斗平台较高时，平台下应搭设防护层。

2 操作室和混凝土料斗上部应搭设防护层。

3 登上防护层或灰斗平台进行作业应经批准，并停止防护层上部的作业。

4 筒身内外不得进行垂直交叉作业，否则必须有防护措施。

18.2.9 金属竖井架的使用：

1 管材在组装前应进行检查，不得有锈蚀、裂纹等缺陷。

2 工作平台的允许荷重应经设计确定并挂牌限载。

3 工作平台上铺设的脚手板与横木必须连接牢固，横木与钢圈必须用抱箍螺栓连接牢固。平台脚手板应选用 5cm 厚的优质木板铺设平整。

4 提升工作平台应统一指挥，升降应平稳、均匀并防止被钢筋钩住。

5 罐笼应有安全制动器，严禁人货混装。

6 施工人员应从井架内的爬梯上下，并应设安全自锁器作为垂直保护，严禁沿钢丝绳或竖井架攀登。内爬梯靠料斗一侧应设防护网，扶梯板必须牢固齐全。

7 竖井架的一个节点上不得同时挂两个滑车。

8 吊架应经负荷试验，其外侧应设栏杆，两侧和下部应设安全网。

18.2.10 竖井架安装过程中必须经常校正中心。井架第一次安装高度一般为 25m 左右，其四面应拉好缆风绳；以后每隔 25m 左右拉一道缆风绳；也可在筒身施工时，每隔 20m 在内壁预埋拉环将井架拉住。

18.2.11 筒身采用无井架滑模施工时，井架平台的设置：

1 井架、平台及吊架必须进行设计。

2 平台荷载必须经过计算，施工人员按 80kg/人，动载系数按 1.3 计算。

3 施工平台必须按额定负荷的 1.2 倍进行负荷试验并经检查合格后方可使用。

4 千斤顶严禁超载使用。

5 门架间距一般为 1.5～1.7m，最多不得超过 1.9m。

6 施工平台外半径应比烟囱外半径（指组装时）大 1m。

7 施工平台上铺设的脚手板应选用 5cm 厚的优质木板，并应逐块进行检查。平台铺设应平稳、牢固。

8 平台及吊架的下方及内外侧均应设置全兜式安全网，并随筒壁升高及时调整，使其紧贴筒身内外壁。安全网内的坠落物应及时清除。

9 平台四周应设置 1.2m 高的栏杆，并围以孔眼不大于 2cm 的铅丝立网或安全网立网。在扒杆部位下方的栏杆应用管子或角铁加固。

10 平台上的扒杆（或平吊臂）应规定起重量。其吊钩应设有封口保险装置，扒杆宜在平台上由专人操作，由专人指挥。吊物应设溜绳，其下方严禁有人。

11 平台下辐射梁两槽钢间的缝隙应铺满木板。

18.2.12 筒身采用滑模施工时，吊笼的使用：

1 上下信号必须一致，除音响信号外还应设灯光信号。

2 吊物与乘人的吊笼必须分开，无论是单吊笼还是双吊笼均严禁人货混载。

3 乘人吊笼的乘载人数应经计算确定，严禁超载。上下时，人体及物件不得伸出笼外；吊笼内部应设乘坐人员用的扶手。

4 乘人吊笼的钢丝绳的安全系数不得小于 14。

5 井架上部必须装设限位开关，且不得少于两道，吊笼底部应装设缓冲装置或自动停止装置。

6 吊笼应采用双筒卷扬机或两台同型号的卷扬机。制动器必须可靠，除电磁制动器外，还应有手动制动器。卷扬机宜设超负荷制动装置。钢丝绳必须受力均匀；卷扬机房（棚）内应设专人监护。

7 吊笼设置自动抱刹时，使用前必须对抱刹进行断绳保险试验，使用中应定期检查抱刹块的磨损情况，并按规定及时更换。

8 乘人吊笼两侧应设保险钢丝绳，吊笼进出口处应设两道铁链防护，其他三侧应用钢丝网封闭，吊笼上部的四角应做成圆形的，与平台内钢圈的间隙以 15cm 为宜。

9 吊笼应由专人操作，操作时必须集中精力，严禁无关人员进入操作室。

10 钢丝绳、导轮、滑轮、卡子及地锚等均应符合有关规定，并由专人负责经常性检查、维护。卷扬机留在滚筒上的钢丝绳不得少于 5 圈。卷扬机在运行时变速器必须锁死。卷扬机的运行情况，应设专人监护，监护人不得任意离开。

11 除以上规定外，还应按电梯运行的有关规定执行。

18.2.13 滑模施工：

1 经常调整水平和垂直偏差。

2 扒杆弯曲应及时调整加固。

3 每班的施工速度必须得到控制。严防混凝土坍落。

18.2.14 夜间施工必须有足够的照明，行灯照明必须采用低压电源。严禁将电源线直接绑扎在金属构件上。高 100m 以上的井架顶部应装设航空指示灯。筒身施工宜备有备用电源。

18.2.15 平台上应配备灭火装置。易燃品应妥善保管。在平台上进行电焊或气割时，应选择适当位置并采取防火措施。

18.2.16 平台上多余的钢筋、模板等杂物必须在交接班前清理干净，并用扒杆或吊斗送下，严禁向下抛扔。

18.2.17 施工平台及井架的拆除：

1 划定施工危险区，设围栏，挂警告牌，并派专人监护。严禁人员和车辆进入危险区。

2 应先将平台平稳地放置在烟囱筒壁上再进行拆除。拆除工作所用绳扣、钢丝绳、链条葫芦及其他机具均应进行检查，合格者方可使用。

3 临时预埋铁件应经计算，焊缝必须经检查，确认符合要求后方可使用。

4 拆除工作应统一指挥，分工明确。拆除人员应系安全带并固定在可靠的地方。

5 拆除部件应随时吊下，小型零件应用接料桶吊运，严禁抛扔。吊下的物件应及时转运，严防高处落物。上下通信应保持良好。

18.2.18 拆除筒壁模板时应先用绳索套住方可撬动。

18.2.19 砖砌烟囱施工时，严禁人员在筒身上站立或行走。

18.2.20 夏季、雷雨季节施工时，应注意气候变化情况，严防雷击。

18.2.21 在烟囱工程施工中，下列工作必须填写安全施工作业票：

1 施工平台试压，扒杆试吊。

2 外平台安装。

3 乘人吊笼超载试验。

4 施工平台调整。

5 施工平台和井架拆除。

18.3 冷却水塔工程

18.3.1 参加施工作业的人员应经身体检查合格，取得"高处作业证"，凭证登高作业。

18.3.2 水塔（贮水池）周围 30m 以内为危险区，不能满足时应采取措施。主要通道及进出口的上方应搭设隔离防护顶棚，进出口处应设专人值班。危险区内严禁明火。

18.3.3 盘道架周围应保持整洁，不得堆放易燃物。道路应保持畅通。水塔、贮水池及盘道周围应做好排水措施。盘道架应定期检查，大风雨后应加强检查。

18.3.4 提升井架、吊桥、缆风绳及地锚等必须经计算，井架顶部应设避雷装置。

18.3.5 吊桥的提升必须统一指挥。提升后必须与井架卡牢。吊桥四周应设高 1.2m 和 0.5～0.6m 的上下两道栏杆。吊桥铺板应采用 5cm 厚的优质木板并固定牢靠，搭接长度不得少于 50cm。铺板严禁任意拆除或搬动。

18.3.6 施工人员必须乘坐乘人吊笼或从扶梯上下，严禁乘坐混凝土吊斗上下。乘人吊笼应符合 18.2.12 条的有关规定。

18.3.7 悬挂式操作架应经设计，焊接应牢固，且：

1 操作架的施工荷重不得超过设计规定，一般为 $380kg/m^2$。浇灌混凝土时，施工荷重应均匀，不得集中在一侧。

2 操作架安装时螺母必须拧紧，栏杆应完整、牢固，使用过程中应有专人进行检查、维修。

3 施工人员必须系安全带，安全带应拴在靠模板一侧的立杆或横杆上，不得拴在其他杆件上。

4 在操作架下层工作时，应从指定地点上下，严禁任意攀越，且上、下过程不得失去保护（应用速差自控器）。内外操作架必须拉设全兜式安全网。

5 三角形吊架应悬挂牢固，吊钩应设锁环。拆三角架或模板时，必须使用吊脚手架。严禁从将要拆除的架子上跨越。

18.3.8 装卸操作架（三角架）及模板时，应备带工具袋，撬杆应用绳系牢，工具、拆下的模板及零件应分散、均匀堆放。

18.3.9 拆除模板时，其下一节筒壁混凝土的强度必须达到施工技术规范的要求。

18.3.10 塔身施工所用移动照明应采用低压电源。电源线路应固定，并应有专人定期进行检查、维护。

18.3.11 筒壁施工严禁和淋水装置施工交叉作业。

18.3.12 筒壁采用滑模施工时：

1 操作平台、吊桥及吊架等必须经设计，平台荷重不得超过规定，人员不得集中在一侧工作，材料、器具等应分散、均匀堆放。

2 平台上不得堆放易燃物，并应备有消防器材。

3 所有电气装置必须接地良好。

4 内外脚手架必须设置安全网并拴挂牢固。组装滑升结构时，应对架子进行检查后方可攀登。

5 使用电梯、混凝土吊斗和扒杆等应有统一的联系信号。安全抱刹应由专人经常检查、维修。

6 在吊桥及系统提升过程中，乘人电梯及吊桥均不得使用。

7 吊装门架时，严禁人、物同时起吊。拆除门架时，扒杆每次挪动后应固定牢固。导向滑车走绳应正确，不得与混凝土摩擦。吊装及拆除工作均应由专人负责指挥。

8 金属井架应定期检查；基础、中心、缆风绳及天轮等应良好，发现问题应及时处理。

18.3.13 安全网的布设：

1 塔内 15m 标高处设一层安全网。

2 塔外壁 10m 标高处设宽 10m 的安全网一层。

3 顶层操作架的外侧应设栏杆及安全网。

4 钢制三角形吊架下应设兜底安全网。

18.3.14 水塔内壁防腐涂料的喷刷：

1 应有可靠的防止中毒措施。

2 如采用空压机喷涂，疏通喷嘴时严禁对着人。

3 手沾涂料时不得操作电气开关及空气阀。

18.4 沉井工程

18.4.1 沉井土方采用人力或机械开挖时，应执行 14.4 和 14.5 的有关规定，并：

1 人工开挖时必须设置牢固的爬梯。用机械吊运土方时，挖土人员应远离吊运区域下方，严禁在吊钩的正下方站立或通过。

2 人工开挖上下交叉作业时，应有隔离保护措施。照明应充足，行灯电压不得超过 12V。

3 井内隔墙上应设有供潜水员通过的预留孔，井内障碍物及插筋应清除。

4 井内应搭设供潜水员使用的浮动平台。潜水员的增压、减压及职业病防治应按有关规定执行。

5 空气压缩机的贮气罐应设有安全阀。有潜水员工作时应有滤清器。进气口应设在空气洁净处，供气控制应有专人负责。

6 作为水中作业用的或作为降水措施的空压设备或真空设备，其备用量应为实际需要量的一倍。

7 压气工人及潜水员应经训练并考试合格，非专业人员不得从事该项工作。

18.4.2 沉井的施工：

1 沉井承垫木的规格及铺设方法应按总荷载计算确定。

2 必须待混凝土达到设计强度后方可抽出承垫木。

3 抽、拔承垫木应按施工措施规定的顺序进行。抽、拔时严禁人员从刃脚、底梁及隔墙下通过。

4 沉井的内外脚手架如不能随沉井下沉，则应与沉井的模板、钢筋分开。井字架、扶梯均不得固定在井壁上。

5 沉井井顶周围应设防护栏杆，沉井下沉前应把井壁上的栏杆螺栓和铁钉割掉。

18.4.3 沉井在淤泥质黏土或亚黏土中下沉时，井内的工作平台应采用活动平台，不得固定在井壁、隔墙或底梁上。沉井发生突然下沉时，平台应能随井内涌土上升。

18.4.4 施工用抽水设备应有备用电源。

18.4.5 采用井内抽水强制下沉时，井上人员应离开沉井，不能离开时应采取安全措施。沉井由不排水转为排水下沉时，抽水后应经过观测，确认沉井稳定后方可下井工作。

18.4.6 采用套井与触变泥浆法施工时，套井四周应有防护措施。

18.4.7 在汛期进行沉井施工时，应与当地气象部门及上游水文机关直接取得联系，准备足够的防汛器材，并应有保证施工人员因停电或其他自然灾害等遇险时能立即撤离危险区的措施。

18.4.8 近水或涉水工作的人员均应穿着救生衣，并应备有救生船只。

18.5 顶管工程

18.5.1 顶管施工前应查明顶管沿线地下障碍物的情况，对管道穿越地段上部的房屋、桥梁等结构物必须采取安全措施。

18.5.2 吊装顶铁或钢管时，严禁在吊臂回转半径内停留。往作业坑内下管时应有保险钢丝绳，并缓缓地将管子送入导轨就位。

18.5.3 在拼接管段前或因故障停顿时，应及时通知工具管头部操作人员停止冲出泥土。在长距离顶管施工中应加强通风。

18.5.4 因吸泥莲蓬头堵塞，水力机械失效等需要打开胸板上的清石孔进行处理时，必须采取防止冒顶塌方的措施。

18.5.5 管子顶进或停止应以工具管头部发出的信号为准。顶进系统发生故障时，应发信号给工具管头部的操作人员。

18.5.6 顶进过程中严禁站在顶铁两侧操作。

18.5.7 工具管中的纠偏千斤顶应绝缘良好，操作电动高压油泵应戴绝缘手套。

18.6 取水泵房

18.6.1 施工前应具备下列资料：

1 施工区域的地质、地下水位、水质、流向及渗透系数等。

2 水位、流速、浪高、潮位和历史最高、最低水位资料，在寒冷地区应有河流结冰厚度、冻融期流冰最大尺寸及其流速等资料。

3 雨季起讫日期，暴雨情况，连续最大降雨量。

4 附近区域内的航道及航运情况。

18.6.2 施工过程中应与当地气象台、水文站取得联系，及时掌握气象和水文变化情况。

18.6.3 取水泵房工程地下部分施工，宜安排在枯水季节或地下水位较低时进行。

18.6.4 凡在原有建（构）筑物、铁路、公路附近进行取水泵房施工时，均应采取保证原有建（构）筑物安全的措施。

18.6.5 围堰在施工期间应加强观察、维护和必要的维修。

18.6.6 围堰拆除应制定安全可靠的拆除方案及措施。

18.6.7 基坑开挖的规定：

1 基坑开挖应按本标准中的土石方、爆破工程等相关条款的要求进行。

2 施工过程中对基坑边坡应经常进行检查，如发现异常情况应及时采取措施予以处理。

3 基坑边坡顶上的施工机械，应按边坡稳定性计算所规定的位置设置，不得超越规定位置或移向边坡的边缘。

4 基坑挖出的土方应运至指定地点堆放。堆放位置与基坑边缘的安全距离，应通过边坡稳定性计算决定，一般不少于基坑深度的1.5倍。

18.7 贮灰坝

18.7.1 贮灰坝施工应编制专业施工组织设计，并经总工程师批准后方可施工。

18.7.2 度汛与排水：

1 山谷贮灰场和江、河、湖、海滩（涂）灰场跨越汛期施工时，必须安排好灰场汇流面积内的泄洪和施工区域的排水，并制定度汛技术措施。

2 当度汛需要设置穿越坝体的临时排洪涵管时，其结构和施工质量均应满足坝体安全和度汛泄洪的要求，并应防止上游的木料等漂浮物堵塞涵管。工程完毕后临时排洪涵管应可靠地予以封堵。

    3 根据施工期间降雨强度建立排水系统，保证雨水及时排泄。

    4 施工期间应加强对泄洪设施和排水系统的维护管理。

18.7.3 坝基与岸坡处理一般应自上而下进行，不得采用自下而上或造成岩体倒悬的开挖方式。当坝基范围比较开阔且无上下干扰时，岸坡和坝基可同时施工，但应采取可靠的安全施工措施。

18.7.4 取料：

    1 取料时的开挖应按第14章和第15章的有关规定执行。

    2 运输道路：

    1）道路应充分利用地形，尽可能使重车下坡或减少上坡。

    2）道路应尽量采用环形线路，减少平面交叉。交叉路口应设安全栅栏和标志。

    3）加强运输道路的养护工作，特别是泥结碎石路面，应经常保持路面平整，排水沟通畅。

    4）运输道路通过原有桥梁或涵洞时，应了解其限载，如必须超载时，应进行验算，必要时应采取加固措施。

    3 在坝区附近取料：

    1）坝肩上下游不得取土。必要时取土范围必须在坝肩坡脚线50m以外，并保持坡度的稳定性。分期填筑子坝时，应在最终坝肩坡脚线30m以外取土。

    2）在坝脚处的取土，坝高等于或小于5m时，应离开坝脚填筑边线10m以上；当坝高大于5m时，一般应大于2倍坝高。

    3）取土深度不应大于坝高的一半，否则离开坝脚的距离应通过核算确定。

    4）当坝基为软土时，取土边线应满足设计要求。

18.7.5 坝体填筑的规定：

    1 运输、平土和碾压的操作人员应通过培训，统一操作方法，并经考试合格后方可参加操作。

    2 施工前应检查碾压机具的型号、规格是否符合要求。施工期间应定期检查碾重，对用气胎碾压的气胎压力应每周检查1～2次。

    3 压实机械及其他重型机械在已经压实的土层上行驶时，不宜来往同走一辙。

    4 土坝临时坡面应做好排水。土坝填筑面应中部凸起向上、下游倾斜，斜墙的填筑面应稍向上游倾斜，以利于排泄雨水。

    5 冬季施工前应编制坝体冬季施工方案，做好料场选择，并采取适当的保温防冻措施。

19 砖石砌体及装饰工程

19.1 砖石砌体施工

19.1.1 严禁站在墙身上进行砌砖、勾缝、检查大角垂直度及清扫墙面等作业或在墙身上行走。不得用砖垛或灰斗搭设临时脚手架。

19.1.2 采用里脚手砌砖时，必须安设外侧防护墙板或安全网。墙身每砌高4m，防护墙板或安全网即应随墙身提高。

19.1.3 用里脚手砌筑突出墙面30cm以上的屋檐时，必须搭设挑出墙面的脚手架进行施工。

19.1.4 脚手板上堆放的砖、石材料距墙身不得小于 50cm，荷重不得大于 $270kg/m^2$，砖侧放时不得超过三层。

19.1.5 轻型脚手架（吊脚手架、挑脚手架）上一般不得堆放砖、石。必须堆放时，应先进行强度计算及试验。

19.1.6 使用滑轮起吊砂浆和砖时，应检查其稳固性。吊升时不得碰撞脚手架。砂浆及砖吊上后应用铁钩向里拉至操作平台上，不得直接用手牵引吊绳。

19.1.7 在高处砍砖时，应注意下方是否有人，不得向墙外砍砖。下班时应将脚手板及墙上的碎砖、砂浆清扫干净。

19.1.8 吊装大型砌块时，应根据重量和装卸半径选择吊装机械，严禁用夹钳吊装砌块。砌块吊至墙面后，应待放置平稳、灰缝对正后方可松钩。

19.1.9 采用井字架（升降塔）、门式架起吊砂浆及砖时，应明确升降联络信号。吊笼进出口处应设带插销的活动栏杆，吊笼到位后应采取防止坠落的安全措施。

19.1.10 山墙砌完后应立即安装桁条或加设临时支撑。

19.1.11 搬运石料和砖的绳索、工具应牢固。搬运时应相互配合，动作一致。

19.1.12 往坑、槽内运石料时不得乱丢，应用溜槽或吊运，卸料时下面不得有人。

19.1.13 在脚手架上砌石不得使用大锤。修整石块时，应戴防护眼镜，严禁两人对面操作。

19.2 装饰工程

19.2.1 涂料的粉刷：

1 不得在易损建筑物或设备上搁置脚手材料及工具。

2 不得将梯子搁在楼梯或斜坡上工作。

3 严禁站在窗台上粉刷窗口四周的线脚。

4 在高处粉刷应搭设脚手架。

5 室内抹灰使用的木凳、金属支架应搭设稳固，脚手板跨度不得大于 2m，架上堆放材料不得过于集中，在同一跨度内施工的人员不得超过两人。

19.2.2 进行磨石工程时应防止草酸中毒。使用磨石机时，操作人员应戴绝缘手套，穿绝缘靴。

19.2.3 进行仰面粉刷时，应采取防止粉末、涂料等侵入眼内的措施。

19.2.4 在调制耐酸胶泥和铺设耐酸瓷砖时，应保持通风良好，作业人员应戴耐酸手套。

19.2.5 进行机械喷浆、喷涂时操作人员应佩戴防护用品。压力表、安全阀应灵敏可靠。输浆管各部接口应拧紧卡牢，管路应避免弯折。

19.2.6 输浆应严格按照规定的压力进行。发生超压或管道堵塞时，应在停机泄压后进行检修。

20 拆除工程

20.1 准备工作

20.1.1 拆除工程开工前应对被拆除建筑物的情况进行详细调查。

20.1.2 安全施工措施中必须有消除或减少对健康有害和污染大气的粉尘、有毒烟雾等的产生。

20.1.3 拆除工程开工前，应将被拆除建筑物上及其周围的各种力能管线切断或迁移。

20.1.4 现场施工照明应另外设置配电线路及照明灯具。

20.1.5 拆除区域周围应设围栏，悬挂警告牌，并设专人监护。严禁无关人员和车辆通过或逗留在危险区。

20.2 拆除作业

20.2.1 重要的拆除工程必须在技术负责人指导下施工。多人拆除同一构筑物时，应指定专人统一指挥。

20.2.2 拆除工程应自上而下顺序进行，严禁数层同时拆除。当拆除某一部分时，应防止其他部分发生倒塌。

20.2.3 拆除建筑物一般不得采用推倒的方法。遇到特殊情况必须采用推倒方法时：

    1 砍切墙根不得超过墙厚的1/3。

    2 为防止墙壁向掏掘方向倾倒，应设牢固的支撑。

    3 建筑物推倒前应发出信号，待全体人员远离该建筑物高度两倍以上的距离后方可进行推倒。

20.2.4 在相当于拆除建筑物高度的距离内有其他建筑物时，严禁采用推倒的方法。

20.2.5 建筑物的栏杆、楼梯及楼板等应与建筑物的整体同时拆除，不得先行拆除。

20.2.6 拆除后的坑穴应填平或设围栏。

20.2.7 建筑物的承重支柱及横梁，应待其所承担的结构全部拆除后方可拆除。

20.2.8 拆除时，楼板上严禁多人聚集或集中堆放拆除下来的材料。拆除物应及时清理。

20.2.9 拆除时，如所站位置不稳固或在2m以上的高处作业时，应系好安全带并挂在暂不拆除部分的牢固结构上。

20.2.10 拆除石棉瓦等轻型结构屋面时严禁直接踩在屋面上，必须使用移动板或梯子，并将其上端固定牢固。

20.2.11 地下构筑物拆除前应先将埋设在地下的力能管线切断。不能切断时，必须采取隔离措施，并应防止地下有毒有害气体伤人。

20.2.12 清挖土方中遇到接地网时，应及时向有关部门汇报，并做出妥善处理。

20.2.13 对地下构筑物及埋设物采用爆破法拆除时，在爆破前应按其结构深度将周围的泥土全部挖除。留用部分或其靠近的结构必须用砂袋加以保护，其厚度不得小于50cm。

20.2.14 用爆破法拆除建筑物的部分结构时应保证保留部分的结构完整。爆破后发现保留部分结构有危险征兆时，必须立即采取相应的安全措施。

20.2.15 在高压线路附近的拆除作业应在停电后进行。如不能停电时，必须办理安全工作票，经线路主管部门批准后方可进行。

21 其他工程

21.1 水暖、白铁施工

21.1.1 用凿子切断铸铁管时应戴防护眼镜，凿子顶部不得有卷边、裂纹。

21.1.2 用锯床、锯弓、切管器或砂轮切管机切割管子时，应垫平卡牢，用力均匀，操作时应站在侧面。管子将近切断时应用手或支架托住。砂轮切管机的砂轮片应完好。

21.1.3 套丝工件应支平夹牢，工作台应平稳，两人以上操作时动作应协调。

21.1.4 沟内施工遇有土方松动、裂纹、渗水等情况时，应及时加设固壁支撑。严禁用固壁支撑代替上下扶梯或吊装支架。

21.1.5 用人工往沟槽内下管时，所有索具、桩锚应牢固，沟槽内不得有人。

21.1.6 管子煨弯用的砂子必须烘干。装砂架应搭设牢固并设栏杆。装砂用人工敲打时，上下工作人员应错开。

21.1.7 弯制小管时，不得将管子固定在不牢固的地方。

21.1.8 管内砂子的清除工作应待管子表面温度降至常温后方可进行。

21.1.9 剪铁皮时应防止毛刺伤手，剪掉的铁皮应及时清除。

21.1.10 稀释盐酸时，应将盐酸缓慢注入水中，严禁将水注入盐酸中。烧热的烙铁蘸盐酸时，应防止盐酸气体伤眼。

21.1.11 熔锡时锡液不得沾水。熔锡用火应遵守防火的有关规定。

21.2 沥青、油漆施工

21.2.1 熬制沥青及调制冷底子油应在建筑物的下风方向，距建筑物不得小于 25m，距易燃物不得小于 10m，并应备有足够的消防器材。不得在电线的垂直下方熬制沥青。严禁在室内熬制沥青或调制冷底子油。

21.2.2 熬制沥青必须由有经验的人员看守并控制沥青温度。沥青量不得超过沥青锅容量的 3/4，下料应缓慢溜放，严禁大块投放。下班时应熄火，关闭炉门并盖好锅盖。

21.2.3 锅内沥青着火时，应立即用铁锅盖盖住，停止鼓风，封闭炉门，熄灭炉火，并用干砂、湿麻袋或灭火机扑灭，严禁往燃烧的沥青锅中浇水。

21.2.4 配制冷底子油时，下料应分批、少量、缓慢且不停地搅拌。下料量不得超过锅容量的 1/2，温度不得超过 80℃并严禁烟火。

21.2.5 进行沥青冷底子油作业时通风必须良好。作业时和施工完毕后的 24h 内，其作业区周围 30m 内严禁明火。室内施工时，照明必须符合防爆要求。

21.2.6 装运沥青的勺、桶、壶等工具不得用锡焊。盛沥青量不得超过锅容器的 2/3。肩挑或用手推车时，道路应平坦，索具应牢固。垂直吊运时下方严禁有人。

21.2.7 在屋面上铺设卷材时，靠近屋面边缘处应侧身操作或采取其他安全措施。

21.2.8 熬制沥青应通风良好，作业人员的脸和手应涂以专用软膏或凡士林，戴好防护眼镜，穿专用工作服并配备有关防护用品。

21.2.9 患皮肤病、眼结膜病及对沥青、油漆等有严重过敏的人员不得从事沥青作业。

21.2.10 进行沥青、油漆作业应适当增加间歇时间。

21.2.11 在地下室、基础、池壁、管道、容器内进行有毒有害涂料的防水防腐作业时，应配备足够的通风设备，使用防护用品，并定时轮换和适当增加间歇时间，施工人员不得少于两人。

21.2.12 各类油漆及其他易燃、有毒材料应存放在专用库房内，不得与其他材料混放。少量挥发性油料应装入密封容器内妥善保管。

21.2.13 库房必须通风良好并设置消防器材和"严禁烟火"的明显标志，严禁住人。库房与其他建筑物的距离应符合 GBJ 16 的有关规定。

21.2.14 沾有油漆的棉纱、破布及油纸等易燃废物，应收集存放在有盖的金属容器内并及时处理。

21.2.15 配漆场所必须通风良好，严禁烟火，并应有消防设施，不得在工作地点存放漆料和溶剂。

21.2.16 使用喷漆机、喷浆机时，沾有油料或浆水的手不得操作电源开关。疏通堵塞的喷嘴时不得对着人。

21.2.17 喷漆机及其他喷涂用的空气压缩机使用前应进行检查，并以1.25倍的工作压力进行水压试验，有缺陷的不得使用，严禁使用未设压力表及安全阀的机器进行加压工作。

21.2.18 采用静电喷漆时，喷漆室（棚）应接地。

21.2.19 油漆外开窗扇时必须将安全带挂在牢固的地方。油漆封檐板、水落管等应搭设脚手架或吊架。在坡度大于25°的地方作业时应设置活动板梯、防护栏杆和安全网。

21.2.20 压力喷砂除锈作业：

1 必须配备密封的防护面罩，戴长手套，穿专用工作服。

2 应适当增加间歇时间。

3 喷嘴接头应牢固，使用中严禁对着人。遇喷嘴堵塞时，必须在停机泄压后方可进行修理或更换。

4 在容器内进行喷砂作业时，应加强通风，容器外应设监护人，并适当减少在容器内的作业时间。

21.2.21 使用汽油、煤油、松香水、丙酮等稀释剂时必须空气流通，戴防护用品并严禁吸烟。

21.2.22 进行喷漆作业时必须戴好防毒口罩并涂以防护油膏，作业地点应通风良好。

21.2.23 在密闭容器内进行沥青、油漆、喷漆及其他防腐作业前应对内部气体进行监测，排除有害气体。作业时应加强通风，有害气体不得超标。容器外必须有人监护。严禁将火种带入容器内。

21.3 环氧树脂、玻璃施工

21.3.1 进行环氧树脂黏结剂作业时，操作室内应保持通风良好，配料室应设排风装置。配制时，人应站在上风方向，并戴防毒口罩及橡皮手套。

21.3.2 作业人员应扎紧袖口和裤脚并配备必要的防护用品。严禁在工作室内和工作过程中进食或吸烟。配制酸处理液时，应把酸液缓缓地注入水中并不断地搅拌均匀，严禁将水注入酸液内。

21.3.3 使用电炉或喷灯加热时，热源与化学药品柜及工作台应保持一定的距离。工作室内应备有砂箱、灭火器等消防器材。工作完毕应切断电源。

21.3.4 各种有毒化学药品必须设专人、专柜分类保管，严格执行保管和领用制度。保管人员和使用人员必须掌握各种药品的性能。无关人员严禁动用。

21.3.5 切割玻璃应在指定的场所进行，切下的边角余料应集中堆放、及时处理，搬运玻璃时应戴防护手套。

21.3.6 在高处安装玻璃时应将玻璃放置平稳，垂直下方严禁有人作业或通行，必要时应采取适当的防护隔离措施。

21.3.7 在天窗上或其他高处危险部位安装玻璃时应铺设脚手板，作业时必须挂好安全带，并应备有工具袋，不得口含铁钉或卡簧进行作业。

22 建筑施工机械

22.1 总则

22.1.1 操作人员应经专业技术培训，并经考试合格，取得操作证后方可上岗独立操作。

22.1.2 操作人员应对所操作的机械负责。机械正在运转时，操作人员不得离开工作岗位。不得超铭牌使用机械。

22.1.3 机械设备的传动、转动部分（如轴、齿轮、皮带等）应设防护罩，其构造应便于检查及进行润滑工作。

22.1.4 固定式的施工机械应安装在牢固的基础上。移动式施工机械使用时应将轮子或底座固定好。

22.1.5 机械开动前应对主要部件、装置进行检查，确认良好后方可启动。工作中如有异常情况，应立即停机进行处理；如不能立即停机，则必须迅速汇报上级处理。

22.2.6 机械运转时，严禁以手触摸其转动、传动部分，或直接调整皮带、进行润滑等。

22.2.7 重型机械通过桥梁、涵洞、路堤时应复核其承载能力，必要时应在加固后再通行。

22.2.8 机械在架空输电线路下方工作或通过时，其最高点与架空输电线路之间的最小距离应符合表 9.2.1 的规定。

22.2.9 移动式机械的电源线应悬空架设，不得随意拖放在地上。

22.2.10 新购、新装、改装、自制和大修后的机械应按规定经测试、检验及鉴定，合格后方可交付使用。

22.2 土石方机械

22.2.1 总则。

1 机械启动前应确认周围无障碍物，行驶或作业前应先鸣声示意。

2 机械行驶时不得上下人员及传递物件。严禁在陡坡上转弯、倒行或停车。下坡时不得用空挡滑行。

3 停车或在坡道上熄火时，必须将车刹住，刀片、铲斗落地。

4 雨季施工时，机械作业完毕应停放在地势较高的坚实地面上。

5 施工区内有地下管线时按 14.1.3 条的要求执行。

22.2.2 挖掘机。

1 挖掘机作业时应保持水平位置，并将行走机构制动住。反铲作业时挖掘机履带距工作面边缘至少应保持 1～1.5m 的安全距离。

2 往汽车上装土石方应待汽车停稳后方可进行，铲斗严禁从汽车驾驶室或人员的头顶上方越过。

3 铲斗回转半径范围内如有推土机作业则应停止作业。如必须在回转半径内进行其他作业时，必须停止机械回转并制动后方可进行，且机上、机下人员应密切保持联系。

4 行驶时，铲斗应位于机械的正前方并离地面 1m 左右，回转机构应制动住，上下坡的坡度不得超过 20°。

5 装运时，挖掘机严禁在跳板上转向或无故停车。上车后应刹住各制动器，放好臂杆和铲斗，履带前后应用楔子垫牢。

6 液压挖掘装载机的操作手柄应平顺，臂杆下降时中途不得突然停顿。行驶时应将铲斗和斗柄的油缸活塞杆完全伸出，使铲斗、斗柄靠紧动臂。

22.2.3 推土机。

1 用推土机牵引其他机械或重物时，必须由专人指挥。钢丝绳的连接必须牢固可靠。牵引起步时，附近严禁有人。

2 在基坑、深沟或陡坡处作业时，必须由专人指挥，推土时刀片不得超出边坡边缘，后退时应换好倒挡后方可提刀倒车。当垂直边坡高度超过 2m 时，应放出安全边坡。

3 推土机上下坡时的坡度不得超过 35°，横坡不得超过 10°。

4 两台以上推土机在同一区域作业时，前后距离应大于 8m，左右距离应大于 1.5m。

5 推土机在建（构）筑物附近作业时，与建（构）筑物的墙、柱、台阶等的距离不得小于 1m。

22.2.4 铲运机。

1 作业时，严禁任何人上下机械、传递物件。驾驶室外任何部位不得载人。

2 多台拖式铲运机同时作业时，前后距离不得小于 10m。多台自行式铲运机同时作业时，前后距离不得小于 20m。平行作业时两机间隔不得小于 2m。

3 在不平场地上行驶及转弯时，严禁将铲运斗提升到最高位置。

4 铲运机上下坡道时应低速行驶，不得在坡道上换挡。

5 上下坡的坡度不得超过 25°，横向坡度不得超过 6°。在新填土堤上作业时，铲斗离坡边不得小于 1m。

6 拖拉机与铲斗间必须加设保险钢丝绳。

22.2.5 装载机。

1 装载机不得在倾斜度超过规定值的场地上作业。

2 起步前应将铲斗提升至离地面 0.5m 左右。行驶时，铲斗上严禁载人。

3 装料时，铲斗应从正面插入，防止铲斗单边受力。往车辆上卸料时应缓慢，防止碰撞车辆。

4 铲斗向前倾斜时不得提升重物，提升物体必须在刹车后进行。

5 作业完毕后，应将铲斗平放在地面上，并拉紧制动器。

22.2.6 平地机。

1 作业时，应先将刮刀或齿耙下降到接近地面处。起步后方可让刮刀或齿耙切土，并根据阻力大小随时调整刮刀或齿耙的切土深度。

2 在调头与转弯时应用最低速，下坡时严禁空挡滑行。行驶时必须将刮刀或齿耙升到最高位置，刮刀或齿耙两端不得超出后轮胎的外侧。

3 调整刮刀时必须停机。

22.2.7 压路机。

1 变换压路机前进后退方向，应待滚轮停止后进行。严禁利用换向离合器作制动用。

2 两台以上压路机同时作业时，其前后间距应保持在 3m 以上。

3 振动式压路机在非作业行走时严禁振动。在辗压松散路基时，应在不振动的情况下先辗压 1～2 遍后再用振动辗压。

4 压路机应停放在平坦坚实的地方，并将制动器制动住。不得在坡道或土路边缘停车。

22.2.8 振动平板（冲击）夯机及蛙式夯实机。

1 夯机手柄上应装按钮开关并包以绝缘材料，操作时应戴绝缘手套。夯机必须使用绝缘良好的橡胶绝缘软线，作业中严禁夯击电源线。

2 在坡地或松土层上打夯时，严禁背着牵引。

3 操作中，夯机前方不得站人。几台同时工作时，各机之间应保持一定的安全距离。蛙式夯机之间的距离为：平行不得小于 5m，前后不得小于 10m。

4 暂停工作时，应切断电源。电气系统及电动机发生故障时，应由专职电工处理。

22.3 混凝土及砂浆机械

22.3.1 混凝土及砂浆搅拌机。

1　搅拌机应安置在平整坚实的地方，并用方木或支架架稳，不得以轮胎代替支撑。

2　开机前应检查各部件并确认良好，滚筒内无异物，周围无障碍，启动空转正常后方可进行工作。

3　进料时，严禁将头或手伸进料斗与机架之间察看或探摸进料情况。料斗升起时，严禁任何人在料斗下通过或停留。作业完毕后应将料斗固定好。

4　运转时，严禁将手、工具等伸进滚筒内。小型砂浆搅拌机进料口应设可靠的防护装置。

5　运转中如遇突然停电，应将电源开关拉开。在现场检修或清理料坑时应固定好料斗，切断电源并挂"有人工作，禁止合闸！"的警告牌。人员进入滚筒时，外面应有人监护。

6　在完工或因故障停工时，必须将滚筒内的余料取出，并用水清洗干净。

22.3.2　混凝土泵、泵车及搅拌车。

1　混凝土泵在基座未固定好前不得开动，运行中不得对泵的传动部分进行检修、清洁及润滑工作，发现故障应立即停机检修。

2　混凝土泵车应设置在坚实的地面上，支腿下面应垫好木板（厚度以 60mm 为宜），车身应保持水平。如需停设在倾斜处作业时，应适当调整支腿，保持车身水平，车轮应楔紧。

3　混凝土泵车在支腿未固定前严禁启动布料杆。混凝土泵车的布料杆不得起吊或拖拉重物。当风力达六级及六级以上时不得使用布料杆。

4　混凝土泵车在运转中不得去掉防护罩，没有防护罩不得开泵。

5　混凝土输送管道的直立部分应固定牢靠，运行中施工人员不得靠近管道接口。

6　管道堵塞时，不得用泵的压力打通。如需拆卸管道疏通，则必须先反转，消除管内混凝土压力后方可拆卸。

7　混凝土泵及泵车停运后，应先切断电源，然后清除残余的混凝土。泵车采用压力顶吹泡沫塑料来清除残渣时，管道出口前方不得站人。

8　混凝土泵及泵车还应遵守出厂说明书的有关规定。

22.3.3　混凝土、砂浆喷射机（喷浆机）。

1　作业前应对各部件进行检查，安全阀及气压表应完好、准确，空气压缩机的出风量及风压应满足要求。

2　压缩空气管和水管通过道路时应安设在地槽内并加盖保护，接头及阀门等应安装牢固，不得漏气或漏水。

3　作业时空气压缩机的操作人员应密切配合混凝土喷射人员，按要求调整风压，但最大不得超过 0.343MPa。

4　输料胶管发生堵塞时，可用木棍轻轻敲打堵塞部位的外壁。敲打无效时，应停止动力，将胶管卸下后用压缩空气吹通。

5　作业时在喷嘴的前面及左右 5m 范围内不得有人。暂停工作时，喷嘴不得对着施工人员的方向。

6　迁移作业面时，供风、供水系统也应随之移动。输料管不得随意拖拉和弯折。

7　每班作业完毕后，应将仓内、输料管内的混合料全部喷出（不加水），停止送风、送水，最后将机体及喷嘴拆下并冲洗干净。

22.3.4 灰浆输送泵。

　　1　机械停放处应平整，输送管道应有牢固的支撑并尽量减少弯曲，不得有重物压在输送管上或在输送管上悬挂任何重物。

　　2　作业压力不得超过规定值，否则应立即停机。

　　3　受料斗上应装有合乎该机型规定的滤网，应经常检查阀门是否磨损、漏浆，轴和电动机温度是否正常，作业中不应有杂音。

　　4　因故障停机时，应打开泄浆阀泄压，然后排除故障。压力未降到零时，不得拆卸空气室、压力安全阀和管道。

　　5　作业完毕后，应将泵和管道用水冲洗干净。当气温在0℃以下时，作业完毕后应将水箱排空。

22.4　木工机械

22.4.1　总则。

　　1　机床开动前应进行检查，锯条、刀片等切削刀具不得有裂纹，紧固螺丝应拧紧。台面上或防护罩上不得放有木料或工具。

　　2　使用木工机床时，严禁在机床完全停止前挂皮带或手拿木棍制动。

　　3　机床注油应在停车后进行，或不停车用长嘴油壶加注。机床运转中如遇异常情况，则应立即停车检查处理。

　　4　使用机床加工潮湿或有节疤的木料时，应严格控制送料速度，严禁猛推或猛拉。

　　5　作业场所应配备齐全可靠的消防器材。作业场所不得存放易燃物品，并严禁吸烟或动用明火。

　　6　作业场所应保持清洁，木料堆放整齐，道路保持畅通。作业完毕后，应切断电源，锁好开关箱，清除木屑、刨花。

　　7　严禁使用不具备安全防护性能的锯、刨、钻联合木工机械。

22.4.2　平刨机。

　　1　平刨机必须有安全防护装置，否则严禁使用。

　　2　刨料时应保持身体平稳、双手操作。刨大面时，手应按在料面上；刨小面时，手指不得低于料高的一半且不得小于30mm。不得用手在料后推送。

　　3　每次刨削量一般不得超过1.5mm，进料速度应均匀，经过刨口时用力要轻，不得在刨刀上方回料。

　　4　厚度小于15mm或长度小于30cm的木料不得用平刨机加工。

　　5　遇有节疤、戗槎应减慢推料速度，不得将手按在节疤上推料。刨旧料时必须将铁钉、泥砂等清除干净。

　　6　换刀片时应切断电源或摘掉皮带。

　　7　同一台刨机的刀片质量、厚度必须一致，刀架、夹板必须吻合。刀片焊缝超出刀头和有裂纹的刀具不得使用。紧固刀片的螺钉应嵌入槽内，并离刀背不少于10mm。

　　8　运转中，不得将手伸进安全挡板内侧去移动挡板或拆除安全挡板进行刨削。严禁戴手套操作。

22.4.3　压刨机（包括三面刨、四面刨）。

　　1　应采用单向开关，不得采用倒顺开关。三、四面刨应按顺序开动。

　　2　送料和接料不得戴手套，并应站在刨机的一侧。进料应平直，发现材料走横或卡住

71

时，应停机降低台面拨正。送料时手指必须离开滚筒20cm以外，必须待料走出台面后方可接料。

    3　刨削量每次不得超过5mm。遇硬节应减慢送料速度。

    4　刨短料时，其长度不得短于前后压滚的距离。刨厚度小于10mm的木料时必须垫托板。

22.4.4　裁口机（包括立槽刨、线脚刨、铲口刨）。

    1　应按材料规格调整盖板，一手按压，一手推进。刨或锯到头时，应将手移到刨刀或锯片的前面。

    2　送料应缓慢均匀，遇有硬节时应慢推。接料应过刨口150mm。

    3　裁硬木口时，一次不得超过深15mm、高50mm。裁松木口时，一次不得超过深20mm、高60mm。不得在中间插刀。

    4　裁刨圆形木料必须用圆形靠山，用手压牢，慢速进料。

22.4.5　开榫机。

    1　应侧身操作，严禁面对刀具。进料速度应均匀，不得猛推。

    2　短料开榫应加垫板夹牢，不得用手握料。1.5m以上的长料应由两人操作。

    3　发现刨渣或木片堵塞时，应用木棍推出，不得用手掏挖。

22.4.6　打眼机。

    1　打眼必须使用夹料器，严禁直接用手扶料。1.5m以上的长料应使用托架。调头时应双手持料，并注意周围的情况。

    2　操作中遇凿芯被木渣堵塞时，应立即抬起手把进行清理。如深度超过凿渣出口，则应勤拔钻头。

    3　清理凿渣应用刷子或吹风器，不得用手掏挖。

22.4.7　圆盘锯。

    1　操作前应进行检查，锯片不得有裂口，螺丝应拧紧。

    2　操作时应戴防护眼镜，站在锯片一侧，不得站在正面，手臂严禁越过锯片。锯片上方应有安全防护罩。

    3　进料应紧贴靠山，不得用力过猛，遇硬节应慢推，应待料出锯片15cm后方可接料，不得用手硬拉。

    4　短窄料应用棍推，接料应使用刨钩，超过锯片半径的大料不得上锯。

22.4.8　刮边机。

    1　材料应按压在推车上，后端必须顶牢，推进速度应缓慢，不得用手送料到刨口。

    2　刀部应设置坚固、严密的防护罩，每次进刀量不得超过4mm。

    3　不得使用开口螺丝槽的刨刀，装刀时应拧紧螺丝。

22.4.9　手电锯。

    1　使用前应检查有无漏电，操作时必须站在绝缘垫上并戴绝缘手套。

    2　操作中发现有异常声响或故障时，应立即停止使用，由电工检修，并经试验合格后方可继续使用。

22.4.10　带锯机。

    1　锯条应调整适宜，先经试运转，待运行正常无串条危险后方可开始工作。锯条齿侧裂纹超过锯条宽度的1/6、接头处裂纹超过锯条宽度的1/8、连续缺齿两个或接头超过三处者都不得使用。裂纹在以上规定内应在裂缝终端处钻眼截缝。

2 圆木在上跑车前应调好大小头。锯旧料时应详细检查并清除铁钉等杂物。

3 圆木应紧靠车桩车盘，挂好钩前不得松动撬棍，操作时手脚不得伸出跑车边缘。

4 非操作人员不得上车，跑车未停稳时不得卸下木料。跑车进退时，任何人不得在车道上停留或抢行。

5 进锯前应准确摇尺，进锯后不得更动尺码。进锯速度不宜过猛，送料中严禁调整锯卡子和清理碎料、树皮等。

6 倒车不宜过快，并应检查和排除戗槎、木节等障碍物。应待木料的尾端越过锯条50cm后方可倒车。

7 操作小带锯时，上下手应相互配合，不得猛推猛拉。送料时手不得进入台面，接料时手不得超过锯口。锯短料时应用推棍送料。

22.4.11 锉锯机。

1 锉锯时应戴防护眼镜，砂轮应有防护罩，操作时应站在砂轮的侧面。

2 锯条的结合必须严密、平滑均匀、厚薄一致。

22.5 钢筋机械

22.5.1 切断机。

1 启动前必须检查刀片无裂纹，刀架螺栓紧固，防护罩牢靠。机械运转正常后方可断料。

2 断料时手与刀口的距离不得小于15cm。切短钢筋应用套管或钳子夹料，不得用手直接送料。活动刀片行进时严禁送料。

3 切断钢筋不得超过机械的负载能力。切低合金钢等特种钢筋时，应使用高硬度刀片。

4 切长钢筋时应有人扶抬，操作时应动作一致。在钢筋摆动范围内及刀口附近，非操作人员不得停留。

5 机械运转中严禁用手直接清除刀口附近的短头和杂物。

22.5.2 除锈机。

1 操作时应戴口罩和手套。

2 除锈应在调直后进行，操作时应放平握紧，人员应站在钢丝刷的侧面。带钩的钢筋严禁上机除锈。

22.5.3 调直机。

1 在调直块固定、防护罩盖好前不得送料。作业中严禁打开防护罩及调整间隙。

2 钢筋送入压滚时，手与滚筒应保持一定的距离。机械运转中不得调整滚筒。严禁戴手套操作。

3 钢筋调直到末端时，操作人员必须躲开，严防钢筋甩动伤人。

4 短于2m或直径大于9mm的钢筋调直应低速进行。

22.5.4 弯曲机。

1 检查芯轴、挡块、转盘应无损坏和裂纹，防护罩紧固可靠，并经空转正常后方可作业。

2 钢筋应贴紧挡板，并注意放入插头的位置和回转方向。

3 弯曲长钢筋时应有专人扶抬，并站在钢筋弯曲方向的外侧。钢筋调头时应防止碰撞。

4 更换芯轴、插销、加油以及清理等作业必须在停机后进行。

22.5.5 冷拉机。

1 冷拉场地应在两端地锚外侧设置警戒区，装设防护栏杆及警告标志。严禁无关人员停留。操作人员作业时必须离开钢筋至少2m以外。

2 作业前，应检查冷拉夹具，夹齿必须完好，拉钩、地锚及防护装置均应齐全牢固。

3 卷扬机操作人员必须看到指挥人员发出信号，并待所有人员离开危险区后方可进行操作，冷拉时应缓慢、均匀。

4 照明设施应设在张拉危险区外。如须装在场地上空时，其高度应超过5m，灯具应加防护罩，不得使用裸线。

22.5.6 点焊机。

1 焊机应设在干燥的地方并放置平稳牢固。焊机应可靠地接地，导线应绝缘良好。

2 焊接前应根据钢筋截面调整电压，如发现焊头漏电应立即更换，不得继续使用。

3 操作时应戴防护眼镜及手套，并站在橡胶绝缘垫或木板上。工作棚应用防火材料搭设，棚内严禁堆放易燃易爆物品，并应备有灭火器材。

4 对焊机开关的接触点、电极（铜头）应定期检查维修。冷却水管应保持畅通，不得漏水或超过规定温度。

22.6 装饰机械

22.6.1 水磨石机。

1 使用前，应检查各紧固件牢固可靠、砂轮无裂缝；接通电源、水源，检查磨盘旋转方向应与箭头所示方向相同。

2 水磨石机应使用绝缘橡皮软线，操作人员应戴绝缘手套、穿绝缘鞋。

3 作业中如发现零件脱落或有异常声响，应立即停车检修。

4 作业完毕应关掉电源，冲洗干净，用垫木平放于干燥处。

22.6.2 高压无气喷涂泵。

1 作业前，应检查电机接地（或接零）良好，软管、喷枪等连接牢固，在空转及试喷正常后方可作业。

2 喷枪口不得对着人，不得用手碰触喷出的涂料。

3 作业间断停止喷涂时，应切断电源，关上喷枪安全锁、卸去压力，并将喷枪放在溶剂桶里。

4 喷枪堵塞时，应先卸压，关上安全锁，然后拆下喷嘴进行清洗。排除喷嘴孔堵塞物时，应用竹木等物进行，不得用铁针等硬物作通针。

5 清洗喷枪时，不得把涂料（尤其是燃点在21℃以下的）喷回密封的容器内。

22.6.3 切割机。

1 使用前，应先空转并检查正常后方可作业。

2 切割中用力应均匀适当，刀片推进时不可用力过猛。发生刀片卡死时应立即停机，退出刀片并重新对正后再进行切割。

3 停机时，必须待刀片停止旋转后方可放下。严禁在未切断电源的情况下将切割机放在地上。

22.6.4 射钉枪。

1 严禁用手掌推压钉管。

2 在使用结束时或更换零件、断开射钉枪之前，不准装射钉弹。

3 击发时应将射钉枪垂直紧压于作业面上。第一次击发出现弹不发火，应重新进行第二次击发；经两次扣动扳机子弹还不能击发时，应保持原射击位置数秒钟后，再将射钉弹退出。

22.7 其他机械

22.7.1 物料提升机。

1 应有电气保护、接地保护和避雷装置，并保持性能良好。卷扬机的制动器应灵活可靠。其卷扬部分应符合 10.2.6 条的要求。

2 架设场地应平整坚实。井架与脚手架之间应保留 2m 的距离，井架应设缆风绳并拉紧，四周应搭设防护网（栅）。

3 吊笼应适合手推车尺寸，便于装卸。吊笼的四角与井架不得互相擦碰，吊笼的固定销和吊钩必须可靠，并有防冒顶、防坠落的保险装置。吊笼严禁载人。

4 操作人员接到下降信号后，应确认吊笼下面无人员停留或通过时，方可下降吊笼。

5 使用中，应经常检查钢丝绳、滑轮、滑轮轴和导轨等情况，发现磨损应及时修理或更换。

6 下班后，应将吊笼降到最低位置，切断电源，锁好开关箱。

22.7.2 碎石机（碎砂机）。

1 碎石机（碎砂机）应设置在牢固的基础上，并应设置有防护栏杆的进料操作平台，现场临时使用的小功率碎石机（碎砂机）可设置在坚实的地坪上。

2 启动前应检查操作平台、筛分支架、锷板及防护罩等，确认完好后方可启动。不得在操作平台上堆放任何杂物。

3 送料应均匀，不得送入超过规定的石料。在运行中，不得用手脚或撬棍等强行推入石块，严禁将手脚伸进轧石斗内。如发生石块堵塞，则应停机并将石块取出后方可继续作业。

4 应设置防尘装置或采用喷水防尘。作业时操作人员应带防尘面具或防尘口罩。

22.7.3 机动翻斗车。

1 操作人员应经培训并考试合格，取得操作证后方可上岗工作。

2 行驶时，除操作人员外，严禁任何人乘坐在翻斗内或站在其他部位。

3 材料、物品的装载高度不得影响操作人员的视线。

4 下坡及转弯时，严禁空挡滑行。往基坑内卸料，接近坑边时应减速，并应与坑边保持安全距离。坑边应设有挡木。

23 热机安装

23.1 总则

23.1.1 现场使用的油料应存放在密闭的金属容器内，由专人负责保管。

23.1.2 不得任意在平台、梁、柱上打凿、开洞；如需打凿、开洞，应经有关部门批准。

23.1.3 使用三脚扒杆时，扒杆脚必须稳固，并有可靠的防滑措施。

23.1.4 在转动、调整、就位、拆装设备部件或在管子对口时，施工人员严禁将手伸入结合面和螺丝孔内。

23.1.5 清理端部轴封、隔板汽封或其他带有尖锐边缘的部件时，应戴帆布手套。

23.1.6 钢结构吊装应符合 17.4 节的要求。

23.1.7 设备组合支架、组合平台、组件的临时加固方法和临时就位的固定方法等均应有设计并经审批。临时加固件使用后应及时拆除。

23.1.8 严禁在已安装的管道及联箱内存放工具和材料。朝上的管口均应加盖或加塞。

23.1.9 在燃烧室、烟道、风道及金属容器内，应有两人以上在一起作业，外面应有专人监护；作业完毕后，施工负责人应清点人数，检查确实无人和工器具、材料留在内部且无火灾隐患后方可封闭。

23.1.10 点焊的构件、管道等严禁起吊。

23.1.11 就位后的构件、管道应及时连接牢固。

23.2 汽轮机安装

23.2.1 安装作业应在汽轮机平台周围的栏杆装好、孔洞全部盖严后方可开始。

23.2.2 汽轮机平台上的设备应按照施工组织设计的有关规定进行堆放。

23.2.3 汽机房内应保证光线充足、环境整洁。

23.2.4 汽轮机下缸就位后，低压缸排汽口应用临时堵板封严，汽缸两侧应用木板铺满。

23.2.5 在吊起的汽缸下面进行清理和涂抹涂料时，应在临时支撑将汽缸支稳后进行。

23.2.6 调整瓦枕垫片应在翻转的轴瓦固定后进行，轴瓦复位时应防止轴瓦滑下。

23.2.7 汽轮机扣盖必须连续进行，不得中断，扣缸人员必须穿专用工作服。

23.2.8 拆卸自动主汽门时，应用专用工具均匀地放松弹簧。

23.2.9 盘动转子：

   1 盘动前应通知周围无关人员不得靠近转子。

   2 用行车盘动转子时，不得站在拉紧钢丝绳受力的两侧。

   3 站在汽缸结合面上用手盘动转子时，不得穿带钉的鞋，鞋底必须干净，不得戴线手套。

23.2.10 在平衡台上校转子动平衡：

   1 作业场所应用绳子或栅栏围好，无关人员不得入内。

   2 用皮带拖动转子时，应有防止皮带断裂或滑脱的措施。一旦皮带脱落，必须待转子停稳后方可重新装上。

   3 试加的重块必须装牢。

   4 使用水阻装置时，应有防止触电的措施。

23.3 锅炉安装

23.3.1 锅炉构架为钢筋混凝土结构时，应预先设计并设置安装高处作业区和通道设施的预埋件。

23.3.2 大型锅炉安装必须使用施工电梯。施工电梯出口处必须设安全通道。

23.3.3 平台、栏杆、梯子应随锅炉组合件或构架的吊装及时安装，并应将一侧的平台、栏杆、梯子尽早接通，并焊接牢固。

23.3.4 安装叠置式或悬挂式锅炉设备时，严禁在设备未连接或未固定好的情况下，继续安装设备。

23.3.5 锅炉安装期间，应从炉顶到零米装设一条输送废料和垃圾的垂直通道；每一层平台的垃圾输送口应设盖板，通道下口处应设围栏。

23.3.6 清理垃圾时，各层输送口盖板必须加锁。

23.3.7 利用燃烧室的刚性梁作工作平台时，内侧应铺脚手板，外侧应搭设上杆离走行平台高 1.20m、下杆离走行平台高 0.5～0.6m 的双层防护栏杆及 0.18m 高的挡脚板。

23.3.8 燃烧室内应尽量避免交叉作业。如需进行交叉作业，必须搭设严密、牢固的隔离层，并铺以防火材料；严禁用安全网代替隔离层。

23.3.9 煮炉、试运行后，在进入燃烧室、烟道或风道前，必须将本炉的给粉机、排粉机、回转式空气预热器、电除尘器等的电源切断，并挂"严禁启动"的警告牌；与运行锅炉相连的烟道、风道，以及燃油系统、燃气系统、吹灰系统等均必须可靠地隔断。

23.3.10 水压试验、酸洗、煮炉、试运行后，在进行承压部件的检修或打开汽包人孔门前，必须先将蒸汽、给水、排污、疏水、加药等母管与运行锅炉间的连通阀门关严、上锁，并用堵板堵上；汽包、主蒸汽管道、主给水管道上的空气门必须打开，炉水和汽水管道内的积水放净，压力表指示为零，电动阀门的电源必须切断，并经施工负责人检查认可后方可作业。

23.3.11 进入锅筒作业：

　　1 应待锅筒壁温降到50℃以下方可打开人孔门。

　　2 开启人孔门应有人监护。当螺帽松到剩2～3扣时，应用木质棍棒撬松人孔门。撬松人孔门时，作业人员不得站在正面。待内部负压消失后，方可卸下螺帽打开人孔门。

　　3 进入锅筒前，应用轴流风机通风，待汽包壁温度降到40℃以下后方可进入。

　　4 锅筒下部的管孔应盖好，作业人员离开汽包后，人孔门应加网状封板。

　　5 在锅筒内作业时，应遵守23.1.9条的规定。

23.4　管道安装

23.4.1 用坡口机加工管子坡口时，坡口机应固定牢固并调整好中心，进刀应缓慢。

23.4.2 人工凿坡口时应戴防护眼镜，对面不得站人。

23.4.3 用管子板牙套管子丝扣时，台钳应固定在平稳的工作平台上，管子应支平、夹牢。松退板牙时，不得站在手柄对面。

23.4.4 管子吊装就位后，应立即安装支架、吊架。支架、吊架应一次焊接牢固。未焊好前不得松钩。

23.4.5 压缩支架和吊架弹簧的千斤顶应安放平稳。千斤顶的中心与支架（或吊架）的中心应对正，不得偏斜。

23.4.6 在深 1m 以上的管沟或坑道中施工时，沟、坑两侧或周围应设围栏并派专人监护。

23.4.7 在沟内敷设管道如遇有土方松动、裂纹、渗水等情况时，应及时加设固壁支撑。严禁用固壁支撑代替上下扶梯或吊装支架。

23.4.8 油管道必须接地良好。

23.4.9 用生料带做垫料时，必须制订防止氟中毒的措施。

23.4.10 与运行的管道进行连接前，必须按 DL 408 办理热力机械工作票；连接后，管道上的隔离门应关严并上锁。

23.4.11 弹簧阀门解体时，应先均匀地放松弹簧。

23.4.12 研磨阀门结合面时应将阀体固定好。

23.4.13 阀门水压试验台应设泄压阀。试验结束，应待压力泄尽后方可拆卸阀门。

23.5　水压试验

23.5.1 水压试验临时封头应经强度计算，封头不得采用内插式的。

23.5.2 试压泵周围应设置围栏，非工作人员不得入内。

23.5.3 进水时，管理空气门及给水门的人员不得擅自离开岗位。

23.5.4 升压前，施工负责人必须进行全面检查，待所有人员全部离开后方可升压。

23.5.5 水压实验时，人员不得站在焊缝处、堵头的对面或法兰盘的侧面。

23.5.6 在升压过程中，应停止试验系统上的一切工作。

23.5.7 超压试验时不得进行任何检查工作，应待压力降至工作压力以下后方可进行。

23.5.8 进入经水压试验后的金属容器前，应先检查空气门，确认无负压后方可打开人孔门。

23.6 辅机及辅助设备的安装

23.6.1 凝汽器穿铜管前，应在低压缸隔板处进行封闭。

23.6.2 穿凝汽器的铜管时，内部操作人员不得手握管头，胀管和切管人员应站在牢固的架子上。

23.6.3 在凝汽器内部进行气割作业时，割具应在外面点燃，作业完后应拿出在外边灭火。

23.6.4 发电机穿转子时，进入定子内的人员必须穿专用工作服及软底鞋。

23.6.5 安装升降式旋转滤网时，应锁住链条。

23.6.6 吊装有补偿器的烟道、风道、煤粉管道时，补偿器应进行加固；在管道支架安装及对口连接完成前，不得拆除加固件。

23.6.7 顶升球磨机大罐使用的千斤顶应符合13.3.1条的规定。顶升1cm高后应检查千斤顶的平衡及稳固情况，托箍焊缝有无裂纹、变形现象，确认无异常后方可继续顶升。

23.6.8 球磨机大罐就位后，枕木及塞木必须予以固定。

23.6.9 研刮球磨机轴瓦时，轴瓦必须放置稳固。仰面研刮时，施工人员应戴防护眼镜和口罩。

23.6.10 吊装球磨机大齿轮及齿轮罩时，应搭设脚手架或平台；施工人员不得站在大罐上拉链条葫芦。

23.6.11 安装球磨机钢瓦应使用装卸架。

23.6.12 钢球堆放处应用枕木、槽钢等围住。

23.6.13 风机叶轮及水泵转子找静平衡用的支架应设置稳固，平衡轨道两端应有防止叶轮及转子滚出轨道的措施。

23.6.14 进入煤斗及煤粉仓的作业人员，安全带应系挂在煤斗或煤粉仓外面的牢固处，并应有专人在外面监护。

23.7 筑炉和保温

23.7.1 保温材料的包装箱、包装筐或草绳的拆除应在指定地点进行，并应有防火、防尘措施。

23.7.2 装运保温材料的吊笼应符合22.7.1条的规定。

23.7.3 砌砖和保温：

1 裸露在保温层外的铁丝头应及时弯倒。

2 碎砖块、渣沫应及时清除，严禁向下清扫。

3 灰桶、耐火砖和保温材料应放在牢固稳妥的地方。

4 喷涂保温时，给料机与喷枪之间应有可靠的信号联系；在清理堵塞的喷枪及管道时，喷枪、管道口的对面严禁站人。

23.7.4 用人工提吊保温材料时，上方接料人员必须站在防护栏杆内侧并系挂好安全带。

24 机组试运行

24.1 总则

24.1.1 试运行负责人应组织并指导参加试运行的人员学习有关运行规程、试运行安全施工措施和试运行停、送电联系制度等。

24.1.2 启动应具备下列条件：

1 试运行项目验收合格。

2 信号、保护装置完善。

3 消防设施已投入使用，消防器材充足。

4 照明充足，事故照明具备使用条件。

5 设备及管道保温完毕。

6 土建工程完工，安装孔洞及沟道盖板已盖好。

7 通道畅通无阻，易燃物品和垃圾已彻底清除。

8 脚手架全部拆除。必须保留的脚手架不妨碍运行。

9 试运行设备与安装设备之间已进行有效的隔离，试运行与施工系统的分界线明确。

10 所有试运行设备的平台、梯子、栏杆安装完毕。

11 试运行范围内临时敷设的氧气管道和乙炔管道已全部拆除。

12 事故放油管畅通并与事故放油池连通。

24.1.3 试运行前必须确认燃烧室、空气预热器、烟道、风道、电气除尘器以及其他容器内的人员已全部撤出。

24.1.4 试运行区域应设栏杆，挂警告牌。

24.1.5 试运行时对运行设备的旋转部分不得进行清扫、擦拭或润滑。擦拭机器的固定部分时，不得把棉纱、抹布缠在手上。

24.1.6 不得在栏杆、防护罩或运行设备的轴承上坐立或行走。

24.1.7 不得在燃烧室防爆门、高温高压蒸汽管道、水管道的法兰盘和阀门、水位计等有可能受到烫伤危险的地点停留。如因工作需要停留时，应有防止烫伤及防汽、防水喷出伤人的措施。

24.1.8 试运行中及试运后的设备检修均应办理工作票。

24.2 化学制水和酸洗

24.2.1 酸洗措施中应有明确的废酸液排放注意事项并应符合当地有关部门排污达标要求。废酸排污应取得当地环保部门的批准。

24.2.2 搬运和使用化学药剂的人员应熟悉药剂的性质和操作方法，并掌握操作安全注意事项和各种防护措施。

24.2.3 对性质不明的药品严禁用口尝或鼻嗅的方法进行鉴别。

24.2.4 在进行酸、碱作业的地点应备有清水、毛巾、药棉和急救中和用的药液。

24.2.5 用压缩空气卸槽车内的酸、碱时，压力不得超过槽车的允许压力。

24.2.6 浓硫酸应用无缝钢管输送；浓盐酸应用耐压、耐酸的橡胶管输送。

24.2.7 冬季用蒸汽加热槽车内的碱液时，必须开启空气门，严防超压。

24.2.8 各种储酸设备应装设溢流管和排气管。

24.2.9 靠近通道的酸管道应有防护设施。

24.2.10 稀释浓硫酸时，严禁将水倒入浓硫酸中；应将浓硫酸缓慢地倒入水中并不断地搅拌。

24.2.11 进行加氯作业必须佩戴防毒面具，并应有监护人，室内通风应良好。

24.2.12 酸洗用临时管道应用无缝钢管。直接与浓盐酸接触的阀门应用耐酸衬胶阀门。与稀盐酸或碱液接触的阀门应用铁芯阀门。酸泵和阀门应事先进行检修，填料及垫子应用耐酸材料；系统必须经水压试验合格。

24.2.13 酸洗现场应有医务人员值班并备有下列设施和药品：

    1　带橡胶软管的冲洗水龙头。

    2　中和用石灰。

    3　浓度为 0.5% 和 0.2% 的碳酸氢钠，2% 的硼酸以及医用凡士林等。

24.2.14 被酸洗的设备或系统的最高点应有排至室外的排氢管。

24.2.15 锅炉用循环法酸洗时，加热汽源的压力应大于清洗液的最大静压，否则应加装逆止阀。

24.3　制氢

24.3.1 制氢室及储氢罐周围应悬挂"严禁烟火"的警告牌；10m 范围内严禁烟火，严禁放置易燃、易爆物品。

24.3.2 制氢室及储氢罐的值班人员应持证上岗。

24.3.3 严禁携带火种、穿带铁钉的鞋和穿化纤类衣服进入制氢室。

24.3.4 制氢室内严禁使用可能产生火花的工具、机具、风扇及电加热装置等。

24.3.5 制氢室和储氢瓶房间内空气的含氢量不得大于 1%。制氢室应配有测氢仪并经常进行测量，取样点应在聚氢区。

24.3.6 在制氢室和储氢罐附近进行明火作业或可能产生火花的作业时，必须办理动火工作票，制订安全施工措施，并经总工程师批准后方可施工。

24.3.7 制氢室和储氢瓶房间的照明应为防爆型的。

24.3.8 制氢与储氢系统在检修前，其检修部分与运行部分之间必须用堵板隔离并进行气体置换。

24.3.9 氢系统和氧系统的严密性试验只能用肥皂水检查；冰冻的管道和阀门只能用低温蒸汽或热水解冻。

24.3.10 氢系统和氧系统阀门的操作必须缓慢，严禁将氢、氧气体快速放出。

24.4　锅炉试运行

24.4.1 严禁直接跨越输煤皮带。

24.4.2 输煤皮带运行中，严禁用手清除粘在皮带滚筒上的煤或在端部滚筒处用人力阻止皮带跑偏。

24.4.3 在落煤管的通煤孔内捅煤时，工具应置于身体的侧面。

24.4.4 严禁进入储有煤粉的煤粉仓内作业。进入放空的煤粉仓内作业时，应先进行检查和试验，确认仓内一氧化碳等有害气体含量在允许范围内后方可进入；作业人员的安全带应挂在仓外牢固的结构上，仓外至少应有两人监护，并能看到仓内作业人员。

24.4.5 用液态烃和乙炔点火时，储气瓶应放在防火、防爆的安全地带；安全阀、控制阀、表计等应齐全完好；操作时应有防止回火与爆炸的措施。

24.4.6 热紧螺丝必须由熟练工人用标准扳手进行，严禁接长扳手的手柄。操作人员站立的位置应能防止泄出的汽或水对人的伤害。

24.4.7 处理阀门盘根泄漏时，紧螺丝应均匀缓慢地进行，检修人员应戴帆布手套。

24.4.8 煮炉时碱液的配制与添加：

1 碱液箱应做严密性试验。

2 加水、加碱应缓慢进行。

3 碱液箱应加盖并放在安全可靠处。

4 配制碱液应在安全可靠的地点进行。

5 确认炉内无压力后方可向炉内注入碱液。

24.4.9 开启锅炉看火门、检查孔及灰渣门应在炉膛负压的情况下缓慢小心地进行，作业人员应站在门孔的侧面，并选好向两旁躲避火焰的退路。

24.4.10 观察锅炉燃烧情况应戴防护眼镜或用有色玻璃遮住眼睛。在锅炉点火期间或燃烧不稳定时，不得站在看火孔、检查孔的正对面。

24.4.11 安全门的调整必须由两名以上熟练工人在专业技术人员的指导下进行。

24.4.12 调整重锤式安全门时，应有防止重锤滑脱和烫伤的措施。

24.4.13 吹管的排汽口不得对着设备或建筑物。

24.4.14 排汽管支架和固定支架的结构应能承受吹管时的最大推力。

24.4.15 在排汽范围和操作场所应设警戒区。

24.4.16 吹管排汽口必须装消音器，工作人员应佩戴耳塞。

24.4.17 加氧冲管前，所有与氧气接触的零件必须脱脂，严禁沾染油污。

24.4.18 加氧冲管时，氧气管道的阀门应缓慢开、关。

24.5 汽轮机试运行

24.5.1 不得在有压力的管道上进行检修工作。

24.5.2 疏水出口处应有保护遮盖装置。

24.5.3 主油箱灌油前，事故排油管应畅通，事故排油阀、排污阀应关严并加锁。

24.5.4 油系统注油或氢系统投氢后，应划定危险区并挂"严禁烟火"的标示牌。

24.5.5 在氢系统附近动用电焊、火焊时，必须办理动火作业票，经总工程师批准，并在测定空气中的含氢量不大于 0.4% 后方可进行。

24.5.6 充氢后，检查氢冷发电机时，必须先将该机的氢系统与氢母管的连通门关严，然后在连通门后加装带尾的堵板，并进行气体置换，应待含氢量低于允许值后方可进入。作业时必须强制通风，通风机及电源开关必须采用防爆型的。

24.5.7 试运行中应经常检查油系统是否漏油。严防油漏至高温设备及管道上。

24.5.8 前轴承及油管密集处的下方如有接漏的集油箱，使用前应做灌水试验，使用中应指定专人负责定期检查。

24.5.9 主油箱上的排烟风机必须经常投入运行并定期（至少每星期一次）检查油管和主油箱中的含氢量。当含氢量大于 1% 时，应查明原因并及时消除。

24.5.10 严禁在投氢或置换时向室内排放氢气或二氧化碳。

24.5.11 凡属试运范围内的设备及系统，除当班运行人员根据运行规程进行操作、维护及事故处理外，其他人员一律不得擅自操作。

25 金属检验

25.1 射线探伤

25.1.1 使用放射性同位素的单位，应按照国家现行的《放射性同位素与射线装置放射防护条例》，取得放射性同位素工作许可证后方可工作。

25.1.2 严禁将射源借给无工作许可证的单位。

25.1.3 射源的运输、保管必须执行国家有关规定，并报请当地公安、卫生部门批准。

25.1.4 使用射线探伤的单位应设立射线工作防护组织，并配备专（兼）职人员，负责本单位的辐射检测和射线防护工作，建立工作人员的健康、剂量监督等档案。

25.1.5 从事放射性工作的人员应经培训、考试合格，并取得合格证；对准备从事参加射线探伤工作的人员必须进行体格检查。按卫生部 GWF 01 的规定，有不适应症者不得参加此项工作。

25.1.6 射线探伤应配备必要的射线测量仪器。作业时，操作人员应佩戴剂量仪、含铅眼镜和铅防护服等防护用品。

25.1.7 射线探伤工作人员及相邻的非工作人员接受照射的最大允许剂量当量不得超过 GB 8703 的规定。

25.1.8 γ线射源的存放：

1 应存放在专用的储藏室内，不得与易燃、易爆、有腐蚀性的物质一起存放。

2 作业现场不得存放射源；如需短时间存放时，应经企业领导批准，采取有效的防护措施，并设围栏及醒目的警示标志。

3 存放射源的容器必须经过计算和实测复核，确认符合安全要求并标明射源名称后方可使用。一般距存放射源的容器在 0.5m 处的剂量率应低于 3×10^{-5}Sv/h。

4 射源应指定专人管理，定期检查，严格领用制度；存放射源的容器必须加锁。

25.1.9 γ线射源的运输：

1 托运应符合运输部门的规定。

2 自行运输必须用机动车辆专程运送并由专人押运。押运人员应熟知射源性质、防护容器结构，并具有一定的射线防护知识。严禁携带射源乘坐公共交通工具。

3 在现场搬运射源时，搬运人员一般应距射源容器不少于 0.5m，容器抬起高度不得超过膝部；上下梯子时宜用起吊工具。

4 射源运达目的地后必须立即进行交接检查，确认射源是否完好，并办理交接手续。

25.1.10 采用 X 射线机探伤：

1 操作人员应熟悉 X 射线机的性能，掌握操作知识，否则不得单独操作。

2 X 射线机安置处的周围必须干燥。搬运或安放时应避免强烈振动。

3 X 射线机必须有可靠的接地；连接或拆除电缆时，应先切断电源。

4 X 射线机应定期进行检查和试验。

5 X 射线机在第一次试用或停放较长时间后再启用时，必须按规定进行一次 X 射线管的训练。

6 夏季 X 射线机应避免在阳光下使用。

25.1.11 在施工现场进行射线探伤：

1 射线探伤应避开正常工作时间段；如不能避开，应制定探伤安全措施。

2 夜间进行射线探伤，应有明显的警示标志，如设置自激式警灯等。

3 用红绳圈出警戒范围并悬挂醒目的警告牌，严禁非作业人员进入。

4 射源处于工作状态时，作业人员严禁离开现场。

5 γ线射源应由一人操作，一人监护。如发生卡源，应在采取防护措施后方可处理。

6 X射线机的射线窗口侧宜设铅质滤光隔板。

7 在高处进行射源探伤应搭设工作平台，并采取防止射源坠落的可靠措施。

8 如γ线射源掉落，应立即撤离现场全部人员，设专人守卫，并报领导及有关部门。在做好安全防护措施后，方可有组织地用仪器寻找。

25.1.12 γ线射源丢失或被盗时应保护好现场，立即报告公安部门和卫生部门查处。

25.1.13 射源的销毁应符合国家及当地有关部门的规定。

25.2 金相分析

25.2.1 金相机械制片：

1 金相试片只应在砂轮侧面轻轻地磨制。当试片的厚度小于10mm时，应在镶嵌后再进行打磨。

2 严禁在磨片机旋转时更换砂纸、砂布。

3 试片打磨，抛光时应拿紧，并力求与磨面接触平稳。两人不得同时在一个旋转盘上操作。

4 腐蚀、电解金相试片的化学药品试剂应按其性质分类储存和保管，配制、使用时应遵守本标准24.2的有关规定；进行电解时，应严格控制电解液的温度及电流密度。

25.2.2 金相腐蚀、电解的操作室应通风良好，并设有自来水和急救酸、碱伤害时中和用的溶液。

25.2.3 金相试验用过的废液应经必要的处理后方可排放，不得将未经处理的废液倒入下水道。

25.2.4 现场进行金相试验时应有防止试剂、溶液泼洒滴落的措施；作业完毕后应将杂物、废液清理干净。

25.2.5 更换卧式金相显微镜的弧光电极时必须切断电源。

25.3 暗室工作

25.3.1 暗室应通风良好，室温宜控制在20℃左右。

25.3.2 工作人员在暗室内连续工作时间不宜超过2h。

25.3.3 暗室内应有安全红灯，电源线不得有裸露的带电部分并使用漏电保护开关，电源控制应采用拉线开关。

25.3.4 工作台前应铺设绝缘垫。

25.3.5 不得在暗室内存放药品（显影液、定影液除外）及配制试剂。

25.3.6 暗室内的通道应平坦通畅，不得堆放杂物。

25.4 机械性能试验

25.4.1 拉力、压力及弯曲试验：

1 试验机主体压力台处应采用带保护罩的行灯照明。

2 做拉力、压力和弯曲试验时，工作面上应有保护罩。

3 夹放试样时，严禁启动试验机。

25.4.2 冲击试验：

1 试验前必须检查摆锤、锁扣及保护装置是否安全可靠，制动是否灵敏。

  2 试验时应设置防护围栏；摆锤摆动方向前后不得站人或存放其他物品。

  3 手动冲击试验机安放试样时，应将摆锤移到不影响安放试样的最低位置；严禁在摆锤升至试验高度时安放试样。

25.5 光谱分析

25.5.1 作业人员应穿绝缘鞋、戴绝缘手套。

25.5.2 作业时不得将火花发生器外壳拿掉。

25.5.3 更换或调整电极时，必须切断电源。

25.5.4 雨、雪天气不得在露天进行光谱分析作业。

25.5.5 严禁在装有易燃、易爆物品的容器和管道上进行光谱分析。

25.5.6 严禁在储存或加工易燃、易爆物品的房间内进行光谱分析。在室外易燃、易爆物品附近进行光谱分析时，应遵守本标准第 4 章的有关规定。

25.5.7 在容器内进行光谱分析时，除应遵守在金属容器内作业的有关规定外，还应采取下列防止触电的措施：

  1 作业人员所穿戴工作服、鞋、帽等必须干燥，作业时应使用绝缘垫。

  2 容器外应设监护人。监护人应站在可看见光谱分析人员和听见其声音的位置；电源开关必须设在容器外监护人伸手可及的地方。

26 电气设备全部或部分停电作业

26.1 总则

26.1.1 在已投入运行的发电厂、施工用变电所、配电所中，以及在试运行中的已带电的电气设备上进行作业或停电作业时，其安全施工措施应按 DL 408 的有关规定编制和执行。

26.1.2 在生产单位管理的电气设备上进行作业或停电作业时还应遵守生产单位的有关规定。

26.1.3 带电作业或邻近带电体作业时，必须设专人监护施工全过程。

26.1.4 在 220kV 及以上电压等级运行区进行下列作业时应采取防止静电感应或电击的安全措施：

  1 攀登构架或设备。

  2 传递非绝缘的工具、非绝缘材料。

  3 2 人及 2 人以上抬、搬物件。

  4 拉临时试验线路或其他导线及拆装接头。

26.1.5 在 220kV 及以上电压等级运行区域内手持的非绝缘物件不得超过本人的头部。设备区内严禁撑伞。

26.1.6 在 330kV、500kV 电压等级的正在运行的升压站构架上作业，必须采取防静电感应的措施，如穿着静电感应防护服等。

26.1.7 吊车、升降车在带电区内作业时，车体应良好接地，并应有专人监护。

26.2 断开电源

26.2.1 对准备停电进行作业的电气设备，必须把各方面的电源完全断开。

26.2.2 在停电电气设备上作业前，做到：

  1 运行中的星形接线设备的中性点必须视为带电设备。

2 严禁在只经开关断开电源的设备上作业；必须拉开刀闸，使各方面至少有一个明显的断开点。

3 与停电设备有关的变压器和电压互感器，必须将高、低压两侧断开，防止向停电设备倒送电。

26.2.3 断开电源后，必须将电源回路的动力和操作熔断器取下，就地将操作把手拆除或加锁，并挂警告牌。

26.2.4 在靠近带电部分作业时，作业人员应戴静电报警安全帽，作业时的正常活动范围与带电设备的安全距离应大于表 26.2.4 的规定。

表 26.2.4　　　　　工作人员工作时的正常活动范围与带电设备的安全距离

设备电压（kV）	距离（m）	设备电压（kV）	距离（m）
≤13.8	0.35	220	3.0
35	0.6	330	4.0
110	1.5	500	5.0

26.3　悬挂标示牌和装设遮栏

26.3.1 在一经合闸即可送电到作业地点的开关和刀闸的操作把手上均应悬挂"禁止合闸，有人工作！"的标示牌。

26.3.2 在室内高压设备上或配电装置中的某一间隔内作业时，在作业地点两旁及对面的间隔上均应设遮栏并挂"止步，高压危险！"的标示牌。

26.3.3 在室外高压设备上工作时，应在工作地点的四周设围栏或拉绳，并挂"止步，高压危险！"的标示牌，标示牌必须朝向围栏里面。

26.3.4 在作业地点悬挂"在此工作！"的标示牌。

26.3.5 在室外构架上作业时，应在作业地点邻近带电部分的横梁上悬挂"止步，高压危险！"的标示牌。在邻近可能误登的构架上应悬挂"禁止攀登，高压危险！"的标示牌。

26.3.6 警戒区的拉绳及围栏应醒目、牢固，并不妨碍作业人员通过。严禁任意移动或拆除拉绳、围栏、地线、标示牌及其他安全防护设施。

26.3.7 标示牌、围栏等防护设施的设置应正确、及时，作业完毕后应及时拆除。

26.4　验电及接地

26.4.1 在停电的设备或停电的线路上作业前，必须经检验确认无电压后方可装设接地线。装好接地线后方可进行作业。验电与接地应由两人或两人以上进行，其中一人应为监护人。

26.4.2 验电时，必须使用电压等级合适而且合格的验电器，严禁用低压验电器检验高压。验电前，应先在确知的带电体上试验，在确证验电器良好后方可使用。验电应在已停电设备的进出线两侧各相分别进行。

26.4.3 进行高压验电必须戴绝缘手套，穿绝缘靴。

26.4.4 表示设备断开和允许进入间隔的信号及电压表的指示等，均不得作为设备有无电压的根据，必须验电，如果指示有电，严禁在该设备上作业。

26.4.5 对停电设备验明确无电压后，应立即进行三相短路接地。凡可能送电至停电设备的各部位均应装设接地线。在停电母线上作业时，应将接地线尽量装在靠近电源进线处的母线上，必要时可装设两组接地线。接地线应明显，并与带电设备保持安全距离。

26.4.6 接地应使用可携型软裸铜接地线。装拆接地线应使用绝缘棒，戴绝缘手套。挂接地线时应先接接地端，再接设备端。拆接地线时顺序相反。

26.4.7 可携型软裸铜接地线的截面应符合短路电流的要求，但不得小于 $25mm^2$。接地线在每次装设前应详细检查。严禁使用不符合规定的导线作短路线或接地线用，严禁用缠绕的方法进行接地或短路。

26.5 恢复送电

26.5.1 停电设备恢复送电前，必须将工器具、材料清理干净，拆除全部接地线，收回全部工作票，撤离全部作业人员，向运行值班人员交办工作票等手续。接地线一经拆除，设备即应视为有电，严禁再去接触或进行作业。

26.5.2 严禁采用预约停送电时间的方式在线路或设备上进行任何作业。

27 电气设备安装

27.1 变压器安装

27.1.1 充氮变压器未经充分排氮（其气体含氮密度＞18％），严禁作业人员入内。充氮变压器注油时，任何人不得在排气孔处停留。

27.1.2 大型油浸式变压器在放油及滤油过程中，外壳及各侧绕组必须可靠接地。

27.1.3 变压器吊芯检查时，不得将芯子叠放在油箱上，应放在事先准备好的大油盘内或准备好的干净支垫物上。在松下起吊绳索前，不得在芯子上进行任何作业。变压器吊罩检查时，在未移开外罩或未做可靠支撑前，不得在芯子上进行任何作业。

27.1.4 变压器吊芯或吊罩时必须起落平稳，必要时可在吊钩上加设倒链。

27.1.5 进行变压器内部检查时，通风和照明必须良好，并设专人监护；工作人员应穿无纽扣、无口袋的工作服，耐油防滑鞋；带入的工具必须拴绳、登记、清点。严防工具及杂物遗留在变压器内。

27.1.6 外罩法兰螺栓必须对称、均匀地松紧。

27.1.7 检查变压器芯子时，应搭设脚手架或梯子，严禁攀登引线木架上下。

27.1.8 变压器附件有缺陷需要进行焊接处理时，应放尽残油，除净表面油污，运至安全地点后进行。

27.1.9 变压器引线焊接不良需在现场进行补焊时，应采取绝热和隔离措施，并配备足够的消防器材。

27.1.10 对已充油变压器的微小渗漏允许补焊，但：

    1 变压器的顶部应有开启的孔洞。

    2 焊接部位必须在油面以下。

    3 严禁火焊，应采用断续的电焊。

    4 焊点周围的油污应清理干净。

    5 应有妥善的安全防火设施，并向全体参加人员进行安全施工交底。

27.1.11 储油和油处理现场必须配备足够可靠的消防器材，制定明确的消防责任制；场地应平整、清洁，10m 范围内不得有火种及易燃易爆物品。

27.2 变压器干燥

27.2.1 变压器进行干燥前应制定安全施工措施并交底。

27.2.2 变压器干燥使用的电源及导线应经计算，电路中应有过负荷自动切断装置及过热报警装置。

27.2.3 变压器干燥时，应根据干燥的方式，在铁芯、绕组或上层油面上装设温度计，但严禁使用水银温度计。

27.2.4 变压器干燥应设值班人员。值班人员应经常巡视各部位温度有无过热及其他异常情况，并做好记录。值班人员不得擅自离开干燥现场。

27.2.5 采用短路干燥时，短路线应连接牢固。采用涡流干燥时，应使用绝缘线；使用裸线时必须是低压电源，并应有可靠的绝缘措施。

27.2.6 使用外接电源进行干燥时，变压器外壳应接地。

27.2.7 采用真空热油循环进行干燥时，其外壳及各侧绕组必须可靠接地。

27.2.8 变压器干燥现场不得放置易燃物品，并应配备足够的消防器材。

27.3　发电机及电动机安装（电气部分）

27.3.1 人工拆卸或安装电机的部件时，两人的抬运质量不得超过100kg，抬起高度不得超过1m。

27.3.2 在干燥房内对电机进行干燥时，应有防火措施。干燥房内不得有易燃物，并应配备足够的消防器材。

27.3.3 开启式电机在安装期间应有防止杂物掉入电机内的措施。

27.3.4 在滑环上打磨碳刷应在不高于盘车的转速下进行。打磨碳刷时操作人员应戴口罩。

27.3.5 发电机引出线包绝缘时应加强通风，严禁烟火。操作人员应使用必要的防护用品，操作时应有人监护。

27.4　断路器及互感器安装

27.4.1 在下列情况下不得搬运开关设备：

　　1　隔离开关、刀型开关的刀闸处在断开位置时。

　　2　油断路器、自动空气开关、传动装置以及有返回弹簧或自动释放的开关，在合闸位置和未锁好时。

27.4.2 在调整、检修开关设备及传动装置时，必须有防止开关意外脱扣的可靠措施，作业人员必须避开开关可动部分的动作空间。

27.4.3 对于液压、气动及弹簧操作机构，严禁在有压力或弹簧储能的状态下进行拆、装或检修工作。

27.4.4 放松或拉紧开关的返回弹簧及自动释放机构弹簧时，应使用专用工具，不得快速释放。

27.4.5 凡可慢分慢合的开关，初次动作时不得快分快合。空气断路器初次试动作时，应从低气压做起。施工人员应与被试开关保持一定的安全距离或设置防护隔离设施。

27.4.6 就地操作分合空气断路器时，工作人员应戴耳塞，并应事先通知附近的作业人员，特别是高处作业人员。

27.4.7 在调整开关、隔离开关及安装引线时，严禁攀登套管绝缘子。

27.4.8 隔离开关采用三相组合吊装时，应检查确认框架强度符合起吊要求，否则应进行加固。

27.4.9 断路器、隔离开关安装时，在隔离刀刃及动触头横梁范围内不得有人作业。必要时应在开关可靠闭锁后方可进行作业。

27.4.10 对六氟化硫断路器进行充气时，其容器及管道必须干燥，工作人员必须戴手套和口罩。

27.4.11 检修六氟化硫断路器需拿取容器内的吸附物时，工作人员必须戴橡胶手套、护目镜及防毒口罩等劳动防护用品。

27.4.12 六氟化硫气瓶的搬运和保管：

1 六氟化硫气瓶的安全帽、防震圈应齐全，安全帽应拧紧；搬运时应轻装轻卸，严禁抛掷、溜放。

2 气瓶应存放在防晒、防潮和通风良好的场所；不得靠近热源和油污的地方，阀门上严禁油污和水分。

3 六氟化硫气瓶不得与其他气瓶混放。

27.4.13 瓷套型互感器注油时，其上部金属帽必须接地。

27.5 蓄电池安装

27.5.1 蓄电池室应在设备安装前装好照明、水源、通风和取暖设施。蓄电池加注电解液前，必须将蓄电池室内的临时用电设施拆除。蓄电池加注电解液后，室内严禁烟火，并不得再进行与充电无关的其他作业。

27.5.2 安装蓄电池的作业人员，应穿戴防酸和防止铅中毒的防护用品，充电后不得穿容易引起静电的衣着入内。

27.5.3 配制电解液的容器应完好。配制电解液时，必须将硫酸缓慢地注入蒸馏水中，并用玻璃棒或塑料棒不断搅动。严禁将蒸馏水注入硫酸中。

27.5.4 在配制电解液的过程中，如硫酸溅洒在身上，应立即用小苏打溶液清洗；如洒在地上，应及时用清水冲洗干净。

27.5.5 蓄电池室应备有足够的小苏打溶液和清水。电解液、小苏打溶液及清水等均应贴有明显的标志并分别存放。

27.5.6 平整及清扫铅极板应在有通风设施的条件下进行，作业人员应戴口罩、手套、护目镜等防护用品，袖口应扎紧。

27.5.7 搬运硫酸瓶时，应有防止震动和酸瓶破损的措施。搬运未封口或破裂的硫酸瓶时，必须采取可靠的安全措施。

27.5.8 配制、储存、输送电解液的一切设施必须是耐酸制品。

27.5.9 配制电解液使用的工器具及防护用品用过后，应用小苏打溶液及清水进行清洗，清洗前不得用手触摸。

27.5.10 镉、镍碱性蓄电池的安装：

1 配制和存放电解液应用耐碱器具，并将碱液缓慢倒入蒸馏水或去离子水中，用干净的耐碱棒搅动。严禁将水倒入电解液中。

2 装有催化栓的蓄电池初充电前应将催化栓旋下，等初充电全过程结束后再重新装上。

3 带有电解液并配有专用防漏运输螺塞的蓄电池，初充电前应取下运输螺塞换上有孔气塞，并检查液面，不应低于液面线。

27.5.11 不得在蓄电池室内进餐及存放食物和饮料。

27.6 盘、柜的安装

27.6.1 动力盘、控制盘、保护盘等应在土建条件满足安装要求时方可进行安装。与热机安装交叉作业时，应采取协调或防护措施。

27.6.2 动力盘、控制盘、保护盘在安装地点拆箱后，应立即将箱板等杂物清理干净。

27.6.3 盘撬动就位时人力应足够，指挥应统一，狭窄处应防止挤伤。

27.6.4 盘底加垫时不得将手伸入盘底，单面盘并列安装时应防止靠盘时挤伤手。

27.6.5 盘在安装固定好以前，应有防止倾倒的措施。

27.6.6 安装盘上设备时应有人扶持。

27.6.7 在墙上安装操作箱及其他较重的设备时，应设置临时支撑，待确实固定好后方可拆除该支撑。

27.6.8 动力盘、控制盘、保护盘内的各式熔断器，凡直立布置者必须上口接电源，下口接负荷。

27.6.9 新装盘的小母线在与运行盘上的小母线接通前，应采取隔离措施。

27.6.10 对执行器、变送器等稳定性较差的设备，安装就位后必须立即将全部安装螺栓紧好，严禁浮放。

27.6.11 在已运行或已安装仪表的盘上补充开孔前应编制施工措施，开孔时应防止铁屑散落到其他设备及端子上。对于邻近的因震动可引起误动的保护装置应申请临时退出运行。

27.6.12 高压开关柜、低压配电屏、保护盘、控制盘、热控盘及各式操作箱等需要部分带电时：

    1 需要带电的系统，其所有设备的接线应安装、调试完毕，并设立明显的带电标志。

    2 带电系统与非带电系统必须有明显可靠的隔离措施，确保非带电系统无串电的可能，并应设警告标志。

    3 部分带电的装置，应设专人管理。

27.6.13 在部分带电的盘上作业时：

    1 必须了解盘内带电系统的情况。

    2 应穿工作服、戴工作帽、穿绝缘鞋并站在绝缘垫上，严禁穿背心、短裤作业。

    3 工具手柄必须绝缘良好。

    4 必须设监护人。

27.7 其他电气设备安装

27.7.1 凡新装的电气设备或与之连接的机械设备，一经带电或试运行后，如需在该设备或系统上进行工作，则其安全措施应严格按第 26 章的有关规定执行。

27.7.2 远控设备的调整应有可靠的通信联络。

27.7.3 凡具有甲、乙两系统的回路及远控回路必须经过校核，确认其一次及二次回路均对应无误后方可启动。

27.7.4 所有转动机械的电气回路，应经操作试验，并确认控制、保护、测量、信号等回路均可靠无误后方可启动。转动机械在初次启动时，就地应设有紧急停车装置。

27.7.5 无论用何种方式干燥电气设备或元件，均应控制其温度。干燥场所不得有易燃物，并应有足够的消防器材。

27.7.6 严禁在组合式阀型避雷器上攀登或进行作业。

27.7.7 10kV 及以上升压站（配电室）进行扩建时，已就位的设备及母线应接地或屏蔽接地。

27.7.8 在运行的升压站及高压配电室内搬动梯子、线材等长的物件时，应放倒搬运，并应与带电部分保持安全距离。

27.7.9 在带电设备周围不得使用钢卷尺或皮卷尺进行测量工作，应采用木尺或其他绝缘量具。

27.7.10 电气设备及设施的拆除:

    1 必须确认被拆的设备或设施不带电,并应按第 20 章的有关规定做好安全措施。

    2 不得破坏原有安全设施的完整性。

    3 防止因结构受力变化而发生破坏或倾倒。

    4 拆除旧电缆时应从一端开始,严禁在中间切断或任意拖拉。

    5 拆除有张力的软导线时必须徐徐释放,严禁突然释放。

    6 弃置的旧动力电缆头,除有短路接地线外,应一律视为有电。

27.7.11 电力电容器试验完毕后必须立即进行放电。已运行的电容器组需检修或扩容时,必须先进行放电。

27.7.12 起吊、装卸大型或精密电气设备,如主变压器、电子计算机等,应事先由专业技术人员制定安全施工措施,并按 10.1.1 条的有关规定办理安全施工作业票。

28 母线安装

28.1 软母线架设和硬母线安装

28.1.1 测量软母线挡距时必须确保有绳、尺与带电体保持安全距离的措施。

28.1.2 新架设的母线与带电母线靠近或平行时,新架设的母线应接地,并保证安全距离。安全距离不够时应采取隔离措施。

28.1.3 母线架设前应检查金属附件是否符合要求,构架横梁是否牢固。

28.1.4 放线应统一指挥,线盘应架设平稳。导线应由盘的下方引出。推转线盘的人员不得站在线盘的前面。在放到线盘上的最后几圈时,应采取措施防止导线突然蹦出。

28.1.5 在挂线时,导线下方不得有人逗留或行走。

28.1.6 紧线应缓慢,并随时检查导线是否有挂住的地方,严禁跨越正在收紧的导线。

28.1.7 切割导线时,应将切割处的两侧扎紧并固定好。

28.1.8 软母线引下线与设备连接前应进行临时固定,不得任其悬空摆动。

28.1.9 在软母线上作业前应检查金具连接是否良好,横梁是否牢固。使用竹梯或竹竿横放在导线上骑行作业时应系好安全带。骑行作业母线的截面一般不得小于 $120mm^2$。

28.1.10 压接软母线所用油压机的压力表应完好,压接过程中应有专人监视压力表读数,严禁超压或在夹盖卸下的状态下使用。应经常检查油压机的油位,如油位过低应及时补充。

28.1.11 绝缘瓷瓶及母线不得承重。

28.1.12 硬母线焊接时应通风良好,作业人员应穿戴防护用品,并应遵守第 11 章的有关规定。

28.1.13 大型支持型铝管母线应采用吊车多点吊装;铝管母线就位前施工人员严禁登上支持绝缘子。

28.2 软母线爆破压接

28.2.1 进行母线爆破压接的操作人员必须经过培训,考试合格,并取得安全作业证。

28.2.2 进行爆破压接作业,每次不得超过两炮,作业时严禁吸烟。

28.2.3 炸药、导火索、导爆索及雷管应分别存放并设专人管理,由专人领用,用毕应立即将剩余的炸药及雷管退库。

28.2.4 药包应在专设的加工房内制做,室内严禁烟火,作业人员不得穿带钉子及铁掌的鞋。雷雨天气严禁填装药包。装药必须用木棒、竹棒轻塞,严禁用力抵入或用铁器捣实。药包装雷管的作业必须在爆破现场于爆破前进行。

28.2.5 在运行的升压站内进行爆破压接时，严禁使用电雷管或将电雷管改作火雷管使用。

28.2.6 导火索在使用前应作燃速试验，其长度应使点火人离开后到起爆之间的时间不少于 20s，但不得短于 20cm。

28.2.7 切断导爆索及导火索应使用锋利的刀子，严禁使用剪刀或钳子。雷管与导火索连接时，必须使用专用钳子夹雷管口，严禁碰触雷汞部分及用牙咬雷管口或用普通钳子夹雷管口。

28.2.8 爆破点离地面一般不得小于 1m，离瓷件一般不得小于 5m。人员应离开 30m 以外。距爆破点 50m 以内的建筑物玻璃窗应打开，并挂好风钩。

28.2.9 放炮时应通知周围作业人员及电气运行值班人员，并设警戒。

28.2.10 遇有瞎炮时，必须待 15min 后方可处理。

28.2.11 爆破操作的其他安全规定应按第 15 章以及 SDJ 276、SDJ 277 的有关规定执行。

29 电缆

29.1 电缆敷设

29.1.1 装卸、运输电缆盘时，应有防止电缆盘在车上、船上滚动的措施。盘上的电缆头应固定好。电缆盘严禁从车上、船上直接推下。滚动电缆盘的地面应平整，破损的电缆盘不得滚动。

29.1.2 敷设电缆时，电缆盘应架设牢固平稳，盘边缘与地面的距离不得小于 100mm，电缆应从盘的上方引出，引出端头的铠装如有松弛则应绑紧。

29.1.3 在开挖直埋电缆沟时，应取得有关地下管线等资料，否则在施工时应采取措施，加强监护。只有在确认地下无其他管线时方可用机械开挖。

29.1.4 敷设电缆前，电缆沟及电缆夹层内应清理干净，做到无杂物及积水，并应有足够的安全照明。

29.1.5 敷设电缆应由专人指挥，统一行动，并有明确的联系信号，不得在无指挥信号的情况下随意拉引。

29.1.6 在高处敷设电缆时，应有高处作业措施。直接站在梯式电缆架上作业时，应核算其强度是否足够，必要时采取加固措施。作业人员应系好安全带。严禁攀登组合式电缆架或吊架。

29.1.7 进入带电区域内敷设电缆时，应取得运行单位的同意，办理工作票，采取安全措施，并设监护人。

29.1.8 用机械敷设电缆时，应遵守有关操作规程，加强巡视，并有可靠的联络信号。放电缆时应特别注意多台机械运行中的衔接配合与拐弯处的情况。

29.1.9 电缆通过孔洞、管子或楼板时，两侧必须设监护人，入口侧应防止电缆被卡或手被带入孔内。出口侧的人员不得在正面接引。

29.1.10 敷设电缆时，拐弯处的施工人员应站在电缆外侧。

29.1.11 临时打开的隧道孔应设遮栏或标志，完工后立即封闭。

29.1.12 敷设电缆时，不得在电缆上攀吊或行走。

29.1.13 电缆穿入带电的盘内时，盘上必须有专人接引，严防电缆触及带电部位。

29.2 电缆头制作

29.2.1 制作电缆头时，熬胶、化铅使用的各种炉子均应有防火措施。熬胶、化铅应在通风良好处进行，加热应缓慢。

29.2.2 熔化锡块、铅块、绝缘胶的容器和工具必须干燥，熔化过程中严防水滴带入熔锅。熔化材料不得超过容器容积的 3/4。

29.2.3 电缆胶的加热和搬运应采用有嘴的容器，不得使用密封容器。传递时应放在地上换手。

29.2.4 熔化或浇制焊锡、封铅及电缆胶时，操作人员应戴防护眼镜、手套。

29.2.5 制作环氧树脂电缆头应在通风良好处进行，操作人员应戴口罩和手套。

29.2.6 做完电缆头后应及时灭火，清除麻包、油纸等杂物。

29.2.7 阻燃电缆应有防止纤维吸入体内及刺激皮肤的措施。

30 热控设备安装

30.1 取样装置及测温元件安装

30.1.1 使用大型电钻或板钻在管道或联箱上钻孔时，钻架必须有足够的强度并固定牢固，还应有防止滑钻、钻头松脱、钻体坠落及管道滚动等安全措施。

30.1.2 丝扣连接的高、中压插入式温度计，应用固定扳手紧固，操作时应站稳，用力不得过猛。

30.1.3 在与运行系统已连接好的或已充压的，以及可能由于阀门泄漏而充压的设备或管道上开孔、安装取样装置或感测元件等时，应办理工作票，并采取措施，严禁在无可靠隔断装置或残压未放尽时施工。

30.2 管路敷设

30.2.1 在场内搬运较长的角钢、管子等器材时，严防触及带电部分。

30.2.2 已敷设的管子，如不能及时焊接，则应固定牢固。

30.2.3 汽、水仪表管的排污漏斗应有盖或使用小联箱。

30.2.4 管路敷设完毕后，必须检查连接是否正确。高压管道上严禁装设低压设备。

30.2.5 试验用的压力表必须事先校验合格。压力试验过程中，当压力达到 0.49MPa 以上时，严禁紧固连接件或密封件。

30.2.6 检查及疏通堵塞的仪表管时，严禁将脸对着管口或锯开的锯口。疏通时，必须先关一次门。

30.3 防爆、防中毒、防酸碱等伤害

30.3.1 在已投入运行的油区、制氢站、发电机氢系统区域作业时，必须遵守本标准的有关规定。

30.3.2 防爆设备的防爆装置、部件必须完整无损并已安装好。

30.3.3 进入煤粉仓作业前，应先进行检查，确认无窒息可能以及无可燃性气体存在后，方可进入。作业人员的安全带应拴挂在仓外牢固的物体上，仓外至少应有两人监护，监护人应能直接看到作业人员。

30.3.4 已充酸、充碱的系统，不得再紧固连接件和密封件。

30.3.5 不得在已投入使用的酸、碱设备的阀门、法兰、玻璃液面计等部件附近作业或停留。

30.3.6 使用环氧树脂制作铠装热电偶冷端等作业时，应在通风良好的地方进行，操作人员应戴口罩和手套。

30.3.7 接触其他有毒物质的作业应制订专门的安全措施。

31 电气试验、调整及启动带电

31.1 总则

31.1.1 试验人员应充分了解被试验设备和所用试验设备、仪器的性能。严禁使用有缺陷及有可能危及人身或设备安全的设备。

31.1.2 进行系统调试工作前，应全面了解系统设备状态。对与已运行设备有联系的系统进行调试应办理工作票，同时采取隔离措施，必要的地方应设专人监护。

31.1.3 通电试验过程中，试验人员不得中途离开。

31.2 试验室

31.2.1 试验室内应地面平整，光线充足，门窗严密，布置整洁，通风及采暖设施完备。

31.2.2 试验电源应按电源类别、相别、电压等级合理布置，并设明显标志。试验室应有良好的接地线，试验台上及台前应铺设橡胶绝缘垫。

31.2.3 试验室的水源、水池、排水管道、净化气源应正规安装。

31.3 高压试验

31.3.1 高压试验设备（如试验变压器及其控制台、西林电桥、试油机等）的外壳必须接地。接地线应使用截面积不小于 $4mm^2$ 的多股软铜线，接地必须良好可靠，严禁接在自来水管、暖气管、易燃气体管道及铁轨等非正规的接地体上。

31.3.2 被试设备的金属外壳应可靠接地。高压引线的接线应牢固并应尽量缩短，高压引线必须使用绝缘子支持固定。

31.3.3 现场高压试验区域及被试系统的危险部位及端头应设临时遮栏或拉绳，向外悬挂"止步，高压危险！"的标示牌，并设专人警戒。

31.3.4 合闸前必须先检查接线，将调压器调至零位，并通知现场人员离开高压试验区域。

31.3.5 高压试验必须有监护人监视操作。升压加压过程中，作业人员应精神集中，监护人应大声呼唱，传达口令应清楚准确。操作人员应戴绝缘手套、穿绝缘靴或站在绝缘台上。

31.3.6 试验用电源应有断路明显的双刀开关和电源指示灯。更改接线或试验结束时，应首先断开试验电源，进行放电（指有电容的设备），并将升压设备的高压部分短路接地。

31.3.7 电气设备在进行耐压试验前，应先测定绝缘电阻。用摇表测定绝缘电阻时，被试设备应确实与电源断开。试验中应防止带电部分与人体接触，试验后被试设备必须放电。

31.3.8 高压试验设备的高压电极，除试验时外均应用接地棒接地，被试设备做完耐压试验后应接地放电。

31.3.9 进行直流高压试验后的高压电机、电容器、电缆等应先用带电阻的接地棒或临时代用的放电电阻放电，然后再直接接地或短路放电。

31.3.10 在使用中的高压设备，其接地线或短路线拆除后即应认为已有电压，严禁接近。

31.3.11 遇雷雨和六级以上大风时应停止高压试验。

31.3.12 试验中如发生异常情况，应立即断开电源，并经放电接地后方可进行检查。

31.3.13 试验工作结束后，必须将被试设备上的工具和导线等其他物件清理干净，拆除临时遮栏或拉绳，并将被试验设备恢复原状。

31.4 二次回路传动试验及其他

31.4.1 对电压互感器二次回路做通电试验时，高压侧隔离开关必须断开，二次回路必须与电压互感器断开。严禁将电压互感器二次侧短路。

31.4.2 电流互感器二次回路严禁开路，经检查确无开路时，方可在一次侧进行通电试验。

31.4.3 进行与已运行系统有关的继电保护或自动装置调试时，必须将有关部分断开或申请退出运行，必要时应有运行人员配合工作，严防误操作。

31.4.4 做开关远方传动试验时，开关处应设专人监视，并应有通信联络和就地可停的措施。

31.4.5 转动着的发电机、调相机及励磁机，即使未加励磁也应视为有电压，如在其主回路（一次回路）上进行测试工作，应有可靠的绝缘防护措施。

31.4.6 测量轴电压或在转动中的发电机滑环上进行测量作业时，应使用专用的带绝缘柄的电刷，绝缘柄的长度不得小于30cm。

31.4.7 使用钳形电流表时，其电压等级应与被测电压相符。测量时应戴绝缘手套。测量高压电缆线路的电流时，钳形电流表与高压裸露部分的距离应不小于表31.4.7所列数值。

表31.4.7　　　　　　　　钳型电流表与高压裸露部分的最小允许距离

额定电压（kV）	1	6	10	35	110
最小允许距离（mm）	500	500	500	800	1300

31.5 启动及带电

31.5.1 电气设备及电气系统的安装调试工作全部完成后，在通电及启动前，做好下列工作：

1 通道及出口畅通，隔离设施完善，孔洞堵严，沟道盖板完整，屋面无漏雨、渗水情况。

2 照明充足、完善，有适合于电气灭火的消防器材。

3 房门、网门、盘门该锁的已锁好，警告标志明显、齐全。

4 人员组织配套完善，操作、保护用具齐备。

5 工作接地及保护接地符合设计要求。

6 通信联络设施足够、可靠。

7 所有开关设备均处于断开位置。

31.5.2 上列各项工作检查完毕并符合要求后，所有人员应离开将要带电的设备及系统。非经指挥人员许可、登记，不得擅自再进行任何检查和检修工作。

31.5.3 带电或启动条件齐备后，应由指挥人员按技术要求指挥操作。操作应按DL 408的有关规定执行。

31.5.4 设置在一般房间或车间内的电气设备准备启动或带电时，其附近应设遮栏及标示牌，或派专人看守。

31.5.5 在配电设备及母线送电以前，应先将该段母线的所有回路断开，然后再接通所需回路。

31.5.6 发电机及具有双回路电源的系统，并列运行前应核对相位。

32 热控装置试验、调整与投入使用

32.1 总则

32.1.1 参加热控装置试验调整的人员，作业前应充分了解和熟悉被试设备和系统，认真检

查试验设备。工器具必须符合作业及安全要求。

32.1.2 进行系统调试作业前，应全面了解系统设备状态，与已运行设备有联系的系统应采取隔离措施。

32.2 测量仪表

32.2.1 冲洗仪表管前应与运行人员取得联系，冲洗的管子应固定好。初次冲管压力一般应不大于 0.49MPa。冲管时管子两端均应有人并相互联系。初次冲洗时，操作一次门应有人监护，并先做一次短暂的试开。

32.2.2 操作酸、碱管路的仪表、阀门时，不得将面部正对法兰等连接件。

32.2.3 校验氢纯度表时，不得将氢气瓶搬入室内，排气管应接到室外，作业地点严禁烟火。氢盘投入运行后应挂"氢气运行，严禁烟火"的标示牌。

32.2.4 氧气表严禁沾染油脂。

32.2.5 运行中的表计如因更换或修理而退出运行时，仪表阀门和电源开关的操作均应遵照规定的顺序进行。泄压、停电之后，在一次门和电源开关处应挂"有人工作，严禁操作"的标示牌。

32.3 远方操作设备及调节系统执行器

32.3.1 远方操作设备及调节系统执行器的调整试验，应在有关的热力设备、管路充压前进行，否则应与有关部门联系并采取措施，防止误排汽、排水伤人。

32.3.2 被控设备、操作设备、执行器的机械部分、限位装置和闭锁装置等，未经就地手动操作调整并证明工作可靠的，不得进行远方操作。进行就地手动操作调整时，应有防止他人远方操作的措施。

32.3.3 选线操作系统或并列的两套及以上的操作系统，必须在验证操作选线开关、操作设备与被控设备正确对应并与标志框标明的内容相符后方可操作。

32.3.4 做远方操作调整试验时，操作人与就地监视人应在每次操作中相互联系，及时处理异常情况。

32.4 成套控制装置和自动调节系统的投入

32.4.1 投入计算机和自动点火、自动升速等成套控制装置及自动调节系统时，必须制订专门的安全技术措施。

32.4.2 试验人员必须熟悉有关设备、系统的结构、性能以及试验方法、步骤。

32.4.3 投入成套控制装置和调节系统前，机组试运行领导人应做计划安排，并指派运行人员密切配合。

32.4.4 试投前应使机组处于稳定运行工况，使有关设备、系统工作正常，并采取必要的保护措施。试运行中应密切注意机组的运行情况及被试验设备、系统各部分的动作情况，如有异常则应立即停止试验。

32.4.5 经试验证明设备、系统确已正常可靠地工作后，各试验监视岗位的人员方可撤离。

附 录 A
（规范性附录）
本部分用词说明

A.1 执行本部分条文时，要求严格程度不同的用词说明如下，以便在执行中区别对待。

A.1.1 表示很严格，非这样做不可的：

正面词采用"必须",反面词采用"严禁"。

A. 1. 2　表示严格,在正常情况下均应这样做的:

正面词采用"应",反面词采用"不应"或"不得"。

A. 1. 3　表示允许稍有选择,在条件许可时首先这样做的:

正面词采用"宜"或"可",反面词采用"不宜"。

A. 2　条文中必须按指定的标准、规程或其他有关规定执行时,写法为"应该……执行"或"应符合……要求"。非必须按所指的标准、规程或其他规定执行的,写法为"参照……"。

电力建设安全工作规程
（变电所部分）

DL 5009. 3—1997

电力建设卷（上册）

目　　次

前　　言

本规程是在 DL 5009.1—92《电力建设安全工作规程（火力发电厂部分）》的基础上编写的。原能源部〔1992〕129 号文《关于颁发 DL 5009.1—92〈电力建设安全工作规程（火力发电厂部分）〉的通知》中指出："该规程适用于火力发电厂的施工，也适用于 110kV 及以上电压等级的变电所的施工。"但在执行过程中多有不便。为此又组织编写了变电所施工专用的安全工作规程，即本规程。

本规程应遵照国务院的《工厂安全卫生规程》（1956 年 5 月 25 日国务院全体会议第 29 次会议通过）和《建筑安装工程安全技术规程》（1956 年 5 月 25 日国务院全体会议第 29 次会议通过），并应与 DL 5009.1—92《电力建设安全工作规程（火力发电厂部分）》和 DL 5009.2—94《电力建设安全工作规程（架空输电线路部分）》的有关规定相符合。本规程是在此前提下，结合变电所施工的特点，对安全、文明施工提出了全面的要求，是强制性的行业标准。

本规程由原电力工业部建设协调司提出。

本规程由中国电力企业联合会标准化部归口。

本规程由中国电机工程学会电力建设安全技术分委会及华北电力集团公司电网部起草。

本规程起草人员：蔡新华、潘裕章、王瑞武、宋耐坚、华士元、解德山、朱海、何英。

本规程由国家电力公司工程建设局负责解释。

电力建设安全工作规程
（变电所部分）

1 范围

本规程规定了高压变电所建筑、安装施工过程中，为确保施工人员的安全和健康而应采取的措施和应遵守的安全施工要求，它适用于新建、扩建和改建的变电所的建筑、安装、现场加工和启动带电等工作。

2 引用标准

下列标准所包含的条文，通过在本标准中引用而构成本标准的条文。本标准出版时，所示版本均为有效。所有标准都会被修订，使用本标准的各方应探讨使用下列标准最新版本的可能性。

GB 1102—74　圆股钢丝绳

GB 3608—83　高处作业分级

GB 3805—83　安全电压

GB 3878—83　手持式电动工具的管理、使用、检查和维修安全技术规程

GB 4387—84　工厂企业厂内运输安全规程

GB 5082—85　起重吊运指挥信号

GB 6067—85　起重机械安全规程

GB 6722—86　爆破安全规程

GB 50194—93　建设工程施工现场供用电安全规范

DL 408—91　电业安全工作规程（发电厂和变电所电气部分）

DL 5009.1—92　电力建设安全工作规程（火力发电厂部分）

工厂安全卫生规程（1956 年 5 月 25 日国务院全体会议第 29 次会议通过）

建筑安装工程安全技术规程（1956 年 5 月 25 日国务院全体会议第 29 次会议通过）

气瓶安全监察规程　国家劳动总局〔79〕劳总锅字 18 号文颁发

溶解乙炔气瓶安全监察规程　国家劳动总局〔81〕劳总锅字 10 号文颁发

建筑防火设计规范　建设部

3 通则

3.1 总则

3.1.1 为了贯彻执行"安全第一、预防为主"的安全生产方针，适应发展高电压和大容量变电所、采用新工艺及新技术的需要，确保职工在施工中的安全与健康，根据国家有关规定，并结合变电工程建设施工的具体情况，制定本规程。

3.1.2 施工单位应根据本规程的规定，结合本单位的实际情况，编制实施细则或补充规定，经总工程师批准后执行。

3.1.3 施工单位的各级领导和工程技术人员必须熟悉并严格遵守本规程；施工人员必须熟

悉和严格遵守本规程的有关规定并经考试合格方可上岗。

3.1.4 在试验和推广新技术、新工艺、新设备、新材料的同时，必须制定相应的安全技术措施，经总工程师批准后执行。

3.1.5 从事特种作业或第二工种的作业，必须按该工程的有关规定，经培训、考试合格并取得合格证，方可上岗。

3.1.6 在执行本规程的同时，必须贯彻执行《电力建设安全施工管理规定》。

3.2 施工现场

3.2.1 一般规定。

3.2.1.1 施工总平面布置应符合国家防火、工业卫生等有关规定。

3.2.1.2 临时建筑工程应有设计，并经审核批准后方可施工；竣工后应经验收合格方可使用。使用中应定期进行检查维护。

3.2.1.3 施工现场的排水设施应全面规划。排水沟的截面及坡度应经计算确定，其设置位置不得妨碍交通。凡有可能承载荷重的排水沟都应设盖板或敷设涵管，盖板的厚度或涵管的大小和埋设深度应经计算确定。排水沟及涵管应保持畅通。

3.2.1.4 施工现场敷设的力能管线不得任意切割或移动。如需切割或移动，必须事先办理审批手续。

3.2.1.5 施工现场及其周围的悬崖、陡坎、深坑、高压带电区及危险场所等均应设防护设施及警告标志；坑、沟、孔洞等均应铺设与地面平齐的盖板或设可靠的围栏、挡板及警告标志。危险处所夜间应设红灯示警。

3.2.1.6 凡在有有害气体的室内或容器内工作均应设通风装置，并设置其他安全设施。

3.2.1.7 施工现场设置的各种安全设施严禁拆、挪或移作他用。

3.2.1.8 生活区与施工现场宜隔开，与施工无关的人员不得进入施工现场。

3.2.1.9 进入施工现场的人员必须正确佩戴安全帽，穿好工作服，严禁穿拖鞋、凉鞋、高跟鞋。严禁酒后进入施工现场。

3.2.1.10 从事高处、粉尘或有毒等工作的人员必须经体格检查，合格者方可上岗。

3.2.1.11 下坑井、隧道或深沟内工作前，必须先检查其内是否积聚有可燃或有毒等气体，如有异常，应认真排除，在确认可靠后，方可进入工作。

3.2.1.12 施工场所应保持整洁，垃圾或废料应及时清除，做到"工完、料尽、场地清"，坚持文明施工。在高处清扫的垃圾或废料，不得向下抛掷。

3.2.2 道路。

3.2.2.1 施工现场的道路应坚实、平坦，主车道的宽度不得小于5m，单车道的宽度不得小于3.5m。

3.2.2.2 现场道路跨越沟槽时应搭设牢固的便桥并经验收合格方可使用。人行便桥的宽度不得小于1m，手推车便桥的宽度不得小于1.5m，马车、汽车便桥应经设计，其宽度不得小于3.5m。便桥的两侧应设有可靠的栏杆。

3.2.2.3 现场道路不得任意挖掘或截断。如必须开挖时，应事先征得施工管理部门的同意并限期修复；开挖期间必须采取铺设过道板或架设便桥等保证安全通行的措施。

3.2.2.4 现场的机动车辆应限速行驶，时速一般不得超过15km/h。机动车辆行驶沿途的路旁应设交通指示标志，危险地区应设"危险"或"禁止通行"等警告标志，夜间应设红灯示警。

3.2.3 材料、设备堆放及保管。

3.2.3.1 材料、设备应按施工总平面布置图规定的地点堆放整齐并符合搬运及消防的要求。堆放场地应平坦、不积水，地基应坚实。现场拆除的模板、脚手杆以及其他剩余器材应及时清理回收，集中堆放。

3.2.3.2 易燃材料和易燃废料的堆放场所与建筑物及用火作业区的距离应符合本规程3.4.2.6条的有关规定。

3.2.3.3 器材不得紧靠木栅栏或建筑物的墙壁堆放，应留有50cm以上的间距，并封闭两端。

3.2.3.4 各类脚手杆、脚手板、紧固件以及防护用具等均应存放在干燥、通风处并符合防腐、防火等要求；木杆应去皮竖放。每年或新工程开工前应进行一次检查、鉴定，合格者方可使用。

3.2.3.5 易燃、易爆及有毒物品等应分别存放在与普通仓库隔离的专用库内，并按有关规定严格管理。雷管与炸药必须分库存放；汽油、酒精、油漆及稀释剂等挥发性易燃材料应密封存放。危险品仓库的设置应符合本规程3.4.2.6条的有关规定。

3.2.3.6 酸类及有害人体健康的物品应放在专设的库房内或场地上，并做出标记。库房应保持通风。

3.2.3.7 建筑材料的堆放高度应遵守表3.2.3.7的规定。

表3.2.3.7 建筑材料堆高限度

器材名称	堆高限度	注意事项
铁桶、管	1m	层间应加垫，两边设立柱
成材	4m	每隔0.5m高度加横木
砖	2m	堆放整齐、稳固
水泥	12袋	地面应以木板架空垫起0.3m以上
器材箱、筒	横卧3层立放2层	层间应加垫，两边设立柱
袋装材料	1.5m	堆放整齐、稳固

3.2.3.8 电气设备、材料的保管与堆放应符合下列要求：

a）瓷质材料拆箱后，应单层排列整齐，不得堆放，并采取防碰措施。

b）绝缘材料应存放在有防火、防潮措施的库房内。

c）电气设备应分类存放稳固、整齐，不得堆放。重心较高的电气设备在存放时应有防止倾倒的措施。

3.3 施工用电

3.3.1 一般规定。

3.3.1.1 施工用电的布设应按已批准的施工组织设计进行，并符合当地供电部门的有关规定。

3.3.1.2 施工用电设施应有设计并经有关部门审核、批准方可施工，竣工后应经验收合格方可投入使用。

3.3.1.3 施工用电设施安装完毕后，应由专业班组或指定专人负责运行及维护。严禁非电气专业人员拆、装施工用电设施。

3.3.2 施工用电设施。

3.3.2.1 施工用电设备应按具体使用环境进行选择。

3.3.2.2 电压 35kV 及以下的施工用的变压器采用户外布置时应符合下列规定：

a）10kV、320kVA 及以下的变压器采用柱上安装时，其底部距地面的高度不得小于 2.5m；变压器安装应平稳牢固，腰栏距带电部分不得小于 0.2m。

b）560kVA 及以上的变压器应装设在不低于 0.5m 的高台上，并设置高度不低于 1.7m 的栅栏。带电部分到栅栏的安全净距，10kV 及以下的应不小于 1m，35kV 的应不小于 1.2m。在栅栏的明显部位应悬挂"止步，高压危险！"的警告牌。

c）变压器中性点及外壳的接地应接触良好，连接牢固可靠，接地电阻不得大于 4Ω。

3.3.2.3 钢筋混凝土电杆不得掉灰露筋，不得有环裂或弯曲。木杆、木横担不得腐朽、劈裂。组立后的电杆不得有倾斜、下沉及杆基积水等现象。

3.3.2.4 用电线路及电气设备的绝缘必须良好，布线应整齐，设备的裸露带电部分应加防护措施。架空线路的路径应合理选择，避开易撞、易碰、易腐蚀场所以及热力管道。

3.3.2.5 低压架空线路采用绝缘线时，架设高度不得低于 2.5m；交通要道及车辆通行处，架设高度不得低于 5m；其他情况的架设高度应满足表 3.3.2.5-1、表 3.3.2.5-2 的要求。

表 3.3.2.5-1　　　　　　　　　　　　线路交叉时的最小垂直距离

线路电压（kV）	<1	1～10	35
最小垂直距离（m）	1	2	2.5

表 3.3.2.5-2　　　　　　　　边导线在最大风偏时与构筑物之间的最小水平距离

线路电压（kV）	<1	1～10	35
最小垂直距离（m）	1	1.5	3

3.3.2.6 低压架空线路一般不得采用裸线；采用裸线时，架空线高度不得低于 3m，穿过交通要道时不得低于 6m，导线截面积不得小于 16mm²。

3.3.2.7 现场直埋电缆的走向应按施工总平面布置图的规定，沿主道路或固定构筑物等的边缘直线埋设，埋深不得小于 0.7m；转弯处应在地面上设明显的标志；通过道路时应采用保护套管，管径不得小于电缆外径的 1.5 倍。电缆沿构筑物架空敷设时，其高度不得低于 2m。接头处应有防水和防触电的措施。

3.3.2.8 现场集中控制的配电箱设置地点应平整，不得被水淹或土埋，并应防止碰撞和被物体打击。配电箱附近不得堆放杂物。

3.3.2.9 配电箱应坚固，其结构应具备防火、防雨的功能，箱内的配线应绝缘良好，导线剥头不得过长，压接应牢固。盘面操作部位不得有带电体裸露。

3.3.2.10 杆上或杆旁装设的配电箱，应安装牢固并便于操作和维修；引下线应穿管敷设并做防水弯。

3.3.2.11 照明、动力分支开关箱，应装设漏电电流动作保护器。

3.3.2.12 用电设备的电源引线长度不得大于 5m。距离大于 5m 时，应设流动开关箱；流动开关箱至固定式配电箱之间的引线长度不得大于 40m，且只能用橡套软电缆。

3.3.2.13 施工用电的维护人员，应配备足够的绝缘用具。绝缘用具应定期进行试验，试验周期及要求见表 3.3.2.13。

表 3. 3. 2. 13　　　　　　　　　　常用电气绝缘用具试验要求

序号	名称	电压等级	试验周期	试验时间（min）	交流耐压（kV）	泄漏电流（mA）
1	绝缘棒	6～10kV	一年	5	44	
2	绝缘夹钳	≤35kV	一年	5	三倍线电压	
3	绝缘手套	高压	六个月	1	8	≤9
4	绝缘手套	低压	六个月	1	2.5	≤2.5
5	橡胶绝缘鞋	高压	六个月	2	15	≤7.5
6	验电笔[1]	6～10kV	六个月	5	40	

1) 发光电压不高于额定电压的 25%。

3. 3. 2. 14　电气设备附近应配备适于扑灭电气火灾的消防器材。电气设备发生火灾时，应首先切断电源。

3. 3. 3　施工用电及照明。

3. 3. 3. 1　电气设备不得超铭牌使用，闸刀型电源总开关严禁带负荷拉闸。

3. 3. 3. 2　多路电源配电箱宜采用密封式。开关及熔断器必须上口接电源，下口接负荷，严禁倒接。负荷应标明名称，单相闸刀开关应标明电压。

3. 3. 3. 3　不同电压的插座与插销应选用相应的结构，严禁用单相三孔插座代替三相插座。单相插座应标明电压等级。

3. 3. 3. 4　严禁将电线直接钩挂在闸刀上或直接插入插座内使用。

3. 3. 3. 5　手动操作开启式低压断路器、闸刀开关或管形熔断器时，应戴绝缘手套或使用绝缘工具。

3. 3. 3. 6　闸刀开关和熔断器的容量应满足被保护设备的要求。熔丝应有保护罩。管形熔断器不得无管使用，熔丝不得削小使用，严禁用其他金属丝代替熔丝。

3. 3. 3. 7　熔丝熔断后，必须查明原因，排除故障后方可更换。更换熔丝、装好保护罩后方可送电。

3. 3. 3. 8　连接电动机械或电动工具的电气回路应设开关或插座，并设有保护装置。移动式电动机械应使用软橡胶电缆。严禁一个开关接两台及以上电动设备。

3. 3. 3. 9　现场 110V 以上的临时照明线路应相对固定，并经常检查、维修。照明灯具的悬挂高度不应低于 2.5m，并不得任意挪动；低于 2.5m 时应设保护罩。

3. 3. 3. 10　在有爆炸危险的场所及危险品仓库内，应采用防爆型电气设备，开关必须装在室外。在散发大量蒸汽、气体或粉尘的场所，应采用密闭型电气设备。在坑井、沟道、沉箱内及独立高层构筑物上，应备有独立的照明电源。

3. 3. 3. 11　特殊照明灯采用金属支架时，支架应稳固，并采取接地或接零保护。

3. 3. 3. 12　电源线路不得接近热源或直接绑挂在金属构件上；在竹木脚手架上架设时应设绝缘子；在金属脚手架上架设时应设木横担。

3. 3. 3. 13　开关应控制火线，使用螺口灯头时，零线应接在灯头的螺口上。

3. 3. 3. 14　工棚内的照明线应固定在绝缘子上，距建筑物不得小于 2.5cm。穿墙时应套绝缘套管。管、槽内的电线不得有接头。

3.3.3.15 行灯的电压不得超过 42V，潮湿场所、金属容器或管道内的行灯电压不得超过 12V。行灯电源线应使用软橡胶电缆。行灯应有保护罩。

3.3.3.16 行灯电源必须使用双绕组变压器，其一、二次侧都应有熔断器。行灯变压器必须有防水措施，其金属外壳及二次侧绕组的一端均应接地。采用双重绝缘或有接地金属屏蔽层的变压器，二次侧不得接地。

3.3.3.17 在光线不足的工作场所及夜间工作的场所均应有足够的照明，主要通道上应装设路灯。

3.3.3.18 电动机械及照明设备拆除后，不得留有可能带电的部分。

3.3.3.19 在对地电压 250V 以下的低压电气网络上带电作业时，应遵守下列规定：

　　a）被拆除或接入的线路，必须不带任何负荷。

　　b）相间及相对地应有足够的距离，并能满足工作人员及操作工具不致同时触及不同相导体的要求。

　　c）有可靠的绝缘措施。

　　d）设专人监护。

　　e）办理安全施工作业票。

3.3.4 接地及接零保护。

3.3.4.1 对地电压在 127V 及以上的下列电气设备及设施，均应装设接地或接零保护：

　　a）发电机、电动机、电焊机及变压器的金属外壳。

　　b）开关及其传动装置的金属底座或外壳。

　　c）电流互感器的二次绕组。

　　d）配电盘、控制盘的外壳。

　　e）配电装置的金属构架、带电设备周围的金属栅栏。

　　f）高压绝缘子及套管的金属底座。

　　g）电缆接头盒的外壳及电缆的金属外皮。

　　h）吊车的轨道及焊工等的工作平台。

　　i）架空线路的杆塔（木杆除外）。

　　j）室内外配线的金属管道。

3.3.4.2 中性点不接地系统中的电气设备，应采用接地保护，接地线应接至接地网上。总容量为 100kVA 及以上的系统，接地网的接地电阻不得大于 4Ω；总容量为 100kVA 以下的系统，接地网的接地电阻不得大于 10Ω。

3.3.4.3 当施工现场采用低压侧为 380/220V 中性点直接接地的变压器时，宜按 GB 50194，采用工作零线和保护零线分开的接地保护。

3.3.4.4 接零保护应符合下列规定：

　　a）架空线零线的终端、总配电盘及区域配电开关箱的零线应重复接地，接地电阻不得大于 10Ω。

　　b）吊车轨道接零后，再重复接地。

　　c）接引至电气设备的工作零线必须与保护零线分开，保护零线不得接任何开关或熔断器。

　　d）接引至移动式或手提式电动机具的零线必须用软铜绞线，其截面积一般不得小于相线截面积的 1/3，且不得小于 1.5mm^2。

3.3.4.5 地线及零线的连接应采用焊接、压接或螺栓连接等方法。若采用缠绕法时，必须按照电线对接、搭接的工艺要求进行，严禁简单缠绕或钩挂。

3.3.4.6 同一系统中的电气设备，严禁一部分采用接地保护，另一部分采用接零保护。

3.3.4.7 使用外接电源时，电气设备所采用的保护方式应与外接电源系统中的保护方式一致。

3.3.4.8 起重机械行驶的轨道两端应设接地装置。轨道较长时，每隔20m应补设一组接地装置，接地电阻不得大于4Ω。

3.3.4.9 严禁利用易燃、易爆气体或液体管道作为接地装置的自然接地体。

3.3.4.10 施工现场防雷接地装置的规定：

    a）高度在20m及以上的金属井字架、脚手架、机具、烟囱及水塔等均应设置避雷针。避雷针的接地电阻不得大于10Ω。组立起的构架应及时接地。

    b）独立避雷针的接地线与电力接地网、道路边缘、建筑物出入口的距离不得小于3m。

    c）防雷接地装置采用圆钢时，其直径不得小于16mm；采用扁钢时，其厚度不得小于4mm、截面积不得小于160mm²。

3.3.4.11 在有爆炸危险场所的电气设备，其正常不带电的金属部分，均必须可靠地接地或接零。

3.3.4.12 凡有爆炸危险的场所，严禁利用金属管道、构筑物的金属构架及电气线路的工作零线作为接地线或接零线用。

3.3.4.13 下列设施均必须采取防静电接地措施：

    a）用于加工、储存及运输各种易燃易爆液体、气体或粉末的设备。

    b）汽车油槽车行驶时，必须用金属链条连接在底盘上，另一端拖在地面上。

3.3.5 施工用电管理。

3.3.5.1 施工用电系统的运行应设专人管理，并明确职责及管理范围。

3.3.5.2 应根据用电情况制定用电、维修等管理制度以及安全操作规程。专业维护人员必须熟悉有关规程制度。

3.3.5.3 施工用电设施除经常性的维护外，还应在雨季和冬季前进行全面的清扫和检修；在台风、暴雨、冰雹等恶劣天气后，应进行特殊性的检查维护。

3.3.5.4 配电箱应加锁并设警告标志。

3.3.5.5 施工电源使用完毕后，应及时拆除。

3.4 防火

3.4.1 一般规定。

3.4.1.1 在仓库、宿舍、加工场地及重要机械设备旁，应有相应的灭火器材，一般按建筑面积每120m²设置标准灭火器一个。

3.4.1.2 消防设施应有防雨、防冻措施，并定期进行检查、试验，保持灭火器有效；砂桶（箱、袋）、斧、锹、钩子等消防器材应放置在明显、易取处，不得任意移动或遮盖，严禁挪作他用。

3.4.1.3 在油库、木工间及其他易燃、易爆物品仓库等场所严禁吸烟，并设"严禁烟火"的明显标志。

3.4.1.4 严禁在办公室、工具房、休息室、宿舍等房屋内存放易燃、易爆物品。

3.4.1.5 在易燃、易爆区周围动用明火，必须办理动火工作票，经有关部门批准，后采取相应措施后方可进行。

3.4.1.6 挥发性易燃材料不得装在敞口容器内和存放在普通仓库内。装过挥发性油剂及其他易燃物质的容器，应及时退库并保存在距构筑物不小于 25m 的单独隔离场所；装过挥发性油剂及其他易燃物质的容器未经采取措施，严禁用电焊或火焊进行焊接或切割。

3.4.1.7 储存易燃、易爆液体或气体仓库的保管人员，严禁穿用丝绸、合成纤维等易产生静电的材料制成的服装入库。

3.4.1.8 运输易燃、易爆等危险物品，应按当地公安部门的有关规定申请，经批准后方可进行。

3.4.1.9 施工单位存放炸药、雷管，必须得到当地公安部门的许可，并分别存放在专用仓库内，指派专人负责保管，严格领、退料制度。

3.4.1.10 采用易燃材料包装或设备本身必须防火的设备箱，严禁用火焊切割的方法开箱。

3.4.1.11 烘燥间或烘箱的使用及管理应有专人负责。

3.4.1.12 熬制沥青或调制冷底子油应在建筑物的下风方向进行，距易燃物不得小于 10m，严禁在室内进行。

3.4.1.13 进行沥青或冷底子油作业时必须通风良好，作业时及施工完毕后的 24h 内，其作业区周围 30m 内严禁明火。在室内施工时，照明必须符合防爆要求。

3.4.1.14 冬季采用火炉暖棚法施工，应征得有关部门同意，制订相应的防火和防止一氧化碳中毒措施并设有不少于 2 人的值班。

3.4.2 临时建筑及仓库防火。

3.4.2.1 临时建筑及仓库的设计，应符合现行《建筑设计防火规范》的规定。

3.4.2.2 仓库应根据储存物品的性质采用相应耐火等级的材料建成。领、退料值班室与库房之间应设防火墙。

3.4.2.3 采用易燃材料搭设的临时建筑应有相应的防火措施。

3.4.2.4 临时建筑物内的火炉烟囱通过墙和屋面时，其四周必须用防火材料隔离。烟囱伸出屋面的高度不得小于 50cm。严禁用汽油或煤油引火。

3.4.2.5 氧气、乙炔气、汽油等危险品的仓库，应有避雷及静电接地设施，屋面应采用轻型结构，并设置气窗及底窗，门、窗应向外开启。氧气瓶仓库的室温不得超过 35℃。

3.4.2.6 各类建筑物与易燃材料堆场的防火间距应符合表 3.4.2.6 的规定。

表 3.4.2.6 各类建筑物与易燃材料堆场的防火间距　　　　　　　　　　　　m

序号	建筑名称　　　　　序　号	1	2	3	4	5	6	7	8	9
1	正在施工中的永久性建（构）筑物		20	15	20	25	20	30	25	10
2	办公室及生活性临时建筑	20	5	6	20	15	15	30	20	6
3	材料仓库及露天堆场	15	6	6	15	15	10	20	15	6
4	易燃材料（氧气、乙炔、汽油等）仓库	20	20	15	20	25	20	20	25	20
5	木材（圆木、成材、废料）堆场	25	15	15	25	垛间 2	25	30	25	15
6	锅炉房、厨房及其他固定性用火	20	15	10	20	25	15	30	25	6
7	易燃物（稻草、芦席等）堆场	30	30	20	30	30	30	垛间 2	25	6
8	主建筑物	25	20	15	20	25	25	25	25	15
9	一般性临时建筑	10	6	6	20	15	6	6	15	6

3.5 季节性施工

3.5.1 夏季、雨汛期施工。

3.5.1.1 雨季前应做好防风、防雨、防洪等准备工作。现场排水系统应整修畅通，必要时应筑防汛堤。

3.5.1.2 各种高大建筑及高架施工机具的避雷装置均应在雷雨季前进行全面检查，并进行接地电阻测定。

3.5.1.3 台风和汛期到来之前，施工现场和生活区的临建设施以及高架机械均应进行修缮和加固，防汛器材应及早准备。

3.5.1.4 暴雨、台风、汛期后，应对临建设施、脚手架、机电设备、电源线路等进行检查并及时修理加固。险情严重者应立即排除。

3.5.1.5 机电设备及配电系统应按有关规定进行绝缘检查和接地电阻测定。

3.5.1.6 夏季应做好防暑降温工作。

3.5.2 冬季施工。

3.5.2.1 入冬之前，对消防器具应进行全面检查，对消防设施及施工用水外露管道，应做好保温防冻措施。

3.5.2.2 对取暖设施应进行全面检查。用火炉取暖时，严防一氧化碳中毒；加强用火管理，及时清除火源周围的易燃物。

3.5.2.3 现场道路及脚手架、跳板和走道等，应及时清除积水、积霜、积雪并采取防滑措施。

3.5.2.4 施工机械及汽车的水箱应予保温。停用后，无防冻液的水箱应将存水放尽。油箱或容器内的油料冻结时，应采用热水或蒸汽化冻，严禁用火烤化。

3.5.2.5 汽车及轮胎式机械在冰雪路面上行驶时应装防滑链。

3.6 高处作业及交叉作业

3.6.1 高处作业。

3.6.1.1 凡在坠落高度基准面 2m 及以上有可能坠落的高处进行的作业均称为高处作业。不同高度的可能坠落范围半径见表 3.6.1.1。

表 3.6.1.1　　　　　　　　　不同高度的可能坠落范围半径　　　　　　　　m

作业位置至其底部的垂直距离	2～5	5～15	15～30	＞30
其可能坠落范围半径	2	3	4	5

注：1. 通过最低坠落着落点的水平面称为坠落高度基准面。
　　2. 在作业位置可能坠落到的最低点称为该作业位置的最低坠落着落点。

3.6.1.2 高处作业的平台、走道、斜道等应装设 1.05m 高的防护栏杆和 18cm 高的挡脚板，或设防护立网。

3.6.1.3 高处作业区周围的孔洞、沟道等必须设盖板、安全网或围栏。

3.6.1.4 特殊高处作业宜设有与地面联系的信号或通信装置，并由专人负责。

3.6.1.5 在夜间或光线不足的地方进行高处作业，必须有足够的照明。

3.6.1.6 在气温低于－10℃进行露天高处作业时，施工场所附近宜设取暖休息室，取暖设施应符合防火规定。

3.6.1.7 遇有六级及以上大风或恶劣气候时，应停止露天高处作业。在霜冻或雨雪天气进行露天高处作业时，应采取防滑措施。

3.6.1.8 凡参加高处作业的人员每年应进行体格检查。经医生诊断患有不宜从事高处作业病症的人员不得参加高处作业。

3.6.1.9 高处作业必须系好安全带（绳），安全带（绳）应挂在上方的牢固可靠处。高处作业人员应衣着灵便，衣袖、裤脚应扎紧，穿软底鞋。

3.6.1.10 高处作业地点、各层平台、走道及脚手架上不得堆放超过允许载荷的物件，施工用料应随用随吊。严禁在脚手架上使用临时物体（箱子、桶、板等）作为补充台架。

3.6.1.11 上下脚手架应走斜道或梯子，不得沿绳、脚手立杆或横杆等攀爬，也不得任意攀登高层构筑物。

3.6.1.12 高处作业人员应配带工具袋，较大的工具应系保险绳。传递物品应用传递绳，严禁抛掷。

3.6.1.13 高处作业不得坐在平台、孔洞边缘，不得骑坐在栏杆上，不得站在栏杆外工作或凭借栏杆起吊物件。

3.6.1.14 高处作业时，点焊的物件不得移动。切割的工件、边角余料等应放置在牢靠的地方，并有防止坠落的措施。

3.6.1.15 高处作业区附近有带电体时，传递绳应使用干燥的麻绳或尼龙绳，严禁使用金属线。

3.6.1.16 在石棉瓦、油毡等轻型或简易结构的屋面上进行工作时，必须有防止坠落的可靠措施。

3.6.1.17 在电杆上进行作业前应检查电杆及拉线埋设是否牢固、强度是否足够，并应选用适合于杆型的脚扣，系好安全带。在构架及电杆上作业时，地面应有专人监护、联络。登高用具应按表 3.6.1.17 的规定进行定期检查和试验。

表 3.6.1.17　　　　　　　　　　　　登高安全用具试验标准

名　称	试验静拉力		试验周期	外表检查周期	试验时间（min）
	kN	kgf			
安全绳（带）	2.25	225			
升降板	2.25	225	半年	一个月	5
脚扣	1	100			
竹（木）梯	1.8	180			

3.6.1.18 特殊高处作业的危险区，应设围栏及"严禁靠近"的警告牌，危险区内严禁人员逗留或通行。

3.6.2 交叉作业。

3.6.2.1 施工中应尽量减少立体交叉作业。必须交叉时，施工负责人应事先组织交叉作业各方，商定各方的施工范围及安全注意事项；各工序应密切配合，施工场地尽量错开，以减少干扰。无法错开的垂直交叉作业，层间必须搭设严密、牢固的防护隔离设施。

3.6.2.2 交叉作业场所的通道应保持畅通；有危险的出入口处应设围栏或悬挂警告牌。

3.6.2.3 隔离层、孔洞盖板、栏杆、安全网等安全防护设施严禁任意拆除。必须拆除时，应征得原搭设单位的同意，在工作完毕后应立即恢复原状并经原搭设单位验收。严禁乱动非工作范围内的设备、机具及安全设施。

3.6.2.4 交叉施工时，工具、材料、边角余料等严禁上下抛掷，应用工具袋、箩筐或吊笼等吊运。严禁在吊物下方接料或逗留。

3.7 脚手架及梯子

3.7.1 一般规定。

3.7.1.1 脚手架的荷载不得超过 2.65kPa（270kgf/m²）。脚手架搭设后应经施工及使用部门验收合格并挂牌后方可交付使用。使用中应定期检查和维护。

3.7.1.2 荷重超过 2.65kPa（270kgf/m²）的脚手架或形式特殊的脚手架应进行设计，并经技术负责人批准后方可搭设。

3.7.1.3 在构筑物上搭设脚手架必须验算构筑物强度。

3.7.1.4 脚手架的立杆应垂直。钢管立杆应设置金属底座或垫木。竹、木立杆应埋入地下30～50cm，杆坑底部应夯实并垫以砖石；遇松土或无法挖坑时应绑扫地杆。横杆必须平行并与立杆成直角搭设。

3.7.1.5 竹、木立杆或大横杆搭接均应错开，搭接长度不得小于 1.5m。绑扎时小头应压在大头上，绑扣不得少于三道。立杆、大小横杆相交时，应先绑两根，再绑第三根，不得一扣绑三根。

3.7.1.6 脚手架的两端、转角处以及每隔 6～7 根立杆，应设支杆及剪刀撑。支杆和剪刀撑与地面的夹角不得大于 60°。支杆埋入地下深度不得小于 30cm。架子高度在 7m 以上或无法设支杆时，竖向每隔 4m、横向每隔 7m 必须与建筑物连接牢固。

3.7.1.7 脚手板的铺设应遵守下列规定：

　　a）脚手板应满铺，不应有空隙或探头板。脚手板与墙面的间距不得大于 20cm。

　　b）脚手板的搭接长度不得小于 20cm。对头搭接处应设双排小横杆。双排小横杆的间距不得大于 20cm。

　　c）在架子拐弯处，脚手板应交错搭接。

　　d）脚手板应铺设平稳并绑牢，不平处用木块垫平并钉牢，但不得用砖垫。

　　e）在架子上翻脚手板时，应由两人从里向外按顺序进行。工作时必须系好安全带，下方应设安全网。

3.7.1.8 脚手架的外侧、斜道和平台应设 1.05m 高的栏杆和 18cm 高的挡脚板或设防护立网。临街或靠近带电设施的脚手架应采取封闭措施，里脚手架的高度应低于外墙 20cm。

3.7.1.9 斜道板、跳板等的坡度不得大于 1∶3，宽度不得小于 1.5m，并应钉防滑条。防滑条的间距不得大于 30cm。

3.7.1.10 直立爬梯的梯档应绑扎牢固，间距不得大于 30cm，使用时应用攀登自锁器，严禁手中拿物攀登。不得在梯子上运送、传递材料及物品。

3.7.1.11 竹、木脚手架的绑扎材料可采用直径 4mm 镀锌铁丝或直径不小于 10mm 的棕绳或水葱竹篾。

3.7.1.12 在通道及扶梯处脚手架的横杆应抬高、加固，不得阻碍通行。在搬运器材或有车辆通行的通道处的脚手架立柱应设围栏，并悬挂警告牌。

3.7.1.13 脚手架应经常检查，在大风、暴雨后及解冻期应加强检查。长期停用的脚手架，在恢复使用前应经检查鉴定合格后，方可使用。

3.7.1.14 非专业工种人员不得搭、拆脚手架。搭设脚手架时作业人员应系好安全带，递杆、撑杆作业人员应密切配合。施工区周围应设围栏或警告标志，并由专人监视，严禁无关人员入内。

3.7.1.15 拆除脚手架应自上而下顺序进行，严禁上下同时作业或将脚手架整体推倒。

3.7.1.16 各种材质脚手架的立杆、大横杆及小横杆的间距不得大于表 3.7.1.16 的规定。

表 3.7.1.16   立杆、大横杆及小横杆的间距   m

脚手架类型	立杆	大横杆	小横杆
钢管脚手架	2		1.5
木脚手架	1.5	1.2	1
竹脚手架	1.3		0.75

3.7.2 脚手架及脚手板选材与规格。

3.7.2.1 钢管脚手架及钢脚手板：

a) 现场宜采用扣碗式钢脚手架。钢管脚手架应采用外径 48～51mm、壁厚 3～3.5mm 的钢管，长度以 4～6.5m 及 2.1～2.8m 为宜。弯曲、压扁、有裂纹或已严重锈蚀的钢管，严禁使用。

b) 扣件应有出厂合格证，有脆裂、变形或滑丝的严禁使用。

c) 立杆、大横杆的接头应错开，搭接长度不得小于 50cm，承插式的管接头搭接长度不得小于 8cm；水平承插式接头应有穿销并用扣件连接，不得用铁丝或绳子绑扎。

d) 钢脚手板应用厚 2～3mm 的 A3 钢板，规格以长度 1.5～3.6m、宽度 23～25cm、肋高 5cm 为宜。板的两端应有连接装置，板面应有防滑孔或防滑花纹。凡有裂纹、扭曲的不得使用。

3.7.2.2 木脚手架及木脚手板：

a) 木杆应采用去皮杉木或其他坚韧硬木。凡腐朽、折裂、枯节等易折木杆，以及杨木、柳木、桦木、椴木、油松等，一律严禁使用。

b) 木质立杆有效部分的小头直径不得小于 7cm。横杆有效部分的小头直径不得小于 8cm，6～8cm 的，可双杆合并使用，或单杆加密使用。

c) 木脚手板应用 5cm 厚的杉木或松木板，宽度以 20～30cm 为宜，长度以不超过 6m 为宜。凡腐朽、扭曲、破裂的，或有大横透节及多节疤的，严禁使用。板的两端 8cm 处应用镀锌铁丝箍绕 2～3 圈或用铁皮钉牢。

3.7.2.3 竹脚手架及竹脚手板：

a) 竹脚手必须搭设双排架子；立杆、大横杆、剪刀撑、支杆等有效部分的小头直径不得小于 7.5cm。小横杆有效部分的小头直径不得小于 9cm。6～9cm 之间的可双杆合并或单杆加密使用。凡青嫩、枯脆、白麻、虫蛀的，严禁使用。

b) 竹片脚手板的厚度不得小于 5cm，螺栓孔不得大于 10mm，螺栓必须拧紧。竹片脚手板的长度以 2.2～2.3m、宽度以 40cm 为宜。

3.7.2.4 特殊形式的脚手架：

a) 挑式脚手架的斜撑杆上端应与挑梁嵌槽固定，并用螺栓、扒钉或铁丝等连接，下端应固定在立柱或构筑物上。

b) 在门窗洞口搭设的挑架（或称外伸脚手架），其斜杆与墙面的夹角一般不大于 30°，并应支承在建筑物的牢固部分，不得支承在窗台板、窗檐、线脚等处。墙内大横杆两端伸过门窗洞两侧应不少于25cm，挑梁的所有受力点都应绑双扣，挑梁应设防护栏杆。

c）移动式脚手架工作时应与建筑物绑牢，并将其滚动部分固定住。移动前，架上的材料、工具以及施工垃圾等应清除干净，移动时应有防止倾倒的措施。

d）悬吊式脚手架应符合下列规定：

1）悬吊系统应经设计。使用前，应进行两倍设计荷重的静负荷试验。并对所有受力部分进行详细的检查、鉴定，合格后方可使用。

2）悬吊式脚手架严禁超负荷使用。在工作中，对其结构、挂钩及钢丝绳应指定专人每天进行检查及维护。

3）全部悬吊系统所用钢材应为A3钢的一级品。各种挂钩应用套环扣紧。

4）吊架的挑梁必须固定在建筑物的牢固部位上。

5）升降用的卷扬机、滑轮以及钢丝绳应根据施工荷重计算选用。卷扬机应用地锚固定，并备有双重制动闸。钢丝绳的安全系数不得小于14。使用中，应防止绳索与构筑物的棱角摩擦。

6）应满铺脚手板并设1.05m高的栏杆及18cm高的挡脚板或设护立网。

7）使用时脚手架应固定在构筑物的牢固部位上。

8）脚手架的升降过程应缓慢、平稳。

9）悬挂式钢管吊架在搭设过程中，除立杆与横杆的扣件必须牢固外，立杆的上下两端还应加设一道保险扣件。立杆两端伸出横杆的长度不得少于20cm。

3.7.3 梯子。

3.7.3.1 移动式梯子宜用于高度在4m以下的短时间内可完成的工作。梯子必须坚实可靠并应在使用前进行检查。

3.7.3.2 梯子的使用应符合下列规定：

a）搁置应稳固，与地面的夹角以60°为宜。梯脚应有可靠的防滑措施，顶端与构筑物应靠牢。在松软的地面上使用时，应有防陷、防侧倾的措施。

b）上下梯子时应面部朝内，严禁手拿工具或器材上下，在梯子上工作应备工具袋。

c）严禁两人站在同一个梯子上工作，梯子的最高两档不得站人。

d）梯子不得接长或垫高使用。如必须接长时，应用铁卡子或绳索切实卡住或绑牢，并加设支撑。

e）严禁在悬挂式吊架上搁置梯子。

f）梯子不能稳固搁置时，应设专人扶持或用绳索将梯子下端与固定物绑牢，并做好防止落物打伤梯下人员的安全措施。

g）在通道上使用梯子时，应设专人监护或设置临时围栏。

h）梯子放在门前使用时，应有防止门被突然开启的措施。

i）梯子上有人时，严禁移动梯子。

j）在转动机械附近使用梯子时，应采取隔离防护措施。

k）梯子靠在管子上使用时，其上端应有挂钩或用绳索绑牢。

l）长度在4m以上的梯子，搬运应由两人进行。在设备区及屋内应放倒平运。

m）人字梯应有坚固的铰链和限制开度的拉链。

3.7.3.3 使用铝合金升降梯时，应遵守下列规定：

112

a）使用前应详细检查上下滑轮及控制爪是否灵活可靠，滑轮轴有无磨损。

b）梯子升出后，升降拉绳必须牢固可靠绑扎在梯子下部。

c）在带电区作业，严禁使用铝合金升降梯。

3.8 起重与运输

3.8.1 一般规定。

3.8.1.1 起重工作。

a）重大的起重、运输项目，应制定施工方案和安全技术措施。

b）凡属下列情况之一者，必须办理安全施工作业票，并应有施工技术负责人在场指导，否则不得施工。

1）重量达到起重机械额定负荷的95％。

2）两台及以上起重机械抬吊同一物件。

3）起吊精密物件、不易吊装的大件或在复杂场所进行大件吊装。

4）起重机械在输电线路下方或距带电体较近时。

c）起吊物应绑牢，并有防止倾倒措施。吊钩悬挂点应与吊物的重心在同一垂直线上，吊钩钢丝绳应保持垂直，严禁偏拉斜吊。落钩时，应防止吊物局部着地引起吊绳偏斜，吊物未固定好，严禁松钩。

d）吊索（千斤绳）的夹角一般不大于90°，最大不得超过120°。

e）起吊大件或不规则组件时，应在吊件上拴以牢固的溜绳。

f）起重工作区域内无关人员不得停留或通过。在伸臂及吊物的下方，严禁任何人员通过或逗留。

g）起重机吊运重物时应走吊运通道，严禁从有人停留场所上空越过；对起吊的重物进行加工、清扫等工作时，应采取可靠的支承措施，并通知起重机操作人员。

h）吊起的重物不得在空中长时间停留。在空中短时间停留时，操作人员和指挥人员均不得离开工作岗位。

i）起吊前应检查起重设备及其安全装置；重物吊离地面约10cm时应暂停起吊并进行全面检查，确认良好后方可正式起吊。

j）两台及以上起重机抬吊同一重物时，应遵守下列规定：

1）绑扎时应根据各台起重机的允许起重量按比例分配负荷。

2）在抬吊过程中，各台起重机的吊钩钢丝绳应保持垂直，升降行走应保持同步。各台起重机所承受的载荷，不得超过各自的允许起重量。

如达不到上述要求时，应降低额定起重能力至80％，也可由总工程师根据实际情况，降低额定起重能力使用。但吊运时，总工程师应在场。

k）起重机在工作中如遇机械发生故障或有不正常现象时，放下重物、停止运转后进行排除，严禁在运转中进行调整或检修。如起重机发生故障无法放下重物时，必须采取适当的保险措施，除排险人员外，严禁任何人进入危险区。

l）不明重量、埋在地下或冻结在地面上的物件，不得起吊。

m）严禁以运行的设备、管道以及脚手架、平台等作为起吊重物的承力点。

n）遇有大雪、大雾、雷雨、六级及以上大风等恶劣气候，或夜间照明不足，使指挥人员看不清工作地点、操作人员看不清指挥信号时，不得进行起重作业。

3.8.1.2 起重机械：

a）起重机械应标明最大起重量。起重机械的制动、限位、连锁以及保护等安全装置，应齐全并灵敏有效。

b）高架起重机应有可靠的避雷装置。

c）在轨道上移动的起重机，必须在轨道末端2m处设车挡。轨道应设接地装置。

d）起重机上应备有灭火装置。操作室内应铺绝缘胶垫，不得存放易燃物。

e）起重机械不得超负荷起吊。如必需超负荷时，应经计算，采取有效安全措施，并经总工程师批准后方可进行。

f）悬臂式起重机工作时，吊臂的最大仰角不得超过制造厂规定。制造厂无明确规定时，最大仰角一般不得超过78°。如必需超过规定的最大仰角时，应经过计算并采取防止吊臂后仰的可靠安全措施，经总工程师批准后方可进行起吊。

g）未经机械主管部门同意，起重机械各部的机构和装置不得变更或拆换。

h）起重机械每使用一年至少应作一次全面技术检查。对新装、拆迁、大修或改变重要技术性能的起重机械，在使用前均应按出厂说明书进行静负荷及动负荷试验。制造厂无明确规定时，应按下列规定进行试验：

1）静负荷试验。应将试验的重物吊离地面10cm，悬空10min，以检验起重机构架的强度和刚性。静负荷试验所用重物的重量，对于新安装的、经过大修的或改变重要技术性能的起重机，应为额定起重量的125%；对于定期进行技术检验的起重机，应为额定起重量的100%。试验中如发现构架有永久变形，则应修理加固或降低原定的最大起重量使用。

2）动负荷试验。应在静负荷试验合格后进行。试验时应吊着试验重物反复地卷扬、移动、旋转或变幅，以检验起重机各部的运行情况，如有不正常现象则应更换或修理。动负荷试验所用重物的重量应为额定起重量的110%。

3.8.1.3 起重机的操作人员：

a）起重机的操作人员必须经培训考试取得合格证，方可上岗；30t及以上的大型起重机操作人员，还必须经培训取得省级及以上电力局发放的《机械操作证》。

b）起重机的操作人员应熟悉下述规程和有关知识：

1）所操作起重机各机构的构造和技术性能。

2）熟悉GB 6067、起重机操作规程、本规程以及有关法令。

3）安全运行要求。

4）安全、防护装置的性能。

5）原动机和电气方面的基本知识。

6）指挥信号。

7）保养和维修的基本知识。

c）起重机操作人员必须按照该机械的保养规定，在执行各项检查和保养后方可启动。

d）雨、雪天工作，应保持良好视线，并防止起重机各部制动器受潮失效。工作前应检查各部制动器并进行试吊（吊起重物离地10cm左右，连续上下数次），确认可靠后方可进行工作。

e）工作前应检查起重机的工作范围，清除妨碍起重机回转及行走的障碍物。

f）起重机工作时，无关人员不得进入操作室，操作人员必须集中精力。未经指挥人员许可，操作人员不得擅自离开操作岗位。

g）操作人员应按指挥人员的指挥信号进行操作。对违章指挥、指挥信号不清或有危险时，操作人员应拒绝执行并立即通知指挥人员。操作人员对任何人发出的危险信号，均必须听从。

h）操作人员在起重机开动及起吊过程中的每个动作前，均应发出戒备信号。起吊重物时，吊臂及被吊物上严禁站人或有浮置物。

i）起重机工作中速度应均匀平稳，不得突然制动或在没有停稳时作反方向行走或回转。落下时应低速轻放。严禁在斜坡上吊着重物回转。

j）起重机严禁同时操作三个动作，在接近满负荷的情况下不得同时操作两个动作。悬臂式起重机在接近满负荷的情况下严禁降低起重臂。

k）起重机应在各限位器限制的范围内工作，不得利用限位器的动作来代替正规操作。

l）起重机在工作中遇到突然停电时，应先将所有控制器恢复到零位，然后切断电源。

m）起重机工作完毕后，应摘除挂在吊钩上的千斤绳，并将吊钩升起；对用油压或气压制动的起重机，应将吊钩降落至地面，吊钩钢丝绳呈收紧状态。悬臂式起重机应将起重臂放置 40°～60°，如遇大风，应将臂杆转至顺风方向，刹住制动器，所有操纵杆放在空档位置，切断电源，操作室的门窗关闭并上锁后方可离开。

n）对各种电动起重机还应遵守下列各项规定：

1）电气设备必须由电工进行安装、检修和维护。

2）电气装置应安全可靠，制动器和安全装置应灵敏可靠。

3）熔丝应符合规定。

4）电气装置在接通电源后，不得进行检修和保养。

5）操纵控制器时应逐级扳动，不得越级操纵。在运转中变换方向时，应将控制器扳到零位，待电动机停止转动后再逆向逐级扳动，不得直接变换运转方向。

6）电气装置跳闸后，应查明原因，排除故障，不得强行合闸。

7）漏电失火时，应立即切断电源，严禁用水浇泼。

3.8.1.4 起重机指挥人员的职责及要求：

a）指挥人员应根据 GB 5082 的信号要求与操作人员进行联系。

b）指挥人员发出的指挥信号必须清晰、准确。

c）指挥人员应站在使操作人员能看清指挥信号的安全位置上。当跟随负载进行指挥时，应随时指挥负载避开人及障碍物。

d）指挥人员不能同时看清操作人员和负载时，必须设中间指挥人员逐级传递信号，当发现错传信号时，应立即发出停止信号。

e）当多人绑挂同一负载时，应先做好呼唤应答，确认绑挂无误后，方可由一人负责指挥起吊。

f）用两台起重机吊运同一负载时，指挥人员应双手分别指挥各台起重机以确保同步。

3.8.2 钢丝绳、吊钩和滑轮。

3.8.2.1 钢丝绳

a）钢丝绳应符合 GB 1102 的规定，并必须有产品检验合格证。

b）钢丝绳应按出厂技术数据使用。无技术数据时应从钢丝绳上取样进行试验。整绳的破断拉力按单丝破断拉力总和的 85％（对 6×19＋1 钢丝绳）或 82％（对 6×37＋1 钢丝绳）作为该钢丝绳的技术数据。

　　c) 钢丝绳的安全系数和滑轮直径应不小于表 3.8.2.1-1 的要求。

表 3.8.2.1-1　　　　　　　　　　钢丝绳的安全系数及滑轮直径

钢丝绳的用途			滑轮直径 D	安全系数 K
缆风绳及拖拉绳			≥12d	3.5
驱动方式	人力		≥16d	4.5
	机械	轻级	≥16d	5
		中级	≥18d	5.5
		重级	＞20d	6
千斤绳	有绕曲		≥2d	6～8
	无绕曲			5～7
地锚绳				5～6
捆绑绳				10
载人升降机			≥40d	14

　　注：d——钢丝绳直径。

　　d) 钢丝绳应防止打结和扭曲。

　　e) 切断钢丝绳时，应采取防止绳股散开的措施。

　　f) 钢丝绳应保持良好的润滑状态，所用润滑剂应符合该绳的要求并不影响外观检查。钢丝绳每年应浸油一次。

　　g) 钢丝绳不得与物体的棱角直接接触，应在棱角处垫以半圆管、木板或其他柔软物。

　　h) 起升机构和变幅机构不得使用编结接长的钢丝绳。

　　i) 钢丝绳在机械运动中，不得与其他物体发生摩擦。

　　j) 钢丝绳严禁与任何带电体接触。

　　k) 钢丝绳应存放在室内通风、干燥处，并防止损伤、腐蚀或其他物理、化学因素造成的性能降低。

　　l) 钢丝绳端部用绳卡固定连接时，绳卡压板应在钢丝绳主要受力的一边，绳卡间距应不小于钢丝绳直径的 6 倍，绳卡的数量应不少于表 3.8.2.1-2 的要求。

表 3.8.2.1-2　　　　　　　　　　钢丝绳端部固定用绳卡的数量

钢丝绳直径（mm）	7～18	19～27	28～37	38～45
绳卡数量（根）	3	4	5	6

　　两根钢丝绳用绳卡搭接时，除应遵守上述规定外，绳卡数量应比表 3.8.2.1-2 的要求增加 50％。

　　m) 绳卡连接的牢固情况应经常检查。对不易接近处可采用将绳头放出安全弯的方法进行监视。

　　n) 钢丝绳用编结法插接绳套时，其编结长度应大于钢丝绳直径的 15 倍，且不得小于 300mm。

　　o) 穿过滑轮的钢丝绳不得有接头。

p）符合 GB 1102 标准的钢丝绳，可按下述要求检查报废：

1）钢丝绳的断丝数达到表 3.8.2.1-3 数值时应报废。

表 3.8.2.1-3 钢 丝 绳 报 废 断 丝 数

一个节距中断丝数（根）　钢丝绳结构（GB 1102—74）　安全系数	绳（6×19）		绳（6×37）	
	交互捻	同向捻	交互捻	同向捻
<6	12	6	22	11
6～7	14	7	26	13
>7	16	8	30	15

注：1. 表中断丝数是指细钢丝。每根粗钢丝相当于 1.7 根细钢丝。

2. 一个节距是指每股钢丝绳缠绕一周的轴向距离。

2）钢丝绳有锈蚀或磨损时，表 3.8.2.1-3 报废断丝数应按表 3.8.2.1-4 折减，并按折减后的断丝数报废。

表 3.8.2.1-4 折 减 系 数 ％

钢丝表面磨损量或锈蚀量	10	15	20	25	30～40	>40
折减系数	85	75	70	60	50	0

3）绳芯损坏或绳股挤出。

4）笼状畸形、严重扭结或弯折。

5）压扁严重。

6）受过火烧或电灼。

q）卸卡的使用应遵守下列规定：

1）卸卡不得横向受力。

2）卸卡销子不得扣在活动性较大的索具内。

3）不得使卸卡处于吊件的转角处，必要时应加衬垫并使用加大规格的卸卡。

3.8.2.2 吊钩和滑轮：

a）吊钩应有制造厂的合格证等技术证明文件方可投入使用。否则应经检验，查明性能合格后方可使用。

b）吊钩应有防止脱钩的保险装置。

c）吊钩出现下述情况之一时，应予报废：

1）裂纹。

2）危险断面磨损达原尺寸的 10％。

3）开口度比原尺寸增加 15％。

4）扭转变形超过 10°。

5）危险断面或吊钩颈部产生塑性变形。

6）板钩衬套磨损达原尺寸的 5％时，衬套应报废。

7）板钩芯轴磨损达原尺寸的 5％时，芯轴应报废。

d）滑车及滑车组的使用应遵守下述规定：

1）滑车应按铭牌规定的允许负荷使用。如无铭牌，则应经计算和试验后方可使用。

2）滑车使用前应进行检查。如发现滑轮转动不灵、吊钩变形、槽壁磨损达原尺寸的10％，槽底磨损达 3mm 以上，以及有裂纹、轮缘破损等情况者，不得继续使用。

3）滑轮直径与钢丝绳直径之比应符合表 3.8.2.1-1 的要求。

4）在受力方向变化较大的场合和高处作业中，应采用吊环式滑车。如采用吊钩式滑车，必须对吊钩采取封口保险措施。

5）使用开门滑车时，必须将开门的钩环锁紧。

6）滑车组两滑车滑轮中心的最小距离不得小于表 3.8.2.2 的要求。

表 3.8.2.2　　　　　　　　　　滑车组两滑轮中心最小允许距离

滑车起重量（t）	滑轮中心最小允许距离（mm）	滑车起重量（t）	滑轮中心最小允许距离（mm）
1	700	10～20	1000
5	900	32～50	1200

3.8.3　人字架、走线滑车、扒杆、绞磨和地锚。

3.8.3.1　人字架和走线滑车的组立，应由起重工按要求进行，所用材料应经计算确定，并经检查合格。

3.8.3.2　人字架及走线滑车的使用应符合下列要求：

a）地锚、基础或垫木应稳固。

b）拖拉绳不得设在未经核算的建筑物或其他物件上。

c）走线绳、拖拉绳应经荷重试验合格，使用时应拉紧。

d）不得超负荷起吊或偏拉斜吊。

e）走线滑车至少应有三个滑轮。如载重量大时，还应增加滑轮个数。

3.8.3.3　扒杆至少应有四根缆风绳，人字扒杆应有两根缆风绳。

3.8.3.4　向前倾斜的人字扒杆如不能设置前稳定缆风绳时，必须在其后面架设支撑以防后倾。

3.8.3.5　绞磨应放在平稳、坚固的地面上，并应有逆止装置。操作时，应有统一指挥。

3.8.3.6　绞磨牵引钢丝绳应从绞磨下方卷入，钢丝绳必须在磨芯上绕四道以上，并不得重叠。磨芯应有防止钢丝绳跑出的安全装置。

3.8.3.7　拉磨尾绳不得少于两人，所站位置距绞磨不得小于 2.5m，并不得占在尾绳圈内，应位于锚桩后面。

3.8.3.8　地锚的埋设应遵守下列规定：

a）地锚的分布及埋设深度，应根据不同土质及地锚的受力情况经计算确定。

b）地锚坑在引出线露出地面的位置，其前面及两侧的 2m 范围内不应有沟、洞、地下管道或地下电缆等。

c）地锚引出线应与受力方向一致，并作防腐处理。

d）地锚埋设后地面应平整，不得有积水。

e）地锚埋设后应进行详细检查，试吊时应指定专人看守。

3.8.4　运输。

3.8.4.1　公路运输：

a）运输超高、超宽、超长或重量大的物件时，应遵守下列规定：

1）对运输道路的桥梁、涵洞、沟道、路基下沉、路面松软、冻土开化以及路面坡度等进行详细调查。

2）对运输道路上方的通信、电力线及桥梁等进行详细了解和测试。

3）制定运输方案和安全技术措施，经总工程师批准后执行。

4）物件的重心与车厢的承重中心基本一致。

5）运输超长物体需设置超长架；运输超高物件应采取防倾倒的措施；运输易滚动物件应有防止滚动的措施。

6）运输途中有专人领车、监护，并设必要的标志。

7）中途夜间停运时，设红灯示警，并设专人看守。

b）运输易燃、易爆等危险品时，押运人员必须坐在驾驶室内。

3.8.4.2 水上运输：

a）参加水上运输的人员应熟悉水上运输知识。

b）应根据船只载重量及平稳程度装载，严禁超重、超高、超宽、超长。

c）器材在运输船上应分类码放整齐并系牢。油类物质应隔离并妥善放置。

d）船只靠岸停稳前不得上下，上下船只的跳板应搭设稳固。

e）遇六级及以上大风、大雾、暴雨等恶劣天气，严禁水上运输。

3.8.4.3 装卸及搬运：

a）沿斜面搬运时，应搭设牢固可靠的跳板，其坡度不得大于 1∶3，跳板的厚度不得小于 5cm。

b）在坡道上搬运时，物件应用绳索拴牢，并做好防止倾倒的措施，工作人员应站在侧面，下坡时应用绳索溜住。

c）车（船）装卸用平台应牢固、宽敞，荷重后平台应均匀受力，并应考虑到车、船承载卸载时弹簧回落、弹起及船体下沉和上浮所造成的高差。

d）自卸车的制翻装置应可靠，卸车时，车斗不得朝有人的方向倾倒。

e）使用两台不同速度的牵引机械卸车（船）时，应采取使设备受力均匀、拉牵速度一致的可靠措施。牵引的着力点应在设备的重心以下。

f）拖运滑车组的地锚应经计算，使用中应经常检查。严禁在不牢固的建筑物或运行的设备上绑扎滑车组。打桩绑扎拖运滑车组时，应了解地下设施情况。

g）添放滚杠的人员应蹲在侧面，在滚杠端部进行调整。

h）在拖拉钢丝绳导向滑轮内侧的危险区内严禁有人通过或逗留。

3.8.5 移动式悬臂起重机。

3.8.5.1 起重机停放或行驶时，其车轮与沟、坑边缘的距离不得小于沟、坑深度的 1.2 倍，否则必须采取防倾、防塌措施。

3.8.5.2 工作时，起重机应置于平坦、坚实的地面上，机身倾斜度不得超过制造厂的规定。

3.8.5.3 起重机工作时，臂架、吊具、辅具、钢丝绳及重物等与带电体的最小安全距离不得小于表 3.8.5.3 的规定。

表 3.8.5.3　　　　　起重机械与带电体的最小安全距离

带电体电压（kV）	≤1	1~10	35~63	110	220	330	500
最小距离（m）	1.5	2	3.5	4	6	7	8.5

3.8.5.4 汽车式起重机行驶时，应将臂杆放在支架上，吊钩挂在保险杠的挂钩上并将钢丝绳拉紧。

3.8.5.5 汽车式及轮胎式起重机工作前应支好全部支撑，折合式起重臂应伸直。汽车起重机，除具有吊物行走性能者外，均不得吊物行驶。起吊工作完毕后，应先将臂杆放在支架上，然后方可起腿。

3.8.5.6 机械传动的汽车式起重机，只可用一挡或二挡的速度进行操作。

3.8.5.7 全液压传动的汽车式起重机尚应遵守下列规定：

a）作业前应放好支腿，调平机架，不得在支腿未完全伸出的情况下进行作业。

b）带负荷伸缩臂杆时应按出厂说明书的规定操作。接近满负荷时，应注意臂杆的挠度，回转、起落臂杆应缓慢，不得紧急制动。

c）作业时，应锁住离合器操纵杆。

3.8.6 塔式起重机。

3.8.6.1 起重机的电源线应采用软橡胶电缆。

3.8.6.2 工作前应清除轨道上的障碍物，检查轨道是否平直，有无沉陷，轨距及高差是否符合规定。

3.8.6.3 起重机工作前应先松开夹轨钳，并将保险销插牢。

3.8.6.4 操作时应确认指挥信号。操作室内应有防寒、防暑设施，并应有防止触电及火灾的措施。

3.8.6.5 起重机在运行中，无关人员不得上下扶梯，操作或检修人员必须上下时，不得手拿笨重物品。

3.8.6.6 起重机工作完毕后，应将起重臂降至要求角度并采取防风措施。

3.8.6.7 工作完毕，应将起重机停放在轨道中部，各控制器拨至零位，切断电源并锁紧夹轨钳后方可离开。

3.8.7 卷扬机。

3.8.7.1 卷扬机基座应平稳牢固，卷扬机应搭设防护工作棚，其操作位置应有良好视野。

3.8.7.2 卷扬机的旋转方向应和控制器上标明的方向一致。

3.8.7.3 卷扬机制动操纵杆在最大操纵范围内不得触及地面或其他障碍物。

3.8.7.4 卷扬机卷筒与导向滑轮中心线应对正。卷筒轴心线与导向滑轮轴心线的距离对平卷筒不应小于卷筒长度的 20 倍；对有槽卷筒不应小于卷筒长度的 15 倍，且应不小于 15m。

3.8.7.5 钢丝绳应从卷筒下方卷入。卷筒上的钢丝绳应排列整齐，工作时最少应保留 5 圈；最外层的钢丝绳应低于卷筒突缘，其距离不得小于一根钢丝绳的直径。

3.8.7.6 卷扬机工作前应先进行试车，检查其是否固定牢固；防护设施、电气绝缘、离合器、制动装置、保险棘轮、导向滑轮、索具等完全合格后方可使用。

3.8.7.7 卷扬机工作时应遵守下列规定：

a）严禁向滑轮上套钢丝绳。

b）严禁在滑轮或卷筒附近用手扶正在行走的钢丝绳。

c）任何人不得跨越正在行走的钢丝绳以及在各导向滑轮的内侧逗留或通过。

d）重物被长时间悬吊时，应用棘爪支住。

e）工作中遇突然停电，应立即拉开电源，并将运送物件放下。

3.8.7.8 卷扬机运转中如发现下列情况必须立即停机检修：

a）电气设备漏电。

b）控制器的接触点发生电弧或烧坏。

c）电动机及传动部分有异常声响。

d）电压突然下降。

e）防护设备松动或脱落。

f）制动器失灵或不灵活。

g）牵引钢丝绳发生故障。

3.8.8 起重机及起重工具检验。

3.8.8.1 起重机械检验：

a）下述情况，应对起重机按有关标准进行试验：

1）正常工作的起重机，每两年进行一次。

2）新安装、经过大修或改造的起重机，在交付使用前进行。

3）闲置时间超过一年的起重机，在重新使用前进行。

4）经过暴风、地震、重大事故后，可能使强度、刚度、构件的稳定性、机构的重要性能受到损害的起重机，在使用前进行试验。

b）经常性检查，应根据工作繁重程度和环境恶劣的程度确定周期进行，但不得少于每月一次。检查内容一般包括：

1）起重机正常工作的技术性能。

2）安全及防护装置。

3）线路、罐、容器、阀、泵、液压或气动的其他部件的泄漏情况及工作性能。

4）吊钩、吊钩螺母及防松装置。

5）制动器性能及零件的磨损情况。

6）钢丝绳磨损和尾端的固定情况。

7）链条的磨损、变形、伸长情况。

8）捆绑、吊挂链和钢丝绳及辅具。

c）定期检查，应根据工作繁重程度和环境恶劣的程度确定检查周期，但不得少于每年一次，检查内容一般包括：

1）3.8.8.1条之 b）中经常性检查的内容。

2）金属结构的变形、裂纹、腐蚀及焊缝、铆钉、螺栓等连接情况。

3）主要零部件的磨损、裂纹、变形等情况。

4）指示装置的可靠性和精度。

5）动力系统和控制器等。

3.8.8.2 起重工具检验：

起重工具检查和试验的周期及要求见表 3.8.8.2。

表 3.8.8.2　　　　　　　　起重工具检查和试验的周期及要求

序号	名称	检查与试验的要求	周期
1	起重用钢丝绳	检查：（1）接扣可靠，无松动现象； （2）钢丝绳无严重磨损现象； （3）钢丝绳断丝根数在规程规定限度内	一月
		试验：以2倍允许工作荷重进行 10min 的静力试验，不应有断裂及显著的局部延伸现象	一年

序号	名称	检查与试验的要求	周期
2	链条	检查：链节无严重锈蚀、磨损或裂纹	一月
		试验：以 2 倍允许工作荷重进行 10min 的静力试验，不应有断裂、显著的局部延伸或个别链节拉长等现象	一年
3	链条葫芦	检查：(1) 链节无严重锈蚀、无裂纹，无打滑现象； (2) 齿轮完整、轮杆无磨损现象，开口销完整； (3) 撑牙灵活能起刹车作用； (4) 撑牙平面垫片有足够厚度，加荷重后不会打滑； (5) 吊钩无裂纹、无变形； (6) 润滑油充分	一月
		试验：(1) 新装或大修后，以 1.25 倍允许荷重进行 10min 的静力试验后，再以 1.1 倍允许荷重作动力试验，制动性能良好，无拉长现象； (2) 一般的定期试验，以 1.1 倍允许荷重进行 10min 的静力试验	一年
4	滑轮	检查：(1) 滑轮完整灵活； (2) 滑轮杆无磨损现象，开口销完整； (3) 吊钩无裂纹、无变形； (4) 润滑油充分	一月
		试验：(1) 新装或大修后，以 1.25 倍允许荷重进行 10min 的静力试验后，再以 1.1 倍允许荷重作动力试验，无裂纹、无显著局部延伸现象； (2) 一般的定期试验，以 1.1 倍允许荷重进行 10min 的静力试验	一年
5	夹头、卡环等	检查：丝扣良好，表面无裂纹	一月
		试验：以 2 倍允许荷重进行 10min 的静力试验	一年
6	电动及机动卷扬机	检查：(1) 齿轮箱完整，润滑良好； (2) 吊杆灵活，连接处螺丝无松动或残缺； (3) 钢丝绳无严重磨损现象，断丝根数在规定范围内； (4) 吊钩无裂纹、无变形； (5) 滑轮杆无磨损现象； (6) 滚筒突缘高度至少比最外层钢丝绳表面高出该绳的一个直径，吊钩放至最低位置时，滚筒上至少剩 5 圈，绳索固定良好； (7) 机械传动部分的防护罩完整，开关及电动机外壳接地良好； (8) 卷扬限制器，在吊钩升到距起重构架 300mm 时吊钩能自动停止； (9) 制动器灵活良好； (10) 荷重控制器动作正常	一月
		试验：(1) 新装或大修后，以 1.25 倍允许荷重进行 10min 的静力试验后，再以 1.1 倍允许荷重作动力试验，制动良好，且无显著的局部延伸； (2) 一般的定期试验，以 1.1 倍允许荷重进行 10min 的静力试验	一年

注：1. 新的起重设备和工具，允许在设备证件发出日起 12 个月内不需重新试验。

2. 一切机械和设备在大修后必须进行试验，而不受规定试验期限的限制。

3. 各项试验结果应作记录。

3.9 焊接与切割

3.9.1 一般规定。

3.9.1.1 从事焊接或切割操作人员，每年应进行一次职业性身体检查。对准备从事焊接或切割操作人员，应进行身体检查，合格者才允许参加该项工作。

3.9.1.2 进行焊接或切割工作时，操作人员应穿戴专用工作服、绝缘鞋、防护手套等符合专业防护要求的劳动保护用品。衣着不得敞领卷袖。

3.9.1.3 焊接与切割的工作场所应有良好的照明（$50\sim100lm/m^2$），应采取措施排除有害气体、粉尘和烟雾等，使之符合现行《工业企业设计卫生标准》的要求。在人员密集的场所进行焊接工作时，宜设挡光屏。

3.9.1.4 进行焊接或切割工作时，应有防止触电、爆炸和防止金属飞溅引起火灾的措施，并应防止灼伤。

3.9.1.5 进行焊接或切割工作，必须经常检查并注意工作地点周围的安全状态，有危及安全的情况时，必须采取防护措施。

3.9.1.6 在高处进行焊接与切割工作，除应遵守本规程中高处作业的有关规定外，还应遵守下列规定：

　　a）工作开始前应清除下方的易燃物，或采取可靠的隔离、防护措施，并设专人监护。

　　b）不得随身带着电焊导线或气焊软管登高或从高处跨越。此时，电焊导线、软管应在切断电源或气源后用绳索提吊。

　　c）在高处进行电焊工作时，宜设专人进行拉合闸和调节电流等工作。

3.9.1.7 严禁在储存或加工易燃、易爆物品的场所周围10m范围内进行焊接或切割工作。

3.9.1.8 在焊接、切割地点周围5m范围内，应清除易燃、易爆物品；确实无法清除时，必须采取可靠的隔离或防护措施。

3.9.1.9 不宜在雨、雪及大风天气进行露天焊接和切割作业。如确实需要时，应采取遮蔽雨雪、防止触电和火花飞溅等措施。

3.9.1.10 盛装过油脂或可燃液体的容器，在确认容器冲洗干净后，方可进行焊接或切割。施焊或切割时，容器盖口必须打开，工作人员严禁站在容器的封头部位。

3.9.1.11 在充氢设备运行区进行焊接或切割工作，必须制定可靠的安全措施，经总工程师及有关单位部门批准办理工作票后方可进行。工作前，必须先测量空气中的含氢量，低于0.4％时方可进行。

3.9.1.12 气焊与气割应使用乙炔瓶供气。

3.9.1.13 焊接或切割工作结束后，必须切断电源或气源，整理好器具，仔细检查工作场所周围及防护设施，确认无起火危险后方可离开。

3.9.2 电弧焊。

3.9.2.1 施工现场的电焊机应根据施工区需要而设置。多台电焊机集中布置时，应将电焊机和控制刀闸作对应的编号。一、二次线应布置整齐，牢固可靠。

3.9.2.2 露天装设的电焊机应设置在干燥的场所，并应有防雨措施。

3.9.2.3 电焊机的外壳必须可靠接地或接零。接地时其接地电阻不得大于4Ω。不得多台串联接地。

3.9.2.4 电焊机各电路对机壳的热态绝缘电阻不得低于$0.4M\Omega$。

3.9.2.5 电焊机应有单独的电源控制装置。

3.9.2.6 电焊设备应经常维修、保养。使用前应进行检查，确认无异常后方可合闸。

3.9.2.7 电焊机倒换接头，转移工作地点或发生故障时，必须切断电源。

3.9.2.8 焊钳及电焊线的绝缘必须良好；导线截面积应与工作参数相适应。焊钳应具有良好的隔热能力。

3.9.2.9 严禁将电缆管、电缆外皮或吊车轨道等作为电焊地线。在采用屏蔽电缆的变电站内施焊时，必须用专用地线，且应在接地点 5m 范围内进行。

3.9.2.10 电焊导线不得靠近热源。并严禁接触钢丝绳或转动机械。电焊导线穿过道路应采取防护措施。

3.9.2.11 电焊工作台应可靠接地。在狭小或潮湿地点施焊时，应垫以木板或采取其他防止触电的措施，并设监护人。

3.9.2.12 电焊工宜使用反射式镜片。清除焊渣时应戴平光眼镜。

3.9.2.13 进行氩弧焊或有色金属焊接时应戴防护口罩，脖领周围用毛巾围严。

3.9.2.14 在冬季施焊时，对水冷却的弧焊机要采取防冻措施。

3.9.3 气焊与气割。

3.9.3.1 气瓶的使用、保管和运输：

a）气瓶在现场临时存放的规定：

1）应存放在通风良好的场所，夏季应防止日光暴晒。

2）严禁和易燃物、易爆物混放在一起。

3）严禁靠近热源，气瓶与明火的距离不得小于 10m。

4）严禁与所装气体混合后能引起燃烧、爆炸的气瓶一起存放。

5）乙炔气瓶应保持直立，并应有防止倾倒的措施。

6）乙炔气瓶严禁放置在有放射性射线的场所，亦不得放在橡胶等绝缘体上。

b）气瓶运输的规定：

1）气瓶运输前应旋紧瓶帽。应轻装轻卸，严禁抛、滑或碰击。

2）气瓶用汽车装运时，除乙炔气瓶外，一般应横向放置，头部朝向一侧并应垫牢，装车高度不得超过车厢板。

3）车上严禁烟火，运输乙炔气瓶的车上应备有相应的灭火器具。

4）易燃品、油脂和带油污的物品不得与氧气瓶同车运输。

5）所装气体混合后能引起燃烧、爆炸的气瓶严禁同车运输。

6）运输气瓶的车厢上不得乘人。

c）气瓶的检验应按国家的《气瓶安全监察规程》和《溶解乙炔气瓶安全监察规程（试行）》的规定进行检验。过期未经检验或检验不合格的气瓶严禁使用。

d）气瓶应按下列规定漆色和标注气体名称：

1）氧气瓶涂天蓝色，用黑色标注"氧"字。

2）乙炔气瓶涂白色，用红色标注"乙炔"字。

3）氩气瓶涂灰色，用绿色标注"氩"字。

4）氮气瓶涂黑色，用黄色标注"氮"字。

e）各类气瓶严禁不装减压器直接使用，严禁使用不合格的减压器。

f）气瓶瓶阀及管接头处不得漏气。应经常检查丝堵和角阀丝扣的磨损及锈蚀情况，发现损坏应立即更换。

g）气瓶不得与带电物体接触。氧气瓶不得沾染油脂。

h）乙炔气瓶的使用压力不得超过 0.147MPa（1.5kgf/cm²），输气流速每瓶不得超过 1.5～2m²/h。

i）气瓶的阀门应缓慢开启。开启乙炔气瓶时应站在阀门的侧后方。

j）乙炔气瓶使用时应直立放置，不得卧放。

k）气瓶应配戴两个防震圈。

l）瓶阀冻结时严禁用火烘烤，可用浸 40 ℃热水的棉布盖上使其缓慢解冻。

m）气瓶内的气体不得全部用尽，氧气瓶应留有 0.2MPa（2kgf/cm²）的剩余压力；乙炔气瓶必须留有不低于表 3.9.3.1 规定的剩余压力。用后的气瓶应关紧其阀门并标注"空瓶"字样。

表 3.9.3.1		乙炔气瓶内剩余压力与环境温度的关系		
环境温度（℃）	<0	0～15	15～25	25～40
剩余压力（MPa）	0.05	0.1	0.2	0.3

3.9.3.2 减压器的使用：

a）减压器应符合下列要求：

1）减压器应有出厂合格证，并按规定作检验，检验合格后才允许使用。

2）减压器应定期进行检验。

3）外套螺帽的螺纹应完好，螺帽内应用纤维质垫圈，不得使用皮垫或胶垫。

4）安全阀完好可靠。

b）减压器的螺帽、螺杆等严禁沾有油脂，不得沾有砂粒或金属屑。如有油脂，必须用四氯化碳或二氯乙烷洗刷干净。

c）安装减压器前应先将气瓶阀门出口的灰吹洗干净；吹灰时操作人员应站在侧面，任何人不得正对阀门出口。

d）氧气瓶与减压器的连接接头处发生自燃时，应迅速关闭氧气瓶的阀门。

e）减压器冻结时严禁用火烘烤，只能用热水、蒸汽解冻或自然解冻。

f）减压器有损坏、漏气或其他故障时，应立即停止使用，进行检修。

g）装卸减压器或因连接头漏气紧螺帽时，操作人员严禁戴沾有油污的手套和使用沾有油污的扳手。

h）减压器装好后，应站在侧面将调节螺丝拧松，缓慢开启气瓶阀门。停止工作时，应关闭气瓶阀门，拧松减压器调节螺丝，放出软管中的余气，最后卸下减压器。

3.9.3.3 焊炬、割炬的使用：

a）焊炬、割炬点火前应检查连接处和各气阀的严密性。对新使用的焊炬和射吸式割炬还应检查其射吸能力。

b）焊炬、割炬点火时应先开乙炔阀、后开氧气阀，嘴孔不得对着人。

c）焊炬、割炬的焊嘴因连续工作过热而发生爆鸣时，应用水冷却；如因堵塞而爆鸣时，则应停用，剔通后方可继续使用。

d）严禁将点燃的焊炬、割炬挂在工件上或放在地面上。

e）气焊、气割操作人员应戴防护眼镜。当使用移动式半自动气割机或固定式自动气割机时，操作人员应穿绝缘鞋，并有防止触电的措施。

f）气割时应防止割件倾倒、坠落。距离混凝土地面或构件太近或集中进行气割时，应采取隔热措施。

g）焊接、切割工作完毕后，应关闭氧气、乙炔气的供气阀门，并卸下减压器、焊炬和割炬，整理输气胶管，才能离开工作场所。

3.9.3.4 橡胶软管：

a）橡胶软管应具有足够的承受内压的强度，氧气软管应耐压 1.96MPa（20kgf/cm²），乙炔气软管应耐压 0.49MPa（5kgf/cm²）。

b）橡胶软管应按下列规定着色：

1）氧气管为黑色或蓝色。

2）乙炔气管为红色。

3）氩气管为绿色。

c）不得使用有鼓包、裂纹或漏气的橡胶软管。如发现有漏气现象时，应将其损坏部分切除，不得用贴补或包缠的办法处理。

d）乙炔气橡胶软管着火时，应先将火焰熄灭，然后停止供气。氧气软管着火时应先将氧气的供气阀门关闭，停止供气后再处理着火胶管，不得使用弯折软管的处理方法。

e）氧气软管或乙炔气软管严禁触及赤热物体，亦不得被重物挤压，并应防止金属熔渣掉落在软管上。

f）氧气橡胶软管、乙炔气橡胶软管严禁沾染油脂，严禁串通连接或互换使用。

g）氧气橡胶软管、乙炔气橡胶软管不得与电线、电焊线敷设在一起或交织在一起。

h）橡胶软管横穿过道路时应有防压保护措施。

i）乙炔气橡胶软管冻结或堵塞时，严禁用氧气吹通或用火烘烤。

3.10 小型施工机具

3.10.1 一般规定。

3.10.1.1 机具应由了解其性能并熟悉操作知识的人员操作。各种机具都应由专人进行维护、保管，并应随机挂安全操作牌。修复后的机具应经试验鉴定合格方可使用。

3.10.1.2 机具外露的转动部分及牙口必须装设保护罩。转动部分应保持润滑。

3.10.1.3 机具的电压表、电流表、压力表、温度计等监测仪表，以及制动器、限制器、安全阀等安全装置，必须齐全、完好。

3.10.1.4 机具应按其出厂说明书和铭牌的规定使用。使用前必须进行检查，严禁使用已变形、破损、有故障等不合格的机具。

3.10.1.5 电动机具必须接地良好。

3.10.1.6 电动或风动的机具在运行中不得进行检修或调整；检修、调整或中断使用时，应将其能源断开。不得将机具、附件放在机器或设备上。不得站在移动式梯子上或其他不稳定的地方使用电动或风动的机具。

3.10.1.7 使用射钉枪、压接枪等爆发性工具时，除严格遵守说明书的规定外，还应遵守爆破的有关规定。

3.10.2 小型施工机械。

3.10.2.1 砂轮机和砂轮锯：

a）砂轮机、砂轮锯的旋转方向不得正对其他机器、设备和人。

b）严禁使用有缺损或裂纹的砂轮片。砂轮片有效半径磨损到原半径的 1/3 时，必须更换。

c) 安装砂轮机的砂轮片时,砂轮片两侧应加柔软垫片,严禁猛击螺帽。

d) 安装砂轮锯的砂轮片时,商标纸不宜撕掉,砂轮片轴孔比轴径大 0.15mm 为宜,夹板不应夹得过紧。

e) 砂轮机或砂轮锯必须装设坚固的防护罩,无防护罩严禁使用。

f) 砂轮机或砂轮锯达到额定转速后,才能切削或切割工件。

g) 砂轮机安全罩的防护玻璃应完整。

h) 砂轮机必须装设托架。托架与砂轮片的间隙应经常调整,最大不得超过 3mm;托架的高度应调整到使工件的打磨处与砂轮片中心处在同一平面上。

i) 使用砂轮机时应站在侧面并戴防护眼镜;不得两人同时使用一个砂轮片进行打磨;不得在砂轮机的砂轮片侧面进行打磨;不得用砂轮机打磨软金属、非金属。

j) 使用砂轮锯时,工件应牢固夹入工件夹内。工件应垂直砂轮片轴向,严禁用力过猛或撞击工件。

3.10.2.2 空气压缩机:

a) 空气压缩机应保持润滑良好,压力表准确,自动起、停装置灵敏,安全阀可靠,并应由专人维护;压力表、安全阀及调节器等应定期进行校验。

b) 严禁用汽油或煤油洗刷空气滤清器以及其他空气通路的零件。

c) 输气管应避免急弯。打开送风阀前,应事先通知工作地点的有关人员。

d) 出气口处不得有人工作,储气罐放置地点应通风,严禁日光暴晒或高温烘烤。

e) 运行中出现下列情况时应立即停机进行检修:

1) 气压、机油压力、温度、电流等表计的指示值突然超出规定范围或指示不正常。

2) 发生漏水、漏气、漏油、漏电或冷却液突然中断。

3) 安全阀连续放气或机械响声异常且无法调整。

3.10.2.3 钻床:

a) 操作人员应穿工作服、扎紧袖口,工作时不得戴手套,头发、发辫应盘入帽内。

b) 严禁手拿有冷却液的棉纱冷却转动的工件或钻头。

c) 严禁直接用手清除钻屑或接触转动部分。

d) 钻床切削量应适度,严禁用力过猛。工件将要钻透时,应适当减少切削量。

e) 钻具、工件均应固定牢固。薄件和小工件施钻时,不得直接用手扶持。

f) 大工件施钻时,除用夹具或压板固定外,还应加设支撑。

3.10.2.4 滤油机及烤箱:

a) 滤油机及油系统的金属管道应采取防静电的接地措施。

b) 滤油设备如采用油加热器时,应先开启油泵、后投加热器;停机时操作顺序相反。

c) 滤油设备应远离火源及烤箱,并有相应的防火措施。

d) 使用烤箱应遵守下列规定:

1) 烤箱的门应密封良好。

2) 烘烤新滤油纸时应有温度控制,一般不宜超过 100℃。

3) 烘烤已浸油的滤油纸时,应采取防止油滴滴在炉丝上面引起着火的措施。

4) 遇到烤箱着火时,应切断电源,严禁打开箱门。

e）使用真空滤油机时，应严格按照制造厂提供的操作步骤进行。常规的操作步骤是按水泵→真空泵→油泵→加热器的顺序开机，停机时的顺序相反。

f）压力式滤油机停机时应先关闭油泵的进口阀门。

3.10.2.5 其他机械：

a）真空泵应润滑良好，冷却水流量应充足，冬季应有防冻措施，并由专人维护。

b）电动弯管机、坡口机、套丝机、母线弯曲机等应先空转，待转动正常后方可带负荷工作。运行中严禁用手脚接触其转动部分。

c）采用潜水泵时，应根据制造厂规定的安全注意事项进行操作。潜水泵运行时，严禁任何人进入被排水的坑、池内。进入坑、池内工作时，必须先切断潜水泵的电源。

3.10.3 手动工具。

3.10.3.1 千斤顶：

a）千斤顶使用前应擦洗干净，并检查各部分是否完好，油液是否干净。油压式千斤顶的安全栓损坏，或螺旋、齿条式千斤顶的螺纹、齿条的磨损量达20%时，严禁使用。

b）千斤顶应设置在平整、坚实处，并用垫木垫平。工作时千斤顶必须与荷重面垂直，其顶部与重物的接触面间应加防滑垫层。

c）千斤顶严禁超载使用。不得加长手柄或超过规定人数操作。

d）使用油压式千斤顶时，任何人不得站在安全栓的前面。

e）在顶升的过程中，应随着重物的上升在重物下加设保险垫层，到达顶升高度后及时将重物垫牢。

f）用两台及两台以上千斤顶同时顶升一个物体时，千斤顶的总起重能力应不小于荷重的两倍。顶升时应由专人统一指挥，确保各千斤顶的顶升速度及受力基本一致。

g）油压式千斤顶的顶升高度不得超过限位标志线；螺旋及齿条式千斤顶的顶升高度不得超过螺杆或齿条高度的3/4。

h）千斤顶不得长时间在无人照料情况下承受荷重。

i）千斤顶的下降速度必须缓慢，严禁在带负荷的情况下使其突然下降。

3.10.3.2 链条葫芦：

a）使用前应全面检查，吊钩、链条等应良好，传动及刹车装置应可靠。吊钩、链轮、倒卡等有变形，以及链条直径磨损量达15%时，严禁使用。

b）链条葫芦的刹车片严防沾染油脂。链条葫芦不得超负荷使用，拉链人数不得超过规定。操作时，人不得站在链条葫芦的正下方。

c）吊起的重物如需在空中停留较长时间时，应将手拉链拴在起重链上，并在重物上加设保险绳。

d）链条葫芦在使用中如发生卡链情况，应将重物固定好后方可进行检修。

3.10.3.3 喷灯：

a）喷灯使用前应进行检查，符合下列要求方可使用：

1）油筒不漏油，喷油嘴的螺纹丝扣不漏气。

2）使用煤油或柴油的喷灯内没注入汽油。

3）加油不超过油筒容积的3/4。

4）加油嘴的螺丝塞已拧紧。

b）喷灯内压力不可过高，火焰应调整适当。喷灯如因连续使用而温度过高时，应暂停使用。工作场所应空气流通。

　　c) 喷灯使用中如发生喷嘴堵塞，应先关闭气门，待火灭后站在侧面用通针处理。

　　d) 使用喷灯的工作场所不得靠近易燃物。

　　e) 在带电区附近使用喷灯时，火焰与带电部分的距离应满足表3.10.3.3的要求。

表3.10.3.3　　　　　　　　喷灯火焰与带电部分的最小允许距离

电压（kV）	<1	1~10	>10
最小允许距离（m）	1	1.5	3

　　f) 喷灯在使用过程中如需加油时，必须灭火、放气，待喷灯冷却后方可加油。

　　g) 喷灯使用完毕后，应先灭火、泄压，待喷灯完全冷却后方可放入工具箱内。

　　h) 液化气喷灯必须配有配套的减压阀。点燃时，应先点燃火种后开气阀。

　　i) 液化气喷灯在室内使用时，应保持良好的通风，以防中毒。

3.10.3.4　其他手动工具：

　　a) 平锤、压锤、剁斧、冲子、扁铲等冲击性工具严禁用高速工具钢制作，锤击面不得淬火，冲击面毛刺应及时打磨清理。

　　b) 大锤、手锤、手斧等甩打性工具的把柄应用坚韧的木料制作，锤头应用金属背楔加以固定。打锤时，握锤的手不得戴手套，挥动方向不得对人。

　　c) 使用撬杠时，支点应牢靠。高处使用时严禁双手施压。

　　d) 使用钢锯时工件应夹紧，工件将要锯断时，应用手或支架托住。

　　e) 使用活动扳手时，扳口尺寸应与螺帽相符。不得在手柄上加套管使用。

　　f) 在同一张虎钳台两边凿、铲工件时，中间应设防护网，操作人员应戴防护眼镜。

3.10.4　电动机具。

3.10.4.1　移动式电动机具和手持电动工具的单相电源线必须使用三芯软橡胶电缆，三相电源线必须使用四芯软橡胶电缆；接线时，缆线护套应穿进设备的接线盒内并予以固定。

3.10.4.2　电动工具使用前应检查下列各项：

　　a) 外壳、手柄无裂缝、无破损。

　　b) 接地保护线或接零保护线连接正确、牢固。

　　c) 插头、电缆或软线完好。

　　d) 开关动作正常。

　　e) 转动部分灵活。

　　f) 电气及机械保护装置完好。

3.10.4.3　电动机具的绝缘电阻应定期用500V的兆欧表进行测量，如带电部件与外壳之间绝缘电阻达不到$2M\Omega$时，必须进行维修处理。

3.10.4.4　电动机具的电气部分经维修后，必须进行绝缘电阻测量及绝缘耐压试验。

3.10.4.5　电动机具的操作开关应置于操作人员伸手可及的部位。休息、下班或工作中突然停电时，应切断电源侧开关。

3.10.4.6　使用可携式或移动式电动机具时，必须戴绝缘手套或站在绝缘垫上；移动电动机具时，不得提着电线或机具的转动部分。

3.10.4.7　在金属构架上或在潮湿场地上应使用Ⅲ类绝缘的电动工具，并设专人监护。

3.10.4.8　磁力吸盘电钻的磁盘平面应平整、干净、无锈。进行侧钻或仰钻时，应采取防止失电后钻体坠落的措施。

3.10.4.9 使用电动扳手时，应将反力矩支点靠牢并确实扣好螺帽后方可开动。

3.10.5 风动工具。

3.10.5.1 风动工具的风管应与供气的金属管连接牢固，并在工作前通气吹洗，吹洗时排气口不得对着人。

3.10.5.2 风动工具工作前，必须将附件牢靠地接装在套口中，严防在工作时飞出。

3.10.5.3 风锤、风镐、风枪等冲击性风动工具必须在置于工作状态后方可通气、使用。用风钻打眼时，手不得离开钻把上的风门，严禁骑马式作业。更换钻头应先关闭风门。

3.10.5.4 风动工具使用时，风管附近不得站人。

3.10.5.5 风管不得弯成锐角。风管遭受挤压或损坏时，应立即停止使用。

3.10.5.6 更换工具附件必须待余气排尽后方可进行。

3.10.5.7 严禁用氧气作为风动工具的气源。

3.10.6 电动液压工具。

3.10.6.1 液压工具使用前应检查下列各部件：

    a）油泵和液压机具应配套。

    b）各部部件应齐全。

    c）液压油位足够。

    d）加油通气塞应旋松。

    e）转换手柄应放在零位。

    f）机身应可靠接地。

    g）施压前必须将压钳的端盖拧满扣，防止施压时端盖蹦出。

3.10.6.2 使用快换接头的液压管时，应先将滚花箍向胶管方向拉足后插入本体插座，插入时要推紧，然后将滚花箍紧固。

3.10.6.3 电动液压工具在接通电源前应先核实电源电压是否符合工具工作电压。电动机的转向应正确。

3.10.6.4 液压工具操作人员应了解工具性能、操作熟练。使用时应有人统一指挥，专人操作。操作人员之间要密切配合。

3.10.6.5 夏季使用电动液压工具时应防止暴晒，其液压油油温不得超过 65℃。冬季如遇油管冻塞时，严禁用火烤解冻。

3.10.6.6 停止工作、离开现场应切断电源。并挂上"严禁合闸"标志牌。

4 建筑工程

4.1 土石方及打桩

4.1.1 土石方开挖。

4.1.1.1 一般规定：

    a）土石方开挖前应了解水文地质和地下设施情况，制定施工方案及安全技术措施。

    b）挖掘区域内如发现不能辨认的物品、地下埋设物、古物等，严禁擅自敲拆，必须报告上级进行处理后方可继续施工。

    c）在有电缆、管道等地下设施的地方进行土石方开挖时，应有相应的安全措施并派专人监护；严禁用冲击工具或机械挖掘。

d）挖掘土石方应自上而下进行，严禁使用挖空底脚的方法。挖掘前应将斜坡上的浮石清理干净，并按有关规定确定堆土的距离及高度。

e）在电杆或地下构筑物附近挖土时，其周围必须加固。在靠近建筑物处挖掘基坑时，应采取相应的防坍措施。

f）在施工区域内挖掘沟道或坑井时，应在其周围设置围栏及警告标志，夜间应设红灯示警，围栏离坑边不得小于0.8m。

g）施工中（特别是雨后、解冻期及机械挖土时）应经常检查土方边坡及支撑，如发现边坡有开裂、疏松或支撑有折断、走动等危险征兆时，应立即采取措施，处理完毕后方可进行工作。

h）上下基坑应使用铺设有防滑条的跳板，跳板宽度不得小于0.75m，若坑边狭窄，则可使用靠梯。严禁攀登挡土支撑架上下或在坑井的边坡脚下休息。

i）采用防冻维护法施工时，应将覆盖在土上的保温材料压牢，并划定防火范围，设"严禁烟火"的警告标志。

j）解冻期开挖冻土时，应按规定放大边坡并经常检查，严禁用人工掏挖冻土。

k）土石方开挖采用爆破法施工时，必须遵照GB 6722的有关规定执行。

l）从事爆破的人员必须取得公安部门颁发的安全作业证。

4.1.1.2 排水：

a）在有地下水或地面水流入处进行基坑挖土时，应制定排水措施，并应防止因抽水而引起坍方。

b）采用井（针）点排水应遵守下列规定：

1）井（针）点排水方案应经设计确定。

2）所用设备的安全性能应良好，水泵接管必须牢固、卡紧，工作时严禁将带压管口对准人体。

3）人工下管时应有专人指挥，起落动作一致，用力均匀，人字扒杆必须系好缆绳。

4）机械下管、拔管时，吊臂下严禁站人。

5）在有车辆或施工机械通过的地点，敷设的井（针）点应予加固。

4.1.1.3 边坡支撑及挖土：

a）边坡的开挖应按施工技术措施的规定进行，否则应采取支撑措施。

b）拆除固壁支撑应自下而上进行，更换支撑应先装后拆。拆除固壁支撑时应考虑到附近建筑物的安全。

c）人工挖土应遵守下列规定：

1）工具应完整、牢固。

2）挖土时，两人间距以不互相碰撞为宜。

3）在基坑内向上运土时，应在边坡上挖设台阶，其宽度不得小于0.7m，相邻台阶的高差不得超过1.5m。严禁利用挡土支撑搁置传土工具或站在支撑上传递。

4）用杠杆式或推磨式提升吊桶运土时，应经常检查绳索的牢固程度。吊桶下方严禁人员逗留。

5）挖出的泥土应堆放在坑边1m以外，高度不得超过1.5m。

d）发现基坑有流砂时，在采取防坍措施前不得挖掘。已挖出的基坑地槽遇水、降雪浸湿时应采取防坍措施。

4.1.1.4 石方开挖：

a）开挖工具必须完好，工作时站立的位置应稳固。打锤与扶钎者不得对面工作，扶钎者应戴防护手套。

b）撬挖爆破后的岩石应遵守下列规定：

1）严禁站在石块滑落的方向撬挖或上下层同时撬挖。

2）在撬挖工作地点的下方严禁通行，并应有专人警戒。

3）撬挖工作应在将悬浮层清除并撬挖成一个确无危险的坡度后方可收工。

4）撬挖人员间应保持适当间距。在悬岩陡坡上工作时应系安全带。

c）不能装运的大石块应劈成小块。用铁锲劈石时，人间距离不得小于 1m；用锤劈时，人间距离不得小于 4m。操作人员应戴防护眼镜。

d）人工清理或装卸石方应遵守下列规定：

1）搬运石料的工具应牢固。

2）装车时，每人搬运的重量不得超过 20kg。装堆时，堆高不得超过 1m。

3）用手推车、斗车或汽车卸渣时，车道距卸渣边坡或槽边应在 1m 以上。

4.1.1.5 机械开挖：

a）采用大型机械挖土时，应对机械的停放、行走、运土方法及挖土分层深度等制定出具体施工方案。

b）大型机械进入基坑时应有防止机身下陷的措施。

c）挖土机行走或工作时应遵守下列规定：

1）严禁任何人在伸臂及挖斗下面通过或逗留。

2）严禁人员进入斗内，不得利用挖斗递送物件。

3）严禁在挖土机的回转半径内进行各种辅助工作或平整场地。

4）往机动车上装土应待车辆停稳后方可进行。挖斗严禁从驾驶室上方越过。

5）开动挖土机前应发出规定的音响信号。

d）挖土机暂停工作时，应将挖斗放到地面上，不得使其悬空。

e）清除斗内的泥土，应在挖土机停止运转、司机许可后进行。

4.1.2 打桩。

4.1.2.1 打桩机在安装、拆卸及运行时，其工作现场应用标志旗绳围栏，严禁非工作人员进入，遇六级以上大风应停止工作。

4.1.2.2 桩帽与衬垫必须与桩型、桩架、桩锤相适应。如有损坏，则应及时整修或更换。

4.1.2.3 打混凝土桩、钢管桩、钢板桩应遵守下列规定：

a）吊桩前应将桩锤提起并固定牢靠。

b）钢丝绳应按规定的吊点捆扎，棱角处应垫以麻袋或草包，桩身应绑扎牢固并系好溜绳。

c）不得偏吊或远距离起吊桩身。

d）起吊速度应均匀，桩身应平稳，吊起后严禁在桩身下通过。

e）桩身吊离地面后，如发现桩架后部翘起，则应立即将桩身放下检查缆风、地锚的稳固情况。

f）锤击不应偏心，开始时落距要小。如遇贯入度突然增大、桩身突然倾斜或位移、桩头严重损坏、桩身断裂、桩锤严重回弹等情况，则应停止锤击，经采取措施后方可继续工作。

g) 套送桩时，应使送桩、桩锤和桩身中心在同一轴线上。

h) 送桩拔出后，地面孔洞必须及时回填或加盖。

i) 移动桩架和停止作业时应将桩锤放至最低位置。

4.1.2.4 打桩指挥者应站在能顾及全面并能与操作人员直接联系的位置。指挥信号必须明确。

4.1.2.5 桩身沉入到设计深度后应将桩锤升高到 4m 以上，锁住后方可检查桩身或浇注混凝土。

4.1.2.6 钻孔灌注桩不能及时浇注混凝土时，孔口应加盖板，附近不得堆放重物。

4.1.2.7 移动桩架应缓慢，统一指挥，并应有防止倾倒的措施。

4.2 混凝土及钢筋混凝土工程

4.2.1 模板工程。

4.2.1.1 一般规定：

a) 模板安装应按工序进行。支柱和拉杆应随模板的铺设及时固定，拉杆不得钉在不稳固的物件上。模板未固定前不得进行下道工序。

b) 模板支撑不得使用腐朽、扭裂、劈裂的材料。

c) 在高处安装与拆除模板必须遵守高处作业的有关规定。工作人员应从木梯上下，不得在模板、支撑上攀登。严禁在高处独木或悬吊式模板上行走。

d) 高处、复杂结构模板的安装及拆除工作应制定安全技术措施。

e) 模板装车一般应平放，装车高度以 5～6 层为宜。

f) 钢模板的安装应经设计和计算，模板、支撑不得和脚手架连接在一起。

4.2.1.2 模板安装：

a) 模板顶撑应垂直，底端应平整并加垫木，木楔应钉牢，支撑必须用横杆和剪刀撑固定，支撑处地基必须坚实，严防支撑下沉、倾倒。

b) 支设 4m 以上立柱模板时，其四周必须固定牢固。操作时应搭设临时工作台。支设独立梁模板时，不得站在柱模上操作或在梁的底模上行走。

c) 采用钢管脚手架兼作模板支撑时必须经过计算，每根立柱的荷载不得大于 2t。立柱必须设水平拉杆及剪刀撑。

d) 采用桁排架支模时应遵守下列规定：

1) 桁排架的承载能力应经计算，其安全系数不得小于一般承重木结构的规定。

2) 成批新做的桁架、排架应抽样试验，对周转使用的旧桁排架，每期工程使用前应作荷载试验，以确定其实际承载能力。

3) 桁排架支模应绘制施工图，确定安全网搭设部位和层数，安全网的外挑宽度不得小于 2m。

4) 排架应设纵向及横向剪刀撑。排架立柱上下层应对直，其偏差不得大于立柱直径的 1/3，且不得超过 3cm。排架立柱底端应有通长垫板。竹排架不得超过 2 层，木排架不得超过 3 层。立柱间距不得大于 1m。

5) 桁架搁置长度不得少于 12cm，桁架间应设水平拉条；梁下设置单桁架时，应与毗邻的桁架拉连稳固。

e) 琵琶撑的立柱搭接部位不得在立柱下部，接头数在同一平面上不得超过总数的

25％，每个接头搭接木不少于三根，接触面拼缝必须严密。

　　f）用绳索捆扎、吊运模板时，应检查绳扣的牢固程度及模板的刚度。

　　g）独立柱或框架结构中长度较大的柱安装后应用缆风绳拉牢。

　　h）用支撑在楼面上支承模板时，应复核支承楼面的强度，支承着力点应根据计算确定。

　　i）桁排架支模时，应事先考虑拆模顺序和方法。

　　j）组装、固定钢模板的横、竖连杆的间距、规格及断面的选用，均应通过计算确定，并明确规定最大模板尺寸。

　　k）安装钢模板架设的支撑应有足够的支承面积，支撑下的地面应平整、夯实并加垫木板，湿陷性地区应作防止湿陷的处理。支撑应与模板面垂直，用斜撑时角度不得小于 60°。

　　l）钢模板安装应自下而上进行。模板就位后应及时连接固定。两块大模板的拼接处应增设横、竖连杆并用斜撑支稳。

4.2.1.3　模板拆除：

　　a）模板拆除应遵守下列规定：

　　1）拆模工作应有安全施工措施并应确定拆除及运输方法。

　　2）高处拆模应划定警戒范围。

　　3）拆除模板应经施工技术负责人同意。

　　4）拆除模板应按顺序分段进行。严禁猛撬、硬砸及大面积撬落或拉倒。

　　5）拆模工作场所附近及安设在模板上的临时电线、蒸汽管道等，应在通知有关部门拆除后方可进行拆模工作。

　　6）拆除模板时应选择稳妥可靠的立足点，高处拆模时必须系好安全带。

　　7）拆除模板严禁高处撬落，应用绳索吊下或由滑槽（轨）滑下。滑槽（轨）周围不小于 5m 处应用危险标志旗绳围住并设专人监护。

　　8）拆除薄腹梁、吊车梁、桁架等易失稳的预制构件的模板，应随拆随顶，防止构件倾倒。

　　9）在施工设备附近拆模时，应做好设备的保护工作。在邻近生产运行部位拆模时，应征得运行单位同意。

　　10）拆下的模板应及时运到指定地点集中堆放，不得堆放在脚手架或临时搭设的工作台上。

　　11）下班时，不得留下松动的或悬挂着的模板。

　　12）钢模板的拆除，应先拆侧墙板，后拆底板；先拆非承重部分，后拆承重部分；按顺序分段进行。

　　b）拆除的单块钢模板应用绳子吊运或用传递方法运到指定地点堆放，严禁从高处抛扔。模板拆除时，U 形卡和 L 形插销应逐个拆卸，防止整体塌落。

4.2.2　钢筋工程。

4.2.2.1　钢筋加工：

　　a）钢筋、半成品等应按规格、品种分类堆放整齐，制作场地应平整，工作台应稳固，照明灯具应加设网罩。

　　b）手工加工钢筋应遵守下列规定：

　　1）工作前应检查板扣、大锤等工具是否完好。

2) 在工作台上弯钢筋时应防止铁屑飞溅入眼，工作台上的铁屑应及时清理。

3) 切短于 30cm 的短钢筋必须用钳子夹牢，严禁直接用手把持。

c) 钢筋碰焊工作必须在碰焊室内进行并应遵守下列规定：

1) 碰焊室顶棚、墙面应设石棉板或其他防火材料。

2) 碰焊机外壳必须接地良好，碰焊时严禁调整电流。

3) 室内应配备灭火设备。

d) 钢筋冷拉应遵守下列规定：

1) 冷拉设备应试拉合格并经验收后方可使用。

2) 冷拉设备及地锚应按最大工件所需牵引力进行计算。成套冷拉设备应标明额定牵引力及冷拉钢筋的允许直径及延伸率。

3) 冷拉设备的布置应使司机能看到设备的工作情况。冷拉卷扬机的前面应设防护挡板，否则应将卷扬机与冷拉方向成 90°布置，并应用封闭式导向滑轮。

4) 冷拉前应检查钢丝绳是否完好，轧钳及特制夹头的焊缝是否良好，卷扬机刹车是否灵活，平衡箱的架子是否牢固等，确认各部良好后方可使用。

5) 冷拉用夹头应经常检查，夹齿有磨损者不得使用。冷拉钢筋应上好夹具，发现有滑动或其他异常情况时，应先停车并放松钢筋后方可进行检修。

6) 冷拉钢筋的夹钳应具有防止钢筋滑脱时飞出的装置。操作人员不得在正面工作。冷拉钢筋周围应设置防止钢筋断裂飞出的安全装置。

7) 冷拉时，沿线两侧各 2m 为特别危险区，严禁一切人员和车辆通行。

e) 采用立式碰焊机进行工作时应遵守下列规定：

1) 立式碰焊机的设置应稳固并便于操作。当风力达 3 级以上时应设挡风屏。

2) 碰焊机周围及下方的易燃物应及时清理。工作完毕后应检查现场，确认无火灾隐患后方可离开。

3) 电源设备应安全可靠，并有防止触电的措施。

4) 工作完毕后必须切断电源。

4.2.2.2 钢筋安装：

a) 预制钢筋骨架的绑扎应遵守下列规定：

1) 容易失稳的构件（如工字梁、花篮梁）必须设临时支撑。

2) 对大型梁、板，应搭设牢固的、拆除方便的马凳或架子。

3) 起吊预制钢筋骨架时，下方严禁站人，待骨架吊至离就位点 1m 以内时方可靠近，就位并支撑稳固后方可摘钩。

b) 现浇混凝土的钢筋绑扎应遵守下列规定：

1) 在高处或深坑内绑扎钢筋应搭设架子和马道。在高处无安全措施的情况下，严禁进行粗钢筋的校直工作及垂直交叉施工。

2) 绑扎 4m 以上独立柱的钢筋时，应搭设临时脚手架；严禁依附立筋绑扎或攀登上下，柱筋应用临时支撑或缆风绳固定。

3) 绑扎大型基础及地梁等钢筋时，应设附加钢骨架或马凳。钢筋网与骨架未固定时严禁人员上下。

4) 穿钢筋应有统一指挥并互相联系。

4.2.2.3 钢筋搬运：

a）多人抬运钢筋时，起、落、转、停等动作应一致，人工上下传递时不得站在同一垂直线上。

b）在平台上堆放钢筋应分散、稳妥，钢筋的总重量不得超过平台的允许荷重。

c）搬运钢筋时与电气设施应保持安全距离，严防碰撞。在施工过程中应严防钢筋与任何带电体接触。

d）吊运钢筋必须绑扎牢固并设溜绳，钢筋不得与其他物件混吊。

4.2.3 混凝土工程。

4.2.3.1 搅拌站：

a）搅拌站的布置及操作应遵守下列规定：

1）搅拌站附近应布设平坦的环形道路。搅拌站四周应设排水沟并随时清理，保持畅通。砂石堆物应有适当坡度。

2）搅拌台出料口应有足够的高度和宽度。

3）散装水泥的装卸过程应密封，并装除尘设备。运输设备应加防尘罩。

b）搅拌系统的运行应遵守下列规定：

1）开车前应检查各系统是否良好。下班后应切断电源，电源箱应上锁。

2）运行中严禁用铁铲伸入滚筒内扒料，也不得将异物伸入传动部分，发现故障应停车检修。

3）清理搅拌斗下的砂石，必须待送料斗提升并固定稳妥后方可进行。清扫闸门及搅拌器应在切断电源后进行。

4）在送料斗提升过程中严禁在斗下敲击斗身或从斗下通过。

5）皮带输送机在运行过程中不得进行检修。皮带发生偏移等故障时，应停车排除。严禁从运行中的皮带上跨越或从其下方通过。

6）皮带输送机运转未正常时不得上料，如遇停电或发生故障，则应先切断电源再清除皮带上的材料。

7）工作场所应保持清洁、湿润。

4.2.3.2 混凝土运输：

a）各种混凝土运输工具均应按规定路线行驶，采用自卸车运送混凝土时应有环形道路或回车场地。

b）用手推车运送混凝土时应遵守下列规定：

1）运输道路应平坦，斜道坡度不得超过10％。

2）脚手架跳板应顺车向铺设，两板搭接处加钉三角木楔，固定牢固，并留有回车余地。

3）在溜槽入口处应设5cm高的挡木。

c）用吊罐运送混凝土应遵守下列规定：

1）钢丝绳、吊钩、吊扣必须符合安全要求，连接应牢固。

2）吊罐转向、行走应缓慢，不得急刹车，下降时应听从指挥信号，吊罐下方严禁站人。

3）卸料时罐底离浇制面高度不得超过1.2m。如吊罐需降落在工作平台上，则该平台应足以承受吊罐的重量。

4.2.3.3 混凝土浇捣：

a）浇灌混凝土前应先确定运输及浇灌方法，检查模板及脚手架的牢固情况。

b）由高处向结构内浇灌混凝土时，应使用溜槽或串筒。串筒宜垂直放置，串筒之间应连接牢固，串筒连接较长时，挂钩应予加固。严禁攀登串筒疏通混凝土。

  c) 往混凝土中加放块石应遵守下列规定：

  1) 块石应吊运或传递，当下方有人工作时，不得向下抛扔。

  2) 块石不得集中堆放在已绑扎的钢筋或脚手架上。

  d) 浇灌框架、梁、柱混凝土，应设操作台，不得直接站在模板或支撑上操作。

  e) 震动器的使用应遵守下列规定：

  1) 电动震动器应用绝缘良好的四芯橡皮软线并应接地良好，开关及插头应完整、良好。严禁直接将电线插入插座。

  2) 搬移震动器或暂停工作时应将电源切断。

  3) 不得将震动着的震动器放在模板、脚手架或已捣固但尚未凝固的混凝土上。

4.2.3.4 混凝土冬季养护：

  a) 混凝土预制构件上易存水的孔洞、凹槽等处严防积水。养护用保温材料应注意防火，并防止随风飞扬。

  b) 采用暖棚法时应遵守下列规定：

  1) 暖棚应经设计并绑扎牢固，施工中应经常检查并备有必要的灭火器材。

  2) 地槽式暖棚的槽沟土壁应加固，以防冻土坍塌。

  c) 采用蒸汽加热法应遵守下列规定：

  1) 引用高压蒸汽作为热源时，应设减温减压装置并有压力表监视蒸汽压力。

  2) 室外部分的蒸汽管道应保温，阀门处应挂指示牌。

  3) 所有阀门的开闭及气压的调整均应由训练合格的人员操作，总阀门应由专人管理并上锁。

  4) 采用桁排架支模的，应考虑冰雪及冷凝水等荷重。凝结在结构上的冰块应随时清除。

  5) 采用喷气加热法时应保持视线清晰。

  6) 使用蒸汽软管加热时，蒸汽压力不得高于 0.049MPa。

  7) 只有在蒸汽温度低于 40℃ 时工作人员方可进入蒸汽室。

  d) 进行测温工作所需的照明、走道、脚手等均应根据需要设置。

  e) 采用冷混凝土施工时，化学附加剂的保管和使用应有严格的管理制度，严防发生误食中毒事故。

4.2.4 吊装。

4.2.4.1 吊装工作开始前，应制定施工方案及安全施工措施。重大吊装工作应经总工程师批准后方可进行。

4.2.4.2 预制构件在吊装前强度必须达到设计要求并经验收合格。

4.2.4.3 吊装前应根据构件的最大重量确定相应的起吊工具，并指定起重运输、机具操作及安装等作业人员。

4.2.4.4 构件的吊点应符合施工方案的规定，不得任意更改。吊索及吊环应经计算选择。

4.2.4.5 构件应绑扎平稳、牢固。用钢丝绳多圈绕扎时应顺序绕扎，不得重叠、打结或扭曲。不得在构件上堆放或悬挂零星物件。零星材料和物品应用钢丝绳绑扎牢固或用吊笼吊送。构件吊起做水平运输时，其底部应高出所跨越障碍物 50cm 以上。

4.2.4.6 柱子起吊前，应设临时爬梯或工具式操作台。

4.2.4.7 引柱子进杯口时，撬棍应反撬。

4.2.4.8 构件就位后，应待接头焊牢或设临时支撑固定，并经负责校正人员同意后方可松钩。

4.2.4.9 缆风绳跨越道路时，距离地面的高度不得低于 7m，并应设警告标志。

4.2.4.10 采用一钩多吊法吊装连系梁或屋面板时，应遵守下列规定：

　　a) 索具及挂钩的安全系数不得小于 10。

　　b) 设起重机械操作监护人。

　　c) 就位时严禁站在上下两吊件之间工作，应使用长柄铁钩牵引构件就位。

4.3 砖石砌体及粉刷工程

4.3.1 砖石砌体施工。

4.3.1.1 严禁站在墙身上进行砌墙、勾缝、检查大角垂直度及清扫墙面等工作或在墙身上行走。不得用砖垛或灰斗搭设临时脚手。

4.3.1.2 采用里脚手砌砖时，必须安设外侧防护墙板或安全网。墙身每砌高 4m，防护墙板或安全网即应随墙身提高。

4.3.1.3 用里脚手砌筑突出墙面 30cm 以上的屋檐时，必须搭设挑出墙面的脚手架进行施工。

4.3.1.4 脚手板上堆放的砖、石材料距墙身不得小于 50cm，荷重不得超过 2.65kPa（270kgf/m²），砖侧放时不得超过三层。

4.3.1.5 轻型脚手架（吊脚手、挑脚手）上一般不得堆放砖、石。必须堆放时，应先经计算及试验。

4.3.1.6 使用滑轮起吊灰、砖时，应检查其稳固性，吊升时不得碰撞脚手架。灰、砖吊上后应用铁钩向里拉至操作平台上，不得直接用手牵引吊绳。

4.3.1.7 化灰池的四周应设围栏，其高度不得小于 1.05m。

4.3.1.8 在高处砍砖时，应注意下方是否有人，不得向墙外砍砖。下班前应将脚手板及墙上的碎砖、灰浆清扫干净。

4.3.1.9 采用井字架、门式架起吊灰、砖时，应明确升降联络信号。吊笼进出口应设带插销的活动栏杆，吊笼到位后应采取防止坠落的安全措施。

4.3.1.10 山墙砌完后应立即安装桁条或加设临时支撑。

4.3.1.11 搬运石料和砖的绳索、工具应牢固。搬运时应相互配合，动作一致。

4.3.1.12 往坑、槽内运石料不得乱丢，应用溜槽或吊运。卸料时坑、槽内不得有人。

4.3.1.13 在脚手架上砌石不得使用大锤。修整石块时，应戴防护眼镜，严禁两人对面操作。

4.3.2 粉刷施工。

4.3.2.1 粉刷时所用脚手应符合下列规定：

　　a) 不得在易损建筑物或设备上搁置脚手。

　　b) 不得将梯子搁在楼梯或斜坡上工作。

　　c) 严禁站在窗台上粉刷窗口四周的线脚。

　　d) 高处粉刷应搭设正式脚手。

　　e) 室内抹灰使用的木凳、金属支架应搭设稳固，脚手板跨度不得大于 2m，架上堆放材料不得过于集中，在同一跨度内不得超过两人。

4.3.2.2 进行磨石工程时应防止草酸中毒。使用磨石机应戴绝缘手套，穿胶靴。

4.3.2.3 进行仰面粉刷时，应采取防止粉末等侵入眼内的防护措施。

4.3.2.4 在调制胶泥和铺设耐酸瓷砖时室内应通风良好，工作人员应戴耐酸手套。

4.3.2.5 机械喷浆、喷涂时，操作人员应佩戴防护用品。压力表安全阀应灵敏可靠。输浆管各部接口应拧紧卡牢，管路应避免弯折。

4.3.2.6 输浆应严格按照规定的压力进行。发生超压或管道堵塞时，应在停机泄压后进行检修。

4.4 拆除工程

4.4.1 拆除工程开工前应对被拆除建筑物的情况进行详细调查，并编制安全施工措施，经总工程师批准后执行。简单的拆除工作应制定安全措施。

4.4.2 重要的拆除工程必须在技术负责人指导下施工。多人拆除同一构筑物时，应指定专人统一指挥。

4.4.3 拆除工程开工前，应将建筑物上的各种力能管线切断或迁移。现场施工照明应另外设置配电线路。

4.4.4 拆除区域周围应设围栏，悬挂警告牌，并派专人监护，严禁无关人员和车辆通过或逗留。

4.4.5 拆除工作应自上而下顺序进行，严禁数层同时拆除。当拆除某一部分时，应防止其他部分发生倒塌。

4.4.6 拆除建筑物一般不得采用推倒方法。遇到特殊情况必须采用推倒方法时，应遵守下列规定：

    a）砍切墙根不得超过墙厚的 1/3。

    b）为防止墙壁向掏掘方向倾倒，应设牢固的支撑。

    c）建筑物推倒前应发出信号，待全体人员远离该建筑物高度两倍以上距离后方可进行推倒。

4.4.7 在相当于拆除建筑物高度的距离内有其他建筑物时，严禁采用推倒的方法。

4.4.8 建筑物的栏杆、楼梯及楼板等应与建筑物整体同时拆除，不得先行拆除。

4.4.9 拆除后的坑穴应填平或设围栏。

4.4.10 建筑物的承重支柱及横梁，应待其所承担的结构全部拆除后方可拆除。

4.4.11 拆除时，楼板上严禁多人聚集或集中堆放拆除下来的材料。拆除物应及时清理。

4.4.12 拆除时，如所站位置不稳固或在 2m 以上的高处作业时，应系好安全带并挂在暂不拆除部分的牢固的结构上。

4.4.13 拆除石棉瓦等轻型结构屋面时，严禁直接踩在屋面上，必须使用移动板或梯子，并将其上端固定牢固。

4.4.14 清挖土方遇接地网及力能管线时，应及时向有关部门汇报，并作出妥善处理。

4.4.15 地下构筑物拆除前，应将埋设在地下的力能管线切断。不能切断时，必须采取隔离措施，并应防止地下有毒气体伤人。

4.4.16 在高压线路及带电设备附近的拆除工作应在停电后进行。如不能停电时，必须办理安全施工作业票，经主管部门批准后方可进行。

4.5 其他施工

4.5.1 水暖、白铁施工。

4.5.1.1 水暖施工：

a）工作台应平稳，套丝时应支平、夹牢，两人以上操作时动作应协调。

b）管子煨弯用的砂子必须烘干。装砂架应搭设牢固并设栏杆。装砂用人工敲打时，上下工作人员应错开。用卷扬机煨管时，地锚、靠桩应牢固，人员不得站在钢丝绳内侧。管子加热时，管口前不得站人。

c）弯制小管时，不得将管子固定在不牢固的地方。

d）弯制大管应在专设的弯管平台上进行。

e）管内砂子的清除工作应待管子表面温度降至常温后方可进行。

f）沟内施工遇有土方松动、裂纹、渗水等情况时，应及时加设固壁支撑。严禁用固壁支撑代替上下扶梯或吊装支架。

g）人工往沟槽内下管时，所有索具、桩锚应牢固，沟槽内不得有人。

h）在深1m以上的管沟或坑道中施工时，沟、坑两侧或周围应设围栏或派专人监护。

i）水压试验用临时管道系统的焊接质量应严格检验。

j）试压泵周围应设置围栏，非工作人员不得入内。

k）水压试验进水时，操作人员不得擅自离开岗位。

l）水压试验时，不得站在焊接堵头的对面或法兰盘的侧面。

4.5.1.2 白铁施工：

a）剪铁皮时应防止毛刺伤手，剪掉的铁皮应及时清除。

b）稀释盐酸时，应将盐酸缓慢注入水中，严禁将水注入盐酸中。烧热的烙铁蘸盐酸时，应防止盐酸气体伤眼。

c）熔锡时锡液不得着水。熔锡用火应遵守防火的有关规定。

4.5.2 沥青、油漆施工。

4.5.2.1 沥青、油漆施工：

a）熬制沥青及调制冷底子油应在建筑物的下风方向，距建筑物不得小于25m，距易燃物不得小于10m，并应备有足够的消防器材；不得在电线的垂直下方熬制沥青；严禁在室内熬制沥青或调制冷底子油。熬制沥青前，应清除锅内杂质和积水。

b）熬制沥青必须由有经验的工人看守并控制沥青温度。沥青量不得超过沥青锅容量的3/4，下料应缓慢溜放，严禁大块投放。下班时应熄火、关闭炉门并盖好锅盖。

c）锅内沥青着火时，应立即用铁锅盖盖住，停止鼓风，封闭炉门，熄灭炉火，并用干砂、湿麻袋或灭火机扑灭，严禁往燃烧的沥青锅中浇水。

d）配制冷底子油下料应分批、少量、缓慢且不停地搅拌。下料量不得超过锅容量的1/2，温度不得超过80℃并严禁烟火。

e）进行沥青、冷底子油作业时，通风必须良好。作业时及施工完毕后的24h内，其作业区周围30m内严禁明火。室内施工时，照明必须符合防爆要求。

f）装运沥青的勺、桶、壶等工具不得用锡焊。盛沥青量不得超过容器量的2/3。肩挑或用手推车时，道路应平坦，索具应牢固。垂直吊运时下方严禁有人。

g）屋面铺设卷材时，靠近屋面边缘处应侧身操作或采取其他安全措施。

h）沾有油漆的棉纱、破布及油纸等易燃废物，应收集存放在有盖的金属容器内并及时处理。

i）配漆场所必须通风良好，严禁烟火并应有消防设施。不得在工作地点存放漆料和溶剂。

j) 使用喷漆、喷浆机时，沾有油料或浆水的手不得操作电源开关。疏通堵塞的喷嘴时不得对着人。

k) 油漆外开窗扇时必须将安全带挂在牢固的地方。油漆封檐板、水落管等应搭设脚手架或吊架。在坡度大于25°的地方工作时，应设置活动板梯、防护栏杆和安全网。

l) 沥青、油漆作业应符合下列规定：

1) 熬制沥青应通风良好，作业人员的脸和手应涂以专用软膏或凡士林，戴好防护眼镜，穿专用工作服并配备有关防护用品。

2) 患皮肤病、眼结膜病及对沥青、油漆等有严重过敏的人员不得从事该项工作。

3) 进行沥青、油漆作业应适当增加间歇时间。

4) 在地下室、基础、池壁进行有毒有害涂料的防水防腐作业时，应配备足够的通风设备，使用个人防护用品，并定时轮换和适当增加间歇时间，施工人员不得少于两人。

5) 使用汽油、煤油、松香水、丙酮等稀释剂时必须空气流通，戴个人防护用品并严禁吸烟和动用明火。

6) 进行喷漆工作时必须戴好防毒口罩并涂以防护油膏，作业地点应通风良好，周围不得有火种。

4.5.2.2 环氧树脂施工：

a) 进行环氧树脂黏结剂作业时，操作室内应保持通风良好，配料室应设排风装置。配制时，人应站在上风方向，并戴防毒口罩及橡皮手套。

b) 工作人员应扎紧袖口和裤脚并配备必要的个人防护用品。严禁在工作室内和工作过程中进食或吸烟。配制酸处理液时，应把酸液缓慢地注入水中并不断搅拌均匀，严禁将水注入酸液内。

c) 使用电炉或喷灯加热时，热源与化学药品柜及工作台应保持一定的距离。工作室内应备有砂箱、灭火器等消防器材。工作完毕应切断电源。

d) 各种有毒化学药品必须设专人、专柜分类保管，严格执行保管及领用制度。保管和使用人员必须掌握各种药品的性能，无关人员严禁随便动用。

4.5.2.3 玻璃施工：

a) 切割玻璃应在指定的场所进行，切下的边角余料应集中堆放、及时处理，搬运玻璃时应戴防护手套。

b) 在高处安装玻璃时应将玻璃放置平稳，垂直下方严禁有人工作或通行，必要时应采取适当的防护隔离措施。

c) 在天窗上或其他高处危险部位安装玻璃时应铺设脚手板，作业时必须挂好安全带，并应备有工具袋，不得口含铁钉或卡簧进行工作。

4.6 施工机械

4.6.1 一般规定。

4.6.1.1 传动装置的传动部分（轴、齿轮、皮带等）应设防护罩，其构造应便于检查及进行保养工作。

4.6.1.2 固定式的施工机械应安装在牢固的基础上，移动式施工机械使用时应将轮子或底座固定好。

4.6.1.3 机械上除规定座位、走道外，不得在其他部位坐、立或行走。机械运转时，操作人员不得离开工作岗位。

4.6.1.4 机械运转时，严禁以手触摸其转动、传动部分，或直接调整皮带，进行润滑等工作。

4.6.1.5 重型机械通过的桥、涵洞及路堤应复核其强度，必要时应加固后通行。

4.6.1.6 机械在架空输电线路下方工作或通过时，其最高点与架空输电线路之间的距离应按本规程 3.8.5 条的有关规定执行。

4.6.1.7 移动式机械的电源线应悬空架设，不得随意放在地面上。

4.6.1.8 电动机械工作前应先空转 1～2min，待运转正常后方可正式工作。

4.6.1.9 新装、革新、自制和大修后的机械应试验鉴定，并经主管机务人员和操作人员共同检查，合格后方可交付使用。

4.6.2 土、石方机械。

4.6.2.1 一般规定：

a) 机械启动前应将离合器分离或将变速杆放在空挡位置，确认周围无人和无障碍物后方可启动。

b) 机械行驶时不得上下人员及传递物件，严禁在陡坡上转弯、倒行或停车，下坡时不得用空挡滑行。

c) 机械停车或在坡道上熄火时，必须将车刹住，刀片、铲斗落地。

d) 钢丝绳不得打结使用，如有扭曲、变形、断丝、锈蚀等，则应按规定及时更换。更换时应将刀片、铲斗垫牢。

4.6.2.2 挖掘机：

a) 操作挖掘机时进铲不宜过深，提斗不得过猛，一次挖土高度一般不得超过 4m。

b) 铲斗回转半径范围内如有推土机工作，则应停止作业。

c) 挖掘机行驶时，铲斗应位于机械的正前方并离地面 1m 左右，回转机构应制动，上下坡的坡度不得超过 20°。

d) 装运挖掘机时，严禁在跳板上转向或无故停车。上车后应刹住各制动器，放好臂杆和铲斗。

e) 液压挖掘装载机的操作手柄应平顺，臂杆下降时中途不得突然停顿。行驶时应将铲斗和斗柄的油缸活塞杆完全伸出，使铲斗、斗柄和动臂靠紧。

4.6.2.3 推土机：

a) 推土机用拉绳启动时不得将绳缠在手上。

b) 推土机用钢丝绳牵引着重物起步时，附近严禁有人。

c) 向边坡推土时，刀片不得超出边坡，并应在换好倒挡后方可提刀倒车。

d) 推土机上下坡时的坡度不得超过 35°，横坡不得超过 10°。

e) 推土机在建筑物附近工作时，与建筑物的墙、柱、台阶等的距离不得小于 1m。

4.6.2.4 压路机：

a) 两台以上压路机同时碾压时，其间距应保持在 3m 以上。

b) 压路机一般不得在坡道上停车。必须停车时，应可靠制动，并楔紧滚轮。

4.6.2.5 蛙式打夯机：

a) 蛙式打夯机手柄上应包以绝缘材料，并装设便于操作的开关。操作时应戴绝缘手套。打夯机必须使用绝缘良好的橡胶绝缘软线，作业中严禁夯击电源线。

b) 在坡地或松土层上打夯时，严禁背着牵引。

c）操作时，打夯机前方不得站人。几台同时工作时，各机之间应保持一定的距离，平行不得小于5m，前后不得小于10m。

d）打夯机暂停工作时，应切断电源。电气系统及电动机发生故障时，应由专职电工处理。

4.6.3 混凝土及瓦工机械。

4.6.3.1 混凝土及砂浆搅拌机：

a）搅拌机应安置在平整坚实的地方，用支脚筒或支架架稳，不得以轮胎代替支撑。

b）搅拌机开机前应检查各部件并确认良好，滚筒内无异物，周围无障碍，启动试转正常后方可进行工作。

c）搅拌机进料斗升起时，严禁任何人在料斗下通过或停留。工作完毕应将料斗固定好。小型砂浆搅拌机进料口应设牢固的防护装置。

d）搅拌机运转时，严禁将工具伸进滚筒内。

e）搅拌机在现场检修时应固定好料斗，切断电源。人员进入滚筒时，外面应有人监护。

f）搅拌机运转中遇突然停电，应将电源切断。在完工或因故停工时，必须将滚筒内的余料取出，并用水清洗干净。

4.6.3.2 磨石机（水磨机）：

a）磨石机工作中如发现零件脱落或有异常声响，则应立即停车检修。电源线应使用绝缘橡皮软线。操作时应戴绝缘手套，穿胶靴。

b）磨石机工作完毕应冲洗干净，用道木垫起平放于干燥处，并应有防雨措施。

c）磨石切片机应遵守本规程圆锯的有关规定。

4.6.4 木工机械。

4.6.4.1 一般规定：

a）木工机床开动前应进行检查，锯条、刀片等切削刀具不得有裂纹，紧固螺丝应拧紧，机床上不得放有木料或工具。

b）使用木工机床时，严禁在机床完全停止前挂皮带或手拿木棍制动。

c）木工机床注油应在停车后进行，或不停车用长嘴油壶加注。机床运转中如遇异常情况，则应立即停车检查处理。

d）使用木工机床加工潮湿或有节疤的木料时，应严格控制送料速度，严禁猛推或猛拉。

4.6.4.2 平刨机：

a）平刨机必须有安全防护装置，否则严禁使用。

b）刨料操作时应保持身体平稳、双手操作。刨大面时，手应按在料上面；刨小面时，手指不得低于料高的一半并不得小于3cm，不得用手在料后推送。

c）每次刨削量一般不得超过1.5mm，进料速度应均匀，经过刨口时用力要轻，不得在刨刀上方回料。

d）厚度小于1.5cm或长度小于30cm的木料不得用平刨机加工。

e）遇有节疤、饿槎应减慢推料速度，不得将手按在节疤上推料。刨旧料时必须将铁钉、泥砂等清除干净。

f）平刨机换刀片时应切断电源或摘掉皮带。

g）同一台刨机的刀片重量、厚度必须一致，刀架、夹板必须吻合。刀片焊缝超出刀头和有裂纹的刀具都不得使用。紧固刀片的螺钉应嵌入槽内，并离刀背不少于10mm。

4.6.4.3 压刨机（包括三面刨、四面刨）：

a）压刨机应采用单向开关，不得采用倒顺开关。三、四面刨应顺序开动。

b）进行压刨作业时，送料和接料不得戴手套，并应站在刨机的一侧，刨削量每次不得超过 5mm。

c）压刨机操作时，进料应平直。发现材料走横或卡住时，应停机降低台面拨正；遇硬节应减慢送料速度。送料时手指必须离开滚筒 20cm 以外，接料必须待料走出台面。

d）刨短料时，其长度不得短于前后压滚距离。刨厚度小于 1cm 的木料时必须垫托板。

4.6.4.4 圆盘锯（包括吊截锯）：

a）圆盘锯（吊截锯）操作前应进行检查，锯片不得有裂口，螺丝应拧紧。

b）操作圆盘锯时应戴防护眼镜，站在锯片一侧，不得站在正面，手臂严禁越过锯片。

c）截取木料时，进料应紧贴靠山，不得用力过猛，遇硬节应慢推。接料应待料出锯片 15cm 后进行，不得用手硬拉；锯短窄料应用棍推，接料应使用刨钩，超过锯片半径的大料不得上锯。

4.6.4.5 锉锯机：

a）拆成捆的锯条时，应踏紧锯条的端头，控制松放。

b）锉锯时应戴防护眼镜，砂轮应有防护罩，操作时应站在砂轮的侧面。

c）锯条的结合必须严密、平滑均匀、厚薄一致。

4.6.5 钢筋机械。

4.6.5.1 切断机：

a）机械运转正常后方可断料，断料时手与刀口的距离不得小于 15cm，活动刀片前进时严禁送料。

b）切断钢筋不得超过机械的负载能力，切低合金钢等特种钢筋时，应使用高硬度刀片。

c）切长钢筋时应有人扶抬，操作时应动作一致。切短钢筋应用套管或钳子夹料，不得用手直接送料。

d）切断机旁应设放料台，机械运转中严禁用手直接清除刀口附近的短头和杂物。在钢筋摆动范围内及刀口附近，非操作人员不得停留。

4.6.5.2 除锈机：

a）操作除锈机时应戴口罩和手套。

b）除锈应在钢筋调直后进行，操作时应放平握紧，操作人员应站在钢丝刷的侧面。带钩的钢筋严禁上机除锈。

4.6.5.3 调直机：

a）调直机上不得堆放物件。

b）钢筋送入压滚时，手与滚筒应保持一定距离。机械运转中不得调整滚筒。严禁戴手套操作。

c）钢筋调直到末端时，严防钢筋甩动伤人。

d）调直短于 2m 或直径大于 9mm 的钢筋时应低速进行。

4.6.5.4 弯曲机（弯钩机）：

a）弯曲时，钢筋应贴紧挡板，插头放入的位置和回转方向应正确。

b）弯曲长钢筋时应有专人扶抬，并站在钢筋弯曲方向的外侧。

c）钢筋调头时应防止碰撞。更换插头、加油以及清理等工作必须在停机后进行。

4.6.5.5 点焊机、对焊机：

a）焊机应设在干燥的地方并放置平稳、牢固。焊机应可靠接地，导线应绝缘良好。

b）焊接前应根据钢筋截面积调整电压，发现焊头漏电应立即停电更换，不得继续使用。

c）焊接操作时应戴防护眼镜及手套，并站在橡胶绝缘垫或木板上。工作棚应用防火材料搭设，棚内严禁堆放易燃易爆物品，并应备有灭火器材。

d）对焊机开关的触点、电极（铜头）应定期检查维修。冷却水管应保持畅通，不得漏水或超过规定温度。

4.6.6 其他机械。

4.6.6.1 运料井架、门架：

a）运料井架、门架必须根据运送材料、物件的重量进行设计。安装完毕，验收合格后方可使用。

b）搭设井架、门架时，相邻两立杆的接头应错开且不得小于50cm，横杆与斜撑应同时安装，滑轮应垂直，滑轮间距的误差不得大于10mm。

c）井架、门架应固定在建筑物上，否则必须拉设缆风绳。缆风绳应每隔10～15m高度设一组，与地面的夹角一般不得大于60°。

d）井架、门架不得利用树木或电杆作地锚用。

e）井架、门架应设有安全保险装置和过卷扬限制器。

f）运料井架、门架严禁乘人。进料口应搭设防护棚。

g）钢门架整体竖立时，底部须用拉索与地锚固定，防止滑移，上部应绑好缆风绳，对角拉牢，就位后收紧固定缆风绳。

h）井架、门架运行过程中，任何人不得跨越卷扬机钢丝绳。

4.6.6.2 机动翻斗车：

a）机动翻斗车行驶时严禁带人，转弯时应减速。

b）装载时，材料的高度不得影响操作人员的视线。

c）机动翻斗车向坑槽或混凝土集料斗内卸料时，应保持适当安全距离，坑槽或集料斗前应设置挡墩，以防翻车。

4.7　构架安装

4.7.1 排杆、组焊及现场喷涂。

4.7.1.1 混凝土电杆在现场堆放时，高度不得超过三层，堆放的地面应平整坚硬，杆段下面应支垫，两侧应掩牢。

4.7.1.2 混凝土电杆在现场倒运时，宜采用机具装卸，装卸时应用控制绳控制杆段方向；装车后必须绑扎牢固，周围掩牢，防止滚动、滑脱。严禁采用直接滚动方法卸车。

4.7.1.3 采用人力滚动杆段时，应动作协调，滚动前方不得有人。杆段横向移动时，应随时将支垫处用木楔掩牢。

4.7.1.4 利用棍、撬杠拨杆段时，应防止滑脱伤人。不得利用铁撬棍插入预留孔转动杆身。

4.7.1.5 混凝土电杆应在杆位排杆、组焊，排杆前应将地面垫平、压实。

4.7.1.6 每根杆段应支垫两点，支垫处两侧应用木楔掩牢。

4.7.1.7 两端封死的混凝土电杆焊接时，应先在一端凿排气孔，然后施焊。

4.7.1.8 钢管构架宜集中排杆、组焊。组焊场地应平整、坚实，并用道木和工字钢搭设简易组焊平台。平台钢板、工字钢等应连接在一起并做不少于两点的可靠接地，此接地应与动力线接地网分开。组焊所用的电气设备应采用接零保护并作重复接地。

4.7.1.9 施工现场使用的砂罐应有压力容器合格证明。

4.7.1.10 喷涂作业场所应设在远离生活区和其他作业区，场地四周应设保护围屏，道路应畅通。

4.7.1.11 喷涂作业前应检查个人防护用品是否完好，操作前应将防护用品佩戴齐全。袖口必须扎紧，戴好防尘面罩。

4.7.1.12 喷涂时，严禁站在砂枪、喷枪前方。

4.7.1.13 装砂、移动机具前，或喷涂作业完毕，必须先停机、后切断电源，并将余气放掉。

4.7.2 构架运输。

4.7.2.1 重量大、尺寸大、集中排组焊的钢管构架的运输，除应符合本规程3.8的有关规定外，载重车辆上尚应设支撑构架的支撑物，其结构应根据材质及运输重量选择。

4.7.2.2 运输道路应坚实、宽敞、平坦，载重汽车行驶应平稳、缓慢，并有专人监护。

4.7.2.3 构架摆好后应绑扎牢固，确保车辆行驶中构架不发生摇晃。

4.7.3 构架吊装。

4.7.3.1 吊装工作开始前，应制定施工方案及安全施工措施，并经审查批准后方可进行。

4.7.3.2 固定构架的临时拉线应满足下列要求：

　　a) 应使用钢丝绳，不得使用白棕绳等；

　　b) 绑扎工作必须由技工担任；

　　c) 500kV 单 A 型构架拉线不得少于四根；

　　d) 固定在同一个临时地锚上的拉线最多不超过两根。

4.7.3.3 在起吊过程中，应有专人负责、统一指挥，各个临时拉线应设专人松紧，各个受力地锚必须有专人看护，做到动作协调。

4.7.3.4 吊物离地面10cm时，应停止起吊，全面检查确认无问题后，方可继续起吊，起吊应平稳。

4.7.3.5 吊装中引杆段进杯口时，撬棍应反撬。

4.7.3.6 在杆根部及临时拉线未固定好之前，严禁登杆作业。

4.7.3.7 起吊横梁时，应在横梁两端分别系拉绳，控制横梁方位。

4.7.3.8 横梁就位时，构架上的施工人员严禁站在节点顶上；横梁就位后，应及时固定。

4.7.3.9 在杆根没有固定好之前及二次浇灌混凝土未达到规定的强度时，不得拆除临时拉线。

5　电气装置安装

5.1　对施工人员的基本要求

5.1.1 电气安装及调试工作人员必须掌握本规程和DL 408的有关部分，并每年考试一次，合格后方可参加工作。

5.1.2 学徒工、实习人员、临时工、合同工及参加劳动的干部，必须经过安全教育后，方可在师傅指导下参加指定的工作。

5.1.3 对外单位派来支援的电气安装及调试工作人员，工作前应介绍现场情况和进行有关安全技术措施的交底。

5.1.4 工作人员至少每两年进行一次体格检查，不适宜电气安装及调试工作的病症者不得参加工作。

5.1.5 独立进行安装及调试的工作人员应具备必要的电气技术理论知识，掌握有关工具、机具、仪表的正确操作、使用和保管方法。

5.1.6 电气安装及调试工作人员应学会触电急救法和人工呼吸法等紧急救护法。

5.2 电气设备全部或部分停电作业

5.2.1 一般规定。

5.2.1.1 在已投入运行的变电所和配电所中，以及正在试运的已带电的电气设备上进行工作或停电作业时，其安全施工措施应按 DL 408 的有关规定编制和执行。

5.2.1.2 在生产单位管理的电气设备上进行工作或停电作业时还应遵守生产单位的有关规定。

5.2.1.3 邻近带电体作业时，施工全过程必须设有经验的监护人。

5.2.1.4 在 220kV 及以上电压等级运行区进行下列作业时应采取防止静电感应、电击的措施：

　　a）攀登构架或设备。

　　b）传递非绝缘的工具、非绝缘材料。

　　c）2 人以上抬、搬物件。

　　d）拉临时试验线或其他导线以及拆装接头。

　　e）手持非绝缘物件不应超过本人的头顶，设备区内严禁撑伞。

5.2.1.5 在 330kV、500kV 电压等级的正在运行的变电所构架上作业，必须采取防静电感应措施，例如，穿着静电感应防护服等。

5.2.1.6 吊车、升降车在带电区内工作时，车体应良好接地，并有专人监护。

5.2.2 断开电源。

5.2.2.1 需停电进行工作的电气设备，必须把各方面的电源完全断开，其中：

　　a）运行中的星形接线设备的中性点必须视为带电设备。

　　b）严禁在只经开关断开电源的设备上工作，必须拉开刀闸，使各方面至少有一个明显的断开点。

　　c）与停电设备有关的变压器和电压互感器，必须将高、低压两侧断开，防止向停电设备倒送电。

5.2.2.2 断开电源后，必须将电源回路的动力和操作熔断器取下，就地操作把手拆除或加锁，并挂警告牌。

5.2.2.3 在靠近带电部分工作时，工作人员的正常活动范围与带电设备的安全距离应大于表 5.2.2.3 的规定。

表 5.2.2.3　　　　　工作人员工作中正常活动范围与带电设备的安全距离

设备电压（kV）	距离（m）	设备电压（kV）	距离（m）
10 及以下（13，8）	0.35	154	2.0
20～35	0.6	220	3.0
44	0.9	330	4.0
60～110	1.5	500	5.0

5.2.3 悬挂标示牌和装设遮栏。

5.2.3.1 在一经合闸即可送电到工作地点的开关和刀闸的操作把手上均应悬挂"禁止合闸，有人工作！"的标示牌。

5.2.3.2 在室内高压设备上或配电装置中的某一间隔内工作时，在工作地点两旁及对面的间隔上均应设遮栏并挂"止步，高压危险！"的标示牌。

5.2.3.3 在室外高压设备上工作时，应在工作地点的四周设遮栏，并挂"止步，高压危险！"的标示牌，标示牌必须朝向围栏里面。

5.2.3.4 在工作地点悬挂"在此工作！"的标示牌。

5.2.3.5 在室外构架上工作时，应在工作地点邻近带电部分的横梁上悬挂"止步，高压危险！"的标示牌。在邻近可能误登的构架上应悬挂"禁止攀登，高压危险！"的标示牌。

5.2.3.6 警戒区的遮栏应醒目、牢固。严禁任意移动或拆除遮栏、接地线、标示牌及其他安全防护设施。

5.2.3.7 标示牌、遮栏等防护设施的设置应正确、及时，工作完毕后应及时拆除。

5.2.4 验电及接地。

5.2.4.1 在停电的设备或停电的线路上工作前，必须经检验确无电压后方可装设接地线。装好接地线后方可进行工作。验电与接地应由两人或两人以上进行，其中一人应为监护人。进行高压验电必须戴绝缘手套，穿绝缘鞋。

5.2.4.2 验电时，必须使用同样电压等级而且合格的验电器，严禁用低压验电器检验高压。验电前，应先在确知的带电体上试验，在确证验电器良好后方可使用。验电应在已停电设备的进出线两侧各相分别进行。

5.2.4.3 表示设备断开和允许进入间隔的信号及电压表的指示等，均不得作为设备有无电压的根据，必须验电。如果指示有电，严禁在该设备上工作。

5.2.4.4 对停电设备验明确无电压后，应立即进行三相短路接地。凡可能送电至停电设备的各部位均应装设接地线。在停电母线上工作时，应将接地线尽量装在靠近电源进线处的母线上，必要时可装设两组接地线。接地线应明显，并与带电设备保持安全距离。

5.2.4.5 接地应用可携型软裸铜接地线，截面积应符合短路电流的要求，但不得小于 $25mm^2$。

5.2.4.6 接地线在每次装设前应做详细检查。严禁使用不符合规定的导线做接地线或短路线用，严禁用缠绕的方法进行接地或短路。装拆接地线应使用绝缘棒，戴绝缘手套。挂接地线时应先接接地端，再接设备端，拆接地线时顺序相反。

5.2.5 恢复送电。

5.2.5.1 停电设备恢复送电前，必须将工器具、材料清理干净，拆除全部地线，收回全部工作票，撤离全部工作人员，向运行值班人员交办工作票等手续。接地线一经拆除，设备即应视为有电，严禁再去接触或进行工作。

5.2.5.2 严禁采用预约停送电时间的方式在线路或设备上进行任何工作。

5.3 电气设备安装

5.3.1 变压器安装。

5.3.1.1 油浸变压器、电抗器、互感器安装：

    a) 大型油浸变压器、电抗器安装前必须依据安装使用说明书编写安全施工措施。

    b) 充氮变压器、电抗器未经充分排氮（其气体含氧密度＞18％），严禁工作人员入内。

充氮变压器注油时，任何人不得在排气孔处停留。

c）大型油浸变压器、电抗器在放油及滤油过程中，外壳及各侧绕组必须可靠接地。

d）变压器、电抗器吊芯检查时，不得将芯子叠放在油箱上，应放在事先准备好的干净支垫物上。在放松起吊绳索前，不得在芯子上进行任何工作。

e）变压器、电抗器吊罩检查时，应移开外罩并放置干净垫木上，再开始芯部检查工作。吊罩时四周均应设专人监护，严禁外罩碰及芯部任何部位。

f）变压器、电抗器吊芯或吊罩时必须起落平稳。

g）进行变压器、电抗器内部检查时，通风和照明必须良好，并设专人监护；工作人员应穿无纽扣、无口袋的工作服、耐油防滑靴，带入的工具必须拴绳、登记、清点，严防工具及杂物遗留在器体内。

h）外罩法兰螺栓必须对称均匀地松紧。

i）检查大型变压器、电抗器芯子时，应搭设脚手架，严禁攀登引线木架上下。

j）储油和油处理现场必须配备足够可靠的消防器材，必须制定明确的消防责任制，场地应平整、清洁，10m范围内不得有火种及易燃易爆物品。

k）变压器附件有缺陷需要进行焊接处理时，应放尽残油，除净表面油污，运至安全地点后进行。

l）变压器引线焊接不良需在现场进行补焊时，应采取绝热和隔离措施。

m）对已充油的变压器、电抗器的微小渗漏允许补焊，但应遵守下列规定：

1）变压器、电抗器的顶部应有开启的孔洞。

2）焊接部位必须在油面以下。

3）严禁火焊，应采用断续的电焊。

4）焊点周围油污应清理干净。

5）应有妥善的安全防火措施，并向全体参加人员进行安全技术交底。

n）瓷套型互感器注油时，其上部金属帽必须接地。

5.3.1.2 变压器干燥：

a）变压器进行干燥前应制定安全技术措施及必要的管理制度。

b）干燥变压器使用的电源及导线应经计算，电路中应有过负荷自动切断装置及过热报警装置。

c）干燥变压器时，应根据干燥的方式，在铁芯、绕组或上层油面上装设温度计，但严禁使用水银温度计。

d）干燥变压器应设值班人员。值班人员应经常巡视各部位温度有无过热及异常情况，并做好记录。值班人员不得擅自离开干燥现场。

e）采用短路干燥时，短路线应连接牢固。采用涡流干燥时，应使用绝缘线；使用裸线时必须用低压电源，并应有可靠的绝缘措施。

f）使用外接电源进行干燥时，变压器外壳应接地。

g）使用真空热油循环进行干燥时，其外壳及各侧绕组必须可靠接地。

h）干燥变压器现场不得放置易燃物品，并应准备足够的消防器材。

5.3.2 调相机及电动机安装（电气部分）。

5.3.2.1 拆卸或安装电机部件时，两人的抬运重量不得超过100kg，起重高度不得超过1m。

5.3.2.2 对电机进行干燥时，应制定相应的安全技术措施及必要的管理制度。

5.3.2.3 开启式电机在安装期间应有防止杂物掉入机内的措施。

5.3.2.4 在滑环上打磨碳刷应在不高于盘车的转速下进行。打磨碳刷时操作人员应戴口罩。

5.3.2.5 调相机引出线包绝缘时应加强通风，严禁烟火。操作人员应使用必要的防护用品，操作时应有人监护。

5.3.3 断路器、隔离开关及组合电器。

5.3.3.1 在下列情况下不得搬运开关设备：

a）隔离开关、闸刀型开关的刀闸处在断开位置时。

b）断路器、气动低压断路器、传动装置以及有返回弹簧或自动释放的开关，在合闸位置和未锁好时。

5.3.3.2 在调整、检修开关设备及传动装置时，必须有防止开关意外脱扣伤人的可靠措施，工作人员必须避开开关可动部分的动作空间。

5.3.3.3 对于液压、气动及弹簧操作机构，严禁在有压力或弹簧储能的状态下进行拆装或检修工作。

5.3.3.4 放松或拉紧断路器的返回弹簧及自动释放机构弹簧时，应使用专用工具，不得快速释放。

5.3.3.5 凡可慢分慢合的断路器，初次动作时不得快分快合。空气断路器初次试动作时，应从低气压做起。施工人员应与被试开关保持一定的安全距离或设置防护隔离设施。

5.3.3.6 就地操作分合空气断路器时，工作人员应戴耳塞，并应事先通知附近的工作人员，特别是高处作业人员。

5.3.3.7 在调整断路器、隔离开关及安装引线时，严禁攀登套管绝缘子。

5.3.3.8 隔离开关采用三相组合吊装时，应检查确认框架强度符合起吊要求，否则应进行加固。

5.3.3.9 断路器、隔离开关安装时，在隔离刀刃及动触头横梁范围内不得有人工作。必要时应在开关可靠闭锁后方可进行工作。

5.3.3.10 六氟化硫组合电器安装过程中的临时支撑应牢固。

5.3.3.11 对六氟化硫断路器、组合电器进行充气时，其容器及管道必须干燥，工作人员必须戴手套和口罩。

5.3.3.12 取出六氟化硫断路器、组合电器中的吸附物时，工作人员必须戴橡胶手套、护目镜及防毒口罩等个人防护用品。

5.3.3.13 六氟化硫气瓶的搬运和保管，应符合下列要求：

a）六氟化硫气瓶的安全帽、防震圈应齐全，安全帽应拧紧；搬运时应轻装轻卸，严禁抛掷、溜放。

b）气瓶应存放在防晒、防潮和通风良好的场所；不得靠近热源和油污的地方，严禁水分和油污沾在阀门上。

c）六氟化硫气瓶与其他气瓶不得混放。

5.3.4 蓄电池组安装。

5.3.4.1 蓄电池室应在设备安装前完善照明、水源、通风、下水道和取暖设施。蓄电池注电解液前必须将蓄电池室内的临时用电设施拆除。蓄电池注电解液后，室内严禁烟火，并不得再进行与充电无关的其他工作。

5.3.4.2 安装蓄电池的工作人员，应穿戴防酸和防止铅中毒的防护用品，充电后不得穿容易引起静电的衣着入内。

5.3.4.3 配制电解液的容器应完好。配制电解液时，必须将硫酸缓慢地注入蒸馏水中，并用玻璃棒或塑料棒不断搅动，严禁将蒸馏水注入硫酸中。

5.3.4.4 蓄电池室应备有足够的小苏打溶液和清水。电解液、小苏打溶液及清水等应贴有明显的标志并分别存放。

5.3.4.5 在配制电解液的过程中，如硫酸溅洒在身上，应立即用小苏打溶液清洗；如洒在地上，应及时用清水冲洗干净。

5.3.4.6 搬运硫酸瓶时，应有防止震动和酸瓶破损的措施。搬运未封口或破裂的酸瓶时，必须采取可靠的安全措施。

5.3.4.7 储存、输送电解液的一切设施必须是耐酸制品。

5.3.4.8 配制电解液使用的工器具及防护用品用过后，应用小苏打溶液及清水进行清洗，清洗前不得光手触摸。

5.3.4.9 安装镉镍碱性蓄电池组应遵守下列规定：

a) 配制和存放电解液应用耐碱器具，并将碱慢慢倒入蒸馏水或去离子水中，并用干净耐碱棒搅动，严禁将水倒入电解液中。

b) 装有催化栓的蓄电池初充电前应将催化栓旋下，等初充电全过程结束后重新装上。

c) 带有电解液并配有专用防漏运输螺塞的蓄电池，初充电前应取下运输螺塞换上有孔气塞，并检查液面，液面不应低于下液面线。

5.3.4.10 不得在蓄电池室内进餐、存放食物或饮料。

5.3.5 盘、柜安装。

5.3.5.1 动力盘、控制盘、保护盘等应在土建条件满足安装要求时，方可进行安装。

5.3.5.2 动力盘、控制盘、保护盘在安装地点拆箱后，应立即将箱板等杂物清理干净，以免阻塞通道或钉子扎脚。

5.3.5.3 盘撬动就位时人力应足够，指挥应统一；狭窄处应防止挤伤。

5.3.5.4 盘底加垫时不得将手伸入盘底，单面盘并列安装时应防止靠盘时挤伤手。

5.3.5.5 盘在安装固定好以前，应有防止倾倒的措施，特别是重心偏在一侧的盘。

5.3.5.6 安装盘上设备时应有专人扶持。

5.3.5.7 在墙上安装操作箱及其他较重的设备时，应做好临时支撑，待确实固定好后方可拆除该支撑。

5.3.5.8 动力盘、控制盘、保护盘内的各式熔断器，凡直立布置者必须上口接电源，下口接负荷。

5.3.5.9 新装盘的小母线在与运行盘上的小母线接通前，应有隔离措施。

5.3.5.10 对执行器、变送器等稳定性差的设备，安装就位后必须立即将全部安装螺栓紧好，严禁浮放。

5.3.5.11 在已运行或已装仪表的盘上补充开孔前应编制施工措施，开孔时应防止铁屑散落到其他设备及端子上。对邻近由于震动可引起误动的保护应申请临时退出运行。

5.3.5.12 高压开关柜、低压配电屏、保护盘、控制盘及各式操作箱等需要部分带电时，应符合下列规定：

a) 需要带电的系统，其所有设备的接线确已安装调试完毕，并应设立明显的带电标志。

b）带电系统与非带电系统必须有明显可靠的隔断措施，确认非带电系统无串电的可能，并应设警告标志。

c）部分带电的装置，应设专人管理。

5.3.5.13 在部分带电的盘上工作时应遵守下列规定：

a）必须了解盘内带电系统的情况。

b）应穿工作服、戴工作帽、穿绝缘鞋并站在绝缘垫上，严禁穿背心、短裤工作。

c）工具手柄必须绝缘良好。

d）必须设监护人。

5.3.6 其他电气设备安装。

5.3.6.1 凡新装的电气设备或与之连接的机械设备，一经带电或试运后，如需在该设备或系统上进行工作时，安全措施应严格按本规程5.2的有关规定执行。

5.3.6.2 远控设备的调整应有可靠的通信联络。

5.3.6.3 凡具有甲、乙两系统的回路及远控回路必须经过校核，确认一次及二次回路均对应无误后方可启动。

5.3.6.4 所有转动机械的电气回路应经操作试验，确认控制、保护、测量、信号回路无误后方可启动。转动机械在初次启动时就地应有紧急停车设施。

5.3.6.5 干燥电气设备或元件，均应控制其温度。干燥场地不得有易燃物，并应有消防设施。

5.3.6.6 严禁在阀型避雷器上攀登或进行工作。

5.3.6.7 安装瓷套（棒）电器时吊装用的索套应安全可靠，不能危及瓷质的安全，安装时若有交叉作业应自上而下进行。

5.3.6.8 电力电容器试验完毕必须经过放电才能安装，已运行的电容器组需检修或增加容量扩建新电容器组时，对已运行的电容器组也必须放电才能工作。

5.3.6.9 在10kV及以上电压的变电所（配电室）中进行扩建时，已就位的设备及母线应接地或屏蔽接地。

5.3.6.10 在运行的变电所及高压配电室搬动梯子、线材等长物时，应放倒搬运，并应与带电部分保持安全距离。

5.3.6.11 在带电设备周围不得使用钢卷尺或皮卷尺进行测量工作，应用木尺或其他绝缘量具。

5.3.6.12 拆除电气设备及电气设施时，应符合下列要求：

a）确认被拆的设备或设施不带电，并应按本规程4.4的有关规定做好安全措施。

b）不得破坏原有安全设施的完整性。

c）防止因结构受力变化而发生破坏或倾倒。

d）拆除旧电缆时应从一端开始，严禁在中间切断或任意拖拉。

e）拆除有张力的软导线时必须徐徐释放，严禁突然释放。

f）弃置的旧动力电缆头，除有短路接地外，应一律视为有电。

5.4 母线安装

5.4.1 软母线架设和硬母线安装。

5.4.1.1 测量软母线档距时必须有安全措施，以保证绳、尺与带电体的安全距离。

5.4.1.2 新架设的导线与带电母线靠近或平行时，新架设的母线应接地，并保持安全距离。

安全距离不够时应采取隔离措施。在此类母线上工作时，应在工作地点母线上再挂临时地线。

5.4.1.3 母线架设前应检查金具是否符合要求，构架应验收合格。

5.4.1.4 放线应统一指挥，线盘应架设平稳。导线应由盘的下方引出。放线人员不得站在线盘的前面。当放到线盘上的最后几圈时，应采取措施防止导线突然蹦出。

5.4.1.5 在挂线时，导线下方不得有人站立或行走。

5.4.1.6 紧线应缓慢，并检查导线是否有挂住的地方，防止导线受力后突然弹起，严禁跨越正在收紧的导线。

5.4.1.7 切割导线前，应将切割处的两侧扎紧并固定好，防止导线割断后散开或弹起。

5.4.1.8 软母线引下线与设备连接前应进行临时固定，不得任意悬空摆动。

5.4.1.9 在软母线上作业前应检查金具连接是否良好，横梁是否牢固。只能在截面积不小于 $120mm^2$ 的母线上使用竹梯或竹竿横放在导线上骑行作业并应系好安全带。

5.4.1.10 压接软母线用的油压机的压力表应完好。压接过程中应有专人监视压力表读数，严禁超压或在夹盖卸下的状态下使用，并应经常检查油压机油位，油位低应及时补充。

5.4.1.11 压接用油压机的操作者应位于压钳作用力方向侧面进行观察，防止超压损坏机械，所有连接部位应经常检查连接状态，如发现有不良现象必须消除后再进行工作。

5.4.1.12 对钢模应进行定期检查，如发现有裂纹，应停止使用。

5.4.1.13 硬母线焊接时应通风良好，工作人员应穿戴个人防护用品，并应遵守本规程 3.9 的有关规定。

5.4.1.14 绝缘子及母线不得作为施工时吊装承重的支持点。

5.4.1.15 大型支持型铝管母线宜采用吊车多点吊装；铝管就位前施工人员严禁登上支持绝缘子。

5.4.1.16 大型悬吊式铝管母线吊装应根据施工要求编写安全施工措施，吊装时两端应同时起吊就位悬挂。

5.4.2 软母线爆炸压接。

5.4.2.1 进行爆炸压接作业，每次不得超过两炮，作业时严禁吸烟。

5.4.2.2 炸药、导火索、导爆索及雷管应分别存放并设专人管理，由专人领用，用毕后应及时将剩余的炸药及雷管退库；从事爆破的人员必须取得公安部门颁发的安全作业证。

5.4.2.3 严禁在运行区内进行爆炸压接。

5.4.2.4 导火索在使用前应作燃速试验，其长度应保证点火人离开后到起爆之间的时间不少于 20s，但不得短于 200mm。

5.4.2.5 切断导爆索及导火索应使用锋利的刀子，严禁使用剪刀或钳子。雷管与导火索连接时，必须使用专用钳子夹雷管口，严禁碰触雷汞部分，严禁用牙咬雷管口或用普通钳子夹雷管口。

5.4.2.6 爆炸点离地面一般不得小于 1m，人员应离开 30m 以外。距爆炸点 50m 以内的建筑物的玻璃窗应打开，并挂好风钩。

5.4.2.7 放炮时应通知周围作业人员，并设警戒。

5.4.2.8 遇有哑炮时，必须等 15min 后方可重新引爆。

5.4.2.9 爆炸压接操作的其他安全规定应按 SDJ 276—90《架空电力线外爆压接施工工艺规程》、SDJ 277—90《架空电力线内爆压接施工工艺规程（试行）》有关规定执行。

5.5 电缆

5.5.1 电缆管配制及电缆架安装。

5.5.1.1 加热弯制电缆管时应有防火措施，管内所装的沙子必须干燥。

5.5.1.2 电缆支架应安装牢固，放电缆前应进行检查。

5.5.2 电缆敷设。

5.5.2.1 运输电缆盘时，应有防止电缆盘在车、船上滚动的措施。盘上的电缆头应固定好。卸电缆盘严禁从车、船上直接推下。滚动电缆盘的地面应平整，破损的电缆盘不得滚动。

5.5.2.2 敷设电缆时，电缆盘应架设牢固平稳，盘边缘距地面不得小于100mm，电缆应从盘的上方引出，引出端头的铠装如有松弛则应绑紧。

5.5.2.3 在开挖直埋电缆沟时，应取得有关地下管线等的资料，否则在施工时应采取措施，加强监护。只有在确知地下无其他管线时方可用机械开挖。

5.5.2.4 敷设电缆前，电缆沟及电缆夹层内应清理干净，做到无杂物、无积水，并应有足够的照明。

5.5.2.5 敷设电缆应由专人指挥、统一行动，并有明确的联系信号，不得在无指挥信号时随意拉引。

5.5.2.6 在高处敷设电缆时，应有高处作业措施。直接站在梯式电缆架上作业时，应核实其强度。强度不够时，应采取加固措施。严禁攀登组合式电缆架或吊架。

5.5.2.7 进入带电区域内敷设电缆时，应取得运行单位同意，办理工作票，采取安全措施，并设监护人。

5.5.2.8 用机械敷设电缆时，应遵守有关操作规程，加强巡视，并有可靠的联络信号。放电缆时应特别注意多台机械运行中的衔接配合与拐弯处的情况。

5.5.2.9 电缆通过孔洞、管子或楼板时，两侧必须设监护人，入口侧应防止电缆被卡或手被带入孔内。出口侧的人员不得在正面接引。

5.5.2.10 敷设电缆时，拐弯处的施工人员应站在电缆外侧。

5.5.2.11 敷设电缆时，临时打开的隧道孔应设遮栏或警告标志，完工后立即封闭。

5.5.2.12 不得在电缆上攀吊或行走。

5.5.2.13 电缆穿入带电的盘内时，盘上必须有专人接引，严防电缆触及带电部位。

5.5.3 电缆头制作。

5.5.3.1 制作电缆头时，熔化绝缘胶、化铅使用的各种炉子都应有防火措施，熔化绝缘胶、化铅应在通风良好处进行，加热应缓慢。

5.5.3.2 熔化锡块、铅块、绝缘胶的容器和工具必须干燥，熔化过程中严防水滴带入熔锅引起爆溅伤人。熔化材料不得超过容器容积的3/4。

5.5.3.3 绝缘胶的加热和搬运应用有嘴的容器，不得使用密封容器，传递时应放在地上换手。

5.5.3.4 熔化或浇制焊锡、封铅及绝缘胶时，操作人员应戴防护眼镜、手套。

5.5.3.5 制作环氧树脂电缆头应在通风良好处进行，操作人员应戴口罩和手套。

5.5.3.6 做完电缆头后应及时灭火，清除麻包、油纸等杂物。

5.6 电气试验、调整及启动带电

5.6.1 一般规定。

5.6.1.1 试验人员应充分了解被试设备和所用试验设备、仪器的性能。严禁使用有缺陷及有可能危及人身或设备安全的设备。

5.6.1.2 进行系统调试工作前，应全面了解系统设备状态。对与运行设备有联系的系统进行调试应办理工作票，同时采取隔离措施，必要的地方应设专人监护。

5.6.1.3 通电试验过程中，试验人员不得中途离开。

5.6.1.4 试验电源应按电源类别、相别、电压等级合理布置，并设明确标志。试验场所应有良好的接地线，试验台上及台前应根据要求铺设橡胶绝缘垫。

5.6.2 高压试验。

5.6.2.1 高压试验设备（如试验变压器及其控制台、西林电桥、试油机等）的外壳必须接地。接地线应使用截面积不小于 $4mm^2$ 的多股软裸铜线。接地必须良好可靠，严禁接在自来水管、暖气管及铁轨上。

5.6.2.2 被试设备的金属外壳应可靠接地。高压引线的接线应牢固并应尽量缩短，高压引线必须使用绝缘物支持固定。

5.6.2.3 现场高压试验区域、被试系统的危险部位或端头，均应设临时遮栏或标志旗绳，向外悬挂"止步，高压危险！"的标示牌，并设专人警戒。

5.6.2.4 合闸前必须先检查接线，将调压器调至零位，并通知现场人员离开高压试验区域。

5.6.2.5 高压试验必须有监护人监视操作。加压过程中，工作人员应精神集中，监护人传达口令应清楚准确。操作人员应穿绝缘靴或站在绝缘台上，并戴绝缘手套。

5.6.2.6 试验用电源应有断路明显的双刀开关和电源指示灯。更改接线或试验结束时，应首先断开试验电源，再进行放电（指有电容的设备），并将升压设备的高压部分短路接地。

5.6.2.7 电气设备在进行耐压试验前，应先测定绝缘电阻。用摇表测定绝缘电阻时，被试设备应确实与电源断开。试验中应防止带电部分与人体接触，试验后被试设备必须放电。

5.6.2.8 高压试验设备的高压电极应用接地棒接地（试验时除外）。被试设备做完耐压试验后应接地放电。

5.6.2.9 进行直流高压试验后的高压电机、电容器、电缆等应先用带电阻的接地棒或临时代用的放电电阻放电，然后再直接接地或短路放电。

5.6.2.10 在使用中的一切高压设备，其接地线或短路线拆除后即应认为已有电压，不得接近。

5.6.2.11 遇有雷雨和六级以上大风时应停止高压试验。

5.6.2.12 试验中如发生异常情况，应立即断开电源，并经放电、接地后方可检查。

5.6.2.13 试验工作结束后，必须检查被试设备上有无被遗忘的工具和导线等其他物件，拆除临时遮栏或标志旗绳，并将被试验设备恢复原状。

5.6.3 二次回路传动试验及其他。

5.6.3.1 对电压互感器二次回路作通电试验时，高压侧隔离开关必须断开，二次回路必须与电压互感器断开，严禁将电压互感器二次侧短路。

5.6.3.2 电流互感器二次回路严禁开路，经检查无开路并接地完好，方可在一次侧进行通电试验。

5.6.3.3 进行与已运行系统有关的继电保护或自动装置调试时，必须将有关部分断开或申请退出运行，必要时应有运行人员配合工作，严防误操作。

5.6.3.4 做开关远方传动试验时，开关处应设专人监视，并应有通信联络和就地可紧急操作的措施。

5.6.3.5 测量二次回路的绝缘电阻时，被试系统内的其他工作应暂停。

5.6.3.6 转动着的调相机及励磁机，即使未加励磁也应视为有电压。如在其主回路（一次回路）上进行测试工作，则应有可靠的绝缘防护措施。

5.6.3.7 测量轴电压或在转动中的调相机滑环上进行测量工作时，应使用专用的带绝缘柄的电刷，绝缘柄的长度不得小于300mm。

5.6.3.8 使用钳形电流表时，其电压等级应与被测电压相符。测量时应戴绝缘手套。测量高压电缆线路的电流时，钳形电流表与高压裸露部分的距离应不小于表5.6.3.8所列数值。

表5.6.3.8 钳形电流表与高压裸露部分的最小距离

额定电压（kV）	1～3	6	10	20	35	60	110
最小允许距离（mm）	500	500	500	700	800	1000	1300

5.6.4 启动及带电。

5.6.4.1 电气设备及电气系统的安装调试工作全部完成后，在通电及启动前应检查是否已经做好下列工作：

　　a）通道及出口畅通，隔离设施完善，孔洞堵严，沟道盖板完整，屋面无漏雨、渗水情况。

　　b）照明充足、完善，有适合于电气灭火的消防设施。

　　c）房门、网门、盘门该锁的已锁好，警告标志明显、齐全。

　　d）人员组织配套完善，操作保护用具齐备。

　　e）工作接地及保护接地符合设计要求。

　　f）通信联络设施足够、可靠。

　　g）所有开关设备均处于断开位置。

5.6.4.2 上列各项工作检查完毕并符合要求后，所有人员应离开将要带电的设备及系统。非经指挥人员许可、登记，不得擅自再进行任何检查和检修工作。

5.6.4.3 带电或启动条件具备后，应由指挥人员按启动方案指挥操作。操作应按DL 408有关规定执行。

5.6.4.4 设置在一般房间或车间内的电气设备准备启动或带电时，其附近应设遮栏及标示牌或派专人看守。

5.6.4.5 在配电设备及母线送电以前，应先将该段母线的所有回路断开，然后再接通所需回路，防止窜电至其他设备。

5.6.4.6 调相机及具有双回路电源的系统，并列运行前应核对相位。

5.6.4.7 用系统电压、负荷电流检查保护装置时应做到：

　　a）工作开始前经值长向调度人员申请停用被检查的保护装置。

　　b）应有防止操作过程中电流互感器二次回路开路、电压互感器二次短路的措施。

　　c）带负荷切断二次电流回路时，操作人员应站在绝缘垫上或穿绝缘鞋。

　　d）操作过程应有专人监护。

电力建设安全工作规程
第 2 部分：架空电力线路

DL 5009. 2—2004

代替 DL 5009. 2—1994

电力建设卷（上册）

电力安全标准汇编

目　次

前　　言

本标准的全部技术内容为强制性。

本标准是根据原国家经贸委电力司《关于下达 2002 年度电力行业标准制定和修订计划的通知》（国经贸电力〔2002〕973 号）的安排修订的。

DL 5009《电力建设安全工作规程》分为三部分：

——第 1 部分：火力发电厂

——第 2 部分：架空电力线路

——第 3 部分：变电所

本部分为 DL 5009 的第 2 部分，是对 DL 5009.2—1994《电力建设安全工作规程（架空电力线路部分）》的修订。DL 5009.2—1994 颁发九年多来，为确保电力建设的施工安全、确保电建职工的安全与健康起到了积极作用。但是随着新技术、新工艺、新设备、新材料的发展，原标准的部分内容已不适用或已被淘汰，故在这次修订中做了较大的删改与增加。

本部分结合架空电力线路施工的特点，对安全、文明施工提出了全面的要求。

本部分代替 DL 5009.2—1994《电力建设安全工作规程（架空电力线路部分）》。

本部分与 DL 5009.2—1994 相比主要变化如下：

——强调从技术上、措施上确保施工人员在任何情况下不得失去保护；

——增加"文明施工"一章（见第 5 章）；

——增加原电力工业部颁发的《送电施工安全设施标准》中的架空电力线路部分的各种安全施工设施；

——增加"建设单位"、"监理单位"、"工程设计人员"（见 3.0.1 条）；

——增加"爆破施工"的基本规定（见 3.0.14 条）；

——增加"爆破器材库"的规定（见 7.2.2 条、7.2.5 条）；

——增加"自卸车"使用的规定（见 9.1.12 条）；

——删除原标准中人力和机械装卸部分内容（原标准第 85 条、第 88 条、第 93 条）；

——删除原标准中人力绞磨的使用规定（原标准第 360 条的 3、4）；

——增加"基础工程"的部分规定（见 10.1.1、10.1.2、10.1.12、10.1.13、10.2.19、10.3.3、10.3.16、10.4.5、10.5.7 条）；

——增加"杆塔工程"的部分规定（见 11.1.1、11.1.7、11.1.15、11.1.17、11.1.19、11.1.20、11.1.21、11.1.22、11.4.2、11.4.5、11.4.6、11.4.7、11.6.3、11.6.15、11.6.16 条）；

——增加"架线工程"的部分规定（见 12.1.2、12.2 条）；

——增加"不停电作业与停电作业"的部分规定（见 13.1.1、13.1.2、13.4.1、13.4.4、13.4.10 条）；

——增加"施工机械及工器具"的部分规定（见 14.4.12、14.5.6 条）；

——部分条文的词句修改、顺序变更、位置调整及内容归类和增加。

本部分的附录 A 是规范性附录。

本部分的附录 B 是资料性附录。

本部分由中国电力企业联合会提出。

本部分由国家电网公司工程建设部归口。

本部分由中国电机工程学会电力建设安全技术分委会起草并负责解释。

本部分主要起草人：张志敏、黄山祥、范龙飞、于海波、姚士东、段锋光。

电力建设安全工作规程
第 2 部分：架空电力线路

1 范围

本部分规定了架空电力线路施工过程中为确保施工人员的生命安全和身体健康，应遵守的安全施工、文明施工的要求和应采取的措施。

本部分适用于新建、改建、扩建的 110～500kV 架空电力线路的施工。35～63kV 及 750kV 架空电力线路的施工可参照执行。

2 规范性引用文件

下列文件中的条款通过本部分的引用而成为本部分的条款。凡是注日期的引用文件，其随后所有的修改单（不包括勘误的内容）或修订版均不适用于本部分，然而，鼓励根据本部分达成协议的各方研究是否可使用这些文件的最新版本。凡是不注日期的引用文件，其最新版本适用于本部分。

GB 3608　高处作业分级

GB 5972　起重机械用钢丝绳检验和报废实用规范（eqv ISO 4309—1981）

GB 6067　起重机械安全规程

GB 6722　爆破安全规程

GB/T 8918　钢丝绳（eqv ISO 2408—1985）

GB 9448　焊接与切割安全（eqv ANSI/AWS Z49.1）

GB 13308　起重滑车安全规程

DL 409　电业安全工作规程（电力线路部分）

DL/T 875　输电线路施工机具设计、试验基本要求

SDJ 226　架空送电线路导线及避雷线液压施工工艺规程

SDJ 276　架空电力线外爆压接施工工艺规程

3 基本规定

3.0.1　工程建设、施工、监理单位的各级领导、工程技术人员和施工管理人员必须熟悉并严格遵守本部分，施工人员必须熟悉和严格遵守本部分，并经考试合格后上岗。工程设计人员应按本部分的有关规定，从设计上为安全施工创造条件。

3.0.2　对从事电工、金属焊接与切割、高处作业、起重、机械操作、爆破（压）、企业内机动车驾驶等特种作业施工人员，必须进行安全技术理论的学习和实际操作的培训，经有关部门考核合格后，持证上岗。

3.0.3　对新入厂人员必须进行三级安全教育培训，经考试合格后持证上岗。

3.0.4　试验和应用新技术、新工艺、新设备、新材料包括自制工器具之前，必须先制定安全技术措施，经总工程师批准后执行。

3.0.5　施工必须有安全技术措施，并在施工前进行交底和做好现场监护工作。已交底的措

施，未经审批人同意，不得擅自变更。

3.0.6 主要受力工器具应符合技术检验标准，并附有许用荷载标志；使用前必须进行检查，不合格者严禁使用，严禁以小代大，严禁超载使用。

3.0.7 各种锚桩应按技术要求布设，其规格和埋深应根据土质经受力计算而确定。立锚桩应有防止上拔或滚动的措施，不得以已组立好或已运行的杆塔作锚桩。

3.0.8 严禁违章作业、违章指挥、违反劳动纪律；对违章作业的指令有权拒绝；有权制止他人违章行为。

3.0.9 对无安全措施或未经安全技术交底的施工项目，施工人员有权拒绝施工。

3.0.10 施工人员严禁酒后作业。

3.0.11 进入施工区的人员必须正确佩戴安全帽。

3.0.12 施工人员必须正确配用个人劳动保护用品。

3.0.13 遇有雷雨、暴雨、浓雾、沙尘暴、六级及以上大风时，不得进行高处作业、水上运输、露天吊装、杆塔组立和放紧线等作业。

3.0.14 遇有雷雨、闪电、大雾、黑夜，严禁爆破施工。

3.0.15 夏季、雨季施工时，应做好防台风、防雨、防泥石流、防暑降温等工作。

3.0.16 在霜冻、雨雪后进行高处作业，应采取防滑措施和防寒防冻措施。

3.0.17 施工现场必须按规定配置和使用送电施工安全设施（见附录 A）。

4 材料、设备的存放和保管

4.0.1 材料、设备应按平面布置的规定存放。露天堆放场地应平整、坚实、不积水，并应符合装卸、搬运、消防及防洪的要求。

4.0.2 器材堆放应遵守下列规定：

1 器材堆放整齐稳固；长、大件器材的堆放有防倾倒的措施。

2 器材距铁路中心线不小于 3m。

3 钢筋混凝土电杆堆放的地面平整、坚实，杆段下面设支垫，两侧用木楔掩牢，堆放高度不超过 3 层。

4 钢管堆放的两侧设立柱，堆放高度不超过 1m。

5 水泥堆放的地面垫平，堆放高度不超过 12 包。

6 线盘放置的地面平整、坚实，滚动方向前后均掩牢。

7 圆木和毛竹堆放的两侧设立柱，堆放高度不超过 2m，并有防止滚落的措施。

4.0.3 临时设施的设立或建造遵守下列规定：

1 临时设施与建筑物及易燃材料堆物的防火间距应符合表 4.0.3-1 的规定。

表 4.0.3-1　　　　　临时设施与建筑物及易燃材料堆物的防火间距　　　　　　　m

名称 ＼ 距离 ＼ 名称	永久性建筑	临时仓库	木料堆、木工房	易燃物仓库（油料库）
永久性建筑		15	25	20
临时仓库	15	6	15	15
木料堆、木工房	25	15	堆间 2	25
易燃物仓库（油料库）	20	15	25	20

2 根据存放物品的特性，应采用相应的耐火等级材料建造，并配备适用的消防器材。

3 结构应紧固、可靠，门窗向外开启。

4 不宜建在电力线下方。如需在 110kV 及以下电力线下方建造时，应经线路运行单位同意。屋顶采用耐火材料。建筑物与导线之间的垂直距离，在导线最大计算弧垂情况下不小于表 4.0.3-2 的规定。

表 4.0.3-2　　　　　　　　　　临时设施与电力线交叉时最小垂直距离

线路电压（kV）	1～10	35	63～110
最小垂直距离（m）	3	4	5

4.0.4 氧气瓶的存放和保管遵守下列规定：

1 存放处周围 10m 内严禁明火，严禁与易燃易爆物品同间存放。

2 严禁气瓶和瓶阀沾染油脂。

3 严禁与乙炔气瓶混放在一起。

4 卧放时不宜超过 5 层，两侧应设立桩，立放时应有支架固定。

5 应有瓶帽和两个防振圈。

6 瓶帽应拧紧，气阀应朝向一侧。

7 严禁靠近热源或在烈日下暴晒。

8 存放间应设专人管理，并在醒目处设置"严禁烟火"的标志。

4.0.5 乙炔气瓶的存放和保管遵守下列规定：

1 班组的存放量一般不超过 5 瓶；超过 5 瓶但不超过 20 瓶时，应用非燃烧墙体隔成单独的存放间，并有一面靠外墙。

2 存放间与明火或散发火花点距离不得小于 10m。

3 存放间不得设在地下室或半地下室内。

4 存放间应通风良好，不受阳光直射，远离高温热源，其附近应设有干粉或二氧化碳灭火器，但严禁使用四氯化碳灭火器。

5 应直立放置，严禁卧放，并有防止倾倒的措施。

6 瓶帽应拧紧，并应有两个防振圈。

7 严禁与氧气瓶及易燃易爆物品同间存放。

8 存放间应设专人管理，并在醒目处设置"乙炔危险，严禁烟火！"的标志。

4.0.6 有毒有害物品的存放和保管遵守下列规定：

1 容器必须密封。

2 库房空气应流通，并有专人管理。

3 醒目处应设置"有毒有害"标志。

4.0.7 汽油、柴油等挥发性物品的存放和保管遵守下列规定：

1 应存放在专用库房内，容器必须密封。

2 严禁附近有易燃易爆物品。

3 严禁靠近火源或在烈日下暴晒。

4 醒目处应设置"严禁烟火"的标志。

5 文明施工

5.1 施工准备阶段

5.1.1 施工组织设计中必须有明确的安全、文明施工内容和要求，并把分包单位的文明施工纳入发包单位的文明施工管理范围。

5.1.2 现场文明施工责任区应划分明确，职责应落实，并设有明显标志。

5.1.3 现场的材料、机具、砂、石、水泥堆放应整齐、安置有序。

5.1.4 现场的机械、设备完好、整洁，安全操作规程齐全，操作人员持证上岗并熟悉机械性能和作业条件。

5.1.5 施工现场的安全设施和个人劳动保护用品应逐步实现标准化和规范化。

5.1.6 施工临建设施完整，布置合理，环境整洁。办公室、材料站布置整齐，物资标识清楚，排放有序。

5.1.7 生活区及食堂的卫生应符合职工健康的有关规定。

5.1.8 施工现场应有应急设施或措施。

5.2 施工阶段

5.2.1 施工便道应保持畅通、安全、可靠。

5.2.2 工序安排应紧密、合理。上道工序交给下道工序必须是干净、整洁、符合工艺要求的工作面。

5.2.3 开挖后的土石方，不得随意堆放，不得影响农田和生态环保。

5.2.4 施工现场的安全施工设施和文明设施及消防设施严禁乱拆乱动。

5.2.5 施工人员进入施工现场应佩戴胸卡，着装整齐，个人防护用具齐全。现场无"三违"现象。

5.2.6 施工场所应保持整洁、有序，作业点应做到"工完料尽场地清"，剩余材料应堆放整齐、可靠。

5.2.7 遇悬崖险坡应设置安全可靠的临时围栏。

5.2.8 应尽量减少上下交叉作业，如必须进行上下交叉或多人在一处作业时应采取相应的、有效的防高处落物、防坠落的措施。相互照应，密切配合。

5.2.9 施工人员应有成品和半成品保护意识，严禁乱拆、乱拿、乱涂和乱抹。

5.2.10 塔位点环境整洁，排水畅通，尽量保持原植被。

6 施工用电

6.0.1 工地和材料站的施工用电应按已批准的施工技术措施进行布设，并按当地供电部门的规定提出用电申请。

6.0.2 施工用电设施的安装、维护，应由取得合格证的电工担任，严禁私拉乱接。

6.0.3 低压施工用电线路的架设应遵守下列规定：

    1 采用绝缘导线。

    2 架设可靠，绝缘良好。

    3 架设高度不低于2.5m，交通要道及车辆通行处不低于5m。

6.0.4 开关负荷侧的首端处必须安装漏电保护装置。

6.0.5 熔丝的规格应按设备容量选用，且不得用其他金属线代替。

6.0.6 熔丝熔断后，必须查明原因、排除故障后方可更换；更换好熔丝、装好保护罩后方可送电。

6.0.7 电气设备及电动工具的使用遵守下列规定：

1 不得超铭牌使用。

2 外壳必须接地或接零。

3 严禁将电线直接钩挂在闸刀上或直接插入插座内使用。

4 严禁一个开关或一个插座接两台及以上电气设备或电动工具。

5 移动式电气设备或电动工具应使用软橡胶电缆；电缆不得破损、漏电；手持部位绝缘良好。

6 不得用软橡胶电缆电源线拖拉或移动电动工具。

7 严禁用湿手接触电源开关。

8 工作中断必须切断电源。

6.0.8 在光线不足及夜间工作的场所，应设足够的照明；主要通道上应装设路灯。

6.0.9 照明灯的开关必须控制相线；使用螺丝口灯头时，中性线应接在灯头的螺丝口上。

6.0.10 电气设备及照明设备拆除后，不得留有可能带电的部分。

6.0.11 危险品仓库的照明应使用防爆型灯具，开关必须装在室外。

7 防火防爆

7.1 工程防火

7.1.1 电气设备附近应配备适用于扑灭电气火灾的消防器材；发生电器火灾时应首先切断电源。

7.1.2 装过挥发性油剂及其他易燃物质的容器，未经处理，严禁焊接与切割。

7.1.3 在林区、牧区进行施工，必须遵守当地的防火规定，并配备必要的消防器材。动用明火或进行焊接前，必须经林业、牧业部门批准，划定工作范围，清除易燃杂物，并设专人监护。

7.1.4 在林区、牧区进行爆炸压接时，应先将药包下方的树干、杂物、干草等易燃物清除干净。

7.1.5 采用暖棚法养护混凝土基础时，火源不得与易燃物接近，并应设专人看管。

7.2 工程防爆

7.2.1 工地爆破器材库的位置、结构和有关设施必须经企业有关部门审查，并报当地县（市）公安部门许可。

7.2.2 进入爆破器材库房的人员严禁穿带铁钉的鞋和易产生静电的化纤衣服。严禁无关人员进入库房。

7.2.3 库房内严禁吸烟或带入火种。

7.2.4 炸药和雷管必须分库存放，并设专人保管。

7.2.5 库房内必须有足够的消防器材，严禁存放其他物品。

7.2.6 班组使用的少量爆破器材临时存放时遵守下列规定：

1 应经当地公安派出所同意。

2 必须单独存放在距烟火较远的专用房间，并设专人看管。

3 雷管必须装在内壁有防振软垫的专用箱内。

4 存放爆破器材的房间内不得住宿和进行其他活动。

5 必须符合本部分第 7.2.2、7.2.3、7.2.4、7.2.5 条的规定。

6 当天剩余的爆破器材必须点清数量，并及时退库。

7 严禁将爆破器材带入宿舍或移作他用。

8 高处作业及交叉作业

8.0.1 遵照 GB 3608 的规定，凡在坠落高度基准面 2m 及以上有可能坠落的高度进行的作业均称为高处作业。不同高度的可能坠落范围半径见表 8.0.1。高处作业应设安全监护人。

表 8.0.1　　　　　　　　　　不同高度的可能坠落范围半径　　　　　　　　　　　　　m

作业位置至其底部的垂直距离	2～5	5～15	15～30	＞30
其可能坠落的范围半径	3	4	5	6

注：1. 通过最低着落点的水平面称为坠落高度基准面。
　　2. 在作业位置可能坠落到的最低点称为该作业位置的最低坠落着落点。

8.0.2 凡参加高处作业的人员，应每年进行一次体检。患有不宜从事高处作业病症的人员不得参加高处作业。

8.0.3 高处作业人员应衣着灵便，穿软底鞋，并正确佩戴个人防护用具。

8.0.4 高处作业人员必须使用安全带，且宜使用全方位防冲击安全带。安全带必须拴在牢固的构件上，并不得低挂高用。施工过程中，应随时检查安全带是否拴牢。

8.0.5 高处作业应使用速差自控器或安全自锁器，高塔作业必须使用速差自控器及安全自锁器。

8.0.6 高处作业所用的工具和材料应放在工具袋内或用绳索绑牢；上下传递物件应用绳索吊送，严禁抛掷。

8.0.7 高处作业人员在转移作业位置时不得失去保护，手扶的构件必须牢固。在大间隔部位或杆塔头部水平转移时，应使用水平绳或增设临时扶手；垂直转移时应使用速差自控器或安全自锁器。

8.0.8 高处作业人员上下铁塔应沿脚钉或爬梯攀登，不得沿单根构件上爬或下滑。

8.0.9 攀登无爬梯或无脚钉的钢筋混凝土电杆必须使用登杆工具。多人上下同一杆塔时应逐个进行。

8.0.10 严禁利用绳索或拉线上下杆塔或顺杆下滑。

8.0.11 在带电体附件进行高处作业时，与带电体的最小安全距离必须符合表 8.0.11 的规定，遇特殊情况达不到该要求时，必须采取可靠的安全技术措施，经总工程师批准后方可施工。

表 8.0.11　　　　　　　　　　高处作业与带电体最小安全距离

带电体的电压等级（kV）	≤10	35	63～110	220	330	500
工器具、安装构件、导线、地线与带电体的距离（m）	2.0	3.5	4.0	5.0	6.0	7.0
作业人员的活动范围与带电体的距离（m）	1.7	2.0	2.5	4.0	5.0	6.0
整体组立杆塔与带电体的距离（m）	应大于倒杆距离（自杆塔边缘到带电体的最近侧为最小安全距离）					

9 工地起重和运输

9.1 机动车运输

9.1.1 机动车辆运输应按《中华人民共和国道路交通安全法》的有关规定执行。车上应配备灭火器。

9.1.2 运输前应事先对道路进行调查，需要加固整修的道路应及时处理。对路经的险桥、沟坡和坑洼路面等，应在出车前向押运人员和驾驶员交底。

9.1.3 路面水深超过汽车排气管时，不得强行通过；在泥泞的坡道或冰雪路面上应缓行，车轮应装防滑链；冬季车辆过冰河时，必须根据当地气候情况和河水冰冻程度决定是否行车，不得盲目过河。

9.1.4 车辆过渡时，应遵守轮渡安全规定，听从渡口工作人员的指挥。

9.1.5 载货机动车除押运和装卸人员外，不得搭乘其他人员；押运和装卸人员必须乘坐在安全位置上。载物高度超过车厢拦板时，货物上不得坐人。

9.1.6 装运超长、超高或重大物件时遵守下列规定：

1 物件重心与车厢承重中心应基本一致。

2 易滚动的物件顺其滚动方向必须甩木楔掩牢并捆绑牢固。

3 用超长架装载超长物件时，在其尾部应设置警告的标志；超长架与车厢固定，物件与超长架及车厢必须捆绑牢固。

4 押运人员应加强途中检查，防止捆绑松动；通过山区或弯道时，防止超长部位与山坡或行道树碰刮。

9.1.7 汽车运输爆破器材时遵守下列规定：

1 应遵守公安部门的有关规定。

2 车况必须良好，司机应有安全驾驶经验。

3 车辆不得带挂车或由其他车辆拖拽行驶。

4 车辆应按指定路线限速行驶，遇有火源应绕道行驶。

5 运输途中，车辆不得在人多的地方、交叉路口、桥上或建筑物附近停留。

6 押运人员必须乘坐在驾驶室内；车上装载的物品应用帆布遮盖，并设置警告的标志。

7 炸药和雷管应分别运输，雷管箱内应用柔软材料填实，并严禁与其他易燃物品同车运输。

9.1.8 氧气瓶、乙炔气瓶的运输遵守下列规定：

1 应遵守公安部门的有关规定。

2 瓶帽必须拧紧，防振圈齐全，轻装轻卸，严禁抛摔和滚碰撞击。

3 汽车装运时，氧气瓶应横向卧放，头部朝向一侧，并应垫牢，装载高度不得超过车厢高度；乙炔瓶必须直立排放，车厢高度不得低于瓶高的2/3。

4 严禁与易燃易爆物品同车运输。

5 严禁将氧气瓶与油脂或带有油污的物品同车运输。

6 氧气瓶与乙炔气瓶不得同车运输。

9.1.9 用载重汽车接送施工人员遵守下列规定：

1 应遵守交通管理部门的有关规定。

2 车厢拦板应牢固，拦板高度不低于1m。

3　车上应指定安全监护人。

4　不得超员；乘车人员的头、手不得伸出车厢拦板；车厢拦板上严禁坐人。

5　乘车人员应随时躲避路边树木及道路上方的障碍物。

9.1.10　在施工车辆不足的情况下，允许同车携带少量炸药（10kg）和雷管（20个），但应采取防震、防火措施；携带雷管的人必须坐在驾驶室内。

9.1.11　各类拖拉机挂车不宜作为载人交通工具，如作为载人交通工具，应遵守当地交通管理部门的规定。挂车连接装置必须牢固，刹车装置必须可靠。

9.1.12　严禁自卸车载人。

9.1.13　牵引机、张力机转运时，运输道路、桥梁或涵洞的承载能力必须满足牵引机、张力机的荷重。

9.1.14　非自行或无消振装置的牵引机、张力机长距离转运时，应采用装载运输；短距离转场拖运时，应限制行车速度。

9.1.15　牵引机、张力机拖运前应接通与拖运机车之间的刹车和信号灯，主车上应设监护人。

9.1.16　被拖运的钢丝绳卷车及线盘车上严禁装带绳筒及线盘，行车过程中，车厢上不得有人。

9.2　非机动车运输

9.2.1　非机动车运输应遵守当地交通管理部门的规定。除指定驾车人外，其他人员不得驾车。

9.2.2　装车前应对车辆进行检查，车轮和刹车装置必须完好。

9.2.3　驾车人员应熟悉道路状况和装载物件的特性；装载物件绑扎牢固后方可行车。

9.2.4　重车在险路、弯路、陡坡或泥泞、冰雪、坑洼道路上行驶时，车上人员应下车步行。

9.2.5　重车下坡时应控制车速，不得任其滑行。

9.2.6　数车同时运输，应保持适当距离，不得并行和抢道。

9.2.7　停车后必须把车刹住。

9.3　水上运输

9.3.1　船舶运输应遵守航运部门的有关规定。

9.3.2　船工及押运人员应熟悉水上运输知识和载物的特性。船只严禁超载。

9.3.3　装卸笨重物件或大型施工机械应有上级批准的装卸方案。装载时应将其落至舱底；如需装在舱面上，必须有重物压舱。

9.3.4　入舱的物件应放置平稳；易滚、易滑和易倒的物件应绑扎牢固。

9.3.5　装载爆破器材的船舱内不得有电源；与机舱相邻时，应有隔热措施；船上应配备消防器材。

9.3.6　用船只接送施工人员遵守下列规定：

1　乘船人数不得超员。

2　在深水航道上行船时，船上必须配备救生设备。

3　乘船人员不得将手脚伸出船体，并不得任意在舱外走动。

4　乘船人员不得在途中下水。

5　上下船的跳板应搭设稳固，并有防滑措施。

9.3.7　竹、木排的运输应事先制定安全措施，报有关部门批准后执行。

9.4 人力运输和装卸

9.4.1 人力运输的道路应事先清除障碍物；山区抬运笨重物件或钢筋混凝土电杆的道路，其宽度不宜小于 1.2m，坡度不宜大于 1：4。

9.4.2 重大物件不得直接用肩扛运；抬运时应步调一致，同起同落，并应有人指挥。

9.4.3 运输用的工器具应牢固可靠，每次使用前应进行认真检查。

9.4.4 雨雪后抬运物件时，应有防滑措施。

9.4.5 用跳板或圆木装卸滚动物件时，应用绳索控制物件。物件滚落前方严禁有人。

9.4.6 钢筋混凝土电杆卸车时，车辆不得停在有坡度的路面上。每卸一根，其余电杆应掩牢；每卸完一处，剩余电杆绑扎牢固后方可继续运输。

9.5 机械装卸

9.5.1 起重机装卸作业应按 GB 6067 的有关规定执行。

9.5.2 起重机作业时遵守下列规定：

1 吊件和起重臂下方严禁有人。

2 吊件吊起 10cm 时应暂停，检查制动装置，确认完好后方可继续起吊。

3 严禁吊件从人或驾驶室上空越过。

4 起重臂及吊件上严禁有人或有浮置物。

5 起吊速度均匀、平稳，不得突然起落。

6 吊挂钢丝绳间的夹角不得大于 120°。

7 吊件不得长时间悬空停留；短时间停留时，操作人员、指挥人员不得离开现场。

8 起重机运转时，不得进行检修。

9 工作结束后，起重机的各部应恢复原状。

9.5.3 凡属下列情况之一者，必须办理安全施工作业票，并有技术人员在场指导。

1 吊件重量达到起重机额定负荷的 95%。

2 两台起重机抬吊同一物件。

3 起重机在电力线下方或其临近处作业。

9.5.4 起重场地应平整，并避开沟、洞或松软土质。汽车起重机作业前，应将支腿支在坚实的地面上。

9.5.5 起吊物应绑牢，吊钩悬挂点应与吊物重心在同一垂线上，吊钩钢丝绳应垂直，严禁偏拉斜吊；落钩时应防止吊物局部着地引起吊绳偏斜；吊物未固定好严禁松钩。

9.5.6 严禁起重臂跨越电力线进行作业。在临近带电体处吊装时，起重臂及吊件的任何部位与带电体（在最大偏斜时）的最小安全距离不得小于表 9.5.6 的规定。

表 9.5.6 　　　　　　　　　**起重机与带电体的最小安全距离**

电压等级（kV）	<1	1~10	35~63	110	220	330	500
最小安全距离（m）	1.5	2.0	3.5	4.0	6.0	7.0	8.5

9.5.7 起吊成堆物件时，应有防止滚动或翻倒的措施。钢筋混凝土电杆应分层起吊，每次吊起前，剩余电杆应用木楔掩牢。

9.5.8 牵引机、张力机运输前应将机身上的活动零部件临时固定；装卸时应使用机身专用吊环起吊。

9.5.9 起重机吊臂的最大仰角不得超过制造厂铭牌规定。

9.5.10 起重作业应由起重工担任指挥，指挥信号必须准确、清晰。

10 基础工程

10.1 土石方开挖

10.1.1 土石方开挖前应熟悉周围环境、地形地貌，制定施工方案，作业时应有安全施工措施。

10.1.2 在有电缆、光缆及管道等地下设施的地方开挖时，应事先取得有关管理部门的同意，并有相应的安全措施且有专人监护；严禁用冲击工具或机械挖掘。

10.1.3 人工清理、撬挖土石方遵守下列规定：

1 必须先清除上山坡浮动土石。

2 严禁上、下坡同时撬挖。

3 土石滚落下方不得有人，并设专人警戒。

4 作业人员之间应保持适当距离。

5 在悬岩陡坡上作业时应系安全带。

10.1.4 人工开挖基础坑时，应事先清除坑口附近的浮石；向坑外抛扔土石时，应防止土石回落伤人。

10.1.5 坑底面积超过 $2m^2$ 时，可由 2 人同时挖掘，但不得面对面作业。

10.1.6 作业人员不得在坑内休息。

10.1.7 掏挖桩基础施工前应经土质鉴定。挖掘时，坑上应设监护人。在扩孔范围内的地面上不得堆积土方。坑模成型后，应及时浇灌混凝土，否则应采取防止土体塌落的措施。

10.1.8 挖掘泥水坑、流砂坑时，应采取安全技术措施；使用挡土板时，应经常检查其有无变形或断裂现象。

10.1.9 不得站在挡土板支撑上传递土方或在支撑上搁置传土工具。

10.1.10 更换挡土板支撑应先装后拆。拆除挡土板应待基础浇制完毕后与回填土同时进行。

10.1.11 除掏挖桩基础外，不用挡土板挖坑时，坑壁应留有适当坡度，坡度的大小应视土质特性、地下水位和挖掘深度确定，一般参照表 10.1.11 预留。

表 10.1.11　　　　　　　　　各 类 土 质 的 坡 度

土质类别	砂土、砾土、淤泥	砂质黏土	黏土、黄土	硬黏土
坡度（深：宽）	1：0.75	1：0.5	1：0.3	1：0.15

10.1.12 施工人员不得在开挖后堆放的松散堆石上行走。

10.1.13 挖掘机开挖时遵守下列规定：

1 应注意工作点周围的障碍物及架空线。

2 严禁在伸臂及挖斗下面通过或逗留。

3 严禁人员进入斗内；不得利用挖斗递送物件。

4 暂停作业时，应将挖斗放到地面。

10.2 爆破作业

10.2.1 人工向施工作业点运送爆破器材遵守下列规定：

1 炸药和雷管必须由爆破员负责在白天领用，并严格领退手续。

2 炸药和雷管必须分别携带，雷管必须装在内壁有防振垫的专用箱（袋）内，严禁装在衣袋内。运送人员之间的距离应大于 15m。

　　3　炸药和雷管不得任意转交他人。

　　4　不得用自行车或二轮摩托车运送雷管。

10.2.2　人工打孔时，打锤人不得戴手套，并应站在扶钎人的侧面。

10.2.3　用凿岩机或风钻打孔时，操作人员应戴口罩和风镜，手不得离开钻把上的风门，严禁骑马式作业；更换钻头应先关闭风门。

10.2.4　切割导爆索、导火索应用锋利小刀，严禁用剪刀或钢丝钳剪夹。严禁切割接上雷管的导爆索。

10.2.5　导火索应做燃速试验，其长度应能保证点火人撤到安全区，但不得小于 1.2m。

10.2.6　导火索与雷管连接应用胶布粘牢，严禁敲击或用牙咬，严禁触动雷汞部位。

10.2.7　一次引爆的炮孔，必须全部打好后方可装药。

10.2.8　向炮孔内装炸药和雷管，应轻填轻送，不得用力挤压药包；严禁使用金属工具向炮孔内捣送炸药。

10.2.9　炮孔装药后需用泥土填塞孔口，填塞深度遵守下列规定：

　　1　孔深在 0.4～0.6m 时不得小于 0.3m。

　　2　孔深在 0.6～2.0m 时不得小于孔深的 1/2。

　　3　孔深在 2.0m 以上时不得少于 1.0m。

10.2.10　填塞炮孔不得使用石子或易燃材料。

10.2.11　相邻基坑不得同时点火；在同一基坑内不得同时点燃四个以上导火索。

10.2.12　在基坑内点火时遵守下列规定：

　　1　坑深超过 1.5m 时，上下应使用梯子。

　　2　严禁脚踩已点燃的导火索。

　　3　坑上应设安全监护人。

10.2.13　电雷管的使用遵守下列规定：

　　1　放炮器应由专人保管，电源应由专人控制，闸刀箱应上锁。

　　2　放炮前严禁将手或钥匙插入放炮器或接线盒内。

　　3　引爆电雷管应使用绝缘良好的导线，其长度不得小于安全距离。

　　4　电雷管接线前，其脚线必须短接。

　　5　在强电场严禁使用电雷管。

　　6　爆破中途遇雷电时，应迅速将已接好的主线、支线端头解开，并分别用绝缘胶布包好。

10.2.14　火雷管的装药与点火、电雷管的接线与引爆必须由同一人担任，严禁两人操作。

10.2.15　引爆前必须将剩余爆破器材搬到安全区。除点火人和监护人外，其他人员必须撤至安全区，并鸣笛警告，确认无人后方可点火。

10.2.16　浅孔爆破的安全距离不得小于 200m；裸露药包爆破的安全距离不得小于 400m。在山坡上爆破时，下坡方向的安全距离应增大 50%。

10.2.17　无盲炮时，从最后一响算起经 5min 后方可进入爆破区。有盲炮或炮数不清时，对火雷管必须经 20min 后方可进入爆破区检查；对电雷管必须将电源切断并短路、待 5min 后方可进入爆破区检查。

10.2.18　处理盲炮时，严禁从炮孔内掏取炸药和雷管。重新打孔时，新孔应与原孔平行；

新孔距盲炮孔不得小于 0.3m，距药壶边缘不得小于 0.5m。

10.2.19 在城镇地区或爆破点附近有建筑物、架空线时，严禁采用扬弃爆破，必须使用少量炸药进行闷炮爆破，炮眼上应压盖掩护物，并应有减少震动波扩散的措施。

10.2.20 爆扩桩基础施工遵守下列规定：

1 装药前应先检查药包或药条，不得有破裂或密封不良现象。

2 应使用电雷管引爆。

3 与建筑物的安全距离不得小于 15m。

4 放炮前应事先与屋内人员联系，敞开玻璃门窗、挂好窗钩。

5 与人身的安全距离：垂直孔和斜孔的顺抛掷方向不得小于 40m，斜孔的反抛掷方向不得小于 20m。

10.2.21 爆破器材应在有效期内使用，变质、失效的爆破器材严禁使用。销毁爆破器材应经上级有关部门批准，并按 GB 6722 的有关规定执行。

10.2.22 爆破工程由当地公安部门等分包时，必须签定安全施工协议。

10.3 混凝土基础

10.3.1 人工平直、切剁钢筋时，打锤人应站在扶剁人的侧面，锤柄应楔塞牢固。

10.3.2 弯曲钢筋的工作台应设置稳固，扳扣与钢筋应配套。

10.3.3 切割短于 30cm 的短钢筋必须用钳子夹牢，严禁直接用手把持。

10.3.4 模板应用绳索和木杠滑入坑内。

10.3.5 模板的支承应使用钢支撑架或方木，采用吊梁应有足够的强度，搁置应稳固。

10.3.6 模板支撑应牢固，并应对称布置；高出坑口的加高立柱模板应有防止倾覆的措施。

10.3.7 拆除模板应自上而下进行；拆下的模板应集中堆放；木模板外露的铁钉应及时拔掉或打弯。

10.3.8 人工搅拌混凝土的平台应搭设稳固、可靠。

10.3.9 人工浇筑混凝土遵守下列规定：

1 浇筑混凝土或投放大石时，必须听从坑内捣固人员的指挥。

2 坑口边缘 0.8m 以内不得堆放材料和工具。

3 捣固人员不得在模板或撑木上走动。

10.3.10 机电设备使用前应进行全面检查，确认机电装置完整、绝缘良好、接地可靠。

10.3.11 搅拌机应设置在平整坚实的地基上，装设好后应由前、后支架承力，不得以轮胎代替支架，机械传动处应设防护罩。

10.3.12 搅拌机在运转时，严禁将工具伸入滚筒内扒料。加料斗升起时，料斗下方不得有人。

10.3.13 用手推车运送混凝土时，倒料平台口应设挡车措施；倒料时严禁撒把。

10.3.14 基础养护人员不得在模板支撑上或在易塌落的坑边走动。

10.3.15 使用过氯乙烯塑料薄膜养护基础时，应有防火、防毒措施。

10.3.16 采用暖棚养护，应采取防止废气窒息、中毒措施。

10.4 桩式基础

10.4.1 桩式基础的施工场地应平整，附近障碍物应清除，作业区应有明显标志或围栏。

10.4.2 作业前应全面检查机电设备，电气绝缘和制动装置必须良好，传动部分应有防护罩，电缆应有专人收放。

10.4.3 钻机和打桩机运转时不得进行检修；打桩机不得悬吊桩锤进行检修。

10.4.4 打桩作业遵守下列规定：

1 作业人员应听从统一指挥。

2 起吊速度应均匀，被吊桩的下方严禁有人。

3 吊桩前应将桩锤提起，并固定牢靠。

4 打桩时如发现异常应停止锤击，检查处理后方可继续作业。

5 停止作业或转移桩架时，应将桩锤放至最低位置。

10.4.5 作业完毕，应将打桩机停放在坚实平整的地面上，制动并锁牢，桩锤落下，切断电源。

10.4.6 灌注桩施工遵守下列规定：

1 潜水钻机的电钻应使用封闭式防水电机，接入电机的电缆不得破损、漏电。

2 孔顶应埋设护筒，埋深应不小于1m。

3 不得超负荷进钻。

4 应由专人收放电缆线和进浆胶管。

5 接钻杆时，应先停止电钻转动，后提升钻杆。

6 严禁作业人员进入没有护筒或其他防护设施的钻孔中工作。

7 应按规定排放泥浆，保护好环境。

10.4.7 人力钻孔预埋桩基础施工遵守下列规定：

1 人力钻孔和机动绞磨提土操作应设专人指挥，并密切配合。

2 提升钻杆时，应有防止孔口坍塌的安全措施。

3 移动钻架和抱杆时，应设专人指挥；抱杆临时拉线应由专人控制。

4 操作时作业人员应注意防滑。

10.5 锚杆基础

10.5.1 钻机和空压机操作人员与作业负责人之间的通信联络应清晰畅通。

10.5.2 钻孔前应对设备进行全面检查；进出风管不得有扭劲，连接必须良好；注油器及各部螺栓均应紧固可靠。

10.5.3 钻机工作中如发生冲击声或机械运转异常时，必须立即停机检查。

10.5.4 装拆钻杆时，操作人员站立的位置应避开风电动回转机和滑轮箱。

10.5.5 风管控制阀操作架应加装挡风护板，并应设置在上风向。

10.5.6 吹气清洗风管时，风管端口不得对人。

10.5.7 风管不得弯成锐角，风管遭受挤压或损坏时，应立即停止使用。

10.6 预制基础

10.6.1 用人力在坑内安装预制构件，应用滑杠和绳索溜放，不得直接将其翻入坑内。

10.6.2 吊装预制构件遵守下列规定：

1 工器具和预埋吊环在使用前应进行检查。

2 抱杆根部应视土质情况与坑口保持适当距离，并采取防止抱杆倾倒及坑口塌落的措施。

3 吊件应设控制绳，吊件临近坑口时，坑内不得有人。

4 作业人员不得随吊件上下。

5 坑内预制构件吊起找正时，作业人员应站在吊件侧面。

11 杆塔工程

11.1 一般规定

11.1.1 施工人员应熟悉施工区域内的环境。作业前，先清除附近障碍物或采取其他措施。

11.1.2 组立（拆、换）杆塔应设安全监护人。

11.1.3 非施工人员不得进入作业区。

11.1.4 组立铁塔时，地脚螺栓应及时加垫片，拧紧螺帽，并应及时连上接地线。

11.1.5 组立杆塔过程中，吊件垂直下方严禁有人。

11.1.6 作业现场除必要的施工人员外，其他人员应离开杆塔高度的 1.2 倍距离以外。

11.1.7 杆塔组立的加固绳和临时拉线必须使用钢丝绳。

11.1.8 在受力钢丝绳的内角侧严禁有人。

11.1.9 钢丝绳与铁件绑扎处应衬垫软物。

11.1.10 使用卧式地锚时，地锚套引出方向应开挖马道，马道与受力方向应一致。

11.1.11 不得利用树木或外露岩石作牵引或制动等主要受力锚桩。

11.1.12 组立的杆塔不得用临时拉线过夜；需要过夜时，应对临时拉线采取安全措施。

11.1.13 临时拉线必须在永久拉线全部安装完毕后方可拆除，拆除时应由现场负责人统一指挥。严禁采用安装一根永久拉线、拆除一根临时拉线的做法。

11.1.14 调整杆塔倾斜或弯曲时，应根据需要增设临时拉线；杆塔上有人时，不得调整临时拉线。

11.1.15 组立 220kV 及以上杆塔时，不得使用木抱杆。

11.1.16 拆除受力构件必须事先采取补强措施。

11.1.17 立塔前应先检查抱杆正直、焊接、铆固等情况。

11.1.18 杆塔材、工具严禁浮搁在杆塔及抱杆上。

11.1.19 高塔施工应及时与气象部门取得联系，掌握气象情况。

11.1.20 组立（拆）高塔必须使用速差自控器及安全自锁器。

11.1.21 拆除抱杆应事先采取防止拆除段自由倾倒措施，然后逐段拆除，严禁提前拧松或拆除部分连接螺栓。

11.1.22 拆或换杆塔时应遵守本部分的有关规定。

11.2 排杆

11.2.1 排杆处地形不平或土质松软，应先平整或支垫坚实，必要时杆段应用绳索锚固。

11.2.2 杆段应支垫两点，支垫处两侧应用木楔掩牢。

11.2.3 滚动杆段时应统一行动，滚动前方不得有人；杆段顺向移动时，应随时将支垫处用木楔掩牢。

11.2.4 用棍、杠撬拨杆段时，应防止滑脱伤人；不得用铁撬棍插入预埋孔转动杆段。

11.3 焊接与切割

11.3.1 进行焊接与切割作业时，作业人员应穿戴专用劳动防护用品。

11.3.2 作业点周围 5m 内的易燃易爆物应清除干净。

11.3.3 对两端封闭的钢筋混凝土电杆，应先在其一端凿排气孔，然后施焊。

11.3.4 高处焊接与切割作业遵守下列规定：

1 应遵守高处作业的有关规定。

2　作业前应对熔渣有可能落入范围内的易燃易爆物进行清除，或采取可靠的隔离、防护措施。

3　严禁携带电焊导线或气焊软管登高或从高处跨越。

4　应在无电源或无气源情况下用绳索提吊电焊导线或气焊软管。

5　地面应有人监护和配合。

11.3.5　电焊机的外壳接地必须可靠，接地电阻不得大于4Ω，其裸露的导电部分必须装设防护罩。电焊机露天放置应选择干燥场所，并加防雨罩。

11.3.6　电焊机一次侧、二次侧的电源线及焊钳必须绝缘良好；二次侧出线端接触点连接螺栓应拧紧。

11.3.7　电焊机倒换接头、转移作业地点、发生故障或电焊工离开工作场所时，必须切断电源。

11.3.8　工作结束后必须切断电源，检查工作场所及其周围，确认无起火危险后方可离开。

11.3.9　气瓶不得靠近热源或在烈日下暴晒，乙炔气瓶表面温度不应超过40℃。乙炔气瓶使用时必须直立放置，严禁卧放使用。

11.3.10　气瓶必须装设专用减压器，不同气体的减压器严禁换用或替用。

11.3.11　严禁敲击、碰撞乙炔气瓶。

11.3.12　瓶阀冻结时，严禁用火烘烤，可用浸40℃热水的棉布解冻。

11.3.13　乙炔气管堵塞或冻结时，严禁用氧气吹通或用火烘烤。

11.3.14　焊接时，氧气瓶与乙炔气瓶的距离不得小于5m，气瓶距离明火不得小于10m。

11.3.15　气瓶内的气体严禁用尽。氧气瓶应留有不小于0.2MPa的剩余压力；乙炔气瓶必须留有不低于表11.3.15规定的剩余压力。

表11.3.15	乙炔气瓶内剩余压力与环境温度的关系		
环境温度（℃）	<0	0～15	15～25	25～40
剩余压力（MPa）	0.05	0.1	0.2	0.3

11.3.16　氧气软管为红色、乙炔软管为黑色；氧气软管与乙炔软管严禁混用；软管连接处应用专用卡子卡紧或用软金属丝扎紧。

11.3.17　氧气、乙炔气软管严禁沾染油脂。

11.3.18　软管不得横跨交通要道或将重物压在其上。

11.3.19　软管产生鼓包、裂纹、漏气等现象应切除或更换，不得采用贴补或包缠等方法处理。

11.3.20　乙炔软管着火时，应先将火焰熄灭，然后停止供气；氧气软管着火时，应先关闭供气阀门，停止供气后再处理着火软管；不得使用弯折软管的方法处理。

11.3.21　点火时应先开乙炔阀、后开氧气阀，嘴孔不得对人；熄火时顺序相反。发生回火或爆鸣时，应先关乙炔阀，再关氧气阀。

11.3.22　焊接与切割应严格执行GB 9448的规定。

11.4　地面组装

11.4.1　组装场地应平整，障碍物应清除。

11.4.2　山地组塔时，塔材不得顺斜坡堆放。

11.4.3　选料应由上往下搬动，不得强行抬拉。

11.4.4 组装断面宽大的塔身时，在竖立的构件未连接牢固前，应采取临时固定措施。

11.4.5 山坡上组装塔片，垫高物应稳固，且有防塔片滑动的措施。

11.4.6 分片组装铁塔时，带铁应能自由活动，螺帽应出扣；自由端朝上时，应绑扎牢固。

11.4.7 严禁将手指伸入螺孔找正。

11.4.8 传递小型工具或材料不得抛掷。

11.5 杆塔分解组立

11.5.1 吊装方案和现场布置应符合施工技术措施的规定；工器具不得超规定使用。

11.5.2 塔片就位时应先低侧后高侧；主材和侧面大斜材未全部连接牢固前，不得在吊件上作业。

11.5.3 抱杆提升前，应将提升腰滑车处及其以下塔身的辅材装齐，并拧紧螺栓。

11.5.4 杆塔临时拉线的设置遵守下列规定：

1 应使用钢丝绳；单杆（塔）不得少于 4 根，双杆（塔）不得少于 6 根。

2 绑扎工作应由技工担任。

3 一根锚桩上的临时拉线不得超过 2 根。

4 未绑扎固定前不得登高。

11.5.5 钢筋混凝土门型双杆采用单杆起立时，临时拉线的布置不得妨碍另一根杆的起吊，亦不得妨碍高处组装横担。

11.5.6 用抱杆拆除铁塔时，应先将待拆塔片稍受力，然后拆除塔片连接螺栓，再提升拆卸。

11.5.7 用外拉线抱杆组立铁塔遵守下列规定：

1 升降抱杆必须有统一指挥，信号畅通，四侧临时拉线应由技工操作并均匀放出。

2 抱杆垂直下方不得有人；塔上人员应站在塔身内侧的安全位置上。

3 抱杆根部与塔身绑扎牢固，抱杆倾斜角不宜超过 15°。

4 起吊和就位过程中，吊件外侧应设控制绳。

11.5.8 用悬浮内（外）拉线抱杆组立铁塔遵守下列规定：

1 提升抱杆应设置两道腰环；采用单腰环时，抱杆顶部应设临时拉线控制。

2 内拉线抱杆的拉线应绑扎在塔身节点下方，承托绳应绑扎在节点上方，且紧靠节点处。

3 起吊过程中腰环不得受力，塔片控制绳应随起吊件上升位置，适当放出。

4 双面吊装时，两侧荷重、提升速度及摇臂的变幅角度应基本一致。

11.5.9 用坐地式摇臂抱杆组立铁塔遵守下列规定：

1 抱杆组装应正直，连接螺栓的规格必须符合规定，并应全部拧紧。

2 抱杆应坐落在坚实稳固平整的地基上，软弱地基应采取措施。

3 提升抱杆不得少于两道腰环，腰环固定钢丝绳应呈水平并收紧。

4 用两台绞磨时，提升速度应一致。

5 每提升一次，抱杆倒装一段，不得连装两段。

6 抱杆升降过程中，杆段上不得有人。

7 抱杆吊臂上设保险钢丝绳；停工或过夜时，吊臂应放平。

8 吊装时，抱杆应有专人监视和调整。

9 两侧同时起吊时，其起吊荷重、摇臂变幅角度、塔片控制绳角度、提升速度应基本一致。

176

11.6 杆塔整体组立

11.6.1 整体组立杆塔和分解组立杆塔施工方法相同的部分,应按分解组立杆塔的安全规定执行。

11.6.2 起吊前,施工负责人必须亲自检查现场布置情况,作业人员认真检查各自操作项目的现场布置情况。

11.6.3 立杆塔指挥人员不得站在总牵引地锚受力的前方。

11.6.4 总牵引地锚、制动系统中心、抱杆顶点及杆塔中心四点必须在同一垂直面上,不得偏移。

11.6.5 杆塔起立前应挖马道;两个马道的深度和坡度应一致。

11.6.6 用人字倒落式抱杆起立杆塔遵守下列规定:
1 两根抱杆的根部应保持在同一水平面上,并用钢丝绳相互连接牢固。
2 抱杆支立在松软土质处时,其根部应有防沉措施。
3 抱杆支立在坚硬或冰雪冻结的地面上时,其根部应有防滑措施。
4 抱杆受力后发生不均匀沉陷时,应及时进行调整。
5 起立抱杆用的制动绳锚在杆塔身上时,应在杆塔刚离地时拆除。
6 抱杆脱帽绳应穿过脱帽环由专人控制其脱落。

11.6.7 起立前杆塔螺栓必须紧固,受力部位不得缺少铁件。无叉梁或无横梁的门型杆塔起立时,应在吊点处进行补强,两侧用临时拉线控制。

11.6.8 杆塔顶部吊离地面约 0.8m 时,应暂停牵引,进行冲击试验,全面检查各受力部位,确认无问题后方可继续起立。

11.6.9 杆塔侧面应设专人监视,传递信号必须清晰畅通。

11.6.10 根部监视人应站在杆根侧面,下坑操作时应停止牵引。

11.6.11 倒落式抱杆脱帽时,杆塔应及时带上反向临时拉线,随起立速度适当放出。

11.6.12 杆塔起立约 70°时应减慢牵引速度;约 80°时应停止牵引,利用临时拉线将杆塔调正、调直。

11.6.13 带拉线的转角杆塔起立后,在安装永久拉线的同时,应在内角侧设置半永久性拉线,该拉线应在架线结束后拆除。

11.6.14 用两套倒落式抱杆同时起立门型杆塔时,现场布置和工器具配备应基本相同,两套系统的牵引速度应基本一致。

11.6.15 采用新塔拆除旧塔或用旧塔组立新塔,应对旧塔进行检查,采用补强措施。

11.6.16 严禁随意整体拉倒旧塔或在塔上有导、地线的情况下整体拆除。

11.7 杆塔倒装组立

11.7.1 现场布置和工器具的选用必须按施工技术措施的规定进行。主要设备、工器具和主要受力锚桩除应按计算选用外,还应进行强度和稳定性试验。

11.7.2 接装塔段的落地位置应事先测定,并垫实、找平;塔段落地后不得偏移。

11.7.3 现场应设统一的指挥系统,指挥信号必须畅通可靠。指挥台应设置能直接切断牵引设备电源的开关。

11.7.4 液压提升用的高、低压油泵如设在塔身附近时,其上方应搭设保护棚。

11.7.5 用滑车组提升时,提升系统滑车组的规格必须相同,穿绳方式和悬挂方向应对称。

11.7.6 提升时的临时拉线,应由绞磨或卷扬机控制、拉力显示仪表监视;提升段的倾斜和偏移应用经纬仪监测。

11.7.7 塔段吊离地面约 0.2m 时，应暂停提升进行调平，使提升段保持正直并位于塔位中心后方可继续提升。

11.7.8 提升时，塔材相互碰撞或卡住，应及时处理。

11.7.9 接装时，提升系统、临时拉线必须封固，作业人员应站在塔身外侧。

11.7.10 停工或过夜时，提升段应落地，并收紧操作拉线和保险拉线，固定尾绳。如提升段不能落地，必须采取可靠的安全技术措施。

11.8 起重机组塔

11.8.1 司机应参加道路和桥梁的踏勘。起重机工作位置的地基必须稳固，附近的障碍物应清除。

11.8.2 起重前应对起重机进行全面检查。

11.8.3 起重机作业必须按安全施工技术规定和起重机操作规程进行；起重臂及吊件下方必须划定安全区，地面应设安全监护人。

11.8.4 整体吊装前应对铁塔进行全面检查，螺栓应紧固；起吊速度应均匀，缓提缓放。

11.8.5 分段吊装时，上下段连接后，严禁用旋转起重臂的方法进行移位找正。

11.8.6 分段分片吊装时，必须使用控制绳进行调整。

11.8.7 在电力线附近组塔时，起重机必须接地良好。与带电体的最小安全距离应符合表 9.5.6 的规定。

11.8.8 塔件离地约 0.1m 时应暂停起吊并进行检查，确认正常后方可正式起吊。

11.8.9 起重机在作业中出现不正常，应采取措施放下塔件，停止运转后进行检修，严禁在运转中进行调整或检修。

11.8.10 指挥人员看不清工作地点，操作人员看不清指挥信号时，不得进行起吊。

12 架线工程

12.1 跨越架

12.1.1 一般规定：

1 跨越架的型式应根据被跨越物的大小和重要性确定。重要设施的跨越架及高度超过 15m 的跨越架应由施工技术部门提出搭设方案，经审批后实施。

2 搭设或拆除跨越架应设安全监护人。

3 搭设跨越重要设施的跨越架，应事先与被跨越设施的单位取得联系，必要时应请其派员监督检查。

4 跨越架的中心应在线路中心线上，宽度应超出新建线路两边线各 1.5m，且架顶两侧应设外伸羊角。

5 跨越架与铁路、公路及通信线的最小安全距离应符合表 12.1.1 的规定。

表 12.1.1　　　　　　跨越架与被跨越物的最小安全距离　　　　　　　　　　m

跨越架部位　　　　被跨越物名称	铁路	公路	通信线
与架面水平距离	至路中心：3.0	至路边：0.6	0.6
与封顶杆垂直距离	至轨顶：6.5	至路面：5.5	1.0

6 跨越多排轨铁路、高速公路时，跨越架如不能封顶，应增加架顶高度。

7 跨越架上应按有关规定悬挂醒目的警告标志。

8 跨越架应经使用单位验收合格后方可使用。

9 强风、暴雨过后应对跨越架进行检查，确认合格后方可使用。

10 拆除钢管、木质、毛竹跨越架应自上而下逐根进行，架材应有人传递，不得抛扔；严禁上下同时拆架或将跨越架整体推倒。

11 整体组立跨越架，应遵守本部分第11.6条的有关规定。

12 所有跨越架架体的强度，应能在发生断线或跑线时承受冲击荷载。

12.1.2 使用金属格构式跨越架的规定：

1 跨越架架体横担中心，应设置在新架线路每相导线的中心垂直投影上。

2 跨越架架顶必须设置挂胶滚筒或挂胶滚动横梁。

3 新型金属格构式跨越架架体必须经过静载加荷试验，合格后方可使用。

4 金属格构式跨越架架体宜采用倒装分段组立或吊车整体组立，也可采用其他方法组立。无论采用何种方法组立均必须确保人身、设备安全。

12.1.3 使用钢管、木质、毛竹跨越架的规定：

1 木质跨越架所使用的立杆有效部分的小头直径不得小于70mm。横杆有效部分的小头直径不得小于80mm，60～80mm的可双杆合并或单杆加密使用。

2 木质跨越架所使用的杉木杆，如有木质腐朽、损伤严重或弯曲过大等任一情况的，则严禁使用。

3 毛竹跨越架的立杆、大横杆、剪刀撑和支杆有效部分的小头直径不得小于75mm。小横杆有效部分的小头直径不得小于90mm，60～90mm的可双杆合并或单杆加密使用。

4 毛竹跨越架所使用的毛竹，如有青嫩、枯黄、麻斑、虫蛀以及其裂纹长度通过一节以上等任一情况的，则严禁使用。

5 木、竹跨越架的立杆、大横杆应错开搭接，搭接长度不得小于1.5m，绑扎时小头应压在大头上，绑扣不得少于3道。立杆、大横杆、小横杆相交时，应先绑2根，再绑第3根，不得一扣绑3根。

6 钢管跨越架宜用外径48～51mm的钢管，立杆和大横杆应错开搭接，搭接长度不得小于0.5m。

7 钢管跨越架所使用的钢管，如有弯曲严重、磕瘪变形、表面有严重腐蚀、裂纹或脱焊等任一情况的，则严禁使用。

8 钢管立杆底部应设置金属底座或垫木，并绑扫地杆。

9 木质和毛竹的架体立杆均应垂直埋入坑内，杆坑底部应夯实，埋深不得少于0.5m，且大头朝下，回填土后夯实。遇松土或地面无法挖坑时应绑扫地杆。跨越架的横杆应与立杆成直角搭设。

10 跨越架两端及每隔6～7根立杆应设置剪刀撑、支杆或拉线。拉线的挂点或支杆或剪刀撑的绑扎点应设在立杆与横杆的交接处，且与地面的夹角不得大于60°。支杆埋入地下的深度不得小于0.3m。

11 各种材质跨越架的立杆、大横杆及小横杆的间距不得大于表12.1.3的规定。

表 12.1.3　　　　　　　　　　　立杆、大横杆及小横杆的间距　　　　　　　　　　　　　　　m

跨越架类别	立杆	大横杆	小横杆
钢管	2.0		1.5
木	1.5	1.2	1.0
竹	1.2		0.75

12.2　特殊跨越

12.2.1　有下列特点之一的跨越称为特殊跨越：

1　跨越多排轨铁路、高速公路。

2　跨越运行电力线架空避雷线（光缆），跨越架高度大于 30m。

3　跨越 220kV 及以上运行电力线。

4　跨越运行电力线路其交叉角小于 30°或跨越宽度大于 70m。

5　跨越大江大河或通航河流及其他复杂地形。

12.2.2　特殊跨越必须编制施工技术方案或施工作业指导书，并按规定履行审批手续后报经相关方审核批准。

12.2.3　跨越大江、大河或通航的河流除应遵守本部分第 12.2.2 条的规定外，在施工期间应请航监部门派人协助封航。

12.2.4　凡参加特殊跨越的施工人员必须熟练掌握跨越施工方法并熟悉安全施工措施，经本单位组织培训和技术交底后方可参加跨越施工。

12.3　人力及机械牵引放线

12.3.1　放线时的通信必须迅速、清晰、畅通；若采用旗语时，打旗人应站在前后通视的位置上，且旗语必须统一。严禁在无通信联络及视野不清的情况下放线。

12.3.2　放线滑车使用前应进行外观检查；带有开门装置的放线滑车，必须有关门保险。

12.3.3　线盘架应稳固，转动灵活，制动可靠。

12.3.4　线盘或线圈展放处，应设专人传递信号。

12.3.5　作业人员不得站在线圈内操作。线盘或线圈接近放完时，应减慢牵引速度。

12.3.6　被跨越的低压线路或弱电线路需要开断时，应事先征得有关单位的同意。开断低压线路必须遵守停电作业的有关规定；开断时应有防止杆子倾倒的措施。

12.3.7　架线时，除应在杆塔处设监护人外，对被跨越的房屋、路口、河塘、裸露岩石及跨越架和人畜较多处均应派专人监护。

12.3.8　导线、避雷线（光缆）被障碍物卡住时，作业人员必须站在线弯的外侧，并应用工具处理，不得直接用手推拉。

12.3.9　穿越滑车的引绳应根据导线、避雷线（光缆）的规格选用；引绳与线头的连接应牢固。穿越时，施工人员不得站在导线、避雷线（光缆）的垂直下方。

12.3.10　人力放线遵守下列规定：

1　领线人应由技工担任，并随时注意前后信号；拉线人员应走在同一直线上，相互间保持适当距离。

2　通过河流或沟渠时，应由船只或绳索引渡。

3　通过陡坡时，应防止滚石伤人；遇悬崖险坡应采取先放引绳或设扶绳等措施。

4　通过竹林区时，应防止竹桩尖扎脚。

12.3.11 机械牵引放线遵守下列规定：

1 展放导引绳或牵引绳应遵守本部分第 12.3.10 条的有关规定。

2 导引绳或牵引绳的连接应用专用连接工具；牵引绳与导线、避雷线（光缆）连接应使用专用连接网套。

12.3.12 拖拉机直接牵引放线遵守下列规定：

1 行驶速度不得过快，驾驶员应随时注意指挥信号。

2 爬坡时拖拉机后面不得有人。

3 不得沿沟边、横坡等险要地形行驶。

4 途经的桥梁、涵洞应事先进行检查与鉴定，不得冒险强行。

5 行驶中作业人员不得爬车、跳车或检修部件；挂钩上严禁站人。

12.4 张力放线

12.4.1 人力展放导引绳或牵引绳应遵守本部分第 12.3.10 条的规定。

12.4.2 导引绳、牵引绳的安全系数不得小于 3。

12.4.3 吊挂绝缘子串前，应检查绝缘子串弹簧销是否齐全、到位。吊挂绝缘子串或放线滑车时，吊件的垂直下方不得有人。

12.4.4 牵引场转向布设时遵守下列规定：

1 使用专用的转向滑车，锚固必须可靠。

2 各转向滑车的荷载应均衡，不得超过允许承载力。

3 牵引过程中，各转向滑车围成的区域内侧严禁有人。

12.4.5 转角塔（包括直线转角塔）的预倾滑车及上扬处的压线滑车必须设专人监护。

12.4.6 牵引过程中，牵引绳进入的主牵引机高速转向滑车与钢丝绳卷车的内角侧严禁有人。

12.4.7 导引绳、牵引绳的端头连接部位、旋转连接器及抗弯连接器在使用前应由专人检查；钢丝绳损伤、销子变形、表面裂纹等严禁使用。

12.4.8 张力放线前由专人检查下列工作：

1 牵引设备及张力设备的锚固必须可靠，接地应良好。

2 牵张段内的跨越架结构应牢固、可靠。

3 通信联络点不得缺岗，通信必须畅通。

4 转角杆塔放线滑车的预倾措施和导线上扬处的压线措施必须可靠。

5 交叉、平行或临近带电体的接地措施必须符合安全施工技术的规定。

12.4.9 张力放线必须具有可靠的通信系统。牵引场、张力场必须设专人指挥。

12.4.10 展放的导引绳严禁从带电线路下方穿过。

12.4.11 牵引时接到任何岗位的停车信号都必须立即停止牵引；张力机必须按现场指挥的指令操作。

12.4.12 导线的尾线或牵引绳的尾绳在线盘或绳盘上的盘绕圈数均不得少于 6 圈。

12.4.13 导线或牵引绳带张力过夜必须采取临锚安全措施。

12.4.14 旋转连接器严禁直接进入牵引轮或卷筒。

12.4.15 牵引过程中发生导引绳、牵引绳或导线跳槽、走板翻转或平衡锤搭在导线上等情况时，必须停机处理。

12.4.16 牵引过程中，牵引机、张力机进出口前方不得有人通过。

12.4.17 导引绳、牵引绳或导线临锚时，其临锚张力不得小于对地距离为 5m 时的张力，同时应满足对被跨越物距离的要求。

12.5 压接

12.5.1 钳压机压接应遵守下列规定：

1 手动钳压器应有固定设施，操作时放置平稳；两侧扶线人应对准位置，手指不得伸入压模内。

2 切割导线时线头应扎牢，并防止线头回弹伤人。

12.5.2 液压机压接应符合 SDJ 226 的有关规定，且：

1 使用前检查液压钳体与顶盖的接触口，液压钳体有裂纹者严禁使用。

2 液压机启动后先空载运行，检查各部位运行情况，正常后方可使用；压接钳活塞起落时，人体不得位于压接钳上方。

3 放入顶盖时，必须使顶盖与钳体完全吻合；严禁在未旋转到位的状态下压接。

4 液压泵操作人员应与压接钳操作人员密切配合，并注意压力指示，不得过荷载。

5 液压泵的安全溢流阀不得随意调整，并不得用溢流阀卸荷。

12.5.3 外爆炸压接应执行 SDJ 276 和本部分第 10.2 条的规定：

1 外爆炸压接应使用纸雷管，不得使用金属壳雷管；在运行的发电厂、变电所、高压电力线附近或雷雨天气进行爆压时，严禁使用电雷管。

2 导火索在使用前应做燃速试验。在地面操作时，导火索长度不得少于 200mm；在高处操作时，导火索的燃速时间必须保证操作人员能够撤至安全区。

3 切割导爆索时必须用快刀裁切，严禁用剪刀或钢丝钳剪夹。

4 在包药或安装雷管时，烟火不得接近。炸药发生燃烧时，应用水扑灭，严禁用砂石、土壤等杂物覆盖。

5 地面爆压前，药包两端的导线、避雷线应支撑固定，药包下方的碎石等应清除。点火时，除点火人外，其他人员必须撤离至药包 30m 以外的安全区。

6 在杆塔上爆压时，操作人员与药包距离应大于 3m，并系好安全带（绳）、背靠可阻挡爆轰波的杆塔构件。

7 点火人应向雷管、炸药爆轰的反方向撤离。

8 在运行的发电厂、变电所附近进行爆压时，应事先与运行值班人员取得联系，并应采取防止继电保护误动作的措施。

9 在民房附近爆压时，应事先与房主取得联系，将门窗打开。爆压点距玻璃门窗应大于 50m，不能满足时，应对药包采取缓冲措施。

12.6 导线、避雷线（光缆）升空

12.6.1 导线、避雷线（光缆）升空作业应与紧线作业密切配合并逐根进行；在转角杆塔档内升空作业时，导线、避雷线（光缆）的线弯内角侧不得有人。

12.6.2 升空作业必须使用压线装置，严禁直接用人力压线。

12.6.3 压线滑车应设控制绳，压线钢丝绳回松应缓慢。

12.6.4 升空场地在山沟时，升空的钢丝绳应有足够长度。

12.7 紧线

12.7.1 紧线的准备工作遵守下列规定：

1 应按施工技术措施或作业指导书的规定进行现场布置及选择工器具。

2 杆塔的部件应齐全，螺栓应紧固。

3 紧线杆塔的临时拉线和补强措施以及导线、避雷线（光缆）的临锚准备应设置完毕。

12.7.2 牵引锚桩距紧线杆塔的水平距离应满足安全施工措施的规定；锚桩布置与受力方向一致，并埋设可靠。

12.7.3 紧线前：

1 紧线档内的通信应畅通。

2 埋入地下或临时绑扎的导线、避雷线（光缆）必须挖出或解开；导线、避雷线（光缆）应压接、升空完毕。

3 障碍物以及导线、避雷线（光缆）跳槽等应处理完毕。

4 分裂导线不得相互绞扭。

5 各交叉跨越处的安全措施可靠。

6 冬季施工时，导线、避雷线（光缆）被冻结处应处理完毕。

12.7.4 紧线过程中监护人员：

1 不得站在悬空导线、避雷线（光缆）的垂直下方。

2 不得跨越将离地面的导线或避雷线（光缆）。

3 监视行人不得靠近牵引中的导线或避雷线（光缆）。

4 传递信号必须及时、清晰；不得擅自离岗。

12.7.5 展放余线的人员不得站在线圈内或线弯的内角侧。

12.7.6 紧线应使用卡线器，卡线器的规格必须与线材规格匹配，不得代用。

12.7.7 耐张线夹安装遵守下列规定：

1 高处安装螺栓式线夹时，必须将螺栓装齐拧紧后方可回松牵引绳。

2 高处安装导线、避雷线（光缆）的耐张线夹时，必须采取防止跑线的可靠措施。

3 在杆塔上割断的线头应用绳索放下。

4 地面安装时，导线、避雷线（光缆）的锚固应可靠，锚固工作应由技工担任。

12.7.8 挂线时，当连接金具接近挂线点时应停止牵引，然后作业人员方可从安全位置到挂线点操作。

12.7.9 挂线后应缓慢回松牵引绳，在调整拉线的同时应观察耐张金具串和杆塔的受力变形情况。

12.7.10 分裂导线的锚线作业遵守下列规定：

1 导线在完成地面临锚后应及时在操作塔设置过轮临锚。

2 导线地面临锚和过轮临锚的设置应相互独立，工器具必须按各自能承受全部紧线张力选用。

12.8 附件安装

12.8.1 附件安装前，作业人员必须对专用工具和安全用具进行外观检查，不符合要求者严禁使用。

12.8.2 相邻杆塔不得同时在同相位安装附件，作业点垂直下方不得有人。

12.8.3 双钩紧线器或链条葫芦应挂在横担的施工孔上提升导线；无施工孔时，承力点位置应经计算确定，并在绑扎处衬垫软物。

12.8.4 附件安装时，安全绳应拴在横担主材上，安全带和安全绳或速差自控器不得同时使用；安装间隔棒时，安全带应拴在一根子导线上。

12.8.5 在跨越电力线、铁路、公路或通航河流等的线段杆塔上安装附件时，必须采取防止导线或避雷线（光缆）坠落的措施。

12.8.6 在带电线路上方的导线上测量间隔棒距离时，应使用干燥的绝缘绳，严禁使用带有金属丝的测绳。

12.8.7 拆除多轮放线滑车时，不得直接用人力松放。

12.8.8 使用飞车遵守下列规定：

1 导线张力应事先进行验算，其安全系数不得小于 2.5。

2 作业人员必须熟悉飞车使用安全规定，并经过操作培训。

3 携带重量及行驶速度不得超过铭牌规定。

4 每次使用前应进行检查，飞车的前后活门必须关闭牢靠，刹车装置必须灵活可靠。

5 行驶中遇有接续管时应减速。

6 安装间隔棒时，前后轮应卡死（刹牢）。

7 随车携带的工具和材料应绑扎牢固。

8 导线上有冰霜时应停止使用。

9 飞车越过带电线路时，飞车最下端（包括携带的工具、材料）与电力线的最小安全距离不得小于本部分表 8.0.11 的规定，并设专人监护。

12.9 平衡挂线

12.9.1 平衡挂线应遵守本部分第 12.6 条和第 12.7 条的有关规定。

12.9.2 平衡挂线时，严禁在耐张塔两侧的同相导线上进行其他作业。

12.9.3 待割的导线应在断线点两端事先用绳索绑牢，割断后应通过滑车将导线松落至地面。

12.9.4 高处断线时，作业人员不得站在放线滑车上操作；割断最后一根导线时，应注意防止滑车失稳晃动。

12.9.5 割断后的导线应在当天挂接完毕，不得在高处临锚过夜。

12.10 预防电击

12.10.1 为预防雷电以及临近高压电力线作业时的感应电，必须按安全技术规定装设可靠的接地装置。

12.10.2 装设接地装置遵守下列规定：

1 保安接地线的截面不得小于 $16mm^2$；停电线路的工作接地线的截面不得小于 $25mm^2$。

2 接地线应采用编织软铜线，不得使用其他导线。

3 接地线不得用缠绕法连接，应使用专用夹具，连接应可靠。

4 接地棒宜镀锌，截面不应小于 $16mm^2$，插入地下的深度应大于 0.6m。

5 装设接地线时，必须先接接地端，后接导线或避雷线端；拆除时的顺序相反。

6 挂接地线或拆接地线时必须设监护人；操作人员应使用绝缘棒（绳）、戴绝缘手套，并穿绝缘鞋。

12.10.3 张力放线时的接地遵守下列规定：

1 架线前，施工段内的杆塔必须接好接地体，并确认接地良好。

2 牵引设备和张力设备应可靠接地；操作人员应站在干燥的绝缘垫上并不得与未站在绝缘垫上的人员接触。

3 牵引机及张力机出线端的牵引绳及导线上必须安装接地滑车。

4 跨越不停电线路时，两侧杆塔的放线滑车应接地。

12.10.4 紧线时的接地遵守下列规定：

1 紧线段内的接地装置应完整并接触良好。

2 耐张杆塔挂线前，应用导体将耐张绝缘子串短接。

12.10.5 附件安装时的接地遵守下列规定：

1 附件安装作业区间两端必须装设保安接地线。施工的线路上有高压感应电时，应在作业点两侧加装接地线。

2 作业人员必须在装设保安接地线后，方可进行附件安装。

3 避雷线附件安装前，必须采取接地措施。

4 附件（包括跳线）全部安装完毕后，应保留部分接地线并做好记录，竣工验收后方可拆除。

13 不停电与停电作业

13.1 不停电跨越的一般规定

13.1.1 跨越施工前应由技术负责人按线路施工图中交叉跨越点断面图，对跨越点交叉角度、被跨越不停电电力线路架空地线在交叉点的对地高度、下导线在交叉点的对地高度、导线边线间宽度、地形情况进行复测。根据复测结果，选择跨越施工方案。

13.1.2 复测跨越点断面图时，应考虑环境温度的变化（即复测季节与施工季节的温差）。

13.1.3 跨越不停电电力线路施工，应严格按 DL 409 规定的"电力线路第二种工作票"制度执行。电力线路第二种工作票应由电业生产运行单位签发，并按规定履行手续。施工过程中，施工单位必须设安全监护人，电业生产运行单位必须派员进行现场监护。

13.1.4 跨越不停电电力线，在架线施工前，施工单位应向运行单位书面申请该带电线路"退出重合闸"，待落实后方可进行不停电跨越施工。施工期间发生故障跳闸时，在未取得现场指挥同意前，严禁强行送电。

13.1.5 在跨越档相邻两侧杆塔上的放线滑车均应采取接地保护措施。在跨越施工前，所有接地装置必须安装完毕且与铁塔可靠连接。

13.1.6 起重工具和临时地锚应根据其重要程度将安全系数提高 20%～40%。

13.1.7 在带电体附近作业时，人体与带电体之间的最小安全距离必须符合表 8.0.11 的规定。

13.1.8 临近带电体作业时，上下传递物件必须用绝缘绳索，作业全过程应设专人监护。

13.1.9 绝缘工具必须定期进行绝缘试验，其绝缘性能应符合附录 B.11 的规定；每次使用前应进行外观检查。绝缘绳、网有严重磨损、断股、污秽及受潮时不得使用。

13.1.10 绝缘工具的有效长度不得小于表 13.1.10 的规定。

表 13.1.10　　　　　　　　　绝缘工具的有效长度

工具名称	带电线路电压等级						
	≤10kV	35kV	63kv	110kV	220kV	330kV	500kV
绝缘操作杆（m）	0.7	0.9	1.0	1.3	2.1	3.1	4.0
绝缘承力工具、绝缘绳索（m）	0.4	0.6	0.7	1.0	1.8	2.8	3.7

注：传递用绝缘绳索的有效长度，应按绝缘操作杆的有效长度考虑。

13.1.11 参加跨越不停电线路施工人员应熟悉施工工器具使用方法、使用范围及额定负荷，不得使用不合格的工器具。

13.1.12 跨越施工用绝缘绳、网，在现场应按规格、类别及用途整齐摆放在防水帆布上。

13.1.13 跨越不停电线路架线施工应在良好天气下进行，遇雷电、雨、雪、霜、雾，相对湿度大于85％或5级以上大风时，应停止作业。如施工中遇到上述情况，则应将已展放好的网、绳加以安全保护。

13.1.14 跨越施工完后，应尽快将带电线路上方的封顶网、绳拆除。

13.2 有跨越架不停电架线

13.2.1 跨越架顶面的搭设或拆除，应在被跨越电力线停电后进行。跨越架的搭设应遵守本部分第12.1条的规定。

13.2.2 跨越架的宽度应超出新建线路两边线各2m；在跨越电气化铁路和35kV及以上电力线的跨越架上使用绝缘尼龙绳、绝缘网封顶时，满足如下要求：

1 绝缘绳、网的弛度不得大于2.5m，且距架空避雷线（光缆）的最小净间距不得小于表13.2.2的规定。在雨季施工时应考虑绝缘网受潮后弛度的增加。

2 在多雨季节和空气潮湿情况下，应在封网用承力绳与架体横担连接处采取分流调节保护措施。

3 跨越架架面距被跨电力线路导线之间的最小安全距离在考虑施工期间的最大风偏后不得小于表13.2.2的规定。

表 13.2.2　　　　　　　　　跨越架与带电体的最小安全距离

跨越架部位	被跨越电力线电压等级					
	≤10kV	35kV	66～110kV	220kV	330kV	500kV
架面与导线的水平距离（m）	1.5	1.5	2.0	2.5	5.0	6.0
无避雷线（光缆）时，封顶网（杆）与导线的垂直距离（m）	1.5	1.5	2.0	2.5	4.0	5.0
有避雷线（光缆）时，封顶网（杆）与避雷线（光缆）的垂直距离（m）	0.5	0.5	1.0	1.5	2.6	3.6

13.2.3 跨越电气化铁路时，跨越架与电力线路的最小安全距离，必须满足35kV电压等级的有关规定。

13.2.4 跨越不停电线路时，作业人员不得在跨越架内侧攀登或作业，并严禁从封顶架上通过。

13.2.5 导线、避雷线（光缆）通过跨越架时，应用绝缘绳作引渡；引渡或牵引过程中，架上不得有人。

13.3 无跨越架不停电架线

13.3.1 无跨越架带电跨越电力线施工，必须按DL 409的有关规定执行，并由带电作业专业人员承担。

13.4 停电作业

13.4.1 停电作业前，施工单位技术负责人应根据线路施工设计图中交叉跨越点断面图，会同运行人员对交叉跨越处现场进行实地勘查。核对需停电电力线路的名称、电压等级、跨越处两侧的起止杆塔号、有无分支线及同杆塔架设的多回电力线。根据现场勘查的结果，确定停电作业安全技术措施方案。

13.4.2 施工单位应向运行单位提交书面停电申请（包括工作任务、人员状况和安全措施要求）和施工安全技术措施。经运行单位审查同意后，应由所在运行单位严格按 DL 409 规定签发"电力线路第一种工作票"，并履行工作许可手续。

13.4.3 停电、送电工作必须指定专人负责。严禁采用口头或约时停电、送电。

13.4.4 参加停电作业的人员宜使用近电报警装置。

13.4.5 在未接到停电许可工作命令前，严禁任何人接近带电体。

13.4.6 工作负责人在接到已停电许可工作命令后，必须首先安排人员进行验电；验电必须使用相应电压等级的合格的验电器或绝缘棒。验电时必须戴绝缘手套并逐相进行；验电必须设专人监护。同杆塔架设有多层电力线时，应先验低压，后验高压，先验下层，后验上层。

13.4.7 挂拆工作接地线遵守下列规定：

1 验明线路确无电压后，工作班人员必须立即在作业范围的两端挂工作接地线，同时将三相短路；凡有可能送电到停电线路的分支线也必须挂工作接地线。

2 同杆塔架设有多层电力线时，应先挂低压，后挂高压，先挂下层，后挂上层。工作接地线挂完后，应经工作负责人检查确认后方可开始工作。

3 若有感应电压反映在停电线路上时，应在工作范围内加挂工作接地线。在拆除工作接地线时，应防止感应电触电。

4 在绝缘架空避雷线（光缆）上工作时，也应先将该架空避雷线（光缆）接地。

5 挂工作接地线时，应先接接地端，后接导线、避雷线（光缆）端；接地线连接应可靠，不得缠绕。拆除时的顺序与此相反。

6 装、拆工作接地线时，工作人员应使用绝缘棒或绝缘绳，人体不得碰触接地线。

13.4.8 工作间断或过夜时，作业段内的全部工作接地线必须保留；恢复作业前，必须检查接地线是否完整、可靠。

13.4.9 施工结束后，现场作业负责人必须对现场进行全面检查，待全部作业人员（包括工具、材料）撤离杆塔后方可命令拆除停电线路上的工作接地线；工作接地线一经拆除，该线路即视为带电，严禁任何人再登杆塔进行任何工作。

13.4.10 工作终结后，工作负责人应报告工作许可人，报告的内容如下：工作负责人姓名，该线路上某处（说明起止杆塔号、分支线名称等）工作已经完工，线路改动情况，工作地点所挂的工作接地线已全部拆除，杆塔和线路上已无遗留物，工作人员已全部撤离，可以送电。

14 施工机械及工器具

14.1 一般规定

14.1.1 机具应由了解其性能并熟悉使用知识的人员持证上岗操作。机具应按出厂说明书和铭牌的规定使用。固定式机械设备应随机设安全操作牌。

14.1.2 机具应由专人保养维护，并定期试验；试验标准应符合附录 B.9 的规定。

14.1.3 机具使用前必须进行外观检查，严禁使用变形、破损、有故障等不合格的机具。

14.1.4 有牙口、刃口及转动部分的机具，应装设保护罩或遮栏；转动部分应保持润滑。

14.1.5 机具的各种监测仪表，以及制动器（刹车）、限制器、安全阀、闭锁机构等安全装置必须齐全、完好。

14.1.6 电动机具在运行中不得进行检修或调整。检修、调整或工作中断时，应将其电源断开。严禁在运行中或机械未完全停止的情况下清扫、擦拭、润滑和冷却机械的转动部分。电气设备与电动工器具的转动部分和冷却风扇必须装有保护罩。

14.1.7 自制或改装的机具，必须按 DL/T 875 的规定进行试验，经鉴定合格后方可使用。

14.2 牵引机和张力机

14.2.1 牵引机、张力机进出口与邻塔悬挂点的高差角及与线路中心线的夹角应满足牵引机、张力机的铭牌要求。

14.2.2 使用前应对设备的布置、锚固、接地装置以及机械系统进行全面的检查，并做空载运转试验。

14.2.3 牵引机、张力机严禁超速、超载、超温、超压以及带故障运行。

14.3 小型机具

14.3.1 绞磨和卷扬机应放置平稳，锚固必须可靠，受力前方不得有人。

14.3.2 拉磨尾绳不应少于 2 人，且应位于锚桩后面、绳圈外侧，不得站在绳圈内。

14.3.3 绞磨锚固应有防滑动措施。

14.3.4 绞磨受力时，不得采用松尾绳的方法卸荷。

14.3.5 牵引绳应从卷筒的下方卷入，并排列整齐，缠绕不得少于 5 圈。

14.3.6 机动绞磨及拖拉机绞磨的使用遵守下列规定：

    1 卷筒必须与牵引绳垂直。

    2 拖拉机绞磨两轮胎应在同一水平面上，前后支架应受力。

14.3.7 卷扬机的使用遵守下列规定：

    1 牵引绳在卷筒上应排列整齐，从卷筒下方卷入，余留圈数不得少于 5 圈。

    2 卷扬机未完全停稳时不得换挡或改变转动方向。

    3 不得在转动的卷筒上调整牵引绳位置。

    4 导向滑车应对正卷筒中心。滑车与卷筒的距离：光面卷筒不应小于卷筒长度的 20 倍，有槽卷筒不应小于卷筒长度的 15 倍。

    5 必须有可靠的接地装置。

14.4 工器具

14.4.1 抱杆有下列情况之一者严禁使用：

    1 金属抱杆，整体弯曲超过杆长的 1/600。局部弯曲严重、磕瘪变形、表面腐蚀、裂纹或脱焊。

    2 抱杆脱帽环表面有裂纹、螺纹变形或螺栓缺少。

14.4.2 钢丝绳应具有符合国家标准的产品检验合格证，并按出厂技术数据使用。无技术数据时，应进行单丝破断力试验。

14.4.3 钢丝绳的破断力为单丝破断力的总和乘以换算系数，换算系数见附录 B.1。

14.4.4 钢丝绳的动荷系数、不均衡系数、安全系数分别不得小于附录 B.2、B.3、B.4 的规定。

14.4.5 钢丝绳（套）有下列情况之一者应报废或截除。

    1 钢丝绳在一个节距内的断丝数超过附录 B.5 数值时。

    2 钢丝绳有锈蚀或磨损时，应将附录 B.5 的报废丝数按附录 B.6 折减，并按折减后的断丝数报废。

3 绳芯损坏或绳股挤出、断裂。

4 笼状畸形、严重扭结或弯折。

5 压扁严重，断面缩小。

6 受过火烧或电灼。

14.4.6 钢丝绳端部用绳卡固定连接时，绳卡压板应在钢丝绳主要受力的一边，且绳卡不得正反交叉设置，绳卡间距不应小于钢丝绳直径的 6 倍；绳卡数量应符合附录 B.7 的规定。

14.4.7 插接的环绳或绳套，其插接长度应不小于钢丝绳直径的 15 倍，且不得小于 300mm 接插接的钢丝绳套应做 125% 允许负荷的抽样试验。

14.4.8 按 GB 13308 的规定，滑轮、卷筒的槽底或细腰部直径与钢丝绳直径之比：

1 起重滑车：机械驱动时不应小于 11，人力驱动时不应小于 10。

2 绞磨卷筒不应小于 10。

14.4.9 通过滑车及卷筒的钢丝绳不得有接头；钢绞线不得进入卷筒。

14.4.10 钢丝绳使用后应及时除去污物；每年浸油一次，并存放在通风干燥处。

14.4.11 棕绳（麻绳）作为辅助绳索使用，其允许拉力不得大于 0.98kN/cm² （100kgf/cm²）；用于捆绑或在潮湿状态下使用时应按允许拉力减半计算。霉烂、腐蚀、断股或损伤者不得使用。

14.4.12 滑车的缺陷不得焊补，滑车有以下情况严禁使用：

1 滑车的吊钩或吊环变形、轮缘破损或严重磨损、轴承变形缺损、轴瓦磨损以及滑轮转动不灵者。

2 滑动轴承的壁厚磨损量达到原壁厚的 20%。

3 吊钩口开口超过实际尺寸的 15%。

14.4.13 在受力方向变化较大的场合或在高处使用时应采用吊环式滑车；如采用吊钩式滑车，必须对吊钩采取封口保险措施。

14.4.14 使用开门式滑车时必须将门扣锁好。

14.4.15 滑车组的钢丝绳不得产生扭绞；使用时滑车组两滑车轴心间的距离不得小于表14.4.15 的规定。

表 14.4.15　　　　　　　　　　　滑车组两滑车轴心最小允许距离

滑车起重量（t）	1	5	10～20	32～50
滑车轴心最小允许距离（mm）	700	900	1000	1200

14.4.16 卸扣使用时遵守下列规定：

1 U 形环变形或销子螺纹损坏不得使用。

2 不得横向受力。

3 销子不得扣在能活动的索具内。

4 不得处于吊件的转角处。

5 应按标记规定的负荷使用；无标记时，应按附录 B.8 的规定使用。

14.4.17 链条葫芦的使用遵守下列规定：

1 使用前应检查吊钩、链条、转动装置及刹车装置。

2 吊钩、链轮或倒卡变形，以及链条磨损达直径的 15% 者严禁使用。

3 刹车片严禁沾染油脂。

189

4　起重链不得打扭，并不得拆成单股使用；使用中如发生卡链，应将受力部位封固后方可进行检修。

　　5　手拉链或者扳手的拉动方向应与链槽方向一致，不得斜拉硬搬；操作人员不得站在葫芦正下方。

　　6　不得超负荷使用，不得增人强拉。

　　7　带负荷停留较长时间或过夜时，应将手拉链或扳手绑扎在起重链上，并采取保险措施。

14.4.18　千斤顶使用时遵守下列规定：

　　1　使用前应进行检查。液压千斤顶的安全栓损坏、螺旋千斤顶的螺纹或齿条千斤顶的齿条磨损达到20％时均严禁使用。

　　2　应设置在平整、坚实、完整的支垫上，并与荷重面垂直；顶升时必须掌握重心，防止倾倒。

　　3　不得在无人照料的情况下长时间承重。

　　4　不应加长手柄使用，严禁超载。

　　5　顶升行程不得超过产品规定值或螺杆、齿条高度的3/4。

　　6　千斤顶与重物之间应垫防滑物，顶升时应随起随垫保险垫层。

　　7　液压千斤顶顶升时，安全栓前面不得有人。

　　8　用两台或两台以上千斤顶顶升同一重物时；千斤顶的总起重能力应不小于荷重的2倍；顶升时应由专人指挥，顶升速度、动作及受力应同步、均衡。

　　9　严禁在带负荷的情况下使其突然下降或卸压下降。

14.4.19　导线连接网套的使用遵守下列规定：

　　1　导线穿入网套必须到位；网套夹持导线的长度不得少于导线直径的30倍。

　　2　网套末端应用铁丝绑扎，绑扎不得少于20圈。

14.4.20　双钩紧线器应经常润滑保养。换向爪失灵、螺杆无保险螺丝、表面裂纹或变形等严禁使用。

14.4.21　卡线器应有出厂合格证和使用说明书。自制卡线器应经有关检测部门进行握着力和强度试验合格的方可使用。

14.4.22　卡线器有裂纹、弯曲、转轴不灵活或钳口斜纹磨平等缺陷时严禁使用。

14.4.23　抗弯、旋转连接器有裂纹、弯曲、连接件拆卸不灵活时严禁使用。

14.4.24　钢制地锚的加强筋或拉环的焊接缝有严重变形或有裂纹时必须重新焊接补强。

14.5　安全防护用品、用具

14.5.1　凡无生产厂家、许可证编号、生产日期及国家鉴定合格证书的安全防护用品、用具，严禁采购和使用。

14.5.2　安全防护用品、用具应设专人管理。

14.5.3　安全防护用品、用具不得接触高温、明火、化学腐蚀物及尖锐物体，不得移作他用。

14.5.4　安全防护用品、用具应定期进行试验；试验标准和要求应符合附录B.10的规定。新安全带在使用一年后抽样试验，旧安全带每6个月进行抽样试验。

14.5.5　安全防护用品、用具每次使用前，必须进行外观检查，有下列情况者严禁使用：

　　1　安全带（绳）断股、霉变、虫蛀、损伤或铁环有裂纹、挂钩变形、接口缝线脱开等。

　　2　安全帽高温变形、帽壳破损、缺少帽衬（帽箍、顶衬、后箍）、缺少下颚带等，以及使用年限超过24个月的。

3 安全网严重磨损、断裂、霉变、连接部位松脱等。

4 三脚板的蹬板有伤痕、绳索断股或霉变、钩子裂纹等。

5 脚扣的表面有裂纹、防滑衬层破裂，脚套带不完整或有伤痕等。

6 工作台加工后未经试验或焊接有裂纹等。

7 验电器未经耐压试验、指示灯不亮或无音响等。

8 飞车的部件有损伤、刹车装置失灵等。

14.5.6 竹（木）梯、绳梯使用时遵守下列规定：

1 竹（木）梯与地面夹角以 60°为宜。

2 上下竹（木）梯时不得手持重物；不得两人或两人以上同时在一个梯子上工作；竹（木）梯上有人时严禁移动。

3 绳梯的吊点应固定在牢固的承载物上，注意防火、防磨。

4 绳梯的安全系数不得小于 10，每半年应进行一次荷重试验。

14.6 绝缘工器具

14.6.1 凡新购置或翻新的绝缘绳、网应进行外观检查验收，其内容包括：

1 包装：绝缘绳成卷用塑料袋密封，并置于专用包装内。

2 标注：有品名、型号、质量、长度、出厂时间、厂名、防潮、防高温标志。

14.6.2 外观检查要求：

1 捻合绳各股线之间及各股中的丝线应紧密结合，不得有松散、分股现象。

2 捻合绳各股及各股中丝线均不应有叠痕、凸起、压伤、背股、抽筋等缺陷，不得有错乱交叉的丝线股。

3 接头应单根丝连接，线股不允许有接头，单丝接头应封闭在绳股内部，不得外露。

4 捻合绳及绳中各股线的捻距在其全长内应均匀。

5 成品绝缘绳不得沾染油污及受潮。

14.6.3 凡新加工、购置、翻修的各种绝缘工具、绳，都必须进行机械强度和电气性能试验。其电气性能试验必须在机械性能试验后进行。

14.6.4 绝缘绳的机械强度试验，包括拉伸断裂强度试验及伸长试验（温度 20℃±2℃；相对湿度 63%～67%）。

14.6.5 拉伸断裂强度试验，其破坏强度不得小于额定强度的 5 倍。

15 其他

15.0.1 砍伐通道上的树、竹时，应控制其倾倒方向，不得多人在同一处对向砍伐或在安全距离不足的相邻处砍伐。树、竹倾倒的安全距离应为其高度的 1.2 倍。

15.0.2 上树砍伐应使用安全带，不得攀附脆弱、枯死或尚未砍断的树枝、树木，并应注意蜂窝。

15.0.3 大风、雷雨天气，不得砍剪树枝及上树砍伐。

15.0.4 在茂密的林中或路边砍伐时，应设监护人；树木倾倒前应呼叫警告，砍伐人员应向倾倒的相反方向躲避。

15.0.5 在电力线、通信线或建筑物附近砍伐较大树木时，应事先采取安全措施并设监护人。

15.0.6 砍伐工具在使用前应做检查，砍刀手柄应安装牢固，并备有必要的辅助工具。

15.0.7 在林区砍伐时，严禁野外用火。

15.0.8 在深山密林中施工应防止误踩深沟、陷阱；应穿硬胶底劳保鞋；在路滑或无路情况下，必须慢慢行走，过沟、崖、坑、墙、洞时，应采取防护措施。不得穿越不明深浅的水域和薄冰，同时应随时与其他人员保持联系。施工人员不得单独远离作业场所；作业完毕，施工负责人应清点人数。

15.0.9 在有毒蛇、野兽、毒蜂的地区施工或外出时，应携带必要的保卫器械、防护用具及药品。遇有蜂窝时不得靠近，及时采取防蜂措施。在人烟稀少、有野兽活动的大山区施工时，应采取防范措施。

附 录 A
（规范性附录）
送电施工安全设施标准名称表

A.1 安全标志牌

A.2 安全围栏和临时提示遮栏

A.3 安全自锁器（含配套缆绳）

A.4 速差自控器

A.5 全方位防冲击安全带

A.6 防静电服（屏蔽服）

A.7 验电器

A.8 工作接地线和保安接地线

A.9 绝缘安全网和绝缘绳

A.10 水平绳

A.11 电源配电箱

A.12 下线爬梯

A.13 高处作业平台

附 录 B
（资料性附录）
送电工程常用数据

表 B.1 　　　　　　　　　　　钢丝绳破断力换算系数 K_0

钢丝绳结构	6×7	6×19	6×37	8×19	8×39	18×7
换算系数 K_0	0.88	0.85	0.82	0.85	0.82	0.85

表 B.2 　　　　　　　　　　　　动荷系数 K_1

启动或制动系统的工作方法	K_1
通过滑车组用人力绞车或绞磨牵引	1.1
直接用人力绞车或绞磨牵引	1.2
通过滑车组用机动绞车或绞磨、拖拉机或汽车牵引	1.2
直接用机动绞车或绞磨、拖拉机或汽车牵引	1.3
通过滑车组用制动器控制时的制动系统	1.2
直接用制动器控制时的制动系统	1.2

表 B. 3 　　　　　　　　　　　　　　　　　　　不均衡系数 K_2

可能承受不均衡荷重的起重工具	K_2
用人字抱杆或双抱杆起吊时的各分支抱杆	1.2
起吊门型或大型杆塔结构时的各分支绑固吊索	1.2
通过平衡滑车组相连的两套牵引装置及独立的两套制动装置平行工作时，各装置的起重工具	1.2

表 B. 4 　　　　　　　　　　　　　　　　　　　钢丝绳安全系数 K

序号	工作性质及条件	K
1	用人推绞磨直接或通过滑车组起吊杆塔或收紧导、地线用的牵引绳的磨绳	4.0
2	用机动绞磨、电动卷扬机或拖拉机直接或通过滑车组立杆塔或收紧导、地线用的牵引绳和磨绳	4.5
3	起立杆塔用的吊点固定绳	4.5
4	起立杆塔用的根部制动绳	4.0
5	临时固定用的拉线	3.0
6	作其他起吊及牵引用的牵引绳及吊点固定绳	4.0

注：见 GB/T 5972 的有关规定。

表 B. 5 　　　　　　　　　　　　　　　　　　　钢丝绳报废断丝数

钢丝绳 断丝数 安全系数	钢丝绳结构（GB/T 8918）			
	绳（6×19）		绳（6×37）	
	一个节距中的断丝数			
	交绕	顺绕	交绕	顺绕
＜6	12	6	22	11
6～7	14	7	26	13
＞7	16	8	30	15

注：1. 表中断丝数是指细钢丝，粗钢丝每根相当于 1.7 根细钢丝。
　　2. 一个节距是指每股钢丝绳子缠绕一周的轴向距离。
　　3. 见 GB/T 5972 的有关规定。

表 B. 6 　　　　　　　　　　　　　　　　　　　折减系数

钢丝表面磨损量或锈蚀量（%）	10	15	20	25	30～40	＞40
折减系数（%）	85	75	70	60	50	0

注：见 GB/T 5972 有关规定。

表 B. 7 　　　　　　　　　　　　　　　　　　　钢丝绳端部固定用绳卡的数量

钢丝绳直径（mm）	7～18	19～27	28～37	38～45
绳卡数量（个）	3	4	5	6

注：见 GB/T 5972 有关规定。

表 B.8 **螺纹销直形卸扣允许荷重**

销子直径（mm）	M16	M18	M20	M22	M27	M30	M33	M39	M42	M48	M52	M56	M64	M68
弯环直径（mm）	12	14	16	20	22	24	28	32	36	40	45	48	50	60
开口距（mm）	24	28	32	36	40	45	50	58	64	70	80	90	100	110
适用钢丝绳直径（mm）	9.5	11	13	15.5	17.5	19.5	22.5	26	28.5	31	35	39	43.5	49.5
允许荷重（mm）	900	1250	1750	2100	2750	3500	4500	6000	7500	9500	11000	14000	17500	21000

表 B.9 **主要起重工具试验标准**

名　称	额定载荷的倍率	持荷时间（min）	试验周期
抱杆	1.25	10	每年一次
滑车、绞磨、卷扬机	≥1.25	10	
紧线器、卡线器	2.0	10	
双钩紧线器、拉链葫芦、手扳葫芦	1.25	10	
钢丝绳	2.0	10	
钢丝绳套	2.0	10	
抗弯（旋转）连接器、卸扣、地锚、网套	1.25	10	
其他	≥1.25	10	

表 B.10 **高处作业安全用具试验标准**

名　称	试验静拉力		持续时间（min）	试验周期	备　注
	kN	kgf			
安全带（大带）	2.25	225	5	半年一次	包括航空尼龙带
安全带（小带）	1.5	150	5		包括航空尼龙带
全方位防冲击安全带	2.25	225	5		
安全绳（吊绳）	2.25	225	5		
三脚板	2.25	225	5		
脚扣	1	100	5		脚扣皮带为 0.85kN（85kgf）

表 B.11 **常用电气绝缘工具试验一览表**

序号	名称	电压等级（kV）	周期	交流电压（kV）	时间（min）	泄漏电流（mA）	附注
1	绝缘棒	6～10	一年	44	5		
		35～110		4 倍相电压			
		220		3 倍相电压			
2	验电器	6～10		40	5		
		35		105			
3	绝缘手套	高压	六个月	8	1	≤8	
		低压		2.5			
4	绝缘鞋（靴）	高压		10	1	≤8	
5	绝缘绳	低压		105/0.5m	5	≤7.5	

表 B.12 　　　　　　　　　　　　　　　　　　　风 级 表

风力等级	名称	地面物的征象	相当风速（m/s）
0	无风	静，烟直上	0～0.2
1	软风	烟能表示风向，但风向标不能转动	0.3～1.5
2	轻风	人面感觉有风，树叶微响，风向标能转动	1.6～3.3
3	微风	树叶及微枝摆不息，旌旗展开	3.4～5.4
4	和风	能吹起地面灰尘和纸张，小树枝摆动	5.5～7.9
5	清劲风	有叶的小树摇摆，内湖的水有波	8.0～10.7
6	强风	大树枝摆动，电线呼呼有声，举伞困难	10.8～13.8
7	疾风	全树摇动，迎风步行感觉不便	13.9～17.1
8	大风	微枝折断，人向前行感觉阻力甚大	17.2～20.7
9	烈风	烟囱顶部及屋瓦被吹掉	20.8～24.4
10	狂风	内陆很少出现，可掀起树木或吹毁建筑物	24.5～28.4
11	暴风	陆上很少，有大破坏	28.5～32.6
12	飓风	陆上很少，很大规模的破坏	＞32.6

电力建设安全工作规程
第 2 部分：架空电力线路

条　文　说　明

目　次

前　言

原电力工业部颁发的电力行业标准 DL 5009.2—1994《电力建设安全工作规程（架空电力线路部分）》自执行以来，为电力建设的安全施工、确保电建职工的安全与健康起到了积极作用。但是随着新技术、新工艺、新设备、新材料的发展，原标准的部分内容已不适用或已被淘汰。为了在加入 WTO 后，电力建设安全工作规程（架空电力线路部分）与国际惯例接轨，根据原国家电力公司电网建设部网络函〔2001〕41 号《关于组织〈电力建设安全工作规程（架空电力线路部分）〉修订工作的函》的委托，由中国电机工程学会电力建设安全技术分委会，负责完成此项修订工作，并组建了安规修编小组。

本部分修订原则如下：

1. 要达到先进性和实用性，要适应电力建设和国际结合接轨。

2. 落后的、不适用的，但可能个别的还在用的，不迁就落后，一律删除。

3. 部分安全设施要纳入"新规程"，但在严格程度上，用词有所区分。

4. 补充文明施工的要求。

5. "规程"只涉及安全文明施工，不作施工人员、初级工的技术培训教材。

6. 尽量按工序顺序来写。

本部分的结构和编写规则按 GB/T 1.1—2000《标准化工作导则第重部分：标准的结构和编写规则》要求编写的。

中国电机工程学会电力建设安全技术分委会分别于 2002 年 6 月在福州召开各送变电施工企业安监处长（讨论稿）的讨论会，于 2002 年 12 月在北京召开（送审稿）的讨论会，于 2003 年 3 月在昆明召开（报批稿）的讨论会，同年 11 月在南宁修编小组进行了最后修改。总的来说这次修订做了较大的删改与增容。原条款总计为 388 条，修订后为 445 条，其中删除 8 条，新增 65 条。删除部分不予解释。

为了便于工程建设、施工、监理、设计等单位的有关人员在使用本部分时能正确理解和执行条文规定，修编小组按章、节、条顺序编写了本部分的条文说明，供使用者参考。在使用中如发现本部分或本条文说明有不妥之处，请将意见函寄：郑州市嵩山南路 85 号科技交流中心 718 室中国电机工程学会电力建设安全技术分委会姚士东（邮编 450052）。

电力建设安全工作规程
第 2 部分：架空电力线路

1 范围

本章强调了架空电力线路施工过程中的确保施工人员生命安全和身体健康应遵守的安全施工、文明施工的要求，并将适用范围扩大到新建、改建、扩建的 110～500kV 架空电力线路；参照范围扩大到 35～63kV 及 750kV 架空电力线路。

2 规范性引用文件

本章按 GB/T 1.1—2000《标准工作导则 第 1 部分：标准的结构和编写规则》要求编写的。本章引用的规范性文件均为后面节、条、款编写的依据。本章引用的规范性文件均不注明日期，表明最新版本均适用于本部分。

3 基本规定

3.0.1 本条规定根据《电力建设安全健康与环境管理工作规定》中建设监理和设计单位均有各自的安全职责，因此他们也应熟悉和遵守本部分，并突出了工程设计人员从设计角度为安全施工创造条件的重要作用。

3.0.2 特种作业工程按原国家经贸委第 13 号令（1999 年《特种作业人员安全技术培训考核管理办法》）的有关要求修改的。"有关部门"指的是国家规定的政府或施工企业主管部门或施工企业相关部门，持证上岗其含义也包含了证件必须有效。

3.0.3 "新入厂人员"还涵盖了临时工、协议工、实习人员以及聘用其他人员等。施工人员涵盖了民工。

3.0.4 "自制工器具"指企业自己制造的工器具且无生产许可证和合格证的。

3.0.5 "审批人"指安全措施最终的批准人。按照《电力建设安全健康与环境管理工作规定》中各类施工项目的安全措施最终批准人的规定以及企业在这基础上的补充规定，可以是公司总工程师或分公司（工程处）专责（主任）工程师，也可是项目部总工程师。

3.0.7 "不得以已组立好或运行的杆塔作锚桩"指自己或其他单位已经组立好的杆塔或运行的杆塔或运行的变电站构支架作锚桩。但不包括本工程施工以自身杆塔作锚桩。

3.0.17 "送电安全设施标准"指本部分附录 A。

4 材料、设备的存放和保管

4.0.3 "临时设施"指临时租赁或搭建的仓库、工地及材料站建筑物等。

4.0.6 "有毒有害物品"指电力脂、油漆等。

    3 "醒目处"指存放处以外的醒目的地方。

5 文明施工

本章根据电力工业部〔1995〕543 号《电力建设文明施工及考核办法》，结合送变电施工现场的特点而编写的。

5.1.1 施工组织设计中必须有施工承包商（施工企业）安全、文明施工内容和要求，其中包括对分包单位（包工队）的安全文明施工要求。

5.1.2 "现场"指项目部、班组、施工现场所在地。

5.1.7 "有关规定"指有制度、责任人、整洁卫生，有炊事员健康合格证，饮用水合格以及卫生设施等。

5.1.8 施工现场应有事故预防措施以及事故应急预案和设施。

5.2.5 "三违"指违章作业、违章指挥、违反劳动纪律。

5.2.10 "环境整洁"除地面环境整洁外，高处也应整洁，并具备带电投产条件。

7 防火防爆

7.2.1 "企业有关部门"指施工企业内部的主管部门。

7.2.6 "内壁有防震软垫的专用箱"指公安部门指定的专用箱。

8 高处作业及交叉作业

8.0.2 应每年进行一次体检的鉴定单位指县级医院或相当于县级医务部门，如施工企业自己医务所（医院）。

8.0.4 "全方位防冲击安全带"可以完整使用，也可组合使用。

8.0.5 "高塔"指全高为80m及以上的杆塔。

8.0.11 "倒杆距离"指自杆塔最边缘至杆塔全高加上表8.0.11最小安全距离。

9 工地起重和运输

9.1.9

　　1 "有关规定"指施工现场所在地的交通管理部门的规定。

10 基础工程

10.1.2 "专人监护"指有关管理部门派员监护。

10.1.11 表10.1.11中"硬黏土"指坚土或次坚土。

10.4.5 "制动并锲牢"指轨道式的打桩机。

11 杆塔工程

11.1.1 "其他措施"指对障碍物一时清除不了，应采取对障碍物临时保护措施和保护施工人员安全的措施。

11.1.7 杆塔组立过程中，为了组立方便或安全，对组立杆塔的工器具或设备而设置的加固绳和临时拉线必须是钢丝绳。

11.1.15 组立220kV（包括220kV）以上的杆塔，原则上来说不能使用木抱杆。木抱杆是我们过去电网建设初级阶段广泛使用的简陋设备，随着高电压电网迅速发展，用木抱杆组杆塔所发生的事故日益增多，且至今对木抱杆可靠性和安全性无科学的检测方法和手段，全凭外观和经验的判断。

11.1.21 塔组完抱杆降至地面，在塔身内拆除时应有防止抱杆自由倾倒措施，且所有拆除某一段时必须仅拆除此段的连接螺栓，严禁全拧松连接螺栓，然后分段拆除。

11.4.2 在山地地面组装时，塔材不得顺斜坡横向堆放，以防塔材下滑伤人。

11.5.8

3 "塔中控制绳应随起吊件上升适当放出"指随着塔件起吊高度和位置，应随时将塔中控制大绳放松到既不使塔片在塔身上受阻又使塔片最靠近塔身，即使抱杆受力系统处于最佳状态，不使塔片控制大绳受较大的力。

11.6.3 立塔指挥人员不得站在受力的总牵引地锚的前方或主牵引绳转向滑车的内侧位置进行指挥，以防锚桩上拔伤及指挥人员。

11.6.16 严禁无施工措施整体拆除旧塔，严禁在塔上有导、地线情况下拆除旧塔，以防野蛮施工。

11.7.9 "封固"必须用符合要求的绳卡按本部分表 B.7 规定将临时拉线和提升系统封牢。

11.7.10 "固定尾绳"指将操作拉线和保险拉线的尾绳应用符合要求的绳卡，并按本部分表 B.7 规定封死。这里所说"符合要求"见表 1。

表 1　　　　　　　　绳卡（骑马式绳夹）技术规程（GB 5976—1986）　　　　　　mm

使用钢丝绳直径	绳卡两杆距离	绳卡高度	螺母内径
8	17.0	41	M8
10	21.0	51	M10
12	25.0	62	M12
14	29.0	72	M14
16	31.0	77	M14
18	35.0	87	M16

12　架线工程

12.1.1

1 "施工技术部门"指公司二级单位或项目部的技术部门。

8 "使用单位"指项目部。

12.1.2 "金属格构式跨越架"指已定型的金属格构式跨越架产品。

1 当搭设分离式（三个独立的）跨越架时，跨越架中心应与每相导线中心垂直投影点重合。

12.1.3

4 "青嫩"指尚未长结实的嫩竹；"枯黄"指已老化的朽竹。

12.2 特殊跨越定义是根据 DL 5106《跨越电力线路架线施工规程》，结合近年来送电线路施工的新情况、新特点而划定的。

12.2.2 "规定"指施工企业、业主、建设单位或监理单位的规定；"相关方"指主业、建设单位、监理单位或运行（产权）单位。

12.2.4 "本单位"指施工企业或项目部。

12.4.10 严禁展放的导引绳事先未采取安全、可靠的措施从带电线路下方穿过，一般情况下应做到停电后穿过，非张力放线也应遵循此原则。

12.5.3

7 "雷管、炸药爆轰"指雷管开口端和爆轰波起点即雷管与炸药连接点。

12.7.7

2 也包含了导线、避雷线（光缆）划印后开断前必须采取防止跑线的可靠措施的内容。

12.10.5

1 "应在作业点两侧加装接地线"指某一作业点导体的前后侧加装接地线。

13 不停电与停电作业

13.1.3 "电业生产运行单位必须派员进行现场监护"指运行单位应该派员协助和监督施工单位。

13.1.4 "施工期间发生故障跳闸时，在未取得现场指挥同意前，严禁强行送电"指未排除故障和未经现场指挥确认前，严禁任何人通知运行单位强行送电。

13.1.9 "绝缘绳、网有严重磨损、断股、污秽及受潮时不得使用"中的"受潮"指未使用前的受潮。

13.2.2

2 "分配调节保护措施"指绝缘网末端每一个节点应分几处绑扎在架体横担处，且可随时调节。

13.4.4 "近电报警装置"指电力系统内部使用成熟的手戴式报警装置等。

13.4.10 "工作许可人"指运行单位负责停送电工作的许可人。

14 施工机械及工器具

14.4.12 "滑车的缺陷"中的缺陷指滑车的本体，不包括开门式滑车的门销子。

附 录 B

（资料性附录）

送电工程常用数据

B.5 钢丝绳报废断丝数中"交绕"指钢丝绕成股和股捻成绳的方向相反，"顺绕"指钢丝绕成股和股捻绳的方向相同。

电力工程勘测安全技术规程

DL 5334—2006

电力建设卷（上册）

目　　次

前　　言

本标准是根据《国家发展改革委办公厅关于印发 2005 年行业标准项目计划的通知》（发改办工业〔2005〕739 号）安排制定的。

本标准的第 3.0.5 条、第 3.0.8 条第 3 项、第 4.0.4 条、第 9.2.4 条、第 9.3.4 条、第 11.1.3 条、第 11.2.1 条、第 14.0.1 条、第 14.0.2 条、第 15 章为强制性的；其余为推荐性的。

本标准由中国电力企业联合会提出。

本标准由电力行业电力规划设计标准化技术委员会归口并解释。

本标准主要起草单位：东北电力设计院。

本标准参加起草单位：西北电力设计院、华东电力设计院、广西电力工业勘察设计研究院、山西省电力勘测设计院。

本标准主要起草人：李剑波、张大明、江国栋、黄漱楝、康学毅、邬大伟、张希宏、钱达、梁雪芬、杨斌、刘伦权、李党民、孙绚、邓亦难、王田晓。

电力工程勘测安全技术规程

1 范围

本标准规定了电力工程勘测安全技术的基本要求。

本标准适用于电力工程勘测设计工作。

2 规范性引用文件

下列文件中的条款通过本标准的引用而成为本标准的条款。凡是注日期的引用文件，其随后所有的修改单（不包括勘误的内容）或修订版均不适用于本标准，然而，鼓励根据本标准达成协议的各方研究是否可使用这些文件的最新版本。凡是不注日期的引用文件，其最新版本适用于本标准。

GB 2494　磨具安全规程

GB 3883.1　手持式电动工具的安全　第一部分：通用要求

GB 3883.12　手持式电动工具的安全　第二部分：混凝土振动器（插入式振动器）的专用要求

GB 4053.2　固定式钢斜梯

GB 4053.3　固定式工业保护栏杆

GB 4674　磨削机械安全规程

GB 5749　生活饮用水卫生标准

GB 5972　起重机械用钢丝绳检验和报废实用规范

GB 6067　起重机械安全规程

GB 6722　爆破安全规程

GB 7059.1　移动式木直梯安全标准

GB 7059.2　移动式木折梯安全标准

GB 7059.3　移动式轻金属折梯安全标准

GB 9448　焊接与切割安全

JGJ 46　现场临时用电安全技术规范

3 基本规定

3.0.1　电力工程在勘测工作中的各个环节，必须将安全工作列入其中。

3.0.2　各勘测单位应设安全生产管理机构，并建立健全安全生产的规章制度；人员应有注册安全工程师；各生产部门应设专职或兼职安全员。各级行政正职应是本级安全生产的第一责任者；各工作岗位人员是本岗的直接责任人。

3.0.3　各单位要加强安全生产的宣传、教育、检查、防范等工作，应有安全教育、检查记录，应制定安全生产奖罚办法。

3.0.4　编制勘测大纲时，应制定保证安全生产的技术措施。

3.0.5　工程勘测现场应设专职或兼职安全员；工程施工现场应设专职安全员，特种作业人员必须持证上岗。

3.0.6 初次上岗职工，必须进行"三级安全教育"后才能上岗。雇用临时工，应进行适当的安全技术培训和安全教育后才能上岗。不应雇用残疾人员从事野外勘测工作。

3.0.7 职工伤亡事故的调查、处理及报告应符合我国行政管理部门的相关规定。

3.0.8 勘测人员应遵照执行下列要求：

1 勘测作业人员，必须遵章守纪、集中精力，不应擅离职守，严禁冒险作业。

2 患有突发性危险疾病的人员，不宜从事对其有较大危险的工作。

3 进入勘测现场（钻探、坑探、槽探、测试、爆破、岩土工程施工、坑道和隧洞测量、施工现场测量等）必须戴安全帽，并按规定穿戴防护用品。

4 高处作业时，必须系安全带，安全带必须高挂或平挂。工具、部件不得抛扔。

5 夜间作业时，应有良好的照明，应使用符合安全要求的手提灯。

6 进入坑道、隧洞和钻探、槽探作业前，发现易燃、易爆气体，应采取相应安全措施。

7 雷雨及五级以上大风天气，不应从事野外作业、高处作业、水上作业和起吊作业。雷雨天必须作业时，应有防雷装置。

8 在森林、草原、沙漠、戈壁、岩溶洞穴和荒无人烟等恶劣环境进行勘测时，应备有交通工具和通信设备，不应单人作业。

9 在沼泽、河流、湖泊和山区勘测时，应事前查明情况，不应盲目作业。

10 在草原、林区及一切禁止烟火的地区勘测时，应按当地规定采取防火措施。

11 多专业交叉作业时，应有专人组织指挥。

12 勘测、试验、施工现场的危险区应设安全警示标志和防护设施，夜间应设红灯。

13 各种勘测机具，使用前应检查其性能和安全保护设施。工作中应定期检查运行情况，发现异常应及时处理。

14 运行中的机械不应擦洗、拆卸、修理及更换部件。各种用电设备，不应带电维修、移动和联络。

15 使用手锤、大锤、锹、镐等工具把柄必须安装牢固，打锤时不应戴手套。

16 现场作业时，必须满足安全作业环境。工作结束后，应将遗留物和废弃物妥善处理，不得危及人、畜、车辆的安全。

17 在陌生地区进行勘测时，应考虑当地是否有地方病，以便采取对策预防。

4 工程测量

4.0.1 进入发电厂的开关场、变电所及变电站进行测量时，应有发电厂和变电站的专业人员监护，测量人员应听从指挥。

4.0.2 在山区测量，应配备防蚊虫、蛇咬的药，遇有悬崖陡壁，应绕道而行，不应强行攀登。

4.0.3 在坑道、隧洞测量，遇有通风或照明不良、积水和塌方危险时应停止作业。

4.0.4 在输、配电线路附近作业时，使用塔尺（花杆）、角架时，必须保证对带电物的安全距离。

4.0.5 打桩、刨坑、砍伐树木时，严禁在危险区内站人或进行其他作业。

4.0.6 上觇标前应检查阶梯、觇标架，确认安全后方可攀登作业。

4.0.7 地下管沟（管线）测量时，应了解管沟（管线）布置走向、种类。在开挖时应请有关方面配合，有触电、着火、爆炸、塌方危险时应停止作业。

4.0.8 在公路、铁路上测量时，应严格遵守相关交通规则，采取必要的安全措施并设置明显测量标志。

4.0.9 水上或冰上测量应遵守本标准第 11 章的规定。

5 测试与物探

5.1 测试与试验

5.1.1 静力载荷试验：

1 试坑深度大于 1m 时，应设置梯状通道，深度大于 2m 时，坑壁应有防护措施。

2 各种反力装置必须经过验算，承重能力不小于最大荷载的 1.5～2 倍。当桩的竖向静载荷试验采用锚桩作反力时，应验算钢筋的抗拉强度。安装和焊接必须牢固稳妥。

3 在试坑内进行操作时，应有相应的安全活动范围。

4 反力装置所采用的重物，外形应规则，摆放应均衡且重心低，宜呈梯形。加荷时严禁其他人员靠近或进入承载场地。

5 大型静载试验主梁与副梁安装必须对称、水平，反力承台不宜过高。加荷时，试验人员不得进入承台开展其他工作。压力加至高吨位时，应密切注意大梁及钢筋的变形情况，如有出现大梁严重变形、倾斜或钢筋变细、拉断等情况应该立即终止试验。

6 使用起重设备进行重物装卸和搬运的安全技术应遵守 GB/T 6067 的规定。

7 试验场地应配备消防器材，当采用液压传力系统时，应配备油着火时的灭火专用器材。

8 冬季进行试验应采取液压油及油管的防冻措施，并做好防火、防煤气中毒工作。

9 水平推移试验时，加、卸荷时应设专人观测反力系统（千斤顶、立柱、传感器、钢板等）的稳定情况，出现顶偏、顶斜等异常情况应及时处理。

10 在试验场地进行焊接和切割的安全技术应遵守 GB 9448 的规定。

5.1.2 地基土对混凝土板的抗滑试验：

1 试验用的钢丝绳、滑轮、三角架锚座等牵引及导向设备必须牢固、性能良好，应有足够的强度。钢丝绳的抗拉强度应大于设计拉力的 1.5～2 倍。

2 加荷时，荷重台下方严禁有人，荷重台倒塌范围内不得有人逗留或通过。

3 加、卸荷操作应平稳、缓慢，并有专人指挥。

4 设备、重物的吊装和搬运工作的安全应遵守本标准第 13 章中的规定。

5.1.3 静力触探试验和十字板剪切试验：

1 加压系统主机的性能必须安全可靠，传动部分应有保护装置。主机竖立时，施力应均衡协调，采用拖拉式触探主机，拖拉杆倾倒一侧不得有人。

2 使用拧锚机时，必须在准备工作就绪后，方可启动。

3 使用电缆线必须保持绝缘良好，试验中电缆应放在安全处，现场用电安全技术应遵守本标准第 16 章的规定。

4 接通电源后，操作人员不得离开现场。

5 采用机械传动触探机进行主机启动和升降时，必须注意孔口作业的安全。

6 水上作业的安全技术应遵守本标准 11.1 的规定。

5.1.4 旁压试验：

1　必须采用合格的氮气瓶储存高压气源，使用时应直立放置稳固，并有专人负责操作。

2　氮气瓶在搬迁、运输中必须轻装轻放、放置稳妥。

3　试验中必须检查氮气瓶快速接头、高压阀和有关连接部分有无松动、漏气和配件损坏等，如有应及时更换。

4　旁压试验的钻探安全技术应遵守本标准6.1的规定。

5.1.5　动力触探和标准贯入试验：

1　本测试前的钻探安全技术应遵守本标准6.1的规定。

2　在向孔内安装和拆卸测试设备及测试时，严禁身体任何部位置于测试设备下方。

3　起吊测试锤时，应检查销钉是否销锁好。

4　测试中操作人员应随时注意钢丝绳、触探杆等的连接情况，如有松动应立即暂停试验。

5　测试中严禁用手接触导向杆、锤打垫、落锤和自动脱钩等部位。

6　在未进行测试时，不得起吊试验锤；严禁用试验锤处理孔内事故。测试结束后，应立即拆除试验装置。

5.1.6　桩的动力检测：

1　进行高应变检测，试验人员必须遵守打桩施工现场的安全生产规定。

2　禁止与测试无关的人员进入现场。

3　重锤的起吊、装卸和搬运的安全技术应遵守GB 6067的规定。

4　采用高压电极水中放电脉冲时，人员不得触及水面和电极。

5　整平桩头时，应注意锤凿作业的安全。

6　在重锤起吊过程中应有专业技术人员指挥吊车，起重半径内严禁有人。采集仪器与被检测桩之间距离应在10～15m。

7　每一锤敲击之后应先确认重锤是否平稳放在桩头上，否则应将重锤放稳后，方可下试坑拧紧各传感器的固定螺丝。

8　试验现场用电的安全技术应遵守本标准第16章的规定。

5.1.7　波速试验：

1　采用敲击振源，人员应站在锤击方向两侧。

2　采用电火花振源，在未下井就位前，不得触及电火花启动开关。

3　采用爆炸震源电雷管引爆时，其安全技术应遵守GB 6722的规定。

4　采用钻孔标准贯入试验的落锤方式激振时，安全技术应遵守本标准6.1的规定。

5.2　工程物探

5.2.1　物探仪器：

1　仪器设备应由具有经验的专业人员保管。

2　暂时不使用的仪器，应取出电池并擦拭干净；各种开关、旋钮应置于安全位置及干燥通风处。长期不使用的仪器应定期供电烘干。

3　对于采用内置充电电池供电的仪器，长期不使用时，应定期对仪器进行充电保养。

4　仪器应进行定期检查，检查结果应如实登记，并由检查人员签字。

5　操作人员必须熟悉仪器设备性能，并应严格按照仪器使用说明书或操作手册的规定进行。

6　对所有仪器设备应保持完整、清洁、干燥。安置仪器时应安全、稳妥、可靠，各部件工作运转正常、标记明确。仪器不得在野外拆开。

7 仪器从领用到移交，由领用人完全负责，其他人不得随意动用。仪器交接时，交接双方必须检查各项指标，填入使用簿，并由双方签字。

8 观测时操作人员不应擅离岗位。如急需离开时，应断开电源，关闭仪器，并指定专人看管。

9 仪器设备运输前应进行妥善包装，包装箱内要有防震设施，箱外应注明"防潮、防震、勿倒置"等字样或警示符号。使用汽车长途运输仪器设备时应放置平稳并用绳索等固定牢靠，车速不宜过快。不宜托运的仪器和部件应派专人携带。

5.2.2 电法勘探：

1 电法勘探不得用大锤猛力敲打铁电极或铜电极，电极头部出现开裂时，应及时整平。

2 在潮湿地区工作或工作电压超过安全电压时，电源部位应用橡胶垫板使其与大地绝缘，工作人员应穿绝缘鞋、戴绝缘手套，非工作人员不得靠近带电设备，跑极人员应保持警戒。

3 供电导线穿过居民区或道路时，应有预防压坏、压断等的安全措施。放线时，严禁大力拖拉导线。

5.2.3 地震勘探的爆破安全应遵守本标准第 15 章的规定。

6 工程地质

6.1 钻探

6.1.1 钻探设备出入库时，应进行全面检查、必要时应开机检验。

6.1.2 设备、器材的搬运、装卸、运输应符合本标准第 13 章的规定。

6.1.3 修筑现场临时道路。路面、路宽、路基、弯道、坡度应能使车辆安全通过。道路跨越河流时，宜选择公共通行的渡口。修建临时过河道路时，应查明河床、水流状况，采取相应的措施（修桥、船渡、修筑河底漫水路等），不应盲目涉水过河。经常通行的危险路段，应有安全防护措施和专人看护。

6.1.4 平整场地和修筑地基：

1 在陡坡悬崖处平整场地，必须清除上方斜坡的松动的石块，并设有防护围栏。作业时坡下不应有人。

2 平整地盘时，应有防洪排水措施。

3 钻场位于斜坡上时，填方部分不得大于地基面积的 1/3 或者采用桁架式钻场。

6.1.5 设备安装与拆卸：

1 钻塔、桅杆的安装及拆卸：

1）竖立和拆卸钻塔、桅杆时，应设专人指挥，起落及倾倒范围内不得有人。

2）使用升降机整体起落钻塔、桅杆时，起落前应检查升降装置、起落机构，各部件必须灵活可靠，竖立前先行试拉检查无误后再平稳到位。

3）螺栓及工具应放在工具袋内；工具不应上下抛扔；上下钻塔、桅杆时手中不应提拿物件。

4）严禁在空间上下两层同时作业，在同一工作台上不应超过三人。

5）各部位的塔材、拉杆、螺栓等不应少装或改装。

6）A 形钻塔（架）地面组装后，应检查各部件装配和螺栓紧固情况，竖立后在未紧固支撑螺栓、拉紧绷绳前，严禁上塔作业。

7）木制三脚钻塔（架），应选择坚而直的松、杉木料，穿钉孔上下应加固。起落时应保持双脚对称趋势，并控制自滑。

8）分节起落的桅杆应按程序安装，拆卸各步骤的动作必须准确到位，桅杆放落后必须紧固锁销。

9）禁止在缺少足够照明的夜间拆建钻塔（架）。遇五级以上的大风、大雷雨、雪雾天气时，禁止进行拆卸、安装工作。

2　钻机及附属设备的安装：

1）机械设备必须安装平正、稳固，各相应的传动部件必须对正。

2）各种仪表、指示器必须完好、齐备，各种安全阀门必须动作灵活、可靠。

3）钻探现场用电，电线应绝缘良好，架设在安全高度，避免摩擦；电源开关箱应标明开关使用部位，断电检修时应挂"禁止合闸"标志。

4）塔上工作时应安装工作台，并设防护栏杆；上下钻塔时必须备有梯子。防护栏杆应符合 GB 4053.3 的规定。梯子应符合 GB 4053.2 或 GB 7059.1 的规定。

5）座式天车应装安全档板，吊式天车应装安全保险绳。

6.1.6　钻进：

1　一般规定：

1）开钻前必须认真检查钻场的安全设施和钻机等设备。

2）钻进前应查清孔位下气管路、水管路、电缆等埋设物。

3）班组人数不足或技工不够时不应开钻，不应用未经培训考核合格的临时工从事钻探操作工作。

4）运行机械的外壳、防护罩等部位，严禁坐、靠、踏、攀登；运行中的皮带严禁跨越，挂传动皮带及上蜡不得戴手套。

5）当桅杆上有人工作时，不得移动钻机。移孔位时必须放落桅杆。

6）不应在输电线路下方钻孔。

7）钢丝绳检查与使用应符合 GB 5972 的规定。

8）钻具不应长时间悬空吊挂，在井口竖立时必须落地并刹紧制动。

2　冲击钻进：

1）冲击钻进时，应经常检查各部件运行情况，发现异常应及时处理。

2）气动冲击钻进时，不得向孔内探视。

3）冲击跟管钻进，孔口工作人员应面向司钻；移动木钳时，应有专人把扶，不得滑落；拧卸套管时，木钳不得放手自由旋转。

4）小型冲击钻机，钻具悬吊更换钻头或取土器时，必须刹紧卷扬并放下棘爪，下降钻具时手离开钻头底部，脚应离开其下落范围，使用黏土钻头时手指不得放入导向管内。

3　回转钻进：

1）水龙头转动应灵活，不漏水。送水管应采取防缠绕措施，严禁开钻时用人把扶。

2）松、紧卡盘螺丝，必须切断动力，待卡盘停止回转后方能进行，确认扳手脱离后方能开钻。

3）回转器上站人工作时，必须切断动力。

4）气举正循环钻进时，不得向孔内探视。

5）使用手把给进钻机，应侧身操作给进把，严禁将给进把翻转反向加压，钻进时给进把翻转范围内不应有人。

6）操作人员应经常观察水泵压力表及送水胶管状态。

7）用火碱调制泥浆时，应戴防护手套和防护眼镜。

8）量机上余尺时，不得使量尺接触回转器。

4 升降钻具：

1）起落钻具时必须引送，升降时严禁挂撞，不得触摸钢丝绳。

2）卷筒上钢丝绳应排列有序，钢丝绳余量不得小于 3 圈。

3）摘挂提引器时，必须在停止升降后进行，并应避开钢丝绳的回弹范围。

4）必须在钻具停稳后方可抽、插垫叉，不应用手扶垫叉底部。

5）钻具出孔后，手脚应离开钻头底部和岩芯下落范围。

6）使用拧管机拧卸钻杆时，分动离合必须灵活，卡方或垫叉未放平稳时不应开机拧管，拧管机未停止转动时不应提升钻具。

7）用人力拧卸丝扣过紧的钻杆，要切断拧管机动力，人员应站在板叉（或钻杆钳）回弹范围之外。

8）使用切口提引器，必须使保护套环落底，提放倾斜钻具时应使切口朝下。

9）使用提引钩时，应设有防止钻具脱钩的装置。

10）使用手摇绞车时，应设有防止逆转的棘轮棘爪，操作人员应密切配合。

11）使用冲击钻机，不应用复滑车。

12）使用补心式回转钻机，必须待钻具停止回转后方可提升。

13）升降时发生跑钻，严禁抢插垫叉和抢抱钻具。

6.1.7 处理孔内事故：

1 处理孔内事故前，应检查升降系统的各部件，特别是钢丝绳、天车、提引工具等必须安全可靠。

2 用升降机起拔事故钻具时，操作人员应避开钢丝绳折断回弹范围，其他人站在安全位置，塔上不应有人。

3 严禁超负荷强力提升。

4 使用手动葫芦或滑轮组时，应有安全保险绳。

5 使用吊锤时，应检查表面是否有裂痕、连接链是否牢固；在锤打前应拧紧钻杆丝扣和打箍；吊锤吊起时，不得用手对吊锤至打箍之间的钻杆进行拧紧或把持。

6 使用千斤顶时，必须绑牢千斤顶帽、卡瓦及事故钻具，回落时不得用升降机提吊。

7 反钻杆时，应使用反管器，不宜使用各种钻杆钳子，扳杠反侧严禁站人。

6.1.8 承压水地区钻探时，在钻穿承压含水层顶板前应做好井孔涌水的防备工作。钻高温承压水层还应采取防烫伤措施。

6.1.9 钻孔完成全部地质工作后，应及时回填，必要时应夯实。

6.2 坑探、槽探及地质调查

6.2.1 坑探、槽探：

1 探坑、探槽不得采用底部挖空法掘进，挖掘中松动的石块应及时清理。

2 发现地下设施或埋藏物应立即停止工作，报告有关部门。

3 采用爆破掘进时，应符合 GB 6722 的规定。

4 山坡地段作业，应向下坡方向出土，上坡地面不得堆放土石和工具。

5 雨天应停止坑探、槽探工作，雨后继续工作时，应检查原作业面的稳定情况。

6 坑探作业除执行上述规定外，尚应参照本标准 8.5.2 的规定。

7 坑探、槽探全部工作结束后，应及时回填坑、槽，在未填实前应有警示标志及夜间警示灯。

6.2.2 地质调查：

1 在岩溶洞穴、人工洞穴、旧巷道进行地质调查时，应备有交通、通信、照明、防毒面具、氧气袋等设备和必要的急救药品。

2 在陡峭山地进行地质调查时，应注意滚石滑落，不得上下同时攀登。

3 岩溶洞穴的洞壁，不得冒然攀爬，必要时应备有攀登设施。

7 水文地质

7.1 钻探

水文地质和施工降水钻探安全技术应遵守本标准 6.1 的规定。

7.2 成井

7.2.1 成井：

1 井口井壁必须牢固，必要时应下护孔管。

2 大口径井口设备必须安放在坚实的基座上，井口地面必须有防滑设施，应选用有经验的人员从事井口作业。

3 严禁其他无关人员进入现场作业区。

4 使用泥浆护壁的井孔，下管前稀释泥浆时应考虑到井孔井壁必须安全及下管工作的顺利进行；同时应将排出的泥浆尽可能进行环保处理。

7.2.2 下管：

1 起吊井管的重量不得超过起吊设备额定的起重量。

2 下管前检查起吊所使用的钢丝绳、钢丝卡及其连接部位应牢固可靠，不得使用有断股的钢丝绳，严禁使用其他绳索代替。

3 井管起落应有人引送，起落范围内不得有人。

4 使用铁夹板提吊下管时，夹板上应设有钢丝绳槽，加持方向应水平，连接应牢固。

5 使用销栓提吊下管时，销栓必须要有足够的强度，并设有防滑措施。

6 采用螺纹提管器下管时，螺纹连接必须紧密可靠。

7 使用浮力塞（板）时应与井管结合牢固密闭，提吊及下管过程中严禁向孔内探视。

8 续接井管时（螺纹连接或焊接）顶部提引器不得脱离。

7.2.3 洗井：

1 采用空压机洗井时，贮气罐安全阀必须灵活可靠，管路必须畅通、连接必须牢固可靠。向井内送风时，胶管崩脱弹打和气流冲击范围内不得有人；不得向井内探视。

2 向井内送风时，送气压力应由小到大，发现有异常现象时，应立即停止送风。

3 采用二氧化碳洗井时，钢瓶阀门及输送管阀门应安全可靠。

4 向井内输送二氧化碳时，现场人员应离开井口，严禁向井内探视。

5 搬运二氧化碳钢瓶时，不得冲击、震动。存放二氧化碳的钢瓶应避免暴晒。

7.3 抽水

7.3.1 潜水泵导线接头应使用高压绝缘胶布包扎，绝缘必须良好，并连接好保护接地。

7.3.2 泵管提吊应遵守本标准 7.2.2 规定。

7.3.3 抽水运行期间，必须派专人昼夜值班巡视，随时掌握各井泵的运行情况。尤其对于地下水位浅、渗透小、降深大的井孔，应随时注意观察水位变化，严禁水泵干转。

7.3.4 采用基坑抽水时，坑壁必须稳定。坑壁不稳定时必须要用护壁措施。坑底要有足够的工作平面，工作人员操作、出入应方便。

7.3.5 严禁采用"照明电源接地法"量测水位。

7.3.6 起拔泵管及观测管，必须拧卸成单根。

7.4 井管起拔

7.4.1 使用钻机卷扬机起拔井管时，应先检查起吊机具，如钢丝绳、滑轮组、起吊架及连接等必须牢固可靠。

7.4.2 使用三脚架起拔时，三脚架之间应装有拉筋；滑车应加设保险绳。

7.4.3 起拔井管时，起吊架下方和倾倒范围内不得有人。

7.4.4 使用倒链时应加设保险绳，不得两人同时拉动倒链，操作人员应该站在安全位置。

7.4.5 严禁超负荷强力起拔。

7.4.6 采用爆破起拔时，应遵守 GB 6722 的规定。

7.5 施工降水

7.5.1 施工降水钻探、成井、下管（钢管）、洗井、抽水试验、井管（钢管）起拔等工作内容应遵守本标准 7.1～7.4 的规定。

7.5.2 长途运输干砂管时，装车应将干砂管立装，并固定牢靠。装卸干砂管时，严禁乱摔、乱扔。

7.5.3 向井内下干砂管井管时，干砂管与托盘、干砂管与干砂管之间连接必须紧密牢固；绞车、钢丝绳等起重机构必须安全可靠。

7.5.4 使用吊车下管时，应遵守 GB/T 6067 的规定。

7.5.5 施工降水井采用高压胶管洗井时，应考虑到高压胶管的极限耐压值。高压胶管反弹范围内不得有人。

7.5.6 井管应高出地面 50cm，成井后应及时封闭井口，应设有警示标志。

7.5.7 起吊潜水泵时，严禁使用潜水泵电缆直接起吊。

7.5.8 抽水试验和抽水运行应遵守本标准 7.3 的规定。

7.5.9 施工降水现场用电应遵守本标准第 16 章的规定。

7.5.10 排水应向指定的地点排放，并设有专用的管道。

8 岩土工程施工

8.1 土、石方工程

土、石方工程施工安全技术应符合国家法律、法规和标准的规定。

8.2 挤密桩工程

8.2.1 打桩机及夯实机的安装与拆卸应遵守本标准 6.1.5 的规定。

8.2.2 施工前应了解和掌握场地的地质环境和施工环境，包括临近建筑物、高压线路、地下管道及电缆（光缆）等的分布，必要时进行妥善处理，以免发生危险。

8.2.3 施工场地应平整压实；在基坑中施工时，坡道应能满足打桩机安全行走的坡度要求，基坑周围 1.0m 外设置围栏，高度宜 1～3m，并设立警示标志。

8.2.4 施工用电应编制临时用电施工组织设计，施工现场必须由专业电工进行安装和管理，应采用密封式配电箱，并装设漏电保护器，做到"一机一闸一保护"。维修期间要有明显标志。

8.2.5 应经常检查电动机的电源开关，接线电缆宜架空拉设，当采用埋地方式时，应设地面标志，使用的电缆应有良好的绝缘性，易磨损处应采取可靠的保护措施。

8.2.6 打桩机就位必须铺垫平稳，确保成孔过程中不发生移动或倾斜；沉管过程中应经常检查桩架的垂直度，当偏差超过 1‰时，应及时纠正；雨后应等待地面干燥后，确认不存在危险时，方可开工。

8.2.7 夯实机开机人员和填料人员宜固定搭配，协调工作；打桩机成孔速度与夯填速度应当匹配，对不能及时回填的孔，应设警示牌或警示灯，避免工具、杂物、人员落入孔内。

8.2.8 施工成孔时发现异常（如：柴油锤打桩机桩锤弹跳过高或过低，振动锤打桩机振动突然变大或变小），可能遇坚硬层或空洞，应停止施工，查明原因采取措施后再行施工，以免造成损失。

8.2.9 桩管沉入设计深度后应及时拔出，不宜在土中搁置时间过久；拔管困难时，可用水浸润桩管周围土层或将桩管旋转后再拔出，避免超负荷工作损坏机械或拉断钢丝绳造成事故。

8.2.10 对振动锤打桩机要经常检查螺栓紧固情况，防止其松动发生机械事故；对柴油锤打桩机要妥善保管和使用油料，避免随意点火发生火灾。

8.2.11 尽量减少交叉施工，需要多台机交叉作业时，必须加强安全管理，明确各自的工作范围并制定交叉作业工作规范和制度。

8.2.12 位于建筑、管道等设施附近的挤密桩，其距离不应小于 1m 或桩直径的 3 倍，以免挤坏现有设施。

8.2.13 打桩机与周围高压线的距离应遵守 JGJ 46 的规定。

8.2.14 工作中经常检查钢丝绳与桩管、夯锤（卷扬式夯实机）的连接是否牢固，避免钢丝绳在受力状态脱落、断裂打伤作业人员。

8.2.15 卷扬式夯实机的钢丝绳应从卷筒下方卷入，留在卷筒上的钢丝绳最少应保留 5 圈。严禁用手触摸运行中的钢丝绳，作业前应进行试车，确认离合器、制动装置处于良好状态。

8.2.16 拉运灰土的机动车应规定行驶路线，严禁用翻斗车载人。

8.2.17 石灰粉的过筛和灰土的拌和，作业人员应戴防护眼镜和防尘口罩。

8.2.18 在基坑中施工时，应考虑振动作用对基坑边坡稳定的影响，发现不安全因素应及时处理，避免坑壁坍塌造成损失。

8.2.19 基坑外应设置防水堤，基坑内应设置排水沟和集水井等防止雨水进入坑内或孔内。

8.2.20 使用冲击法成孔时，应符合本标准 6.1.6 的规定。

8.3 振冲桩

8.3.1 自行井架式塔架的安装与拆卸，应符合本标准 6.1.5 的规定。

8.3.2 自行井架式塔架位移时，应有专人负责引送供电电缆。

8.3.3 自行井架式塔架应增设防雷装置，引下线的长度与接地装置的敷设，应满足桩架位移的安全要求。

8.3.4 使用起重机施工时，其安全技术应符合 GB 6067 的有关规定。

8.3.5 振冲器立式潜水电动机必须绝缘可靠，引出电缆易磨部分应套绝缘护管。

8.3.6 装载机作业时，司机应密切注意活动范围内人员走动情况，装载机喇叭和前后灯应完备有效。

8.3.7 装载机往手推车倒石料时，推车人员必须离开推车至安全地带。

8.3.8 严禁任何人进入装载斗内。

8.3.9 手推车运输石料时，两车之间应保持一定的距离。

8.4 强夯

8.4.1 强夯施工宜采用带有自动脱钩装置的履带式起重机或其他专用设备，采用履带式起重机时，其安全技术除应符合 GB 6067 外，并应采取其他安全措施，防止落锤时机架倾覆。

8.4.2 自动脱钩装置应具有足够强度，且必须灵敏、可靠，保证夯锤在既定高度准确自由下落。

8.4.3 施工前应查明施工影响范围内的地下构筑物和各种地下管线的位置及标高等，并采取必要的措施，以免因施工而造成破坏。

8.4.4 当强夯施工所产生的震动对邻近建筑物或设备会产生有害的影响时，应设置监测点，并采取挖隔震沟等隔震或防震措施。

8.4.5 在输电线路的附近进行强夯施工时，施工设备与输电线路的安全距离必须符合规定的要求。

8.4.6 在强夯施工现场的危险区，要设置醒目的危险警告标志，禁止行人和非施工车辆进入强夯区。

8.4.7 在强夯施工现场，人员应退到安全线以外。测量锤顶标高或清理夯锤气孔时，操作人员应避开挂钩甩把方向，以免发生意外。

8.4.8 停夯时，夯锤不得停在空中。

8.4.9 推土机、搅拌机、压路机等机械启动作业前，司机应先检查机械四周是否有人靠坐；机械行驶中，不得上下人员和传递物件。

8.4.10 推土机停止作业时，必须将刀片放落到地面。

8.5 混凝土灌注桩

8.5.1 钻机成孔桩：

1 钻机的安装与操作，其安全技术应符合本标准 6.1 的规定。

2 直径大于 600mm 的钻孔，施工时孔口必须有安全防护设施。

3 孔口护筒（护壁）的长度应根据地层结构、地下水位情况确定，护筒的埋深应低于孔内浆液面 1m，护筒的内径应大于钻头直径 100mm。

4 采取泵吸反循环钻进时，向孔内补充的浆液量必须大于泵吸的排量。

5 在容易产生大量浆液漏失的地层施工时，应制备数量充足的泥浆，必要时，应备有一定数量的袋装黏土；当孔内发生浆液漏失过多造成孔内浆液面下降时，应及时增大向孔内补充浆液，并提升钻具，防止孔壁坍塌和埋钻。

6 使用压缩空气清理孔底沉渣时，排渣管口喷射范围内不得有人。

8.5.2 人工挖孔桩：

1 人工挖孔桩的孔径（不含护壁）不得小于 800mm，相邻两孔应采取间隔开挖。

2 施工前对场地邻近的建筑物应详细地进行检查，对原有的裂缝或异常情况应做好记录、标记、录像或拍照。在开挖过程中应进行观测，必要时对不安全的建筑物进行加固处理。

3 桩孔施工场地的四周应挖截水沟，并设高出地面的挡水坎。

4 桩孔施工时，孔口必须满铺（留作业孔）防护板。暂停孔内作业时，必须对孔口罩盖防护板和设置护栏，防护板必须满足安全的承载强度，护栏的高度应不低于1.2m，并挂有明显的安全警示标志。距孔口2m以内不准堆土及重物。

5 桩孔的护壁必须满足桩孔施工时的孔壁安全要求，桩孔施工时应采取边挖边护壁措施。

6 采取孔壁支撑方法施工时，支撑材料和支撑工艺应能满足施工安全的要求。孔壁支撑应随时检查，对异常情况必须及时处理。拆除支撑时，必须从下往上分段进行。

7 孔内必须设有上下活动安全爬梯，严禁攀装碴容器上下桩孔。

8 桩孔施工，每次开挖前应将孔内积水抽干。使用电动水泵抽水时，进入孔内人员应穿水鞋。孔内有人时，孔口必须有专人监护。

9 孔深超过8m时，进入桩孔前，应对孔内的缺氧或有害气体进行检测（必要时可用动物检验），当超出安全标准时，必须停止作业，人员不得进入孔内。待采取有效安全措施、满足安全作业条件后，才能进入孔内作业。其安全标准按GB 8958、GB 6722的规定执行。

10 遇有大量的流塑状淤泥、流砂或侧壁坍塌时，应停止挖孔，待采取有效措施处理后方能继续工作。

11 孔内爆破作业，应采取小药量和电雷管爆破。爆破作业除应符合GB 6722的规定外，还需经有关部门批准。

12 在岩溶的土洞区、矿山的采空区、地下空洞区上部施工时，每挖深500～1000mm，应用钢钎插探检验下层地基有无洞穴。

13 手摇绞车手把必须牢固可靠，绞车必须设有反转制动装置。电动卷扬机械的提升及制动性能必须安全可靠。提升器具在安装完毕后，必须进行安全检验合格，才能投入施工作业。提升装碴容器、模板及其他物品时不得碰撞孔壁（或支撑）。

14 提升的装碴容器、吊绳及挂钩等用具的安全性能应符合GB/T 6067的规定。

15 在含水地层开挖桩孔，抽水设备的总排水量应为渗水量的2倍；数孔同时开挖，渗水量大的孔应超前开挖，集中抽水。

16 施工现场的供电线路、电气设备及配置应符合本标准第16章的规定。

8.5.3 钢筋笼的加工与安装：

1 钢筋笼加工现场必须符合作业安全的要求。作业现场必须配置符合消防安全要求的消防器材，放置消防器材的地方必须明显、方便，其安全通道必须保持畅通。

2 焊接与切割作业除应符合本标准12.4的规定外，还应符合GB 9448的规定。

3 利用旋转钢丝刷除锈时，必须对钢丝刷固定螺丝进行检查确认。电气设备的绝缘及保护接零（保护接地）必须良好。钢筋的除锈场地应选择在人少的地方和风向的下方；除锈工作时，作业人员应戴防护眼镜和防尘口罩，站在上风的地方操作；操作人员的手距旋转钢丝刷不得小于400mm；在除锈作业下风的地方不得有人停留。

4 用机械冷拉调直钢筋，必须先检查卡具的可靠性，并将钢筋卡紧，低速运行；机械运行中，人员不得跨越钢筋，在卡具往钢筋方向的5m半径范围内不得有人。

5 用机械切断钢筋，料长不得小于1m。切断操作，禁止超过机械的额定能力。切断低合金钢等特种钢，应用高硬度刀片。调换刀片必须停机进行。

6 用机械弯钢筋时，应根据钢筋规格选择成型柱和挡板，钢筋必须放在成型柱的中、下部，手距成型柱应大于 200mm。严禁超负荷弯钢筋。调换成型柱、挡板和检查机械时，必须停机进行。

7 钢筋笼的装卸宜采用机械进行。钢筋笼放入桩孔内应使用起吊设备，起吊设备的起吊能力应能满足钢筋笼制作长度的要求，其操作应符合 GB/T 6067 的规定。

8 向桩孔内放置钢筋笼时，当发生钢筋笼脱落下坠时，严禁抢插棍棒或用手抢抱。

9 在孔内进行焊、割作业，应使用通风设备，保持通风良好。

10 焊、割作业，作业场所及周边必须采取防火安全措施。

8.5.4 混凝土浇筑：

1 混凝土搅拌站、混凝土泵的安装，应由专业人员按出厂说明书的规定进行。并应在技术人员主持下，组织调试。各项技术性能指标经检验合格后，方可投产使用。

2 搅拌机作业前，必须进行料斗提升试验，确保离合器、制动器的安全可靠。

3 搅拌机转动时，严禁将手、脚或工具伸入搅拌筒；严禁向旋转部位加油，严禁进行清扫。

4 搅拌机料斗升起后，料斗下方严禁人员通过或停留。当需要在料斗下方检修或清理料坑时，应将料斗提升后挂上保险钩。移动搅拌机时，料斗必须挂上保险钩。

5 操作人员进入搅拌筒内检修或清理工作时，必须切断电源、卸下熔断器并锁好电闸箱，方可进入，并设有专人监护。

6 混凝土泵及泵送管道的使用应按使用说明的规定执行。

7 泵送混凝土时，管道出料口应垂直向料斗，管道出料口下方不得有人；孔口操作人员应戴防护眼镜。

8 使用吊罐（斗）浇筑混凝土时，必须检查吊罐（斗）、钢丝绳和卡具的安全可靠性；吊罐（斗）下方不得有人。

9 提升导管时，应保持轴线竖直和位置居中，缓慢提升；如导管法兰卡挂钢筋笼时，应下放转动导管，使其脱开。

10 使用串筒浇筑混凝土，应检查确保串筒挂钩的安全可靠性；不得采用单边勾挂串筒使用。

11 桩孔内有人时，严禁向桩孔内注入混凝土。

12 使用混凝土振动器，其安全技术应符合 GB 3883.12 的规定。

8.6 沉入桩

8.6.1 桩机的行走道路必须平整、坚实，施工时应经常检查桩机的地基有无变形。

8.6.2 吊桩就位时，桩尖处应用引绳拴住，专人收放，并应符合 GB 6067 的规定。

8.6.3 锤击沉桩作业时，当桩锤意外停止工作时，必须对桩和锤采取固定措施。

8.6.4 锤击沉桩连续工作两小时，应停机检查机械各部件螺栓，发现问题应及时解决。

8.6.5 严禁施工人员攀登桩锤。

8.6.6 使用蒸汽锤沉桩，供汽锅炉的安全技术应符合蒸汽锅炉的安全监察规定。

8.6.7 蒸汽锤击作业时，蒸汽锤的排汽口附近不应站人。

8.6.8 震动沉桩作业时，震动锤与桩头的法兰盘连接螺栓必须拧紧。

8.6.9 静力压桩作业时，两台卷扬机必须同步，压梁不偏斜。

9 土工试验与水质分析

9.1 电器设备

9.1.1 试验室的用电设备可由固定在实验台或靠近实验台的固定电源插座（插座箱）供电。电源插座回路应设有漏电保护电器。电源侧应设置独立的保护开关。

9.1.2 潮湿、有腐蚀性气体、蒸汽、火灾危险和爆炸危险等场所，应选用具有相应的防护性能的配电设备。

9.1.3 试验室供配电线路宜采用铜芯导线（电缆）。

9.1.4 各种仪器、电器和工作台等设备的布置与安装必须符合有关标准规定，便于操作人员的安全操作。

9.1.5 高温炉、烘箱等电热设备必须置于不可燃基座之上，且线路绝缘良好。所有电器设备应有良好的接地设施。

9.1.6 高温炉、微波炉、红外线烘箱、电砂浴、电蒸馏器等电加热仪器使用时须有专人值班。

9.1.7 所有电器设备在取放样品时，应先切断电源。

9.1.8 试验室内采光与照明应满足操作人员安全操作的要求，并符合有关设计标准。设备的操作位置及潮湿工作场所，地面均须铺设绝缘、隔潮、防滑的脚踏板或绝缘地板。

9.2 玻璃仪器及其他设施

9.2.1 严禁用嘴移液，须用移液管或机械装置移液。

9.2.2 在往玻璃管上套乳胶管时应先湿润乳胶管内壁，同时避免划破手。

9.2.3 应用玻璃器皿进行腐蚀性试剂配置时应带乳胶手套和眼镜以防玻璃爆裂伤人。

9.2.4 酒精灯使用时酒精量不应超过酒精灯容积的 2/3；禁止向燃着的酒精灯添加酒精；禁止用燃着的酒精灯引燃另一盏酒精灯，用毕，应用灯帽盖灭。

9.3 化学品的使用及采样试样制备

9.3.1 使用化学品试验时，应有合适使用的个人防护装备和服装等必要的安全防护措施。

9.3.2 化学实验室应有良好的通风除尘及空气调节设施，以使室内温度、湿度及空气清新度达到操作人员的安全卫生要求；水电齐全并能保证在作业时不中断，在提供预防、控制和保护免遭因职业接触有害化学品造成的健康危害的安全环境的条件下，同时应逐步改善降低由化学品引起的实验场地的污染程度。

9.3.3 试验室化学品管理人员应根据化学品及实验实际情况，动态更新试验室化学品的管理资料。

9.3.4 剧毒品在使用时必须严格控制和监督，对领、用、剩、废的数量必须详细记录，实验工作应在安全的条件下进行。

9.3.5 凡含有毒、有害物质的污水，均应进行必要的处理，符合国家排放标准后，方可排入城市污水管网，严禁直接倒入下水道（含有氰化物的废液不得直接倒入实验室水池内，应加入氢氧化钠使呈碱性后再倒入硫酸亚铁溶液中，生成无毒的亚铁氰化钠后再排入下水管道）。酸、碱污水应进行中和处理；中和后达不到中性时，应采用反应池加药处理。

9.3.6 在采集及制备受到污染的土水样品时，应做好试验人员必要的防护工作，避免身体受到伤害。

9.3.7 稀释硫酸必须在烧杯等耐热容器内，并在玻璃棒不断搅拌下缓慢将硫酸加入水中，严禁将水直接加入硫酸中。

9.3.8 中和浓酸、强碱必须先进行稀释。

9.3.9 应在通风橱内用水浴加热沸点低、易挥发的有机易燃品。操作时头部应在通风橱外。

9.3.10 开启易挥发的液体试剂应将其放在流水中冷却并在通风环境下进行。

9.3.11 凡经常使用强酸、强碱、有化学品烧伤危险的试验室，在出口就近处宜设置应急喷淋器及应急眼睛冲洗器。

9.4 化学品的管理

9.4.1 化学品的采购。

必须向取得危险化学品生产许可证或者危险化学品经营许可证的企业采购危险化学品；同时必须提供具有化学品安全技术说明书，对于危险化学品应有化学品安全标签。采购化学品应采取适当的保护措施以避免在运输过程中震动、泄漏、丢失。采购回来立即入库。

9.4.2 化学品的存放。

1 存放化学品的房间必须是具有防火、防盗、防水、防潮、防静电、避雷、通风、防晒、安全坚固等功能，并具有消防栓、灭火器、灭火沙及报警电话等。

2 化学品应依其特性予以分类管理存放（酸碱、可燃、可燃氧化性），并配备消防设备。

3 必须经常核对危险化学品包装（或容器）上的安全标签，若有脱落或损坏，经检查确认后应补贴。

4 属于危险化学品的物品必须存放在有防护门房间的铁柜内，加锁保管，同时药品库应建立存放档案、领用登记卡，并应详细填写使用记录。

5 存放的化学品名称、数量要账物相符，定期检查。

6 可燃性化学品应保存于通风处，并应远离火源。

7 玻璃、易漏有害性化学品容器的存放位置不得过高。

8 化学品储存室应有明确标识，不使用时应上锁。

9 易燃、易爆化学品库外存有量每种物品不得超过 500ml。

10 工程水文气象

10.0.1 在江、河、湖、海和水库附近踏勘，注意岸边情况，并与岸边、悬崖保持一定的安全距离。

10.0.2 观测站站址应避开危险区。设立在河流边的水文观测站，站址应高于十年一遇的洪水位。

10.0.3 观测站使用的船只、绞车、过河绳索及其支架吊车、电器设备等应经常检查，消除隐患。

10.0.4 观测站远离城镇的，应配备交通工具和通信设备。

10.0.5 水上或冰上作业应符合本标准第 11 章的规定。

11 水上、冰上作业

11.1 水上作业

11.1.1 作业前应具有由有关部门批准的包含承载计算、水文、气象及安全等内容的施工方案。

11.1.2 作业船应悬挂标志，具有通信联络技能和及时收听水文、气象预报的能力。

11.1.3 作业船必须备有足够数量的救生设备，作业人员必须穿救生衣。在急流险滩作业应有安全设施。

11.1.4 作业船应由有经验的船工驾驶。

11.1.5 上船筏的工具应摆放平稳、牢固，不得超载。使用千斤顶应保持船体稳定。

11.1.6 船筏必须抛锚定位后工作，锚位应设置明显标志。船台四周设围栏。

11.1.7 物件落水应在有安全措施的情况下捞取。

11.1.8 用双船拼装的工作台，两船应吨位相同连接牢固。

11.1.9 作业人员严禁入水游泳、洗浴。

11.1.10 沿海滩涂作业应掌握潮、汐变化情况，应有人员和设备的紧急撤离预案。

11.2 冰上作业

11.2.1 作业前，必须查清冰层厚度，结合勘测设备重量及作业方式，确认安全后方可施工。

11.2.2 在融冰期，不得从事冰上作业。

11.2.3 勘查冰情时，不得少于2人，并携带防护用具，不得溜冰行进。

11.2.4 施工现场，应采取防滑措施。应经常查看冰情，发现异常应及时采取措施。冰窟及活水处，应设置安全标志。

11.2.5 穿凿冰窟直径不宜过大，间距不宜过密。

11.2.6 应避免局部荷载过重，重型设备避免在冰面装卸。

11.2.7 使用取暖或烘烤用具时，不得直接放在冰上。

11.2.8 作业面下不得实施爆破。

12 机械加工与设备修理

12.1 基本要求

12.1.1 作业人员必须按规定穿戴劳动防护用品，长发必须盘入防护帽内。

12.1.2 作业场所必须符合生产安全的要求。工作场所内严禁吸烟，严禁明火取暖，严禁存放易燃、易爆物品。

12.1.3 作业现场必须配置符合消防安全要求的消防器材，放置消防器材的地方必须明显、方便，其安全通道必须保持畅通。

12.2 金属切削加工

12.2.1 操作机床人员禁止围围裙、围巾、戴手套；袖口应扎紧。

12.2.2 机床加工前，应对机床进行运行前安全检查，发现异常必须及时检查处理，严禁带故障运行。

12.2.3 装卸卡盘及装较大的工夹具时，床面应垫木板防护，不得开车装卸卡盘；装卸卡盘应在主轴内穿进铁棍或坚实木棍作保护；装卸工件后，主轴内、床面上不得放置工具、材料及其他物件。

12.2.4 刀具、工夹具以及加工的零件等要装卡牢固，不得有松动，切削中不得突然加大进给量。卡盘扳手使用后要立即取下，严禁插放在卡盘上或床面上。

12.2.5 机床在切削过程中，操作人员的面部不得正对刀口，高速切削或切削铸铁件时，必须戴防护眼镜。机床运转中，不得测量工件。

12.2.6 使用锉刀打磨工件时，应将刀架退至安全位置后，右手在前，左手在后，身体离开卡盘，防止卡盘卡住袖口。禁止用手缠纱布打磨工件。

12.2.7 车内孔时，禁止用锉刀倒角，用砂布光磨内孔时，禁止用手指伸进孔内打磨。

12.2.8 攻丝或套丝时，必须用专用工具，不得使用手扶攻丝架（或扳牙架）。

12.2.9 切断大料时，应留有足够余量，卸下后砸断；切断小料时，不得用手接料。

12.2.10 高速切削重大工件时，不得紧急制动，或突然变换旋转方向。加工较重的工件停歇时，工件下必须用托木支撑。

12.2.11 禁止用手刹住转动着的卡盘。

12.2.12 清扫切屑必须在停机后进行，清除切屑应使用毛刷和专用工具，不得用手清理或嘴吹。

12.2.13 不得在铣刀切入工件的情况下停车或开车。

12.2.14 使用的砂轮机、砂轮应符合 GB 4674 及 GB 2494 规定的要求。操作时应避免发生撞击。

12.2.15 电钻的钻头必须卡紧，工件必须夹牢，不得手拿工件钻孔；钻薄工件时，工件下面应垫平整木板；开始钻孔和将钻穿工件时应轻压，禁止用管子套在手把上作加力把。操作人员应戴防护眼镜，禁止戴手套，禁止手持带液棉纱（布）进行冷却，头部不得靠近旋转部分。

12.2.16 手持式电动工具应符合 GB 3883.1 的规定。

12.2.17 机床运转过程中遇停电时，应及时断开机床电源开关。机床运转时，操作人员不得离开机床；因事需离开机床，必须停车，并断开机床电源开关。

12.3 锻造

12.3.1 空气锤作业前应检验确认空气锤及械具符合下列条件：

 1 机械上受冲击部位无裂纹损伤。

 2 主要螺栓无松动。

 3 模具无裂纹。

 4 操作机构、自动停止装置、离合器、制动器均灵活可靠、油路畅通。

 5 受振部分无松动。

 6 锤头无裂纹，润滑良好，油泵供油及管路系统工作正常。

12.3.2 空气锤在运行中，发现异常应及时停机检查处理，严禁带故障运行。

12.3.3 工件必须用钳子夹牢传送，不得投掷。掌钳人员手指不得放在钳柄之间，钳柄不得对准自身或他人；掌钳工钳把严禁靠近胸腹部，其安全距离不应小于 200mm。

12.3.4 锻件未达到锻造所需温度时，锻件放在砧上的位置不符合要求时，锻件夹持不稳、不平时，均不应进行锻打。

12.3.5 司锤人员在工作中必须听从掌钳人员的指挥，不得随意开、停机械。

12.3.6 锻打中，不应用手检查工件、用样板核对尺寸。模具卡住工件时，不得直接用手解脱，严禁将手和工具伸进危险区内。

12.3.7 提升锤头的操纵杆，不应超过规定位置，应避免打空锤，不应冷锻或锤打过烧的工件。

12.3.8 手工锻打禁止戴手套。挥锤者与掌钳者应错开一定角度，挥锤者对面严禁站人。切断工件时，切口正面严禁站人。

12.3.9 加热炉、热锻件附近严禁堆放易燃、易爆物品。

12.3.10 空气锤运转过程中遇停电时，应及时断开空气锤电源开关。

12.4 金属焊接与切割

12.4.1 焊接与切割应符合 GB 9448 的规定。

12.5 设备修理

12.5.1 作业场所必须整洁，无油污，通风良好，零配件、工件堆放整齐有序，通道畅通。

12.5.2 作业场所的清洗用油、废油等应指定地点存放，及时处理；存放油料的容器必须加盖。严禁在汽油附近进行锤击和使用砂轮。严禁将废油泼洒在地上或倒入下水道和地沟。沾过油料的废棉纱、布等应集中投放在有盖金属容器里并及时妥善处理。

12.5.3 用油料清洗工件时，不得清洗尚在散发热量的机件，应待其充分冷却后清洗。

12.5.4 使用的凿、冲类工具应刃口完整、锐利、无裂纹、无毛刺、无卷边，锤击部位不得热处理淬硬。

12.5.5 对重心高、偏心大或易滚动的工件修理，应采取稳固措施，防止倾倒。

12.5.6 使用起重设备拆装时，应符合 GB 6067 的规定。

12.5.7 使用天车起吊物件时应符合下列规定：

1 开动前应仔细检查各部件连接是否完好，接通电源后应先空载运行，确认各部正常；检查确认吊钩、吊绳和卡具的安全可靠性完好后，方可起吊物件。

2 严禁起吊与地面牢固连接的物件，严禁超负荷起吊，起吊角度不得超过设备规定。

3 物件起吊后，天车运行和停车时应平稳进行。

4 操作天车起吊物件和行走时，应保持正确视线、控制并降低物件的起吊高度。严禁在起吊物下方有人及穿行，严禁在起吊物件现场有人员穿过。

5 线控开关应保持干净，无水、油污。操作人员的手在沾水和油污时禁止操作天车线控开关。

6 在运行中发现异常，应立即停机检查及处理，严禁带故障运行。

7 天车关机前，应将吊钩收起，将天车开至停放位置，断开总电源。

12.5.8 检修设备时，严禁用手直接拨动差速器、变速器等机构内部齿轮；禁止将手指伸进钢板弹簧座孔等处。

12.5.9 使用千斤顶顶起设备后，应用支撑物将设备牢固托住。

12.5.10 进入车底作业时，必须在方向盘上悬挂有"车下有人，严禁启动"的警示牌。在车辆修好后试车时，遇方向盘上挂有警示牌时，必须先查看车下情况，在未获得允许前禁止发动车辆。

12.5.11 严禁用口吸汽油和防冻液，防止引起中毒。

12.5.12 工作行灯电压不应大于 36V，在金属容器或潮湿地点作业时，行灯电压不应大于 12V；行灯不得冒雨或拖过水地使用；行灯的保护罩、导线及漏电保护装置必须符合安全用电要求。

12.5.13 机械设备的电器部分，应由专职电工维护管理，非电气工作人员不得任意拆、卸、装、修。

13 装卸与运输

13.1 搬运

13.1.1 人力搬运：

1 体力搬运：

1）单次搬运重量限值为男搬 15kg，扛 50kg，推或拉 300kg。女搬 10kg，扛 20kg，推或拉 200kg。

2）两人以上扛运重物时，上肩方向应一致；抬运重物时，应有专人发号施令，步调一致，重物距地面 200～300mm 为宜；有体力不支者不得勉强。

3）搬运大型机具前，应检查重物及用具并捆绑牢固；搬运圆形重物，途中休息时应停放平稳。

2 滚杠、撬杠搬运：

1）所经道路应平整、通畅，松软地段应铺垫。

2）应选择直径相当、长短合适的滚杠。

3）调整滚杠时，严禁直接手搬、脚踢。

4）使用撬杠时，应侧身用力，不得骑抱；撬动重物时，应观察重物的稳定情况。

5）牵拉重物的绳索应拴在重物下部。

3 人力车搬运：应装载平稳，应有制动装置，停车时应掩挤车轮。

13.1.2 畜力搬运：

1 畜力或畜力车搬运，不得人与货混载。

2 搬运中必须配有熟练的驭手。

3 路经繁华街道、交叉路口、坡道、弯道、狭道时，驭手应牵引牲畜。

4 畜力车辆必须有制动装置。

13.1.3 机械搬运：

1 叉车、装载机搬运运距不宜过长，并应符合本标准 13.2.2 的规定。

2 汽车搬运应符合本标准 13.3、13.4 的规定。

13.2 装卸

13.2.1 人力装卸：

1 用人力直接提举重物，人体应避开重物下落范围。

2 采用斜面跳板装卸，应检查跳板强度，并保持重物稳定；在倾倒下滑的范围内不得有人。

3 斜面装卸不宜使用滚杠，重物必须用绳索牵拉控制。

4 装卸大型机具而无起重设备时，应采用辅助措施（如简易装卸平台或倒车坑等），不应用人力直接装卸。

5 堆垛应稳固，圆形重物应挤掩。

13.2.2 机械装卸：

1 使用手动葫芦装卸大型机具时，三脚架必须有足够强度，必须加保险绳，必须待重物放稳妥后方可移动运载车辆。

2 叉车、装载机作业时，驾驶室（台）不得超员，其他部位不得载人。

3 叉车、装载机上的重物应放置稳妥，作业场地应平坦，行走时机臂不得起落。作业时机臂下不得有人。

　　4　使用起重机装卸，应符合 GB/T 6067 的规定。

13.3　勘测现场行车

13.3.1　现场行驶的机动车辆，必须有证驾驶。

13.3.2　实习驾驶员不得驾车载人和牵引拖挂。

13.3.3　牵引轮式机具必须用刚性杆连接低速行驶。

13.3.4　超限机具运输时，必须采取安全措施，不得危及车辆及人身安全。

13.3.5　工程车辆除载运随车工具外，不得载运人员和其他设备。

13.3.6　运输大型机具及满装的车辆不得客货混装。

13.3.7　坡道上停车装卸工具时，应掩挤车轮。

14　燃油

14.0.1　油库严禁设置在高压电线下方，并应和居民区、厂区、用热及发热设施保持一定的安全距离。

14.0.2　油库严禁烟火，消防器材齐备，无易燃物。

14.0.3　库内燃油不得有渗漏现象，有落地油时应及时清除。

14.0.4　油库内严禁检修车辆。

14.0.5　油库内应使用防爆的电器设备。

14.0.6　进库车辆必须配有防火帽、灭火器，并有接地铁链。

14.0.7　禁止穿铁钉鞋入库。开关容器盖时应使用不产生火花的工具。

14.0.8　非工作人员严禁进入库房。

14.0.9　临时油库应有专人管理，设置围栏，并加禁止标志。

14.0.10　在空气干燥、温度较高时，应经常检查油库接地装置，并往极柱周围浇水。

14.0.11　露天放置装有燃油的油桶、油罐，应搭棚遮盖。

14.0.12　往容器内灌装燃油时，严禁充满。输油管应接近容器底部或使燃油沿容器壁缓慢淌下。

14.0.13　装卸油桶应轻拿轻放，严禁撞击。

14.0.14　车装油桶必须捆绑牢固，不得暴晒。

14.0.15　严禁用塑料桶存放燃油。

14.0.16　油库应设置通信、报警装置，并保证其在任何情况下处于正常适用状态。

14.0.17　油库内严禁携带、使用打火机、火柴、手机。

15　爆破

15.0.1　电力勘测（施工）工程凡需要进行爆破工作，如钻探孔内爆破、物探爆破、岩土施工中使用爆破等，必须由持证的爆破人员进行。

15.0.2　现场勘测人员必须如实向上一级组织汇报进行爆破工作的事宜，上一级组织必须检查从事爆破工作人员的考试合格证、上岗证等有关合法证件。

15.0.3　电力勘测工程，凡需要使用爆破方法作业的工作必须遵守 GB 6722 的规定。

16 勘测现场用电安全

16.1 电气操作

16.1.1 在全部停电的电气设备上工作时，必须按下列程序进行：

1 确认电源已切断，并应具有防止向工作地点送电的措施。

2 必须检验设备上是否有电压存在。

3 验明无电后，立即装上携带式接地线并悬挂警示标志。

16.1.2 维修电气设备应关闭电源。

16.1.3 部分停电工作时，必须使带电部位与工作地点的距离不小于0.7m。

16.1.4 装设临时遮栏时，应留有安全通道。

16.2 配电线路及临时用电

16.2.1 低压线路：

1 低压架空线路可采用裸导线、绝缘导线，但线间距离不应小于0.3m。导线应用针式瓷瓶或蝶式绝缘子固定，架空线路距地面高度不应低于4m，跨越道路时，不得低于6m。

2 施工现场低压线路电杆挡距不宜超过30m，横担应采用螺栓固定，并应端正牢固。

3 低压干线引向电气设备的分支线，应采用绝缘导线，线间距离不应小于0.2m，距地面高度不应低于2.5m。

4 架空线路的电杆应有足够的强度，不应用细竹竿、木条等代替，严禁将电线挂在树上。

5 严禁用空中挂钩的方法从线路上接取电源。

6 移动电缆线时，应切断电源，不应强行拖拉。

16.2.2 架线作业：

1 高处作业时，必须有监护人，带好安全登高工具。

2 登杆作业时，必须检查杆根是否腐朽或松动，安全带（腰绳）必须绑在牢固的地方。

3 停电作业时，必须先验电，确认无电后，挂接地线和警示标志，应设专人看守。

4 雷雨、阴雾天气时，严禁在室外高处及电缆线路上作业。

5 在已停电的电缆线路及电容器上工作时，必须先对地放电。

6 带电作业，500V以上的电气线路检修拆装工作，必须停电作业；500V以下线路或设备，不宜带电作业必须带电作业时，应遵守下列规定：

1）由持有相应电工岗位证书的电工在安全员监护下进行。

2）防护用品齐备合格，使用的电工工具绝缘良好。

3）将容易短路的相间和接地金属部分予以隔离。

7 登梯作业，严禁人在梯上移动梯子，梯子的标准应符合GB 7059.1、GB 7059.2和GB 7059.3的规定。

8 严禁在同一电杆上，上下同时工作。

16.3 常用电器设备的安装

16.3.1 用电设备总容量在100kW以下、额定电压低于500V时，可采用非标准配电箱；用电设备总容量超过100kW时，应装设标准配电柜（盘）。

16.3.2 配电箱和开关箱：

1 配电箱表盘安装的高度为底边距离地面不低于1.2m。

2 配电箱表盘上的开关、电度表、互感器等的布置应按上端电源、下端负荷，左侧电源、右侧负荷的顺序排列。

3 配电箱的引入、引出线要采用套管。

4 配电箱要有防雨措施，门锁齐全。

5 金属配电箱外壳要有接地保护，有地排、零排线进出的配电箱应下进、下出。

6 开关箱要符合"一机一闸一保险"，箱内无杂物、不积灰。

7 用电设备与开关箱距离超过3m，应加随机开关。

8 需要正、反转且操作频繁的电动机，应采用倒顺开关、磁力启动器或凸型控制器等操作，不得用隔离开关直接操作。

16.3.3 电动机：

1 电动机的外壳必须有接地保护，屋外安装的电动机及附属设备，必须设防雨和防潮装置。

2 电动机可根据不同容量，配用下列开关。

1）在正常干燥场所，容量在3kW及以下的电动机，可采用胶壳密封式开关。

2）电动机容量在4.5kW及以下时，可使用铁壳开关。

3）电动机容量在55kW以下时，可使用磁力起动器或交流接触器。

16.3.4 照明：

1 照明灯开关必须装在相线上。

2 照明灯具的安装应牢固可靠。

3 灯头线不得有接头，在引线处不得受机械力。灯头软线在接线盒接头处应做好保险扣。

4 照明导线应固定在绝缘子上。

5 现场照明灯要采用防水灯具和绝缘胶套电缆，灯头线与配线的接头，两接点应错开150mm以上，并用绝缘胶布包扎牢固。生活照明采用护套绝缘线。

6 悬挂照明灯具对地距离，室外不得小于2.5m，室内不应小于2.0m。

7 凡工作地点狭窄、行动困难以及周围有大面积接地等环境，手提灯电压不得超过12V。

16.3.5 移动式电气设备，必须用三线四芯防水电缆。

16.3.6 用电设备的外壳，应按规定接地或接零，同一网路内严禁一部分保护接地，另一部分保护接零。

16.3.7 在特别潮湿场所不得安装插座。在存在易燃、易爆气体及粉尘的场所，应装防爆电气设备。

16.3.8 应按设备容量正确选用熔断器。

16.3.9 隔离开关的安装必须是上端电源、下端负荷；手柄向上为合闸，手柄向下为分闸。

16.4 野外发电机组

16.4.1 运行中的发电机组，必须有接地装置，接地电阻应小于4Ω。

16.4.2 发电机组应设围栏及挂有"当心触电"的警示标志，配电盘的地面应铺设绝缘胶皮板。

16.4.3 送电电缆通过道路时，应有防碾压措施。

16.4.4 漏电原因不明时，严禁送电。

16.4.5 发电机组运行，应由电工值班。送电时，应事先通知用户。

16.5 常用电气火灾扑救

16.5.1 当电气设备发生火灾时，应立即切断电源。

16.5.2 当无法切断电源时，扑救人员应避免人身触及带电导体。必须使用不导电灭火剂。

17 野外勘测生活安全

17.1 饮食卫生安全

17.1.1 炊事人员应按规定进行体检，合格后方可上岗。

17.1.2 不得食用腐烂变质食品，不得食用病死动物。

17.1.3 集体伙食不得食用未经鉴别的野菜、野生菌类、海产品。

17.1.4 餐具应定期消毒。

17.1.5 不宜在有粉尘或有害气体的工作场所用餐、饮水。

17.1.6 食堂宜有冰箱（柜）、消毒柜等，并应有防蝇、防鼠等措施。

17.1.7 饮用水标准应符合 GB 5749 的规定。

17.2 住宿安全

17.2.1 严禁住危房。

17.2.2 严禁在泥石流、雪崩、滚石、洪水淹没、风口、雷击区等危险地带建筑或设置临时办公或生活设施（如房屋、帐篷、宿营车等）。

17.2.3 临时宿舍应与油库、易燃品、炸药库和放炮区保持一定的安全距离。

17.2.4 严禁在宿舍内存放易燃、易爆、有毒等危险品。

17.2.5 雷雨季节的临时生活设施应有防雷装置。

17.3 防火、防触电

17.3.1 临时建筑必须符合防火要求，备齐灭火器材。

17.3.2 使用电炉、火炉、火炕、火墙、蜡烛、茶炉等应设专人看管。

17.3.3 严禁用各种油料引火。

17.3.4 严禁卧床吸烟。

17.3.5 生活用电气设备用毕立即切断电源，并应经常检查、及时处理问题。

17.4 防止意外伤害

17.4.1 室内应保持通风，使用火炉取暖时，防止一氧化碳泄漏，引起中毒。高温季节应有降温措施。

17.4.2 深山、沙漠、原始森林及沼泽区不得单人外出。

17.4.3 不得私自进入水域。

17.4.4 雷雨时，不得站在高大单独树木下避雨。

17.5 预防疾病

17.5.1 进入林区、疫区、地方病流行区作业，必须按国家或当地有关规定采取预防措施。

17.5.2 在工地发现传染病患者、疑似传染病患者，应及时送医院就医，并按医院要求对环境消毒。

17.5.3 在有毒动植物地区工作时，应按要求带防护用品，并应配备相应的急救药品。

17.5.4 在疫区、流行病多发季节和医疗条件较差的工地，应配有专职医务人员和药品。

电力高处作业防坠器

DL/T 1147—2009

电力建设卷（上册）

目　　次

前　　言

本标准是根据《国家发展改革委办公厅关于印发 2007 年行业标准修订、制定计划的通知》（发改办工业〔2007〕1415 号）的安排制定的。

本标准的附录 A 为规范性附录。

本标准由中国电力企业联合会提出并归口。

本标准委托浙江华电器材检测研究所负责解释。

本标准主要起草单位：浙江省电力公司。

本标准参加起草单位：浙江电力职业技术学院、浙江华电器材检测研究所、衢州电力局。

本标准主要起草人：陈良、李瑞、方旭初、余虹云、张学东、金红、蒋丽娟。

本标准在执行过程中的意见或建议反馈至中国电力企业联合会标准化中心（北京市白广路二条 1 号，100761）。

电力高处作业防坠器

1 范围

本标准规定了电力高处作业用防坠器及附件的技术要求、试验方法及验收规则、标志、包装及运输。

本标准适用于电力工程建设施工、运行及检修等所用的高处作业防坠器及附件。

2 规范性引用文件

下列文件中的条款通过本标准的引用而成为本标准的条款。凡是注日期的引用文件，其随后所有的修改单（不包括勘误的内容）或修订版均不适用于本标准，然而，鼓励根据本标准达成协议的各方研究是否可使用这些文件的最新版本。凡是不注日期的引用文件，其最新版本适用于本标准。

GB/T 94.1 弹性垫圈技术条件 弹簧垫圈

GB/T 699 优质碳素结构钢

GB/T 700 碳素结构钢（GB/T 700—2006，ISO 630：1995，NEQ）

GB/T 1173 铸造铝合金（GB/T 1173—1995，ASTM B26：1992，NEQ）

GB/T 1220 不锈钢棒

GB/T 1591 低合金高强度结构钢

GB/T 3077 合金结构钢

GB/T 3098.1 紧固件机械性能 螺栓、螺钉和螺柱（GB/T 3098.1—2000，ISO 898-1：1999，IDT）

GB/T 3098.2 紧固件机械性能 螺母 粗牙螺纹（GB/T 3098.2—2000，ISO 898-2：1992，IDT）

GB/T 3098.4 紧固件机械性能 螺母 细牙螺纹（GB/T 3098.4—2000，ISO 898-6：1994，IDT）

GB/T 3098.6 紧固件机械性能 不锈钢螺栓、螺钉和螺柱（GB/T 3098.6—2000，ISO 3506-1：1997，IDT）

GB/T 3098.15 紧固件机械性能 不锈钢螺母（GB/T 3098.15—2000，ISO 3506-2：1997，IDT）

GB/T 3190 变形铝及铝合金化学成分〔GB/T 3190—2008，ISO 209：2007（E），MOD〕

GB/T 5231 加工铜及铜合金化学成分和产品形状

GB 6095 安全带

GB/T 6096 安全带检验方法

GB/T 9944 不锈钢丝绳

GB/T 15115 压铸铝合金

YB/T 5197 航空用钢丝绳

3 术语和定义

下列术语和定义适用于本标准。

3.1 高处作业 altitude working

在离地面（坠落高度基准面）2m 及以上的杆塔、构架或设备上进行的工作。

3.2 坠落高度基准面 datum plane of fall altitude

通过可能坠落范围内最低处的水平面。

3.3 防坠器 mobile fall arrester

高处作业时，用于防止人体坠落的一种防护装置，一般可分为速差式防坠器、导轨式防坠器和绳索式防坠器。

3.4 速差式防坠器 retractable type fall arrester

一种安装在挂点上，装有可伸缩长度的绳（带、钢丝绳），串联在安全带和挂点之间，当人体坠落时，可利用速度的变化进行内部自锁并迅速制动的装置。

3.5 导轨式防坠器 guided type fall arrester

一种可在导轨内或外表面上下滑动并在快速下滑时能迅速制动的装置。

3.6 绳索式防坠器 rope type fall arrester

一种既可用于锁紧绳索起人员空中定位作用，又可沿绳索滑动但发生坠落时能自动锁紧的装置，工程俗称抓绳器。

3.7 连接绳 connecting rope

防坠器和安全带之间的连接用绳（带）。

3.8 连接器 connector

带有手锁或自锁开口的金属承载连接部件，通常为椭圆形或 D 形，用于装备之间或装备与固定点之间的连接，包括安全扣和挂钩。

3.9 缓冲器 energy absorber

串联在安全带和安全绳之间，当人体坠落时，能吸收部分冲击能量，对人体起缓冲作用的一种装置。

3.10 额定制动载荷 rated braking load

防坠器可有效制动的最大载荷。

3.11 额定工作载荷 rated load

防坠器正常使用时的最大允许载荷。

3.12 锁止距离 locking distance

防坠器的制动距离。

3.13 附件 attachment

本标准的附件是指连接绳、连接器及缓冲器等。

4 技术要求

4.1 基本要求

防坠器应按规定程序批准的图样和技术文件制造。

4.2 外观质量

4.2.1 防坠器及附件边缘应呈圆弧形，应无目测可见的凹凸等痕迹；壳体为金属材料时，所有铆接面应平整，无毛刺、裂纹等缺陷；壳体为工程塑料时，表面应无气泡、开裂等缺陷。

4.2.2 防坠器及连接器应标明产品型号、安装方向、等级（如长度、载荷等）标识、商标（或生产厂名）、生产日期等，各部件应完整无缺、无锈蚀及破损。

4.2.3 速差式防坠器内置的钢丝绳，其各股均应绞合紧密，不应有叠痕、突起、弯折、压伤、错乱交叉、灼伤及断股的钢丝；速差式防坠器内置的合成纤维带应柔软、耐磨，其表面、边缘、软环处应无擦破、割断或灼烧等损伤。

4.2.4 连接绳（带）应质地均匀、柔软、耐磨；绳中各股均应绞合紧密，不应有错乱交叉、灼烧及断股等损伤；带体应为复合堆积，统一编织，不应有切口、灼烧及断丝等损伤。

4.2.5 连接器边缘应呈圆弧形，应无棱角、毛刺，不应有裂纹、明显压痕和划伤等缺陷。

4.2.6 织带型缓冲器一般利用撕开缝制的扁织带吸收下坠的动力。织带型缓冲器应有明显的释放长度标识，扁织带表面、边缘、软环处应无擦破、切口或灼烧等损伤，缝合部位无绷裂现象。

4.3 结构

4.3.1 防坠器各部件应连接牢固，有防松动措施，应保证在作业中不松脱。

4.3.2 速差式防坠器典型结构和主要零部件示意图如图1所示。

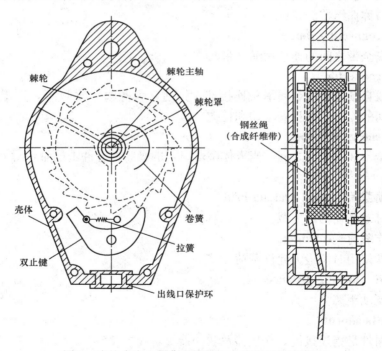

图1 速差式防坠器典型结构和主要零部件示意图

4.3.2.1 速差式防坠器内置的钢丝绳，绳端环部接头宜采用铝合金套管压接方式，套管壁厚应不小于3mm，长度应不小于20mm。

4.3.2.2 速差式防坠器内置的合成纤维带，带体两端环部接头应采用缝合方式，缝合末端会缝应不少于13mm，且应增加一道十字或川字缝合线。

4.3.2.3 速差式防坠器的出线口应设置避免钢丝绳或合成纤维带磨损的保护措施。

4.3.3 导轨式防坠器结构型式多样，主要零部件有壳体、轴销、卡板（或棘轮）及导向轮等。

4.3.4 绳索式防坠器典型结构和主要零部件示意图如图2所示。

4.3.5 连接绳。

4.3.5.1 连接绳两端环部接头应采用镶嵌方式，且每绳股应连续镶嵌4道以上，宜设置防磨损塑胶防护套。

4.3.5.2 系于前胸的连接绳长度应不大于0.4m；系于背部的连接绳长度应不大于0.8m。连接绳直径宜控制在12.5～16mm。

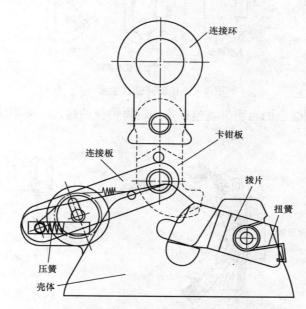

图2 绳索式防坠器典型结构和主要零部件示意图

4.3.6 连接器。

4.3.6.1 连接器的结构分对称型〔如图3a）所示〕和非对称型〔如图3b）所示〕。

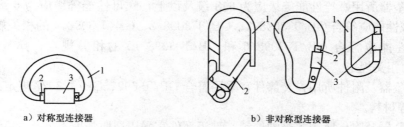

a）对称型连接器 b）非对称型连接器

图3 连接器结构示意图
1—扣体；2—闸门；3—锁套

4.3.6.2 连接器应操作灵活，扣体钩舌和闸门的咬口应完整，两者不应偏斜，并有保险设置，连接器应经过两次及以上的手动操作才能开锁，如图4所示。

235

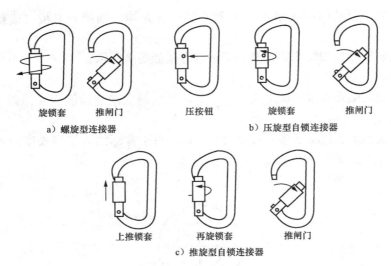

旋锁套　　　推闸门 　　　　压按钮 　　　旋锁套 　　　推闸门

a）螺旋型连接器 　　　　　　　b）压旋型自锁连接器

上推锁套 　　　再旋锁套 　　　推闸门

c）推旋型自锁连接器

图 4　连接器开锁示意图

4.3.7 织带型缓冲器缝合的扁织带宜包裹热塑材料等保护套，其典型结构和主要部件示意图如图 5 所示。

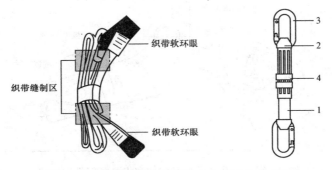

织带软环眼

织带缝制区

织带软环眼

图 5　织带型缓冲器典型结构和主要部件示意图
1—扁织带；2—织带保护套；3—连接器；4—织带缝合区

4.4　材料及工艺要求

4.4.1 基本要求。

4.4.1.1 防坠器所用螺栓性能等级应为 6.8 级及以上，螺母性能等级应为 6 级及以上；热镀锌后的机械性能应符合 GB/T 3098.1、GB/T 3098.2、GB/T 3098.4 的相关规定；不锈钢材料的机械性能应符合 GB/T 3098.6 和 GB/T 3098.15 的相关规定；弹簧垫圈应符合 GB/T 94.1 的相关规定。

4.4.1.2 防坠器及附件所用弹簧部件宜采用符合 GB/T 699、GB/T 3077 规定的 65Mn、70 及 60Si$_2$Mn 等材料。

4.4.1.3 防坠器及附件所用各类轴、销、键等部件宜采用屈服强度不低于 345MPa 的材料，并符合 GB/T 699、GB/T 1591 或 GB/T 1220 的相关规定，应进行调质处理，硬度HRC 35～45。

4.4.1.4 连接绳、缓冲器所用编织绳或带应符合 GB 6095 的规定，使用锦纶、高强涤纶、蚕丝等材料。

4.4.1.5 除速差式防坠器的棘轮外，其余受力部件不应采用铸造方式制造。

4.4.1.6 防坠器及连接器的金属表面应进行防腐处理；防坠器内置的钢丝绳及各类紧固件应采取热镀锌的方法防腐（不锈钢丝绳及不锈紧固件除外）；所有塑料件应具有良好的防老化性能（含进行防老化处理）。

4.4.2 速差式防坠器。

4.4.2.1 壳体为金属件时，宜采用符合 GB/T 1173 规定的 ZLD102 等铸造铝合金材料或 GB/T 15115 规定的 YL102 等压铸铝合金材料。壳体为塑料件时，宜采用增强 ABS 塑料（丙烯腈—丁烯—苯乙烯）或 PBTP 塑料（聚对苯二甲酸丁二醇酯）等材料。

4.4.2.2 棘轮宜采用屈服强度不低于 245MPa 的铸钢材料，并符合 GB/T 700、GB/T 1591 的相关规定；也可采用屈服强度不低于 250MPa 的锻铝材料，并符合 GB/T 3190 的相关规定。

4.4.2.3 棘轮罩宜采用符合 GB/T 1173 规定的 ZLD102 等铸造铝合金材料或 GB/T 15115 规定的 YL102 等压铸铝合金材料。

4.4.2.4 双止键宜采用符合 GB/T 699 规定的 45 号钢等材料。

4.4.2.5 出线口保护环宜采用耐磨性好、硬度适中的符合 GB/T 5231 规定的 ZH62 铸铜等材料。

4.4.2.6 内置的钢丝绳应符合 YB/T 5197 或 GB/T 9944 的相关规定，宜采用 1×19 单股型，钢单丝公称抗拉强度应不小于 1770MPa。

4.4.2.7 内置的合成纤维带应符合 GB 6095 的相关规定，使用锦纶、高强涤纶、蚕丝等材料。

4.4.3 导轨式防坠器。

4.4.3.1 壳体、卡板等部件宜采用屈服强度不低于 245MPa 的整锻或整轧材料，并符合 GB/T 699、GB/T 700、GB/T 1591 的相关规定；也可采用屈服强度不低于 250MPa 的锻铝材料，并符合 GB/T 3190 的相关规定。

4.4.3.2 导向轮等宜采用增强 ABS 塑料（丙烯腈—丁烯—苯乙烯）或 PBTP 塑料（聚对苯二甲酸丁二醇酯）等材料。

4.4.4 绳索式防坠器。

壳体、连接环、连接板、卡钳板、拨片等部件宜采用屈服强度不低于 245MPa 的整锻或整轧材料，并符合 GB/T 699、GB/T 700、GB/T 1591 的相关规定；也可采用屈服强度不低于 250MPa 的锻铝材料，并符合 GB/T 3190 的相关规定。

4.4.5 连接器。

扣体、闸门、锁套等部件宜采用屈服强度不低于 300MPa 的锻铝材料，并符合 GB/T 3190 的相关规定；也可采用屈服强度不低于 300MPa 的材料，并符合 GB/T 700、GB/T 1591 的相关规定。连接器应采用整锻方式制造。

4.5 性能

4.5.1 基本要求。

4.5.1.1 防坠器及附件的使用环境温度应适用：−35℃～＋50℃。

4.5.1.2 防坠器及附件额定制动载荷为 120kg，额定工作载荷为 100kg。

4.5.1.3 防坠器在不小于 15kN 的静载荷作用下保持 5min，应无肉眼可见的变形损坏，能正常安装或拆卸；整体破断力应不小于 22kN。

4.5.1.4 防坠器在（−35±2)℃～（＋50±2)℃范围内、干燥状态下，承受额定制动载荷坠落时，应无损坏，且锁止距离不大于0.6m；承受额定工作载荷坠落时，锁止距离不大于0.4m。防坠器（导轨式或绳索式）在浸水及浸油状态下，承受额定制动载荷坠落时，应无损坏，且锁止距离不大于0.7m；承受额定工作载荷坠落时，锁止距离不大于0.5m。

4.5.1.5 防坠器承受额定制动载荷坠落时，冲击力应小于9kN；承受额定工作载荷坠落时，冲击力应小于6kN。

4.5.1.6 防坠器、连接器从1m高处自由坠落至水泥地面后，应不影响其性能，并能正常工作。

4.5.1.7 防坠器出厂到停止使用的有效年限为4a，防坠器开始使用至应停止使用的有效年限为3a。防坠器及附件经坠落、冲击动作后必须整体报废。

4.5.2 速差式防坠器。

4.5.2.1 防坠器拉出的钢丝绳（或合成纤维带）卸载或锁止卸载后，即能自动回缩，不应有卡绳（或卡带）现象。经疲劳试验后，应无损伤。

4.5.2.2 防坠器应设置能识别是否发生过坠落、冲击动作的安全标识，如图6所示的下坠指示器等。

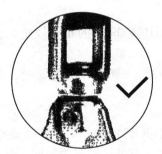

图6　速差式防坠器下坠指示器示意图

4.5.3 导轨式防坠器。

4.5.3.1 应保证至少需要两个连贯的手动操作才能将防坠器安装在导轨上（或从导轨上拆卸），且保证防坠器与导轨之间配合紧密，不能脱离导轨移动。

4.5.3.2 防坠器应能轻松沿导轨移动，并可在任何位置有效锁止而不下滑。经疲劳试验后，应无损伤。

4.5.4 绳索式防坠器。

4.5.4.1 应保证至少需要两个连贯的手动操作才能将防坠器安装在绳索上（或从绳索上拆卸），且保证防坠器与绳索之间配合紧密，不能脱离绳索移动。

4.5.4.2 防坠器在绳索上应能轻松上下移动，并能在任何位置有效锁止而不下滑。经疲劳试验后，应无损伤。

4.5.5 连接绳。

4.5.5.1 连接绳在不小于15kN的静载荷作用下保持5min，应无断股现象。

4.5.5.2 连接绳的整体破断力应不小于22kN。

4.5.6 连接器。

4.5.6.1 连接器在不小于15kN的静载荷作用下保持5min，应无肉眼可见的变形损坏。

4.5.6.2 对称型连接器在闸门闭合状态下，长轴方向的破断力应不小于20kN，对称三角方向的破断力应不小于20kN；短轴方向的破断力应不小于15kN，在闸门开启状态下，长

238

轴方向的破断力应不小于7kN。

4.5.6.3 非对称型连接器在闸门闭合状态下，长轴方向的破断力应不小于25kN，短轴方向的破断力应不小于7kN；在闸门开启状态下，长轴方向的破断力应不小于7kN。

4.5.7 织带型缓冲器。

织带型缓冲器承受的静载荷不大于2.5kN时，外裹的塑料包、内部缝合部位不应开裂；承受的载荷达到6.0kN时，外裹的塑料包、缝制的扁织带应开裂，且撕开扁织带的功能不应受天气的影响；缓冲器整体破断力应不小于22kN（如图7所示）。织带型缓冲器承受冲击试验后，外裹的塑料包、缝制的扁织带应快速由外层向内层逐层绷裂、撕开，但不应断裂。

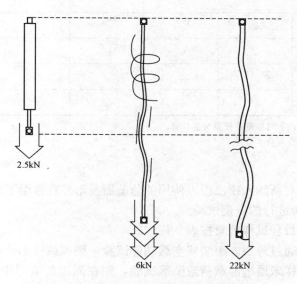

图7 织带型缓冲器承载示意图

5 试验方法及验收规则

5.1 试验方法

防坠器及附件试验分为型式试验和预防性试验。

5.2 型式试验

5.2.1 在下列情况下，应对产品进行型式试验：

a）新产品投产前的定型鉴定；

b）产品的结构、材料或制造工艺有较大改变，影响到产品的主要性能时。

5.2.2 型式试验是对某型号规格防坠器及附件，按规定的试验项目和试验条件所进行的试验，主要检验防坠器及附件整体的安全可靠性能。用于型式试验的防坠器及附件试样应从批量（基数不小于50套）的同规格型号产品中随机抽取。

5.2.3 型式试验项目和试样数量按表1规定。

5.2.3.1 如试样全部符合要求，则该型号规格的产品合格。

5.2.3.2 如有一套试样不能通过某项试验，则在同种产品中抽取原试样数量的两倍，重做该项试验，如符合要求，则该种产品合格。如仍不符合要求，则该种产品不合格。

239

表 1 型式试验项目和试样数量

序号	试验项目		试样名称						试样数量（件）
			速差式防坠器	导轨式防坠器	绳索式防坠器	连接绳	连接器	缓冲器	
1	外观、组装		√	√	√	√	√	√	10
2	空载动作		√	√	√				3
3	静载荷		√	√	√	√	√		3
4	坠落		√	√	√				2
5	冲击		√	√	√			√	2
6	抗跌落		√	√	√		√		1
7	耐候性	高低温	√	√	√	√	√	√	各 2[1]
		水、油		√	√				各 2
8	疲劳		√	√	√				1

1) 对称型连接器为各 4 套，非对称型连接器为各 3 套。

注："√"表示必须做的试验项目。

5.3 预防性试验

5.3.1 预防性试验是对新购入或已投入使用的防坠器及附件在常温下，按规定的试验项目、试验条件和试验周期所进行的定期试验。

5.3.2 预防性试验项目和试样数量按表 2 规定。

5.3.2.1 如试样不能通过外观、组装或空载动作试验，则该试样不合格。

5.3.2.2 如有一套试样未通过静载荷或坠落试验，则在同批防坠器中抽取原试样数量的两倍，重做静载荷或坠落试验，如符合要求，则该批防坠器仍可使用。如仍有一套试样不符合要求，则该批防坠器应全部停止使用。

5.3.2.3 预防性试验周期为 1a。

表 2 预防性试验项目和试样数量

序号	试验项目	试样名称/试验要求						试样数量（件）
		速差式防坠器	导轨式防坠器	绳索式防坠器	连接绳	连接器	缓冲器	
1	外观、组装	√	√	√	√	√	√	整批
2	空载动作	√	√	√				整批
3	静载荷	√	√	√	√	√	√	同批次总数的 2%
4	坠落	√	√	√				同批次总数的 1%

注：1. 不足 1 件时按 1 件计。

2. 静载荷试验不做破坏性试验。

3. 坠落试验时使用额定工作载荷。

5.4 试验方法

5.4.1 外观、组装检验。

防坠器及附件的外观、组装质量以目测检查为主，应符合4.2、4.3的相关规定。

5.4.2 空载动作试验。

5.4.2.1 将速差式防坠器钢丝绳（或合成纤维带）在其全行程中任选5处，进行拉出、制动试验，防坠器应符合4.5.2.1的规定。

5.4.2.2 将导轨式防坠器在垂直导轨的1.2m范围内，连续5次进行移动（手提或推动）、制动试验，防坠器应符合4.5.3.2的规定。

5.4.2.3 将绳索式防坠器在垂直绳索的1.2m范围内，连续5次进行上下移动（手提或推动）、制动试验，防坠器应符合4.5.4.2的规定。

5.4.3 静载荷试验。

5.4.3.1 将防坠器按工作状态安装，对防坠器沿垂直方向施加不小于15kN的静载荷，保持5min，试样应符合4.5.1.3的规定；对防坠器沿垂直向下方向施加静载荷，直至断裂，整体破断力应符合4.5.1.3的规定。

5.4.3.2 对连接绳沿轴向施加不小于15kN的静载荷，保持5min，试样应符合4.5.5.1的规定；对连接绳沿轴向施加静载荷，直至连接绳断裂，连接绳整体破断力应符合4.5.5.2的规定。

5.4.3.3 对连接器沿轴向施加不小于15kN的静载荷，保持5min，试样应符合4.5.6.1的规定；将对称型连接器施加静载荷［如图8a）所示］，直至断裂，破断力应符合4.5.6.2的规定；将非对称型连接器施加静载荷［如图8b）所示］，直至断裂，破断力应符合4.5.6.3的规定。

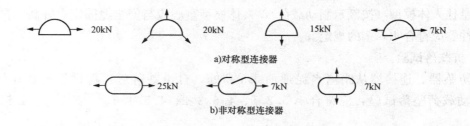

图8　连接器破断力试验示意图

5.4.3.4 对织带型缓冲器进行整体静载荷考核试验，应符合4.5.7的规定。

5.4.4 坠落试验。

5.4.4.1 速差式防坠器坠落试验，按GB/T 6096中的规定，将防坠器上部固定，下部悬挂人体模型（按额定制动载荷和额定工作载荷两类），试验时预拉出钢丝绳（或合成纤维带）0.8m并做零点标识，保证悬挂点到释放点水平距离小于300mm；自由坠落后，锁止距离应符合4.5.1.4的规定；试验布置图见图A.1。

5.4.4.2 导轨式防坠器坠落试验，将防坠器安装在干燥垂直的导轨架上，悬挂人体模型（按额定制动载荷和额定工作载荷两类），人体模型重心应高于防坠器中心0.5m、距地面3m

以上，并在导轨上做零点标识，保证悬挂点到释放点水平距离小于300mm；自由坠落后，锁止距离应符合4.5.1.4的规定；试验布置图见图A.2。

5.4.4.3 绳索式防坠器坠落试验，按GB/T 6096中的规定，将防坠器安装在上部固定的垂直绳索上，悬挂人体模型（按额定制动载荷和额定工作载荷两类），人体模型重心应高于防坠器中心0.5m、距地面3m以上，并在绳索上做零点标识，保证悬挂点到释放点水平距离小于300mm；自由坠落后，锁止距离应符合4.5.1.4的规定；试验布置图见图A.3。

5.4.5 冲击试验。

5.4.5.1 速差式防坠器冲击试验，按GB/T 6096中的规定，将防坠器上部固定，下部悬挂人体模型（按额定制动载荷和额定工作载荷两类），试验时预拉出钢丝绳（或合成纤维带）0.8m，保证悬挂点到释放点水平距离小于300mm；自由坠落后，冲击力应符合4.5.1.5的规定；试验布置图见图A.1。

5.4.5.2 导轨式防坠器冲击试验，将防坠器安装在干燥垂直的导轨架上，悬挂人体模型（按额定制动载荷和额定工作载荷两类），人体模型重心应高于防坠器中心0.5m、距地面3m以上，保证悬挂点到释放点水平距离小于300mm；自由坠落后，冲击力应符合4.5.1.5的规定；试验布置图见图A.2。

5.4.5.3 绳索式防坠器冲击试验，按GB/T 6096中的规定，将防坠器安装在上部固定的垂直绳索上，悬挂人体模型（按额定制动载荷和额定工作载荷两类），人体模型重心应高于防坠器中心0.5m、距地面3m以上，保证悬挂点到释放点水平距离小于300mm；自由坠落后，冲击力应符合4.5.1.5的规定；试验布置图见图A.3。

5.4.5.4 织带型缓冲器冲击试验，按GB/T 6096中的规定，取一长度不大于1.2m的安全绳，一端连接于离地面5m以上的固定点，另一端与缓冲器上部软环眼连接，将缓冲器下部软环眼悬挂人体模型（按额定制动载荷），人体模型重心应与安全绳固定点等高，自由坠落后，缓冲器应符合4.5.7的规定。

5.4.6 抗跌落试验。

将防坠器、连接器从距离水泥地面1m高处，自由跌落后，再进行空载动作试验、额定制动载荷坠落试验，应符合4.5.2.1、4.5.3.2、4.5.4.2、4.5.1.4、4.5.1.6的规定。

5.4.7 耐候性试验。

5.4.7.1 将同型号规格两套防坠器分别放置于−35℃、+50℃恒温箱中静置24h，从恒温箱取出后在0.5h内完成空载动作试验、坠落试验和冲击试验（额定工作载荷）；速差式防坠器应符合4.5.2.1、4.5.1.4、4.5.1.5的规定，导轨式防坠器应符合4.5.3.2、4.5.1.4、4.5.1.5的规定，绳索式防坠器应符合4.5.4.2、4.5.1.4、4.5.1.5的规定。

5.4.7.2 将同型号规格两套防坠器分别在浸水（浸入温度为10℃~30℃的水中1h）和浸油（浸入温度为10℃~30℃的柴油中1h后，再静止挂沥1h）状态下，完成空载动作试验、坠落试验和冲击试验（额定工作载荷）；导轨式防坠器应符合4.5.3.2、4.5.1.4、4.5.1.5的规定，绳索式防坠器应符合4.5.4.2、4.5.1.4、4.5.1.5的规定。

5.4.7.3 将两根连接绳分别放置于－35℃、＋50℃恒温箱中静置 24h，从恒温箱取出后在 15min 内完成静载荷试验，应符合 4.5.5 的规定。

5.4.7.4 将连接器（对称型 4＋4 套，非对称型 3＋3 套）分别放置于－35℃、＋50℃恒温箱中静置 24h，从恒温箱取出后在 15min 内完成静载荷试验，应符合 4.5.6 的规定。

5.4.7.5 将两套织带型缓冲器分别放置于－35℃、＋50℃恒温箱中静置 24h，从恒温箱取出后在 0.5h 内完成整体静载荷考核试验，应符合 4.5.7 的规定。

5.4.8 疲劳试验

5.4.8.1 将速差式防坠器钢丝绳（或合成纤维带）任选拉出一定长度（以方便操作为宜），进行快速拉出、制动及回收试验，如此循环操作 1000 次后，防坠器应符合 4.5.2.1 的规定。

5.4.8.2 将导轨式防坠器安装在导轨上端，防坠器连接绳下端悬挂 5kg 的物体，在一定的长度范围内，对防坠器进行上下移动（手提或推动）、制动试验，如此循环操作 1000 次后，防坠器应符合 4.5.3.2 的规定。

5.4.8.3 绳索式防坠器安装在绳索上端（此时绳索下部应锚固），防坠器连接绳下端悬挂 5kg 的物体，在一定的长度范围内，对防坠器进行上下移动（手提或推动）、制动试验，如此循环操作 1000 次后，防坠器应符合 4.5.4.2 的规定。

5.5 验收规则

5.5.1 产品应由制造厂的质量检验部门检验合格后方能出厂，出厂试验可依据预防性试验的要求进行，出厂产品应附有质量检验合格证。

5.5.2 产品应按规定的试验进行验收。

5.5.3 制造厂和用户对验收如有争议，应由双方认可的权威机构进行仲裁试验。

6 标志、包装及运输

6.1 标志

在防坠器及附件的明显位置应有清晰的永久性标志，其内容包括：

a) 产品型号（含厂家生产批次或序号）；

b) 安装方向、等级标识；

c) 商标（或生产厂名）；

d) 生产日期。

6.2 包装

每件防坠器及附件均应有合适的包装袋（盒），并附有产品说明书、产品合格证。产品说明书中应包括：

a) 用户须知（或安全警告）；

b) 产品型号；

c) 使用方法；

d) 检查程序、维护（或保养）方法及报废准则等。

6.3 运输

防坠器在运输中，应防止雨淋，勿接触腐蚀性物质。

附 录 A

（规范性附录）

防坠器试验布置图

图 A.1～A.3 给出了防坠器试验布置图。

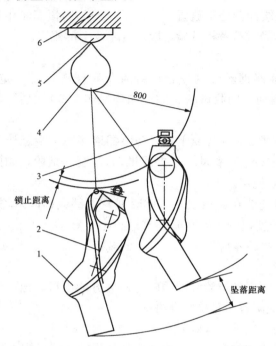

图 A.1　速差式防坠器试验布置图

1—模拟人；2—安全带；3—悬吊机构；4—速差式防坠器；5—传感器；6—测试台架

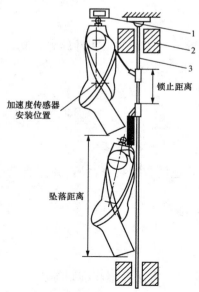

图 A.2　导轨式防坠器试验布置图

1—悬吊机构；2—支点；3—导轨

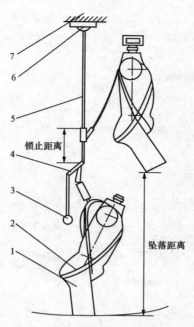

图 A.3　绳索式防坠器试验布置图

1—模拟人；2—安全带；3—重锤；4—绳索式防坠器；5—绳索；6—传感器；7—测试台架

架空配电线路带电安装
及作业工具设备

DL/T 858—2004

电力建设卷（上册）

目　次

前　　言

本标准是根据原国家经贸委电力司《关于确认 1999 年度电力行业标准制、修订计划项目的通知》（电力〔2000〕22 号）的任务而编制的。本标准修改采用 IEC 61911：1998《架空配电线路带电安装及作业工具设备》。

修改之处：IEC 61911 所定义的术语较多，达 100 余条。但在转化 IEC 60743 时已将大部分术语在 GB/T 14286 中采用，因而本标准删去了重复定义的术语，只保留了本标准独有的术语 11 条。附录 B 列出了本标准第 3 章条编号与 IEC 61911：1998 第 3 章条编号的对照。

本标准规定了架空配电线路带电安装及作业工具设备的分类、作业方法、接地及测试等。

本标准的附录 A 为规范性附录、附录 B 为资料性附录。

本标准由中国电力企业联合会提出。

本标准由全国带电作业标准化技术委员会归口。

本标准主要起草单位：武汉高压研究所、两锦电业局。

本标准主要起草人：易辉、薛岩、刘劲松、胡毅、张丽华。

本标准由武汉高压研究所负责解释。

架空配电线路带电安装及作业工具设备

1 范围

本标准规定了架空配电线路带电安装及作业工具设备的分类、作业方法、接地及测试等。

本标准适用于交流 35kV 及以下架空配电线路（包括采用裸导线及绝缘包覆导线的线路、不包括电缆线路）进行带电安装、作业的设备。

2 规范性引用文件

下列文件中的条款通过本标准的引用而成为本标准的条款。凡是注日期的引用文件，其随后所有的修改单（不包括勘误的内容）或修订版均不适用于本标准，然而，鼓励根据本标准达成协议的各方研究是否可使用这些文件的最新版本。凡是不注日期的引用文件，其最新版本适用于本标准。

GB/T 14286 带电作业工具设备术语 （IEC 60743：2001 terminology for live working MOD）

GB/T 16927.1 高电压试验技术 第一部分：一般试验要求 （eqv IEC 60060-1：1989 high-voltage test techniques）

IEC 61230 带电作业用便携式接地或短路及接地装置

3 术语和定义

除 GB/T 14286 中的术语和定义外，下列术语和定义适用于本标准。

3.1 锚点 anchor site

为了方便导线绞接、牵引和紧线而放置的导线暂时固定点，其锚的放置位置一般沿配电线路。

3.2 吊篮 bucket；basket

附属在架线卡车、起重机或空气千斤顶的吊杆顶部，以便在升高的工作位置上支撑工作人员的装置。

3.3 间隙 gap

在不同电压等级的带电两导线之间，在导线和支撑物或其他设备之间，或在导线和大地之间的最小距离。

3.4 跨越架 crossing structure

由杆、管或其他材料制成的构架，有的附有起重机，有的还使用绳网。

跨越架使用在当在道路、动力线路、通信回路、高速公路或铁路之上架线时，保护架线时，由于设备故障、牵引绳破损、张力消失等原因而使导线不致掉入下方的设施上。

3.5 测力计 dynamometer

用来测量导线上的负荷或拉力的装置。

3.6 接地线夹 earth clamp

直接连接接地电缆、短路电缆，或者分组连接接地导线或接地极的一个部件。

3.7 接地系统 earthing system

在一个特定的区域内，接地装置相互联系在一起构成一个系统，例如牵引区等。

3.8 电磁场感应 electromagnetic field induction

由电压和电流感应所产生的一种现象。主要由电压所引起的，称其为电场感应；而主要由电流所引起的，称其为磁场感应。

3.9 静电感应 electric field induction

在导电物体或电气回路中由时变电场所产生的电压或电流的过程。

3.10 中断期 outage

回路即使带电也不具备工作的条件，即带电也无法工作。

3.11 接触电压 touch voltage

在接地的金属构架和地表上某点之间的电位差，由最大水平区域内等值距离大约 1m 来确定。这一电位差是由感应或故障条件产生的，也可能两者兼有，这种电位差会引起触电危险。

4 危及作业安全的基础理论分析

在配电线路安装导线及作业的过程中，保护全体作业人员的安全是十分重要的。危险的产生源于线路带电、感应或静电充电。而在作业区域适当的位置，布置完备的接地系统，采用正确的作业方式和设备，作业人员经过专门的培训，就可以避免危险，从而确保全体作业人员的安全。

在导线架设的过程中，充电可能会出现在一段正在安装的导线上，或者架线设备及其附属设备上，这是由于以下原因：

a）新架设的导线偶然接触了邻近工作点的原有的带电导线，这种情况最容易造成触电伤害。尤其是在位于闹市区施工，在不能停电的线路附近安装架设新的配电线路的情况。

b）操作错误而导致正在安装的导线意外带电。

c）由于邻近的带电输电线路在安装作业的导线中感应出电压和电流。

d）雷击正在安装的导线或作业设备，例如雷击在架线作业中卷缠的绳索。

e）由大气条件或电容耦合引起的对导线或绳索的静电充电。

雷击、偶然与一根带电导线相连、操作错误，由这些原因产生的危险普遍较为熟悉。但感应电压和电流产生的危险却较少了解。因此应特别注意由感应产生的危险与上面所指出的其他原因产生的危险之间的不同，即感应会持续，与线路带电一样长久，而不像闪电或故障电流只是一个暂态过程。

注：在下面的例子中，感应现象出现在导线中，但同样的结果和危险会发生在导线牵引过程中，即传导（金属）牵引或引导绳之中。

4.1 附近电路的感应

由附近交流输电线路所引起的通常有两种感应形式，即电场和磁场，且与电压和电流有关。

如果附近线路是带电的直流输电线路，感应的电荷是由于离子迁移，并且比附近是交流线路产生更高的电压。而磁场感应只与波动影响有关，但一般比附近是交流线路的情况要低得多。

4.1.1 电场感应电压。

带电导线周围的电场，将在位于附近的包覆绝缘且没有接地的导电物体上产生电荷（见图1）。这种电荷产生的电压取决于电源电压的数量和几何形状。如果电路没有接地，感应电压可能为带电线路电压的30%。这种感应电压可以由计算得出。而正在安装的新导线在任何点接地，电荷就会降到零，感应电压也会消失。

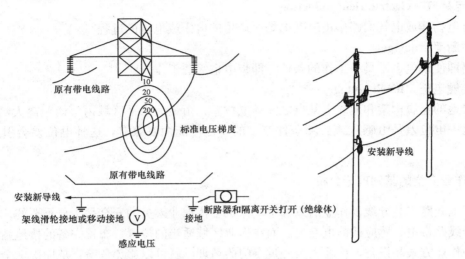

图1　平行导线上的电场感应电压

4.1.2 电场感应电流。

对于交流系统，带电线路和正在安装的接地导线如同电容器的极板，充电电流将会出现并流过它们之间的空气间隙（见图2），有两点应该考虑：

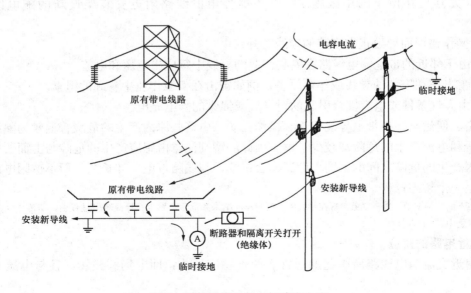

图2　平行导线上的电场感应电流

a）如果在带电导线和新的正在安装的导线之间平行的长度是等长的，新安装的导线上感应电流可能会达好几安培。电流将会通过暂时接地点从导线流向地。

b）如果暂时接地有缺陷，而没有将导线对地连接，将产生电容电压。如果此时工作人员试图接触导线或连接部分，他将会遭受危险的电流，随之而来的是稳态电流。因此，工作人员应该避免接近导线或连接部分，因为感应电压有可能高到导致电弧放电。同样，应该注意到在接触后产生的稳态电容电流可能会达到危险的能级。

4.1.3 磁场感应-电流。

除了附近带电线路的电压产生的电场外，还有在带电线路中流动的电流产生的影响。

带电的导线和附近正在安装的导线可以看作是空心变压器的主绕组和副绕组。

如果新导线有两处接地，则像空心变压器的二次侧，通过大地这个短回路。一个循环电流将沿着新导线流动，经过一个接地点入地，向上经另一个接地点形成回路［见图 3a)］。此电磁场电流与带电线路的电流成比例，并且与系统的几何形状和阻抗有关。

如果应用了多处的接地，就会形成多个回路，每个回路都传送电流［见图 3b)］，而中间接地极电流将会消失。

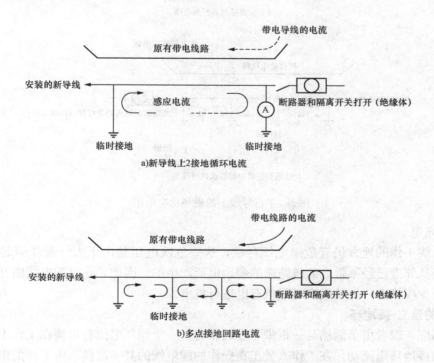

图 3 平行电路上的磁场感应电流

如果在临近回路的接地阻抗有很大的差异，例如在一个回路中有一个湖，而另一个回路是岩石，则中间的接地能传送几乎全部的循环电流。

如果与带电线路有导线交叉，则感应电流的相角将会沿线路而不同，并且也能在接地中产生大的循环电流。

当在一个重负载的带电线路附近工作时，或者故障发生在带电线路附近时，在正在安装的新导线中的感应电流会很大，并会影响接地装置。

4.1.4 磁场感应-电压。

如果正在安装的新导线仅有一点接地（此时将原有带电线路及新安装的导线视为空心变压器），此接地点位于新导线的一端，此时，在新导线的另一端将会产生一个开路电压，这一电压与接地点的距离成正比，即当新导线与带电导线平行时，距接地点越远，开路电压越高〔见图4a)〕。

对于带电导线和正在安装的新导线之间的一直是平行线的情况，该电压能高到足以引起危险。可以用连续接地技术来限制。新导线被中部接到进行分割，分割的长度以限制开路电压为原则，但接地点是连续且移动的〔见图4b)〕。

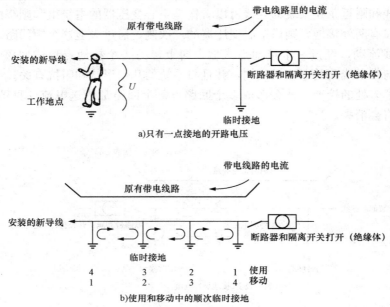

a)只有一点接地的开路电压

b)使用和移动中的顺次临时接地

图4 平行导线上的磁场感应电压

4.2 静电充电

在配电线工作的地方仍有危险电压存在，这一危险电压是由于大气条件引起的静电充电，或者是从邻近已经不带电的线路来的剩余电荷产生的。因此，在对配电线路开始任何工作之前，至少应该有一点接地来对静电充电进行放电。

4.3 电压的建立-接地环

由于感应，或者由于偶然与一根带电导线相连，一个循环电流有可能在工作人员正在工作的导线的接地环里流动。在工作人员正在操作的配电线的某一区段，由于环的阻抗，将会在工作区域产生一个危险的电位差。

因此，接地系统应该在工作区域的两侧应用，即使线路是孤立段并接地时，仅依靠一点接地是不够的。

5 导线牵引方法和设备

在电力系统中普遍用来安装配电导线的牵引方法很多。以下是普遍使用的基本方法，但有时要进行一些修改来适应已有的可用设备。这些方法同样要看架设的配电线的形状和尺寸，架设导线的地域和线路是否是在拥挤的市区或是相对开阔的农村。

254

安装配电导线通常每次安装一根，但在实际架设施工中，常用一个多股导线紧线器和一个连接线板，每次安装所有三相线和附加的中性线。包覆绝缘的导线可以将三根或四根与吊线缠在一起作为一捆。这捆导线常常以同样的方式装在构架上作为一根导线。

牵引设备的电气和机械特性十分重要，应予以特别重视。

5.1 松弛牵引方法

松弛牵引的方法在图 5a）和图 5b）中说明。

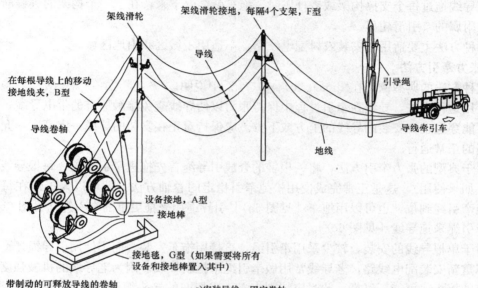

a)安装导线—固定卷轴

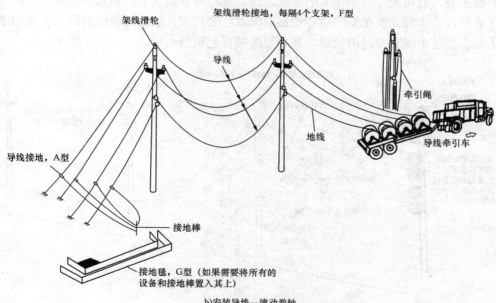

b)安装导线—滚动卷轴

图 5　松弛架线法

有两种常用的松弛牵引方法。

a）固定卷轴的方法：当导线卷轴位于牵引部分的末端，导线用拖车沿着可通行的道路

拖拉 [见图 5a)]。

　　b) 滚动卷轴的方法：卷轴沿着公共道路在拖车后面的挂点上拖，或者是在卡车的背部，导线沿着正确方向牵引 [见图 5b)]。

　　导线卷轴是夹在卷轴架里，可以搁置在地面上，也可以安装在拖车上（卷轴运载）。这些架子是用来在轴上支撑卷轴，当导线拖完后允许它反转。当牵引停止时，常有一个制动的设备来阻止卷轴旋转。

　　当导线拖过每个支撑构架或者杆塔时，拖车就会停下来，在下一个构架的进程前导线放在构架附属的牵引滑轮里。

　　这种方法主要适用于安装农村配电线路，不适用于城区和山地区域。

5.2　张力牵引方法

　　这种方法的典型例子在图 6a)、b)、c)、d) 中说明。

　　使用这种方法，导线在牵引过程中保持张力以使导线避免接触原有的带电导线，带电导线有可能穿过正在安装的导线的上方或下方。应保持对正在安装的导线一定高度，允许公路或铁路的正常通行。

　　对于典型的张力牵引方法，将一根轻的合成引导绳首先拖进牵引滑轮，每根导线加上中性线（如果使用），这是正常完成使用松弛牵引稳定的卷轴方法，即可以人工地在每个支撑结构拖牵引绳到位，也可以用拖车 [见图 6a)] 引导绳用来拖更重的牵引绳 [见图 6b)]。然后用牵引绳来拖导线 [见图 6c)]。

　　对于单根导线的安装，较少采用牵引绳，直接用拖车安装，而不使用引导绳。

　　当重新安装配电线路，老导线常用做牵引绳来拖新导线。因为老导线的机械强度，尤其是原有的接头，可能不可靠，此时应特别小心。应把旧的接头缠绕在卷线器的卷线滑轮上，当接头被折叠，有可能导致旧接头的突然断裂，这样将会造成不可预见的事故。

　　正确的操作步骤是当接头到达卷线器前时就将之切掉，然后用编织的线夹夹住切断的导线的末端。当这个线夹穿过滑轮组，并在导线缠在卷轴前去掉。

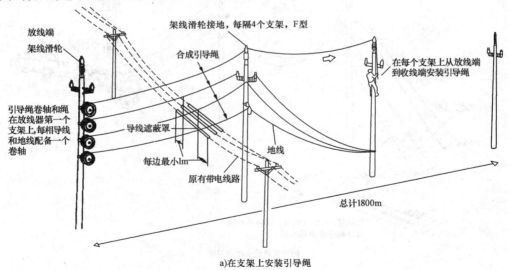

a)在支架上安装引导绳

图 6　典型张力架线方法（一）

256

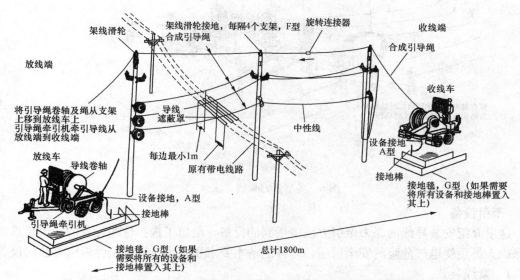

架线滑轮

架线滑轮接地，每隔4个支架，F型
合成引导绳

旋转连接器

收线端

合成引导绳

放线端

将引导绳卷轴及绳从支架
上移到放线车上
引导绳牵引机牵引线从
放线端到收线端

导线
遮蔽罩

中性线

收线车

放线车

导线卷轴

每边最小1m

设备接地
A型

引导绳牵引机

设备接地，A型

原有带电线路

接地棒

接地棒

接地毯，G型（如果需要
将所有设备和接地棒置入
其上）

接地毯，G型（如果
需要将所有的设备和
接地棒置入其上）

总计1800m

注：放线车到第一个支架的距离与收线车到最后一个支架的距离之和最小应等于架线滑轮与机器之间高度的3倍。

b)安装牵引绳

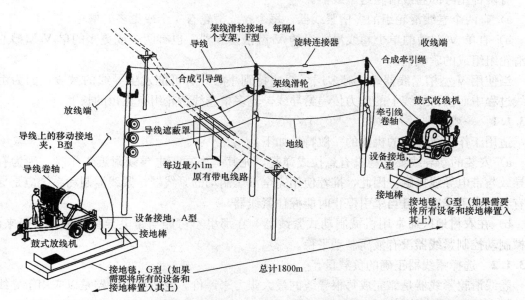

架线滑轮接地，每隔4
个支架，F型

导线

旋转连接器

收线端

合成引导绳

合成牵引绳

放线端

架线滑轮

鼓式收线机

导线上的移动接地
夹，B型

导线遮蔽罩

地线

牵引线
卷轴

导线卷轴

每边最小1m

设备接地，
A型

原有带电线路

接地棒

鼓式放线机

设备接地，A型

接地棒

接地毯，G型（如果需要
将所有设备和接地棒置入
其上）

接地毯，G型（如果
需要将所有的设备和
接地棒置入其上）

总计1800m

注：放线车到第一个支架的距离与收线车到最后一个支架的距离之和最小应等于架线滑轮与机器之间高度的3倍。

c)安装导线

图6 典型张力架线方法（二）

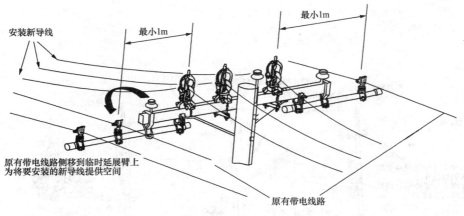

安装新导线

最小1m

最小1m

原有带电线路侧移到临时延展臂上
为将要安装的新导线提供空间

原有带电线路

d)在原有带电线路上铺设新导线

图6　典型张力架线方法（三）

5.3　牵引设备

这里介绍安装导线的张力牵引方法中用到的设备，给出了选择这些设备的一般要求，包括保护人员免受电气危险的安全措施。同样的基本要求也适用于使用松弛牵引方法的设备。

5.3.1　紧线装置。

对于配电导线，当用来牵引导线的张力小于5kN时，常使用鼓轮型紧线器或卷轴支架。导线卷自动插入机器，卷轴可以对牵引张力进行延迟或制动。

对于牵引导线需要的张力大于5kN的配电导线，给出要求的间隙，通常使用卷线滑轮组型紧线器和卷轴支架。

有两种型号的卷线滑轮组紧线器。

a）有两个卷线滑轮组的多槽紧线器，每个卷线滑轮有4个或更多的槽轮。

b）有单V型槽的单个卷线滑轮组的V型槽紧线器，也有两个或更多的单V型槽的卷线滑轮组组成的紧线器。

当使用V型槽紧线器时，对多层导线应特别小心，有可能发生导线的散股，因为由于紧线过程中而使得导线上的压力传递给导线，比多槽卷线滑轮组有更短的长度。

5.3.1.1　一般准则。

适用于作紧线器用的机器的一般特性如下：

a）安装的新导线要平稳没有急拉或弹起，尤其是当在带电导线附近工作时，因为有可能导致与带电导线接触。因此，推荐使用完全液压制动的紧线器。紧线器制动系统应是导线能有各种牵引速度，且当牵引停止时能握住紧线器。

b）在农村地区通常用机械制动式紧线器，在那里不可能与带电导线接触。一般来说，机械制动控制紧线器没有液压制动平稳。

5.3.1.2　选择紧线器正确的负载量。

卷线滑轮紧线器是靠完成每根导线的最大张力来评价。鼓轮型紧线器是以应用于导线卷轴的最大减速力矩来评价。

选择紧线器的类别应该考虑有连续拉紧导线的能力，并与下面修建的带电导线有足够的间隙，尤其是公路或铁路的交叉处应有足够的间隙以保证交通畅通。

5.3.1.3　选择紧线器的其他要求。

如果使用紧线器，应该考虑下面的特别要求：

a）卷线滑轮组槽应该用特殊材料作衬里，该材料将阻止导体表面受到损伤。

b）在槽底部的最小卷线滑轮直径等于 35 倍的导线直径。

c）最小卷线滑轮组槽直径等于 1.1 倍的导线直径。

d）紧线用的卷线滑轮和排列应该以右手外放置的导线，即站在紧线器后面朝着牵引的方向看，导线应从紧线器的卷线滑轮的左边进，从左到右缠绕在卷线滑轮上，从右边出塔。这样，当导线通过卷线滑轮组时，将会有助于使通常右手放置的导线更紧。

e）导线应从导线轴放置在导线下面的合理引导槽轮或卷轴来导入正确的卷线滑轮线槽。

f）驱动拖车应该合并有一个支撑车闸，通常是运用液压弹跳型，以便万一驱动，拖车或液压部分失灵时能在牵引紧线过程中握住导线。操作人员也能从控制台使用或释放车闸。

g）紧线器控制台应有一个张力指示仪或显示每个正在安装过程的仪表。

h）紧线器控制台应位于工作人员所在的构架上，并能很好地观察导线卷轴和牵引过程。一旦紧线设备与带电部分偶然接触或感应发生时，应确保工作人员是在等电位的。

i）紧线装置结构应该对地锚的附属物结合合适尺寸的锚接线片，以便在工作点的位置支撑机器。因为紧线装置带有拖车，并能在湿地或不平的地面上轻松移动，当装置没有留下附属于拖车的地方时，建议使用支撑锚。

j）紧线装置结构应该结合一个接地的接线柱或棒，远离油漆或其他污染，特别是附加了接地线夹的。

k）如果紧线装置有一个操作人员驾驶室、发动机或其他组成部分，这些都带有橡皮底座来隔绝噪声或震动，接地带应该安装在从绝缘部分到构架。

l）当紧线装置工作时，工作人员之间应保持通畅的联络。在架线过程中，应提供能够与卷轴工作人员和其他参与工作的人员清晰通讯的通讯系统。

5.3.2 卷线器。

卷线器有四种基本类型：

a）鼓轮卷线器，单个鼓轮或每次只拖一根导线；

b）分离卷轴的卷线滑轮组卷线器；

c）完整卷轴的卷轴滑轮组卷线器；

d）卷线器/紧线器。

前三种类型主要用做卷线器，仅仅是拖引导线或牵引绳。

卷线器/紧线器既可是通常用于配电线的鼓轮型，也可以是卷线滑轮组型。这些设备能作为卷线器用来缠绕牵引绳，同时，在牵引部分的另一末端工作时，能用来拉出导线。如果设备有一个水平的卷轴，并用做紧线器，则水平卷轴应该移到一边，并且不必通过导线，因为水平卷轴的槽沟或滚轴直径太小。

5.3.2.1 一般要求。

适用于卷线器需要的特性如下：

a）平稳地拖拉导线，无急拉或弹起。因此，卷线器速度的改变应平稳。

b）卷线器在停止后应该有足够的动力使保持牵引张力的导线重新移动。

5.3.2.2 选择卷线器正确的荷载量。

卷线滑轮组卷线器常常以在低速下完成的最大导线牵引力来评价。鼓轮卷线器通常以外输转矩来评价。当鼓轮被绳充满时，这种外输转矩的评价应该转化为牵引绳在鼓轮上的直径的最大导线牵引力。

为了特殊项目而选择卷线器尺寸时，应按导线来考虑牵引紧线器、每次牵引的导线数目、牵引部分的长度等。

5.3.2.3 选择卷线器的其他要求。

a) 如果选择卷线滑轮卷线器，卷线器的卷线滑轮组应该具有坚硬的钢槽来适应较大的磨损特性。

b) 卷线器卷线滑轮组的直径要求不像紧线器那么重要。但是通常不推荐使用直径小于20倍绳直径的带卷线滑轮的卷线器。

如果卷线器用来缠绕旧导线，并且旧导线用做牵引绳来牵引新导线，则卷线器卷线滑轮组的直径最小是导线直径的30倍。对于卷线滑轮组和鼓轮型的卷线器，应该考虑下面增加的要求：

c) 在卷轴驱动上应该安装一个握住刹车，为液压弹簧型，假如驱动出了故障或在暂停期间，能以架线张力握住牵引绳。操作人员应该能够从控制台处使用和释放握住刹车。

d) 卷线器控制台应有一个导线牵引指示仪，包括工作人员预先调整牵引最大值的过载设备。当达到导线牵引的能级时，安装了过载设备的卷线器应该制动停止。如果导线、绳或接地线板变为阻碍并且沿牵引部分的某些地方被挡住，则会阻止卷线器持续拖到危险的能级。

e) 卷轴的控制（如果使用卷线器）与卷线滑动组型的卷线器的控制仪相结合，才能使卷线器工作人员对牵引绳卷轴操作实现集中控制。

f) 卷线器控制台应该位于工作人员所在的构架上，并能观察到牵引绳索和牵引过程。一旦偶然电接触或感应时，也能确保工作人员和卷线器构架在同一电位。

g) 牵引绳应该从带有平顺引导槽轮或下方放置卷轴的构架上荷载牵引绳的每边上，引导入正确的卷轴槽（对于卷轴卷线器）。类似地平顺引导卷轴用来引导牵引绳从卷轴到卷轴。对于鼓轮型卷线器，建议使用水平卷轴来确保正确引导牵引绳从构架到牵引绳鼓，并平滑缠绕传过鼓轮的宽度。可使牵引光滑并且消除在鼓轮上绳子的缠结。

h) 紧线装置结构应该对地锚的附属物采用合适尺寸的锚接线片，以便在工作点的位置支撑机器。因为紧线装置带有拖车，并能在湿地或不平的地面上轻松移动，当装置没有留下附属拖车的地方时，建议使用支撑锚。

i) 紧线装置结构应该结合一个接地的接线柱或棒，远离油漆或其他污染，特别是附加了接地线夹的。

j) 如果紧线装置有一个操作人员驾驶室、发动机或其他组成部分，这些都带有橡皮底座来隔绝噪声或震动，则接地带应该安装在从绝缘部分到构架。

k) 当卷线器工作时，工作人员应保持通畅的联络。牵引过程中应该具备一个能够与紧线工作人员和其他参与者清晰通讯的通讯系统。

5.3.3 卷轴机。

卷轴机在卷线滑轮卷线器后面，用来卷拢牵引绳，而不需要鼓轮型卷线器。

卷线器有时以同样的结构结合作为卷线器滑轮卷线器，但通常是大的卷线器。为降低卷轴机每部分的重量，可采用分离式的。它们由自身的动力来驱动绳鼓轮，或者依靠液压管连接，从卷线器上的液压系统来获得动力。

在一般情况下，卷拢牵引绳比卷线器能够供给卷轴器的绳子更快些。这样将确保牵引绳在卷线器和卷轴机之间保持绷紧，因而绳索就不会在卷线滑轮组上松弛。

5.3.3.1 选择卷轴机的要求。

a) 卷轴机有一个平稳缠绕系统，来帮助缠绕牵引绳平稳地通过线鼓轮，并阻止不平稳的增大，否则会导致绳在鼓轮上缠结在一起。

b) 卷轴机应能够使牵引绳鼓轮的尺寸和重量适应作业内容。

c) 当牵引绳正在从牵引部分的卷线器末端安装时，应为牵引过程部分断开在卷轴机上的收线驱动。在这种情况下，当绳牵引工作已经停止时，卷轴机应有一个防止过转的刹车来阻止绳鼓轮继续转动。

d) 应有一个握住刹车或反向运动刹车组合在卷轴机驱动牵引车里，用来防止万一驱动牵引车失灵或在牵引暂停的情况下，用来在卷轴机和卷线器卷线滑轮之间以正常张力握住牵引绳。

e) 如果卷轴机不是卷线器的组成部分，卷轴机结构应该对锚的附属设备结合合适尺寸的锚接线片，以便在工作区支撑机器。因为分开的卷轴机带有拖车，并且能在湿地或不平的地面轻松移动，建议使用握住锚。

f) 如果卷轴机不是卷线器的组成部分，卷轴机结构应结合接地接线柱或接地棒，远离油漆或其他污染物，尤其是带有附加接地线夹的。

5.3.4 释放支架。

卷轴架是用来支撑导线卷轴的。当配电导线的截面直径小于 13mm 时，可用来直接拉紧配电导线。并且所在位置不会在带电旧导线与正在安装的新导线间接触。当使用一个卷线滑轮组紧线装置时，它们放在紧线装置后面，当它提供给紧线装置时，用来从卷轴上缠绕导线。它们能自己装载，但是卷轴常常由起重机或其他起重方法来装载入释放架里，在架线期间，常用一个机械刹车来使卷轴减速。

当正在安装的导线邻近有其他带电的导线时，建议采用液压驱动鼓轮紧线装置来安装更大截面的导线索引。

卷轴架有时单独作为紧线装置，但常常只用作单导线紧线装置。释放架和紧线装置之间的卷轴架应放置刹车，以便在导线上抓住紧线器。这个刹车应该有足够的握力能在一般牵引速度下抓住紧线器，直到卷轴没有导线时为止。

选择释放架的要求：

a) 卷轴架应使导线卷轴的尺寸和重量适用于作业。

b) 如果卷轴架不是紧线装置的组成部分，卷轴机结构应该对接地锚的附属设备上安装合适尺寸的锚接线片，以便在工作区支撑机器。如果卷轴架是安装在拖车上，并且能在湿地或不平的地面上轻松移动，建议使用抓住锚。

c) 如果释放架不是卷线器的组成部分，卷轴机结构应该安装好接地接线柱或接地棒，远离油漆或其他污染物，尤其是带有附加接地线夹的。

5.3.5 引导绳卷线器。

用来架设配电线的引导绳卷线器通常是可以移动的鼓轮型，并且从紧线装置或卷线器上的驱动轴获得能量。

引导绳系统所使用的牵引绳，从牵引部分的卷线器到紧线装置的末端。

5.3.6 引导绳、牵引绳。

引导绳和牵引绳一般采用高强度的合成绳。建议每根引导绳有不同的颜色，以对应于各相导线和中性线（如果有），这样引导绳在安装期间总是放在同一相线的牵引滑轮里。

引导绳或牵引绳的一个最重要特点就是不扭绞，当使用时绳索伸展了一段很长的距离，绳索一般不会把扭转传递给导线或连接线板。

合成绳做牵引绳或引导绳一般视为非绝缘的，它们可能最初表现出一个高阻抗电气路径，但经验显示，随着时间推移，合成绳的表面随着使用而变脏，脏到一定程度则变为导电性，特别是在潮湿的条件下。

建议用作牵引绳或引导绳的合成绳应该选择最大工作负载下延伸率不大于 3%，或最大工作负载不大于 20% 的绳索破坏强度。过分的延长意味着绳子贮藏了相当大的弹性能量，万一绳索断裂将十分危险，并且这也需要沉重的卷轴来耐受由这种弹性能量引起的压力。

建议用于牵引绳和引导绳的安全要素是：

——钢索：钢索的断裂强度应该为 3 倍的最大工作负载。

——合成绳索：绳索的断裂强度通常应该为 5 倍的最大工作负载。制造厂应该明确地提供这些绳索的最大工作负载。

5.3.7 架线滑轮组。

架线滑轮组安装在每个杆塔上，常常在每相绝缘子的末端，或交叉的线担或绝缘支架绝缘子附近。当架设导线时，它们用来给导线定位并传递导线。

对于配电导线的架线滑轮组常常有一个没有衬里的槽轮，有着光滑的槽沟平面来保护导线免受损伤。有时也使用一个弹性衬里的滑轮组。槽沟衬里可能是橡胶、氯丁橡胶或其他弹性体。

槽沟衬里的材料采用不导电材料。建议架线滑轮组槽轮装备高质量的滚轴或球轴承，以便在架线过程中减少滑轮的滚动和摩擦的阻力。轴承应该为密封型，使用润滑油或油脂进行润滑。

由制造厂标定的架线滑轮组的负载率不得超出，应特别注意用在紧线装置和卷线器前的角结构上的架线滑轮组，保证其在架线过程中没有过载。这些滑轮组常常选择一个更大的负载率和更大的槽轮直径。

5.3.7.1 选择架线滑轮组的要求。

a）对于配电线导线直径小于 25mm 时，且平均跨距长度是 80m 或更少，最小盘直径 115mm 架线滑轮组用于直线区间的结构是可以接受的。

当加在转角结构上的架线滑轮组的负载大于 20°破坏角，并在卷线器和紧线装置前面的结构上，应该使用一个更大的架线滑轮，在这种情况下需要一个更大负载率、最小盘直径为 200mm 的滑轮。

当使用的导线直径大于 25mm 或平均跨距超过 80m，推荐使用在 IEC 61328 中详细说明的架线滑轮组要求。

槽沟轮廓和半径应该有足够的宽度，以允许导线转节和编织线夹通过。如果希望导线接头在紧线装置前，并且让接头通过架线滑轮组，那么考虑槽轮的槽沟的形状也很重要，在这种情况下，应该考虑一个宽的槽轮槽沟。

b）在夹住操作中架线滑轮组结构应该允许顶部或边的空隙或导线容易移动。

c）一个多导线架线滑轮的入口或导线通过的区域，应该允许连接线板平滑通过。

5.3.8 架线滑轮接地。

架线滑轮接地是架线滑轮的一个附件，是用来提供一个对大地的电气通路。如果架线滑轮是一个有衬里的导线槽轮，它们可以由一个接触导线的分离的卷轴组成。如果滑轮是一个没有衬里的导线槽轮，则通过一个特别结构的接地连接点直接连接接地线夹和架线滑轮。

架线滑轮接地的特点：

a）应有承受 20000A 电流、0.4s 的能力。

b）应有一个接地棒，远离油漆或其他污染物，特别是对带有接地线夹的接地电缆的附属设备，如图 7f）所示。

c）压缩接头，用旋转接头的编织线网，或绳接头应该很容易地通过架线滑轮接地。架线滑轮接地应该紧抓住绳或导线。

d）架线滑轮接地槽轮一般采用铝质材料。

5.3.9 移动接地。

移动接地放置在移动导线或金属牵引（引导绳）绳上，用来提供对地的电气通路，它们常用在牵引和张力点。

移动接地的特点：

a）应有承受 20000A、0.4s 电流的能力。

b）应有一个接地棒，远离油漆或其他污染物，特别是对带有接地线夹的接地电缆的附属设备，如图 7b）所示。

c）导线接头，带旋转接头的编织线网，或绳的接头应该通过移动接头而不必从导线或绳上移开。移动接地应该紧紧抓住绳或导线。

d）导线上的移动接地的槽轮通常是铝质的，对使用的钢牵引（引导）绳上的移动接地的槽轮则是钢质的。

5.4 通讯系统

当使用张力牵引架线的方法安装导线时，设备操作人员相互之间应保持畅通的通讯。

全体人员都应该配备畅通的、不受外界干扰的信道无线电设备，包括卷线器工作人员、紧线装置工作人员和监督人员。而当移动接地从一部分到另一部分时，跟在其后的人员，以及中间检查的人员都应配备通讯装置。

如果系统中任何通讯设备失灵则牵引操作应立即终止。

在卷线器和紧线装置上的无线电设备应该是轻便的有耳机和麦克风的设备，而与机器没有金属线连接。在架线过程中，一旦发生电气触电，则金属线有可能成为电气通路。

6 特别接地要求

这里指的是在配电导线的安装中每个工作过程的暂时接地系统。

大多数的接地保护针对裸导线，但是，在安装过程中包覆绝缘的架空线同样容易遭受危险。

如果与已有的带电导线直接连接，则不能靠这些导线上的绝缘来保护设备和工作人员。而且在架线过程中，包覆绝缘的导线的芯子在牵引末端暴露出来，常使用一个金属编织的线夹进行保护。

这里将涉及绝缘架空导线需要的特别的技术。

接地保护的程度要视工作区域的具体情况来确定。

在远离其他带电线路的区域，或邻近无平行线时，并且在雷暴雨活动不强烈的时期，安装新配电导线，可使用最低限度的接地要求。这些最低限度的要求包括在牵引和张力点中的所有设备的等电位和接地。同时移动接地应该安装在所有的金属牵引或引导绳上和牵引、张力设备前的导线或地线上。另一方面，对于在拥挤区域的项目，包括穿过已有的带电线，或在同一构架上的原有平行线路的上方或下方，架设一条新线路，或该区域雷暴雨频繁，且有其他不利天气条件，这时应该使用最大限度的接地要求。

最大限度的接地要求包括设备等电位和接地、移动接地的使用，在工作场所的接地垫和架线滑轮接地。这些接地和接地垫应该并用在有可能与带电导线直接连接产生故障电流的地方。有上述危险存在的地方要求最大限度的接地，仅在牵引和张力场所使用移动接地，架线滑轮接地和设备接地进行保护是不够的。在这些场所必须使用接地垫。单独的接地线夹、接地电缆或者接地棒按大小分类。其一般的指标可参见附录 A。

图 6a)、b)、c)、d) 所示推荐的对于架导线的接地步骤按次序工作。在第 4 章中描述的可能导致的电气危险一旦存在时，则需要最大限度的接地要求。

除确保正在架设的新线上的开关是打开的之外，应该使用接地及其保护措施来确保对所有工作人员的安全，这里应该将所有的设备看成它能在任何时候有可能带电，而采取相应的保护措施。

6.1 工作位置的接地系统

下述内容对在架导线过程中使用的设备和其他组成部分给出了具体接地系统要求。

6.1.1 一般考虑。

6.1.1.1 对不带电系统的接地。

一个不带电系统的已经接地的导线可用于邻近电路的接地，使安放在接地垫上的导线和设备与这个已有的中性系统相互联系，因为中性线提供了一个已知的对地的低阻抗回路。

6.1.1.2 接地棒的使用。

用接地棒代替接地系统的中性线，可用兆欧表测量接地棒的阻抗，确保接地棒的阻抗小于 25Ω。

如果接地棒的阻抗大于 25Ω，则应使用接地垫〔见图 7g)〕。

如果在工作过程中有可能与带电部分接触，且接地棒的电阻大于 25Ω，则应增加对邻近带电线路的保护设备的灵敏度，且应降低设备的调节关闭的工作时间。

6.1.1.3 接地杆的应用。

所有使用的接地线夹应该设计成能用一个包覆绝缘接地杆来进行作业。在工作区使用没有邻近接地的接地杆是可行的，是通过带有绝缘吊杆的架空设备（斗臂车）对导线进行工作。这种带电作业技术假定导线是带电的。

6.1.1.4 连接的清理。

因为接地系统的可靠性是依靠一个低阻抗通路来实现的，因此，所有使用了接地线夹的导体表面应该确保连接牢固，或者说接地线夹应能穿过油漆层而与导体表面接触良好。

6.1.1.5 使用或移动接地线夹。

接地线夹和电缆应该先连接接地棒或接地点，然后再连到接地的物体。当移动接地时，接地线夹应该首先从接地的物体上移开，然后再从接地点或接地棒移开。这样已经接地的物体在使用接地线夹时将不会受损伤。

用接地杆应用接地线夹时，接地线夹应该靠导线悬挂着，然后迅速地并牢固地扣上，并且绷紧。如果拉出电弧，接地线夹将不收回，保持在导线上，而使导线接地。

假如最大危险是由感应而产生的，接地线夹应该安装并顺序移动，如 4.1.4 中所述。

6.1.1.6 结合。

当使用一个接地垫系统时，设备对接地垫的结合应该只在设备上的一点，以避免危险的循环电流，特别是在由于与带电部分接触而引起的故障状态期间。

6.1.2 设备接地。

在架导线过程中使用的所有设备至少应该有一个接地点，这个接地点一般是结构上的方便点。在制造接地线夹附件时，可把一个特殊的接地柱焊接到有导线架线设备的结构上。

在牵引和张力区或其他工作区中，用于设备接地的典型接地线夹、电缆和接地棒如图 7a）所示。这个接地线夹应该也通过一根接地电缆与要使用的接地垫和移动接地结合，更好的是与系统的中线或接地棒结合。

6.1.3 导线接地。

在正安装的每根导线上使用一个移动接地。这个移动接地直接放置在张力区的紧线器前面的导线上和卷线器前面的金属绳上。移动接地也应该与接地网和设备接地相结合，更好的方式是与系统中性线或接地棒结合。

典型的移动接地系统、电缆和接地棒的排列或中性导线的排列如图 7b）所示。

6.1.4 对于接地垫和导线的接地。

在牵引和张力工作区用于接地垫或导线的接地的典型的接地线夹、电缆和接地棒如图 7a）所示。这个接地线夹应通过接地电缆与设备和移动接地结合。

6.1.5 用于导线的中间跨距连接的接地。

不论是地面上还是从架空设备上安装中间跨距接头时，用于导线接地的一个典型线夹、电缆和接地棒，如图 7c）所示。

在工作人员与任何导线接触前，接地采用一根接地棒放置在每根导线上。否则，工作人员的人体与导线末端串联连接成一个回路，并且易遭受由感应的电压和电流引起的危险。

6.1.6 用于夹住导线的接地。

当从架线滑轮组移动导线并放置在绝缘子线夹里时，用于导线接地的一个典型的接地线夹、电缆和连接系统，如图 7d）所示。

6.1.7 安装导线跳线环的接地。

当在结构末端的导线上制造跳线环时，导线接地用的典型的接地线夹、电缆和结构连接系统，如图 7e）所示。

6.1.8 架线滑轮组的接地。

用于导线接地的典型接地线夹、电缆和连接系统，或者通过一个架线滑轮接地的牵引绳，如图 7f）所示。

架线滑轮接地用在有槽轮衬里的架线滑轮组，在中间杆使用，以排除有可能与带电线路电接触或邻近带电回路引起的感应的影响。

如果架线滑轮组没有槽沟衬里，这时的接地路径通过槽轮到滑轮构架，当滑轮和接地附属物对架线滑轮组接地时，可只使用一个特定的接地线夹连接构架接地，详细说明见第 7 章。

6.1.9 接地垫。

有两个栅栏的典型的接地系统如图 7g）所示。

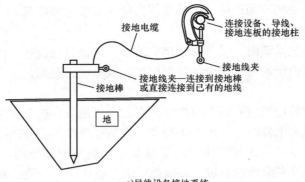

a)导线设备接地系统

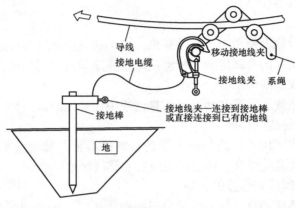

b)移动接地系统，B型

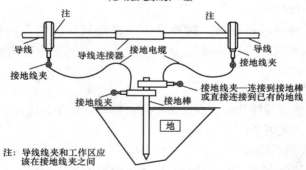

注：导线线夹和工作区应
该在接地线夹之间

c)对导线接合器的接地系统，C型

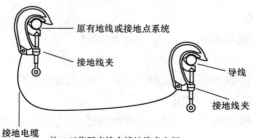

注：工作区应该在接地线夹之间。

d)握紧导线的接地系统，D型

图7 接地系统（一）

266

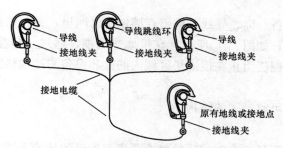

注：工作区应在接地线夹之间。

e)导线跳线环接地系统

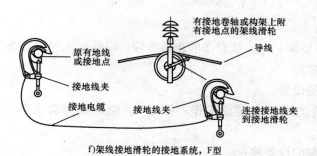

f)架线接地滑轮的接地系统，F型

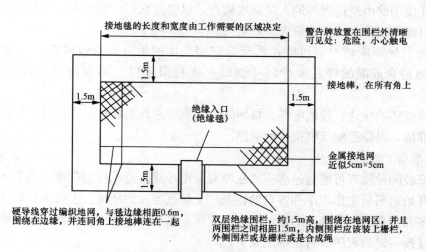

注：工作区域应在围栏里，包括所有设备、锚和接地。

g)接地毯，G型

图 7　接地系统（二）

　　接地垫是相互联系的裸导线和金属网连接头连接到系统中性线的系统，如果有可能，或者用接地棒、接地垫放置在牵引和张力区设备下方的地面。

　　使用 4 根接地棒，即在接地垫的每个角落都放一根。

接地垫应该有足够的尺寸，以便所有的导线牵引设备能保持在栅栏里，并允许按要求的工作任务来完成。

在地电位的所有设备、绳、导线，应该在接地垫区间里，并与垫相连。

应该有一个双栅栏，如图7g）所示。在接地垫周围，通过一包覆绝缘的垫子限制通过内部的接地垫区域。双栅栏阻止在接地垫区域内的人和设备与接地垫区外的人接触，以免使工作区带电。

接地垫应该是一种可移动式的结构。

6.2 接地系统的使用

下面描述了应该用于导线牵引过程的每个分离工作区的接地系统，以及如何使用。整个的接地过程，见图6a）、b）、c）、d）。

注：当导线牵引过程中接地系统中需要改变时，新确定的接地系统是在原有接地系统移动之前已经敷设完毕。因此，导线、绳和设备总是接地的。

6.2.1 一般的步骤。

下面是在工作开始前，大多数操作的普遍步骤，以保护人和设备不受电气危害，尤其是当需要最大接地程序时。

6.2.1.1 选择正确的设备。

应选择足够容量的设备来完成工作，见5.3。应该确保对实际工作留有一定的安全裕度。

6.2.1.2 开始工作前的设备检查。

当在原有带电回路附近安装新导线时，使用的设备例如：卷线器、紧线装置和引导绳卷线器，应在使用前由经过训练的人员彻底检查，以确保它们功能正常。尤其是中断的系统应该检查，以确保正确的操作和最大负载能力。

牵引和引导绳应该对有可能严重降低它们强度的地方重点做检查。一般应对用做牵引或引导绳的合成绳的样品至少每年测试一次极限强度。易损的或已损坏的绳子应该替换。

应该检查移动接地、接地电缆、接地线夹和架线滑轮组接地，确保其工作性能正常，并没有破损部位，以免影响低阻抗接地通路。

6.2.1.3 准备工作。

正在安装的导线有可能通过感应或在原有带电导线附近工作而带电，所有工作人员都应该在工作开始前明确工作程序和各自的任务，了解其潜在的危险。主管人员应在工作开始前把工作程序和各自的任务解释清楚。所有的工作人员应该意识到使用接地以及结合系统的必要性，并且按一定的程序进行正确的安装。

工作开始前，主管人员应该在工作区内从卷线器区域到紧密装置区域进行巡视，确保所有与原带电设备或导线预先的接触点通过间隙、绝缘套、架空杆或网安装的导线接触，以便使其能提供足够的保护。

6.2.1.4 受过培训的操作人员。

当将要进行工作的项目需要最大接地等级时，有可能导致设备或导线带电，因而，为了安全和正确地使用在导线的架线中用到的特别设备，要求对操作人员事先进行特别的培训。

6.2.2 安装引导绳或牵引绳。

当从张力区到牵引区在每个构架上架线滑轮组里安装引导绳或牵引绳时，应注意以下几点：

a) 在正在工作的线路的所在末端上有一个打开的开关（绝缘体），确保不再被连接，并保证在安装时是不带电的。

b) 所有导线架线设备在地电位，再加上对设备的暂时接地锚、金属绳或导线，在牵引和拉紧区应该以 A 型接地系统接地［见图 7a］。

c) 移动接地应该用在所有金属绳和导线上［见图 7b］。

d) 在横穿所有带电线路或在平行线路的带电线上的自动开关不起作用，而一旦与带电导线接触时可能会发生事故。

e) 穿过构架（附加杆）在穿过的所有带电导线上方。

f) 一个绝缘导线套应该安装在穿过的所有带电导线上，在新导线安装的位置上的每一边留有 1m 的最小水平距离，或带有保护网的带电导线而新架设导线应该穿过构架（跨杆），即所有带电导线之上。

g) 原有带电回路在新的正在安装的导线下方或上方时，这里指同塔多回路，每根带电导线应该分开，用接地杆使将安装的新导线保持最小 1m 的水平距离。该操作在引导绳或牵引绳或新导线安装开始之前完成。

h) 所有架线设备，加上设备上暂时放置的锚、绳或导线，应该位于 G 型的接地垫区［见图 7g］。

i) 所有架线滑轮组在卷线器前面的第一个构架上，和在紧线装置前的第一个构架上，每隔 4 个构架应该有一个 F 型的架线滑轮接地［见图 7f］。

6.2.3 导线的架设。

当导线从张力区拖到牵引区时，应注意以下几点：

a) 在正在工作的线路的所在末端上有一个打开的开关（绝缘体），确保不再被连接，以保证安装时无电压。

b) 所有导线架线设备，加上用于设备的锚、绳或导线，在牵引和张力区应该以 A 型接地系统接地［见图 7a］。

c) 当架线时，所有裸露的导线应该有移动接地 B 型的接地系统［见图 7b］，位于卷线器的前面。

d) 当架线完成，在做弧垂调整时，所有导线应该有一个 A 型接地系统［见图 7a］。

e) 导线应该在牵引时具备足够的高度，以使它们在所有的沿线各点不至于发生导线与在地面上的设备的偶然接触。

f) 在横穿的所有带电线路或在平行线路的带电线上的自动开关不起作用，因一旦与之接触时可能会发生事故。

g) 一个绝缘导线套应安装在穿过的所有带电导线上，在新导线安装的位置上的每一边留有 1m 的最小水平距离，带有保护网的带电导线而新架设导线应穿过构架（跨杆），即在所有带电导线之上。

h) 原有带电回路在新的正在安装的导线下方或上方时，这里指同塔多回路，每根带电导线应该分开，用接地杆将安装的新导线保持最小 1m 的水平距离。该操作在引导绳或牵引绳或新导线安装开始之前完成。

i) 所有架线设备，加上设备上暂时放置的锚、绳或导线，应该位于 G 型的接地垫区域 [见图 7g)]。

j) 所有架线滑轮组在卷线器前面的第一个构架上，和在紧线装置前的第一个构架上，每隔 4 个结构应该有一个 F 型的架线滑轮接地 [见图 7f)]。

k) 所有绝缘的架空导线应该在鼓轮型紧线器或在释放架的卷轴上的导线的尾部末端用滑动环设备和 A 型接地系统来接地 [见图 7a)]。

6.2.4 导线的绞接。

当导线的接头或绞接是在牵引或张力区现场制作，或在中间跨度的位置，要求以下几点：

a) 在正在工作的线路的所有末端上有一个打开的开关（绝缘体），确保不再被连接，以保证安装时无电压；

b) 所有导线应该以 C 型接地系统接地 [见图 7c)]；

c) 在横穿的所有带电线路或在平行线路的带电线上的自动开关不起作用，因一旦与之接触时可能会发生事故；

d) 在中间跨度拼接区域的每边上接地的导线使用 D 型接地系统 [见图 7d)]。

6.2.5 导线的弧垂。

当导线被拖到最终的下垂位置时，注意以下几点：

a) 在正在工作的线路的所有末端上有一个打开的开关（绝缘体），确保不再被连接，以保证安装时无电压；

b) 当调整弧垂时，所有的导线应该或者使用 A 型或者用 B 型的接地系统 [见图 7a) 或图 7b)]，位于下垂位置的前面；

c) 在横穿的所有带电线路或在平行线路的带电线上的自动开关不起作用，因一旦与之接触时可能会发生事故；

d) 导线的所有暂时接地锚应该位于一个接地垫区域 [见图 7g)]。

6.2.6 夹住导线。

在调整弧垂完成后，当导线从架线滑轮组输送到在绝缘线末端的导线夹时，要求以下各点：

a) 在正在工作的线路的所有末端上有一个打开的开关（绝缘体），确保不再被连接，以保证安装时无电压；

b) 在用线夹替代的塔上，所有裸导线应该在用 D 型接地系统夹住前接地 [见图 7b)]；

c) 在横穿的所有带电线路或在平行线路的带电线上的自动开关不起作用，因一旦与之接触时可能会发生事故；

d) 设备的所有暂时接地锚应该位于一个接地垫区域 [见图 7g)]。

6.2.7 不带电的末端和在构架上跳线环或其他工作。

当调整弧垂完成后，导线在锚结构外终止和锚接时，或当安装锚结构跳线环时，或当连接导线到变压器时，地下电缆或者类似工作，需要注意以下几点：

a) 在正在工作的线路的所有末端上有一个打开的开关（绝缘体），确保不再被连接，以保证安装时无电压；

b) 当导线准备与锚结构接触，或者跳线环准备安装时，在锚结构中的每边上的所有裸导线应该以 E 型接地系统接地 [见图 7c)]。接地线夹应该放置在工作区外的导线上。

c) 在横穿的所有带电线路或在平行线路的带电线上的自动开关不起作用，因一旦与之接触时可能会发生事故。

6.2.8 加燃料。

当在牵引区和张力区从燃料卡车给设备加油时，需要注意以下几点：

a) 在正在工作的线路的所有末端上有一个打开的开关（绝缘体），确保不再被连接，以保证安装时无电压。

b) 在燃料喷嘴插入设备燃料箱之前，燃料卡车或容器应该首先用 A 型接地系统［见图 7a)］，与要加燃料的设备连接。

7 设备的测试

根据对架线滑轮接地和移动接地电气型式试验的需要，对接地线夹、接地电缆和线夹的型式试验在 IEC 61230 中有详细说明。

7.1 型式试验的数目

新设计的每个架线滑轮接地或移动接地的装置应该进行型式试验，以确保设计是符合要求的。

当设备通过了型式试验，一般不必考虑附加的感应问题，除非设计是用在特殊重要的地方，而有可能影响接地能力时。

7.2 型式试验的项目

架线滑轮接地或移动接地应该进行同样的试验项目，如图 8、图 9 中所示。

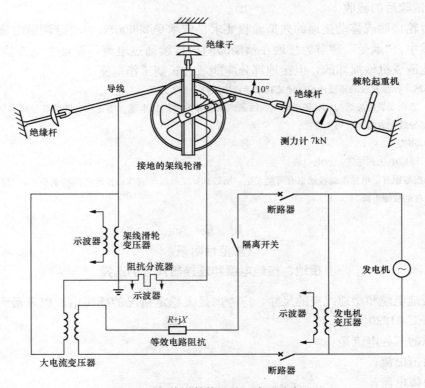

图 8 对架线滑轮接地的型式试验布置

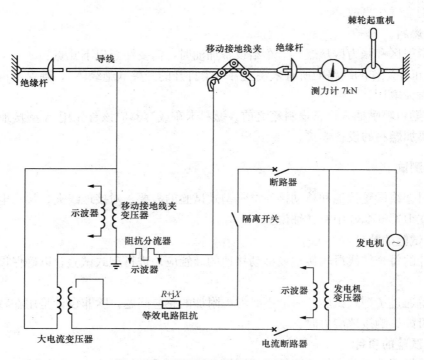

图 9　移动接地线夹的型式试验布置

7.3　型式试验后的验收

架线滑轮接地或移动接地的典型验收要求是应承受 20000A、0.48s 测试电流。

在测试中，"承受"理解为接地在预期时间内持续通过电流，在这个电流值，预计是有可能对接地造成机械损坏的，但接地部分应能通过长期工作电流。

注：1. 由这个标准验收的架线滑轮接地或移动接地应该符合以下几条：
  a）正在安装的导线与原有带电配电线的偶然接触导致的运行电流。当正在安装的新导线在同一根杆的带电导线上方时，有可能发生。
  b）雷击。
  c）感应电压和电流，放电电流。

注：2. 偶然与原有带电输电线接触也有可能发生，所以选择架线滑轮或移动接地必须特别小心，它们有可能将通过潜在的故障电流。

附　录　A
（规范性附录）
接地、接地电缆和连接器尺寸的选择

对于接地电缆和接地线夹的尺寸，应考虑最大稳定情况的感应电流以及最大故障电流，也可参见 IEC 61230。

要考虑的三种电流是：

——雷击电流；

——故障电流；

——感应电流。

对有可能出现故障电流的地方，接地装置所允许通过电流的时间要足以使线路保护系统动作。在接地装置通过故障电流之后，接地系统及其附属设备应立即恢复功能。

接地系统及其附属设备的尺寸应能满足 0.4s 通过 20000A 电流，除持续能通过稳定的感应电流外这里特别注意的是应能通过故障电流。

当在新导线安装过程中，导线与原有带电导线接触的可能性存在时，接地和连接器系统应考虑按最大的相对地或相间故障电流值。

而架设新的输电线路穿越原有的输电线路或配电线路发生接触时，对于非带电的回路，则不必这么考虑。

注：1. 在极端情况或出现较大感应时，应对感应电流量实测或计算，然后再决定接地系统的载流能力；

2. 应该对原有带电回路可能出现的故障电流进行预测，以确保移动接地和架线滑轮接地的载流量在允许值之内，否则，应采用特别的移动接地和架线滑轮接地装置。

附 录 B
（资料性附录）
本标准第 3 章条编号与 IEC 61911：1998 第 3 章条编号对照

表 B.1 给出了本标准第 3 章条编号与 IEC 61911：1998 第 3 章条编号对照一览表。

表 B.1　　　　本标准第 3 章条编号与 IEC 61911：1998 第 3 章条编号对照

本标准第 3 章条编号	对应的国际标准第 3 章条编号
3.1	3.1
3.2	3.4
3.3	3.7
3.4	3.17
3.5	3.20
3.6	3.23
3.7	3.27
3.8	3.28
3.9	3.29
3.10	3.44
3.11	3.77

架空输电线路带电安装导则及作业工具设备

DL/T 1007—2006/IEC 61328：2003

电力建设卷（上册）

目　次

前　言

本标准是根据《国家发展和改革委员会办公厅关于下达 2005 行业标准项目计划的通知》（发改办工业〔2005〕739 号）的任务而编制的。

本标准等同采用 IEC 61328：2003　Live working-Guidelines for the installation of transmission line conductors and earthwires-Stringing equipment and accessory items《架空输电线路带电安装导则及作业工具设备》。

本标准的附录 A 为规范性附录。

本标准由中国电力企业联合会提出。

本标准由全国带电作业标准化技术委员会归口并负责解释。

本标准主要起草单位：国网武汉高压研究院、山西省电力公司、山东省电力公司超高压输变电分公司。

本标准主要起草人：易辉、燕福龙、纪建民、胡毅、张丽华、刘洪正、熊炽明。

架空输电线路带电安装导则及作业工具设备

1 范围

本标准规定了带电安装架空输电线路的导线、地线和绝缘子串及其金具时，安装工具设备的选择原则和技术要求等。

本标准规定了接地程序，以保证作业设备和工作人员不受感应电流的伤害。

本标准适用于110kV及以上输电线路。对于35kV及以下的配电线路，大部分技术要求和试验规定也是适用的。

2 规范性引用文件

下列文件中的条款通过本标准的引用而成为本标准的条款。凡是注日期的引用文件，其随后所有的修改单（不包括勘误的内容）或修订版均不适用于本标准，然而，鼓励根据本标准达成协议的各方研究是否可使用这些文件的最新版本。凡是不注日期的引用文件，其最新版本适用于本标准。

GB/T 2900.51 电工术语 架空线路 ［IEC 60050（466）：1990，Electrotechnical terminology—Overhead line，IDT］

GB/T 2900.55 电工术语 带电作业（IEC 60050-651：1999，Electrotechnical terminology—Live working，MOD）

GB/T 14286 带电作业工具设备术语（IEC 60743：2001，Terminology for live working，MOD）

DL/T 879 带电作业用便携式接地和接地短路装置

3 术语和定义

GB/T 2900.51、GB/T 2900.55 和 GB/T 14286 确立的以及下列术语和定义适用于本标准。

3.1 高空操作平台 aerial platform

附属在杆塔、起重机或升降机的顶部，为高处作业人员提供支撑的装置。

3.2 锚固 anchor

将一物体牢固地固定于一个可靠地方的一种措施。

注：锚固通常与锥型、板型、螺旋型或者混凝土型地锚联合使用，但锚桩、锚栓和圆木地锚，通常以杆、木桩等埋入地下作为临时锚固用。混凝土块如能够承担足够的负荷也可以作为临时锚固，这些临时锚常用在牵引场和张力场。

3.3 锚固点 anchor site

为了方便导线展放、牵引和紧线而放置的导线临时固定点，该点一般沿输电线路方向设置。

3.4 散股 birdcaging

导线的外层松开并在导线上形成一个鼓包。

注：多层大直径导线在通过张力机时经常发生，可通过增加导线在离开导线轴架时的张力来控制。

278

3.5 滑车 block

设计有单个或者多个滑轮，以合成材料或金属为外壳，并附着挂钩或吊环相连的装置。

注：当绳索穿过两个滑车使用时，一般称为滑车组。

3.6 连结 bond

将不同的裸导体等电位连接。

注：连结可以使工作区域中所有的人和物体在同等电位下。

3.7 吊篮 bucket

附属在电力工程车、起重机或升降机的悬臂顶端，用以起重、提升并支持工作人员在高空位置作业的装置。

注：为了减轻质量并具有较好机械强度和良好的电气特性，一般用玻璃纤维制成。

3.8 转轮 bull wheel；paw wheel

与牵引机或张力机上的牵引轮或张力轮，通过摩擦在导线或导引绳上产生拉力或制动力。

注：牵引机或张力机一般设计有一个或多个转轮，转轮的大小依据所使用的导线或绳索的直径而不同，以动力驱动或制动。张力轮一般用氯丁橡胶绳或聚亚安酯绳，而牵引轮则采用加硬的钢槽。

3.9 (架空线路的) 回路 circuit (of an overhead line)

电流流通的导线或导电系统。

注：在输电和配电线路中，交流线路一般为三相系统，直流线路一般为两极系统。

3.10 间距 clearance

同一电压等级或两个不同电压等级的带电体之间、导体与杆塔或其他设备之间、导体对地之间的最小距离。

3.11 悬垂线夹 clipping-in

将导线从放线滑车提升到悬挂点，并将导线安装固定的悬挂导线的装置。

3.12 线夹位移 clipping offset

一个计算的距离，沿导线从导线的垂直点标记测量到线夹中心点。

注：当在恶劣环境下架线时，用线夹位移来平衡每个悬挂支架上两侧的水平张力。

3.13 接续管 compression joint

用铝、铜或钢制造的用于连接或终止导线或地线的管状压缩装置。

注：通过液压或机械压力使用，但在有些情况下使用爆炸式接头。

3.14 导线 conductor

适用于承载电流的元件，为一根或一束绝缘或者裸的电线。

3.15 分裂导线 conductor bundle

由多根导线平行连接构成均匀或不均匀的几何布局，形成线路的一相或一极。

注：一相的每根导线作为一根子导线，比如，两分裂导线每相有两根子导线。子导线可以布置成纵向、水平、方形、圆形或其他合适的配置。

3.16 导线飞车 conductor car

用于承载工作人员，悬挂在单根导线或分裂导线上行进，以便检查导线或安装间隔棒、阻尼线圈及其他装置。

注：飞车可为人力或动力驱动。

3.17 卡线器 conductor grip

用于牵引导线或临时握紧导线的装置。

注：卡线器可附着在连续的导线上，其设计各不相同，最为普遍的是利用一个开合型刚体结构，带有反向移动钳夹

和一个旋转插销。除了牵引和临时握紧导线外，该装置也用于收紧绳索，有时候用来收紧或临时握住绳索。另一种流行夹具（特别对大导线和高握力）是楔型紧线夹具，用插销合上夹钳从而夹紧导线，可以完全包裹住导线。

3.18 提线吊钩 conductor lifting hook

用于提升导线，以进行线夹等安装，钩绳为合成材料，一般在卡线操作时使用。

注：有时使用悬挂线夹以达到此目的。

3.19 导线温度计 conductor thermometer

附属在一小段导线上用来确定环境温度的精密温度计，以便在调整弧垂操作中根据实际情况校准弧垂。

3.20 剥线钳 conductor trimmer

用于切割 ACSR 导线（钢芯铝合金绞线）钢芯周围铝股的工具，以便为连接导线做好准备。

3.21 抗弯连接器 conductor link

用于连接牵引绳的刚性连接装置，一般要穿过牵引机卷轮（牵引轮）的凹槽。

注：它不会旋转来减轻抗扭力。

3.22 跨越架 crossing structure

由杆、管或其他特殊设备如起重机，有时使用绳网等制成的构架。

注：当在公路、输电线路、通信线路、高速公路或铁路上架线时，为了防止线路由于设备故障、牵引绳断裂、张力消失等原因而跌落在下方的设施上，必须使用跨越架。

3.23 挂线 dead-ending

将导线悬挂至耐张杆塔的过程。

3.24 断电 de-energized

在工作位置上的电位与地的电位相同，或者没有明显差异。

3.25 测力计 dynamometer

用来测量导线张力的装置。

注：各种型号的测力计用于张力绳或下垂导线。

3.26 接地装置 earth

连接到大地或某些代替大地的延伸导电体，这种连接是有意图的，或是故障接地。

3.27 接地电缆 earth cable

用铜绞线制成的带有透明保护外层的柔软导线，两端附有线夹，用来将导线或设备连接到大地或接地体。

3.28 接地线夹 earth clamp

连接接地电缆或分组连接接地导线或接地极的元件。

接地线夹用于导线、架线设备、牵引绳、导引绳等与大地之间的连接。

3.29 接地网 earth mat

用裸线相互连接的具有一定面积，放置于地面或者埋在地下的网状接地系统。

注：一般接地网与周围的接地装置连接，在其范围内增强接地能力，并为接地设备提供方便的连接点。接地网的初衷是为作业人员提供安全，防止由于某种原因使正在作业的线路带电而产生大电流，并限制其范围内的电位差在安全水平内。有时也可以使用金属表面的网和栅栏。一般用在牵引场、张力场和中间档距内导线连接的场所。

3.30 接地棒 earth rod

· 打入土地中作为接地终端的一根圆棒，如镀铜的钢棒、实心的铜棒或镀锌的钢棒。

注：镀铜的钢棒作为便携式的接地装置，通常用于架线作业中作为提供电气接地的措施。

3.31 接地线 earth wire

从支点连接到地的导线，一般悬吊在导线上，在一定程度上可以防止雷击。

3.32 接地杆 earth stick

在绝缘棒的一端安装有一个固定的或可分离的元件以便安装线夹、短路棒或导电延伸元件。

注：接地杆用纤维玻璃、强化塑料或类似材料制成，带有高电阻连接，其长度除满足工作人员手持的绝缘要求外还应能安装接地线夹。

3.33 接地系统 earth system

在一定面积的范围内包含所有相互连接的接地系统，如张力场区。

3.34 电磁场感应 electromagnetic field induction

产生感应电压和电流的现象。

注：主要由电压产生的称为静电感应，由电流产生的称为磁场感应。

3.35 静电感应 electric field induction

在导电体或电气回路中由时交变电场所产生电压或电流的过程。

3.36 带电 energized

在工作位置与大地之间具有明显的电位差，具有危害性。

注：电气连接到电源上的带电部件，或由于静电或磁场影响下电气放电而带电。

3.37 等电位 equipotential

具有相同电位的所有点。

3.38 等电位工作区 equipotential work zone area/site

所有设备通过连接跳线、接地棒或接地网相互连接的工作区，在带电情况下使工作区内所有部件之间的电位差最小。

3.39 安全系数（机械） factor of safety, mechanical

断裂强度或屈服强度与允许施加的最大使用荷载或拉力的比值。

3.40 故障 fault

改变正常运行的不良变化，导致设备、元件或部件出现非正常运行的状况。

注：例如短路故障、电路损坏或间歇连接等。

3.41 故障电流 fault current

电网中某一处故障导致另一处的电流流动。

注：流向地的故障电流也可以叫做接地故障电流。

3.42 引绳 pilot rope

一般用天然纤维或合成纤维做成的轻质绳子，放置在走线滑轮的轮槽内。

注：引绳一般从地面到放线滑车，穿过放线滑车后再回到地面，使导引绳或牵引绳的一端穿过放线滑车，而不需要作业人员上到杆塔上。如果在吊起放线滑车时就已经安装了导引绳或牵引绳则不需要引绳了。

3.43 链条葫芦 hoist

用滚轴、环链或绳子利用杠杆原理提起或拉起重物的装置。

注：链条葫芦用于悬垂线夹安装（或卡线）作业和耐张塔挂线。

3.44 压线滑轮 hold down block

带有一个或多个凹槽滑轮，放置在导线上控制导线抬升的装置。

注：压线滑轮本质上起着放线滑车的作用，只是在方向上相反。一般用在档距中来控制导引绳、牵引绳或者导线由于架线张力而抬高，或在压接位置上控制导线的上升。

3.45 绝缘子提升器 insulator lifter

将绝缘子整串提升并安装到杆塔悬挂点的装置。

3.46 隔离 isolate

将设备或线路与其他的设备或线路断开，与所有的电源从结构、电气、机械上分离。

注：这种隔离不能消除所有的电磁感应的影响。

3.47 接头保套管 joint protector

临时安装在导线接头上的开合式保护管，用于防止导线接头在穿过放线滑车时弯曲或损伤。

注：一般在两端有橡胶罩，以防止接头边导线在进出放线滑车时损坏。

3.48 跳线 jumper

连接耐张杆塔两端导线的导线；或是连接于两根导线末端之间，或正在连接的金属牵引绳之间的导线。

注：其目的是起到分流作用，防止作业人员不小心与两根导线串接发生事故。

3.49 磁场感应 magnetic field induction

通过时变磁场在电气回路中产生电压和/或电流的过程。

3.50 断供期 outage

回路即使带电也不具备工作的条件，即带电也无法工作。

注：这种隔离不能消除电磁感应的所有影响。

3.51 引导绳 pilot rope

轻质的钢缆绳或合成纤维绳，用于牵引较重的牵引绳。

注：在起吊绝缘子和放线滑车时，可通过引绳或在直升机的协助下来安装导引绳。

3.52 导引绳牵引机（小牵引机） pilot rope puller

在架线中用于导引绳展放和收回的装置。

注：导引绳牵引机可为双卷筒式，通常带有钢丝绳卷车，作为机器的部件；也可为单卷筒。通常安置于张力场。

3.53 铅锤划印 plumb mark

导线上划印的位置，位于悬式绝缘子串下方的垂直位置，作为悬挂线夹中心的基准点。

3.54 便携式接地断流工具 portable earth interrupter tool

便携式开断设备，断开大电流电路，防止接地系统中去除最后接地时发生大电弧放电。

3.55 牵引绳 pulling rope

用于牵引导线的高强度合成纤维或钢丝绳。

注：1. 在导线替换作业中，老导线可作为新导线的牵引绳。在此情况下，在牵引之前要仔细检查老导线有无损坏。

2. 在有些国家牵引绳也叫做导引绳。

3.56 放线段 pull section

线路的一部分，在此由牵引机和张力机将导线展放到位。

注：其长度大约 5km，或者为两盘导线的长度。

3.57 牵引场 pull site

沿线路布置牵引机、卷轴和锚固的场所。

注：此牵引场可为下一个牵引区段的牵引场或张力场。

3.58 转轮牵引机 puller/bull wheel

在架线中用来牵拉牵引绳和导线的装置。牵引绳穿过牵引轮后以低张力绕紧在钢丝绳卷车上。

注：钢丝绳卷车可以与牵引机配合使用，也可以作为单独的设备使用。

3.59　卷筒牵引机　puller/drum

在架线中用来牵拉牵引绳和导线的设备，牵引绳直接以高张力绕紧在牵引机的卷筒上。

注：牵引机可以有几个卷筒，每个卷筒为一相，多卷筒牵引机一般用于低压配电线路。

3.60　牵张两用机　puller tensioner

可作为牵引机也可作为张力机使用的设备。

注：牵张两用机一般只用于单导线，但对分裂导线也有拉力或张力功能。尤其在重新架线或灵活性大的工作中非常重要。可以是转轮式也可以是鼓筒式，而卷筒式主要用于配电线路。

3.61　牵引车　pulling vehicle

在地面上可移动的，有能力牵引导引绳、牵引绳或导线的任何装置。

注：直升机用在此工作中也可以认为是牵引车。

3.62　导线轴架　reel stand

支撑一个或多个卷轴的设备，并能够安放在拖车或卡车上。

注：导线轴架一般位于张力机的后面，在输电线路安装中，以低张力将导线从轴架向张力机放线，或在配电线路中直接向放线滑车放线。该设备可以用于各种型号的绳索或导线，并装配有制动器，以防止停止牵引时转动，可以用于松弛架线法和张力架线法。

3.63　卷车　reel winder

和牵引机转轮联合作用的机器，作为回收牵引绳的前置。

注：卷车一般由牵引机提供液压动力，也可以单独安装发动机，可安放在拖车或卡车上。

3.64　滚动夹角　roll over angle

导线或绳索进出放线滑车与水平线的两个夹角之和。

注：当通过转角架线时应当考虑反侧角。

3.65　代表档距　ruling span

假想的一个档距，在此档距中由于负荷或温度变化而引起拉力的变化几乎和实际档距中的一样。

注：代表档距的近似值计算公式见 GB/T 2900.51。

3.66　放线牵引板　running board

允许用一根牵引绳同时连接多根导线的牵引设备。

注：1. 该设备可以在架线过程中平滑地穿过放线滑车，牵引板的后面悬挂一个柔软的平衡锤，防止牵引板翻转及导线在牵引过程中绞绕。

2. 导线和牵引绳通过旋转连接器连接到牵引板上，以防止扭绞力传递给牵引板。

3.67　移动接地　running earth

通过接地滑车用来连接移动的导线或牵引绳/导引绳到电气接地的便携式设备。

注：该设备一般设置于牵引机和张力机出口处的导线或牵引绳/导引绳上。

3.68　安全绳　safety life rope

当工作人员在高空作业，其常规安全带无法使用时，用来连接其安全腰带和固定物体的合成纤维绳。

3.69　紧线　sagging

将导线牵引至其最终张力或弧垂的过程。

3.70　弧垂观测段（紧线段）　sag section

线路中的两耐张杆塔段或终端杆塔与构架之间的部分。

为了对应于实际导线长度进行正确观测弧垂的需要，可划分为多个弧垂观测段。

3.71　弧垂观测档　sag span

在紧线段内选择的档距，用于控制导线弧垂，使导线有适当的高度和张力。

注：为了保证适当的弧垂，在一个紧线段内要求至少两个观测档，一般为三个，在山区或者档距长度变化较大的地方需要更多。

3.72 弧垂板 sag target

安装于弧垂观测档一端的结构（杆塔、构架）上，作为导线弧垂观测的标准点的装置。

注：弧垂观测者可将其作为导线弧垂观测的基准。

3.73 松弛架线法 slack striging

不使用张力机的一种松弛架线方法，但会在导线线盘上施加很小的制动力。

注：在两基杆塔之间的导线会拖在地面上，由牵引车将导线拖离线盘并沿线路拖拉，或线盘放在牵引车上，沿路线前进放线。在导线经过每基杆塔时，借助引绳将导线放置在放线滑轮轮槽内。

3.74 开口滑车 snatch block

带有一个滑轮、合成材料或金属外壳和一个吊钩的装置，外壳的一边有开口，用于穿绳。

注：通常用单绳来提升物体，或作为控制吊绳、牵引绳位置和/或方向的设备。

3.75 间隔棒安装 spacing

在每相的子导线之间安装间隔棒的过程。

注：一般为人工走线或利用飞车作业。

3.76 压接 splicing

将两根导线首尾连接，形成连续的机械和电气连接的过程。

注：通常在两根导线的首尾采用锻压铝或铝合金套管连接来完成。

3.77 压接车 splicing cart

装备有液压器和导线压接作业所必需的其他设备的装置。

3.78 架线 stringing

牵引/导引绳、牵引绳和导线穿过杆塔上的放线滑车，将架空线路安装在杆塔上的过程。

注：通常整个架线工作看作是一次架线作业，从在杆塔上安装绝缘子和放线滑车开始，到导线安装在悬垂线夹、间隔棒或阻尼线安装完毕为止。

3.79 放线滑车 stringing block

带有框架的滑轮，可独立使用，也可组合使用，悬挂在杆塔上用于架线。

注：该设备有时带有组合滑轮，中心滑轮供牵引绳用，另有两个或多个导线滑轮，可同时架设多条导线。为了防止导线机械磨损，导线轮槽一般使用绝缘体或半导体的氯丁橡胶或聚亚安酯。

3.80 放线滑车接地 stringing block earth

附着在放线滑车上的便携式接地装置，用于移动导线或牵引/导引绳电气接地的连接。

注：放线滑车接地最初是在架线或重新架线过程中用来为作业人员提供安全保护，安装在放线滑车上提供接地。

3.81 放线滑车吊索 stringing block sling

在架线作业中有时候代替绝缘子用来悬挂放线滑车的绳索，通常在绝缘子还没有安装就绪，或不利的架线条件很可能产生严重的下压力导致绝缘子难以承受的情况下使用。

3.82 杆塔基座接地 structure base earth

用来连接金属基座电气接地的便携式设备，主要用于为建筑、重建或维护作业中的人员提供安全。

3.83 分裂导线的子导线 subconductor (of a bundle)

在一组分裂导线中的任何一个单独的导线。

3.84　操作冲击过电压　switching surge

由于开关操作在电气回路中产生的暂态过电压。

注：当发生操作冲击时，在其临近的平行线路上也可能产生短暂的电压冲击。

3.85　旋转连接器　swivel

用于导线、牵引绳和导线，或导线和牵引板之间连接的设备。

注：旋转连接器在任何负荷下都不能穿过牵引机或张力机的卷轴。在架线过程中，可以帮助减小导线或绳上的扭力。

3.86　张力场　tension site

在牵张段内放置张力机、导线轴架、导线盘和锚固的场所。

注：该处也可以作为下一个牵引区的张力场或牵引场。

3.87　张力放线　tension stringing

在架线作业中，使用牵引机和张力机给导线施加足够的张力和控制，保持导线离开地面和其他的障碍物，防止导线表面受损。

3.88　张力机　tensioner, bullwheel

在架线作业中保持牵引机或导线张力的设备。

注：一般包含一对或多对使用氯丁橡胶或聚亚安酯绳的转轮（张力机），带有单个或多个轮槽。通过缠绕在转轮轮槽中导线的摩擦产生张力。张力机可用于架设单根导线，也可以用于架设多根导线。

3.89　导绳　threading rope

天然纤维或合成纤维制成的轻质柔软的绳子，用于引导导线穿过张力机的转轮（张力轮）或引导牵引绳穿过牵引机的转轮（牵引轮）。

3.90　接触电压　touch voltage

在接地的金属构架和地表上某点之间的电位差。

注：这一电位差是由感应或故障条件产生的，也可能两者兼有，这种电位差会引起触电危险。

3.91　塔梯　tower ladder

带有吊钩和安全吊链的梯子。

注：一般用玻璃纤维、木或金属做成，悬挂在杆塔的横担上，使作业人员可以在导线的高度进行作业，悬挂放线滑车、接地线等，有时候，塔梯也可作为巡线员的工作平台。

3.92　履带拖拉机　tractor, crawier

用于牵引牵引绳/导引绳、导线的履带式装置，可移动牵引或静止牵引，以及其他的工作，也常作为临锚和轴架配合使用。

3.93　轮式拖拉机　tractor, wheeled

用于牵引牵引绳/导引绳、导线的轮式装置，有时候和轴架配合使用。

3.94　经纬仪　transit

在架线作业中用来测量路线和导线弧垂等的设备。

3.95　极限强度　ultimate strength, mechanical

组合件或元件局部的强度。在此载荷下元件或部分发生故障时，该组合件不再能够支撑负荷或发挥其应有的功能。

3.96　压线滚筒　uplift roller

小型单凹槽滑轮，安装在放线滑车的轮槽上方，在放线过程中使牵引绳/导引绳始终保持在放线滑车的轮槽里。

3.97　额定荷载　working load limit

使元件或组合元件能够安全承受的负荷限度。

注：可按照规定的安全系数和元件或组合元件的屈服强度或极限强度来计算。比如绳索，其许用荷载通过按照公认的安全系数和其极限强度来计算。

3.98 连接网套 woven wire grip

允许临时连接或牵引导线而不需要特殊的连接器的设备。

3.99 屈服强度 yield strength，mechanical

组合元件或局部的强度，在此载荷下，组合元件或局部发生永久变形后，元件不再能够发挥其应有的功能。

4 危及作业安全的基础理论分析

在输电线路安装导线过程中保护作业人员的安全是十分重要的。在新线路安装现场的作业人员应该注意防止临近带电线路产生的感应电压和电流的伤害，也要注意防止新线路发生事故性带电。可以通过在作业现场使用适当的保护接地系统，采用正确的作业方法，进行特殊培训，使用配套的设备来防止类似的危害。

在导线的架设过程中，在正在安装的导线上或在其他的设备和元件上，如架线过程中涉及的绳索等可能会产生高电压，这是由于以下原因：

a）临近带电线路的电磁感应（即电容或感应耦合）或当跨越带电线路时引起的电磁感应；

b）正在安装的导线或绳索与临近原有带电线路误接触；

c）由于气候条件或临近的高压直流输电线路（HVDC）对导线或绳索产生静电充电（即导电耦合）；

d）正在安装的导线由于开关误操作而导致意外带电；

e）临近雷击，或雷击在正在安装的导线上，或如架线过程中所涉及的绳索等其他设备及元件上。

由于雷击、与带电线路意外接触以及误操作等原因所导致的危险普遍比较熟悉。但是由于感应电压和电流导致的危险却少为人知，所以在此做较为详细的介绍。注意区别由于感应和上述其他原因所导致的危险的本质不同非常重要，只要线路带电，其感应是持续性的，而雷击或故障电流则是一个瞬态的过程。

注：在以下的例子中，感应发生在导线上。但是，同样的结果和危险也会出现在架线过程中所使用的其他设备上，如导电的细绳、导引绳、牵引绳、地线等。

4.1 临近带电线路的电场感应

临近带电交流线路所导致的感应通常有两种类型，即电场和磁场，而且都和电压、电流有关。

如果临近线路是带电的直流输电线路，则感应电压是离子迁移的结果，所产生的感应电压比临近交流线路的高。磁感应仅和波动影响有关，因此比临近交流线路的要低得多。

4.1.1 感应电压。

带电导线周围的电场会在附近没有接地的导体上产生电压（见图1）。

电压的产生取决于电源的数量和系统的状况，而与带电线路和正在安装的新线路并行的长度无关。

如果电路没有接地，感应电压可能为带电线路电压的30％。感应电压可以由计算得出，但是一般没有必要。如果正在安装的新线路在某点上接地，电荷就会降到一个较低的稳定状

286

态值，这取决于接地通路的电阻。

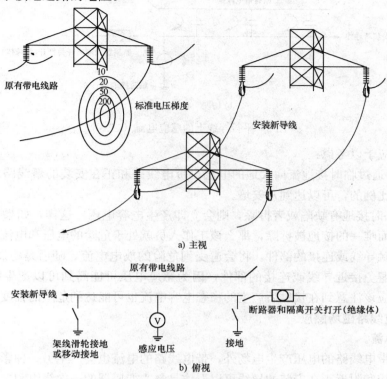

a) 主视

b) 俯视

图 1　平行导线上的电场感应电压

4.1.2 感应电流。

对于交流系统，带电线路和正在安装的已接地线路如同电容器的两极板，充电电流会从它们之间的空气间隙中流过（见图 2）。

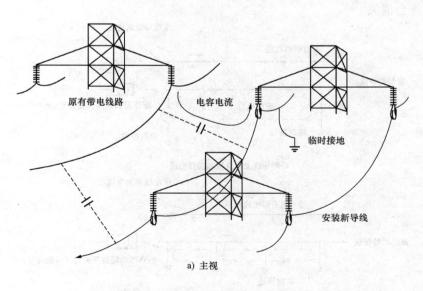

a) 主视

图 2　平行导线上的感应电流（一）

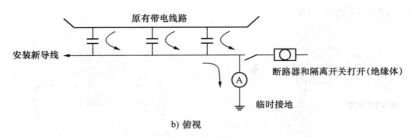

b) 俯视

图 2 平行导线上的感应电流（二）

以下两点应予以考虑：

a）从线路通过临时接地流向大地的电流。带电线路和正在安装的新线路之间的并行长度和电流是成比例的，可以达到几安培。

b）如果临时接地有缺陷或者拆除，则会立即产生电容电压。这样，如果工作人员正好和系统接触，而唯一的接地被拆除，那么该工作人员就处于危险的电压和电流下。如果该工作人员试图接触导线或连接的部件，将会遭受到危险的放电电流，随后是稳态电流。因此，工作人员应该避免接近导线或连接的部件，因为感应电压可能高到可以产生电弧放电的程度。同样，也应该注意到在接触后产生的稳态电容电流也可能达到危险的程度。

4.2 临近带电线路磁场感应

4.2.1 感应电流。

除了临近带电线路的电压产生电场外，带电线路的电流也会产生另一种影响。

带电的导线和附近正在安装的导线可以看作是空心变压器的一次绕组和二次绕组。

如果新线路有两处接地，则如同空心变压器的二次侧，通过大地这个短回路。一个循环电流将沿着新线路流动，经过一个接地点入地，向上经过另一个接地点形成回路［见图3a）］。此电磁场电流与带电线路的电流成比例，并取决于系统的状况和阻抗。

如果应用了多处接地，就会形成多个回路，每个回路都传送电流［见图3b）］，而中间接地极电流将会消失。

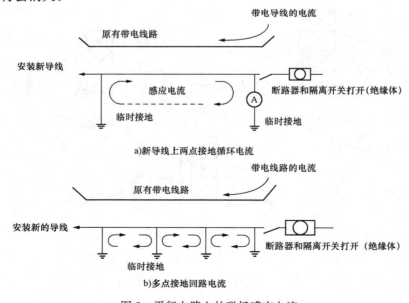

a)新导线上两点接地循环电流

b)多点接地回路电流

图 3 平行电路上的磁场感应电流

如果临近线路的接地阻抗有很大的差异，比如在一个回路中有湖，而另一个回路是岩石，则中间的接地装置则承载几乎全部的循环电流。

如果与带电线路有交叉，则感应电流的相角将会沿线不同，并且也能在接地装置中产生大的循环电流。

当在一个高负荷的带电线路附近工作或在临近的带电线路发生故障时，在正在安装的新线路上将会产生很大的感应电流，进而会影响到接地装置的选择。

4.2.2 感应电压。

继续以空心变压器为例，如果正在安装的新线路仅有一点接地，比如通过拆除一个临时接地，则在导线上出现开路电压。这一电压与接地点的距离成正比，即当新线路与带电线路平行时，距接地点越远，开路电压越高〔见图 4a)〕。

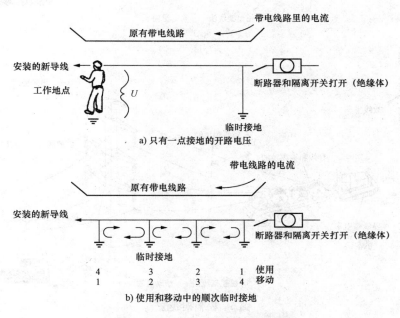

图 4　平行导线上的磁场感应电压

在拆除最后一个接地时，循环电磁场电流被破坏，通过间隙产生电压。如果带电线路和正在安装的新线路长距离平行，则此电压可能会达到危险值，因此必须通过连续接地技术加以限制，采用中部接地分割新线路，分割段长度以限制开路电压为原则，接地点是连续且为移动的〔见图 4b)〕。

5　导线架线方法和设备

在电力系统中所采用的架线方法很多，以下是常用的几种基本方法。可根据已有设备的需要进行修改。这些方法也取决于输电线路的类型、尺寸以及架线的地形等。

在选择架线设备时，其机械和电气特性十分重要，下面将详细介绍。

5.1　松弛架线法

松弛架线法如图 5a) 和 b) 所示。

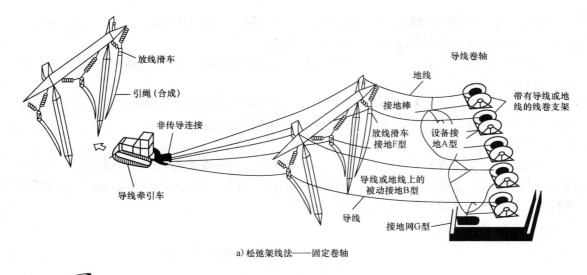

a) 松弛架线法——固定卷轴

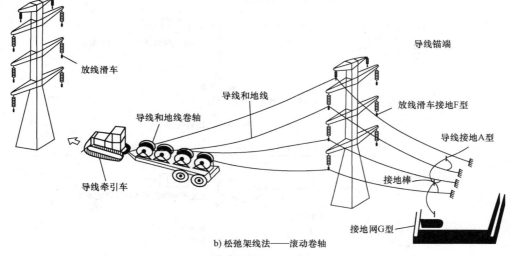

b) 松弛架线法——滚动卷轴

图 5　松弛架线法

在 220kV 及以上电压等级的输电线路中不推荐采用松弛架线法。因为采用此方法时，导线表面的损坏很大，进而会导致电晕损耗加大、无线电干扰、电视和通信干扰。

松弛架线法普遍有两种：

a）固定线盘法。此方法是将导线线盘固定在牵引段的一端，导线通过牵引车沿路线拖拉前进［见图 5a）］。

b）滚动线盘法。此方法是将线盘固定在牵引车后面的拖车上，牵引车沿路线前进放线［见图 5b）］。

导线线盘一般是固定在轴架上，也可以搁置在地上或安放在拖车上。这些轴架是用在轴上支撑线盘的，当导线拉出时线盘转动。当牵引停止时，有一个制动的设备来控制以防止线盘继续转动。

当导线拖过每基杆塔时，牵引车会停下来，将导线放进挂在杆塔上的放线滑车轮槽中，然后再向下一基杆塔前进。

此方法主要适用于架设对导线表面条件要求并不苛刻的线路，而且线路走廊要易于牵引车进入。而不适用于拥挤的城区，因为城区的交通、带电线路等存在危险。也不适用于山区，因为牵引车无法沿线路走廊前进。

5.2 张力架线法

此方法如图 6a)、b)、c)、d) 所示。

使用这种方法，导线在牵引过程中保持张力，从而避免接触杆塔之间的地面和其他障碍物，防止导线表面受损。导线上的张力可以使导线跨越带电线路、铁路或主要交叉路口等，避免与之接触。

对于相分裂导线线路，使用张力架线法时，首先需要将轻质的合成或金属导引绳穿过放线滑车，一般采用松弛架线固定线盘的方法，使用牵引车或直升机展放。

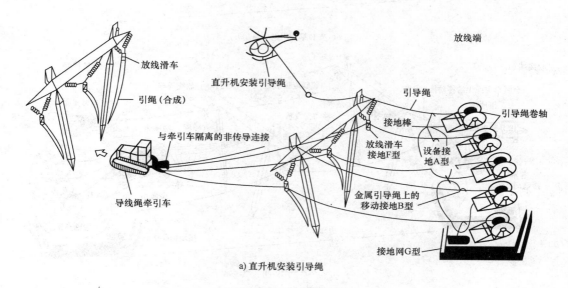

a) 直升机安装引导绳

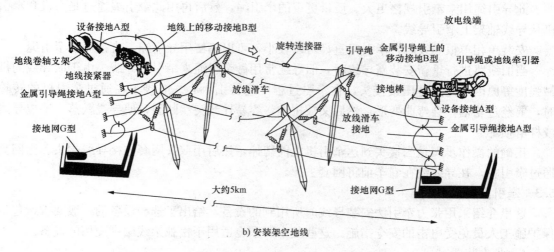

b) 安装架空地线

图 6　张力架线法（一）

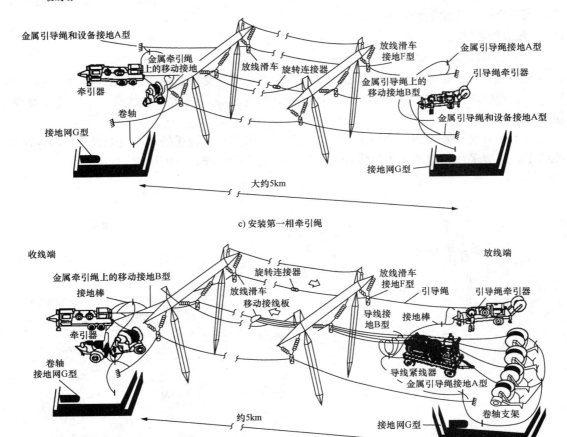

c) 安装第一相牵引绳

d) 安装第一相导线

图 6　张力架线法（二）

此导引绳用来牵引规格更大、质量更重的牵引绳，然后再用此牵引绳通过张力机和牵引机从导线轴架上牵引导线。

安装单相单根导线时，牵引绳直径可以较小，可以不使用导引绳，直接展放牵引绳。

当旧线路进行重新安装新导线时，旧导线常用做牵引绳来牵引新导线。由于旧导线的机械强度等原因，尤其是压接接头，在牵引过程中应特别小心。旧接头在通过牵引机的转轮时，要经过轮槽，会弯曲变形，然后又被拉伸，容易导致突然断裂，使导线跌落，造成导线或杆塔损坏。

正确的操作步骤是当接头到达牵引机之前切掉，然后用双头网套连接导线端头。当网套通过牵引轮，在导线绕在卷车前将网套去掉。

5.3　牵引设备

这里介绍采用张力牵引法安装导线时所用到的设备，给出了选择设备的一般要求，包括保护施工人员免受电击的安全措施。这些基本要求也适用于松弛架线法中使用的设备。

5.3.1　张力装置。

对于输电线路，架线装置一般采用转轮型。对于配电线路，牵引导线的张力一般小于5kN，常使用卷筒式张力机或导线轴架。导线线盘放在机器上，可以对牵引张力进行控制或

292

者制动。

有两种类型的张力机：

a）有两个转轮的多槽张力机，每个转轮有 4 个或多个轮槽；

b）有 V 型槽的单槽转轮 V 型槽张力机，也有两个或多个的单转轮 V 型槽张力机。

当使用 V 型槽张力机时，对展放多层导线应特别小心，很有可能导致导线散股。因为在放线过程中张力传递给导线的距离比多槽张力机的短。

5.3.1.1 一般准则。

张力机的一般特性如下：

a）导线展放要平稳，没有急拉或弹起，这点很重要。因此推荐全液压制动张力机，制动系统应在各种牵引速度下保持张力不变，在牵引停止时也要保持张力。

当展放单相单根导线时使用机械制动的张力机。一般来讲，机械制动的张力控制没有全液压制动的张力控制平稳。

b）对于相分裂导线展放来说，所有子导线都必须具有同样的张力，所以张力机必须有此功能。而且，同时展放的所有子导线应出自同一个制造商的同一流水线或同一批量。

5.3.1.2 选择张力机正确的荷载。

张力机是根据每根导线或子导线所能达到的最大张力来进行选择。

对于每项工程所选择的张力机应该可以给导线以足够的张力，使杆塔之间的导线与地面或被跨越物之间有足够的净空距离。

5.3.1.3 选择张力机的其他标准。

在具体的工程项目中，正确选择张力机应该考虑以下的特别标准：

a）张力轮轮槽的衬垫物所使用的材料应对导线的表面无伤害。

b）张力轮最小直径应为导线直径的 35 倍。

c）张力轮轮槽的最小直径应为导线直径的 1.1 倍。

d）张力机及轮槽应能满足正常的右捻导线的穿线和牵引。即站在张力机的后面，面向牵引方向的杆塔，导线应从张力机左边张力轮进入，从左向右绕在张力轮上，从右边出线至前方的杆塔，这样可以使导线在经过张力机时收紧正常的右捻导线。

e）导线应通过导向轮或放置在下方的滚轴，将导线从线盘上引入到正确的张力轮凹槽里。

f）在每个张力轮的驱动上应该安装手动刹车，为液压弹簧型，当驱动或液压系统出现故障时能够用以牵引住导线，不致跑线。操作员可在控制台上操作手动刹车。

g）张力机控制台上应有张力显示仪，以显示每根导线或子导线上的张力。

h）张力机结构应有设置地锚的锚环及支撑架，以便在工作点的位置固定机器。因为张力机带有拖车，并能在湿地或不平的地面上轻松移动，所以建议使用支撑固定。

i）张力机应配有接地棒，其表面无油漆、无涂层、无污染，这样可以保持良好的电气连接，尤其是连接接地线夹时。

j）如果张力机有操作室，且发动机和其他的部件都带有隔离噪声和防震的橡胶垫，那么应在隔离的部件及张力机上安装接地装置。

k）张力机在运行中，操作员要能清楚地听到工作指令，应提供适当的通信工具，使张力机操作人员和其他施工人员随时保持清晰的信息沟通。

5.3.2 牵引机。

牵引机有四种基本类型：

a）卷筒式牵引机（绞磨、卷扬机）；

b）转轮式主机与卷车分离式牵引机；

c）转轮式主机与卷车整合式牵引机；

d）牵张两用机。

前三种类型的卷线器仅适用于导引绳或牵引绳。

牵引机既可以是配电线路作业中使用的卷筒式，也可以是输电线路作业中使用的转轮式。这些设备可以作为牵引绳的收线器，同时，在放线段的另一端，可以用来展放导线。

牵张两用机的转轮直径一般比牵引机的直径大，而且带有凹槽，凹槽的衬垫材料可避免对导线的表面造成伤害，此设备也用于展放导线。

5.3.2.1 一般要求。

牵引机的一般要求和特性如下：

a）平稳地牵引导线，无急拉或弹起。因此，牵引机的速度变化应平稳。

b）牵引机在停止后应有足够的牵引动力，并可保持张力重新启动牵引导线。

5.3.2.2 选择牵引机正确的荷载。

牵引机常以在低速下完成的最大导线牵引力来评价。筒式牵引机通常以其输出扭矩来评价。而这种对输出扭矩的评价应该转化为当卷筒缠满牵引绳时最外层牵引绳的最大牵引力。

对每个具体的工程选择牵引机的规格时，应该考虑每根导线的牵引张力、每次牵引的相导线数量以及牵张施工段的长度。

5.3.2.3 选择牵引机的其他标准。

选择牵引机的其他标准如下：

a）如果牵引机使用钢丝绳作牵引绳，牵引机的卷筒应具有坚硬的钢槽来满足较大的磨损特性。

b）卷筒的直径虽然不像张力机转轮直径那么重要，但是，不推荐使用直径小于20倍绳索直径的牵引机，尤其在使用钢丝绳的时候。当使用钢丝绳作牵引绳的时候，转轮直径和牵引绳的比例应该更大些，具体选定方法可咨询绳索制造商。

如果牵引机用来缠绕旧导线，以旧导线做牵引绳来牵引新导线时，牵引机卷筒的直径最小应是导线直径的30倍。

c）牵引机驱动控制台应安装有手动制动装置，可以为液压弹簧型，这样，在驱动出现故障或暂停期间，能以架线张力拉住牵引绳。操作人员应能从控制台处使用或释放手动制动装置。

d）牵引机控制台应有牵引力指示仪，包括工作人员预先设定的最大牵引力整定值，当牵引力达到该值时，安装有过载保护设备的牵引机应自动停止动作。这样，如果导线、绳索或牵引板在牵张施工段的某个地方受阻时，可以防止继续牵引而出现危险。

e）钢丝绳卷车的控制应该与牵引机的控制台相结合，才能使牵引机的操作人员全面控制钢丝绳卷车操作。

f）牵引绳应通过引向轮或安置在下方的滚轴，将钢丝绳从线盘上引入到正确的卷筒内侧凹槽里，也可以使用类似的导向滚轴将导引绳从卷筒引入卷车。

g）牵引机应设有锚固用的锚环（板），以便在工作点的位置支撑、固定机器。因为牵引机带有拖车，并能在湿地或不平的地面上轻松移动，所以推荐使用支撑锚。

h) 牵引机应配合接地柱或接地棒，表面无油漆、无涂层、无污染，这样可以保持良好的电气连接，尤其是连接接地线夹时。

i) 如果牵引机有操作室，发动机和其他的部件都有用于隔离噪声和振动的橡胶垫，则应在隔离的部件及牵引机结构上安装接地装置。

j) 牵引机在运行中，操作员要能清楚地听到工作指令，应提供适当的通信设备，使牵引机操作者和其他施工人员能随时进行清晰的通信联系。

5.3.3 卷车。

卷车用在牵引机的后面，用来收卷牵引绳。对单卷筒式牵引机不需要。

卷车有时与牵引有相同的结构配合，但通常是大型牵引机。为了降低每个部件的质量，卷车可以采用分离式。它们可以由自身的动力装置驱动，或依靠液压管连接，从牵引机上的液压系统来获得动力。

一般情况下，卷车收卷牵引绳的速度比牵引机放绳的速度快。这样确保牵引绳在牵引机和卷车之间保持绷紧，绳索不会在牵引机卷筒上松弛、打滑。

5.3.3.1 选择卷车的要求。

选择卷车的要求如下：

a) 卷车应有一个平稳缠绕系统，来帮助牵引绳平稳缠绕通过牵引机卷筒，并防止产生不平稳，否则会导致牵引绳在卷筒上打滑或松脱。

b) 卷车应该能满足工程中使用的牵引绳绳盘的大小和重力。

c) 当牵引绳通过牵引机卷筒准备绕到卷车上的绳盘上时，应将卷车上的收线驱动断开。在这种情况下，当牵引操作停止时，卷车上应有一个防止过转的刹车装置来阻止绳盘继续转动。

d) 应有一个手动刹车或反向运动刹车与卷车驱动配合，用来保证在牵引机失灵或在牵引暂停的情况下，在卷车和牵引机卷筒之间有正常张力拉住牵引绳。

e) 如果卷车不是牵引机的组成部分，则卷车结构应单独设有用于锚固的拉环（板），以便在工作点的位置支撑、固定机器。

f) 如果卷车不是牵引机的组成部分，卷车上应配有接地柱或接地棒，表面无油漆、无涂层、无污染，这样可以保持良好的电气连接，尤其是连接接地线夹时。

5.3.4 导线轴架。

导线轴架是用来支撑导线卷线盘的，一般放在张力机的后面，释放导线给张力机。导线轴架可以自行安装，但一般用起重机或其他起重方法来安装导线轴架和线盘。

每根导线要求有一个导线轴架。

导线轴架有时单独作为放线装置，但只能作为单根导线的放线装置。

在导线轴架上要求安装刹车装置，拉紧导线轴架和张力机之间的导线，制动力的大小应满足在正常牵引速度下保持导线一定的张力，直到线盘上的导线放完为止。

5.3.4.1 选择导线轴架的要求。

选择导线轴架的要求如下：

a) 导线轴架应能满足工程中所用导线线盘的尺寸和重力。

b) 如果导线轴架不是张力机的组成部分，则导线轴架应设有用于锚固的拉环（板），以便在工作区固定轴架。如果导线轴架安装在拖车上，则更要有锚固位置并要求锚固锚，这样履带拖车才能在湿地或不平路面上轻松行进。

c) 如果导线轴架不是紧线器的组成部分，则其上应该安装接地柱或接地棒，表面无油漆、无涂层、无污染，这样可以保持良好的电气连接，尤其在连接接地线夹时。

5.3.5 导引绳张力机（小张力机）。

导引绳张力机在本质上和导线张力机有相同的特性（见 5.3.1 条），用于大型输电线路建设工程中，从张力机到牵引机展放牵引绳，也常用于展放地线。

5.3.6 导引绳、牵引绳。

输电线路作业所用的牵引绳一般是特别制造的高强度钢丝绳，也有高强度的合成绳，但一般只用于单相单根导线的牵引。

导引绳可以是钢丝绳，也可以是高强度的合成绳。

导引绳或者牵引绳最重要的特性之一就是不扭转，尤其在展放很长距离的绳索时，绳索不应将扭结或旋转传给导线或牵引板。

绳索（尤其是钢丝绳）外表要光滑，以减小绳索在穿过牵引机卷筒或放线滑车时的摩擦。

钢丝牵引绳表面应干净无油脂，这样在牵引机卷筒上才会有更好的附着力。

当使用合成绳作为牵引绳或导引绳时，不应视为是绝缘的。它们最初表现出高阻抗电气特性，但经验显示，长期使用后，合成绳索表面的积污使其导电，特别在潮湿的环境中。

建议作为牵引绳或导引绳使用的合成绳应选择在最大使用荷载下或在绳索破断拉力 20％下时，延伸率不超过 3％。超过此延伸率则意味着绳索承受了相当大的荷载，万一绳索断裂，将十分危险，并且需要更大型牵引机来抵抗此荷载带来的危害。

牵引绳和导引绳安全要素建议如下：

——钢丝绳，钢丝绳的破坏强度应不小于最大使用荷载的 3 倍。

——合成绳，合成绳的破坏强度应不小于最大使用荷载的 5 倍，有些高强度合成绳可在 4 倍最大使用荷载下成功使用。制造厂应明确标明绳索的最大使用荷载。

5.3.7 放线滑车。

放线滑车悬挂在每个杆塔上，一般挂在每相绝缘子串的末端金具上，在架线过程中用于支承导线和展放导线。

在耐张转角杆塔上，放线滑车可以直接悬挂在杆塔横担上。在此情况下，如果放线滑车有一个滑轮，建议放线滑车用绝缘材料进行悬挂与杆塔隔离，或使用放线滑车进行接地。

一般直线塔上的放线滑车应捆绑在塔架上，当承载牵引绳或导线时，可以正常摆动角摆动。

对于单相多根导线的输电线路，放线滑车一般包括牵引绳轮槽、导线轮槽，其中每根导线一个导线轮槽。

导线轮槽内衬垫有用于保护导线穿过滑车时避免伤及表面的材料，内衬材料可以是橡胶、氯丁橡胶、聚亚安酯或其他的弹性体。

聚亚安酯有时用在牵引绳和导线都必须穿过的同一个轮槽里，比如在单轮放线滑车中，或每相中奇数序号子导线牵引绳滑轮中（比如每相三分裂导线）。

轮槽内衬材料即使含有导电因子也不能认为它具有导电性，经验显示，所谓的导电内衬在经过一段时间使用后就变成非导电体了。

建议放线滑车轮槽使用高质量滚轴或滚珠轴承，以减小牵引过程中滑轮上的滚动和摩擦。轴承可以是封闭型的，由制造厂添加润滑油，也可以是可加润滑油式的，通过加油装置重新加注润滑油。

放线滑车所承受的荷载不能超出制造厂的规定值，在转角塔上应特别注意，确保在架线作业时没有过载。在有些情况下，为了分担荷载，在转角塔上使用多个放线滑车。

5.3.7.1 选择放线滑车的要求。

a）在展放和紧线作业中，为了达到最佳效果，每根导线轮槽槽底的最小直径（有时叫做底径）应该是：

$$D_s = 20D_c - 10$$

其中 D_s 和 D_c 单位为 cm，D_c 是要安装的导线直径。

注：根据各地区施工的经验，以上的比例也可以超出。

b）轮槽凹槽最小深度为：

$$D_g = 1.25D_c$$

c）从凹槽底处凹槽的最小半径为 $1.1D_c/2$。

凹槽的侧面和半径处的宽度应足以允许导线连接器和网套顺利通过，如果希望导线接头在张力机的前面压接，并穿过放线滑车时，应该考虑槽沟的形状设计，一般要求宽的凹槽。

d）凹槽的两侧应该相对垂直张开 15°～20°的角，以便于牵引板、导线接头、连接器、网套等通过。

e）放线滑车结构顶部或侧面允许打开，以方便提线进行附件安装过程中取出导线。

f）放线滑车的入口或导线需要经过的地方，应该设计为允许牵线板、导线接头、连接器、网套等平滑通过，不得摩擦滑车的支架。

5.3.8 放线滑车接地。

放线滑车接地附属在放线滑车上，安装在移动导线上或牵引绳/导引绳上，提供对地电气通路。

放线滑车接地的一些重要特性如下：

a）可以承受 20kA 电流，对称 20 个周波。

b）有一个接地棒，表面无油漆、无涂层、无污染，保持良好的电气连接，尤其是在用接地线夹附着接地电缆的时候，见图 7f）。

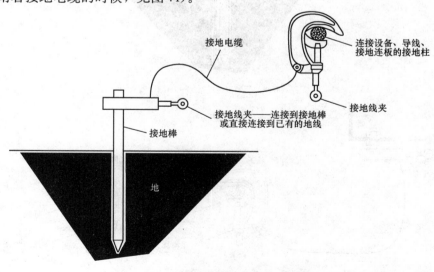

a)设备或导线接地系统—A型

图 7　接地系统（一）

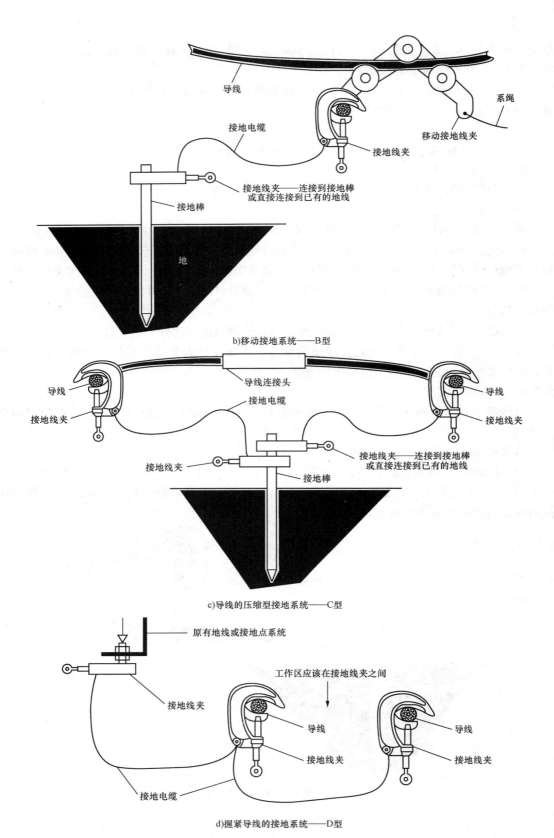

b)移动接地系统——B型

c)导线的压缩型接地系统——C型

工作区应该在接地线夹之间

d)握紧导线的接地系统——D型

图7 接地系统（二）

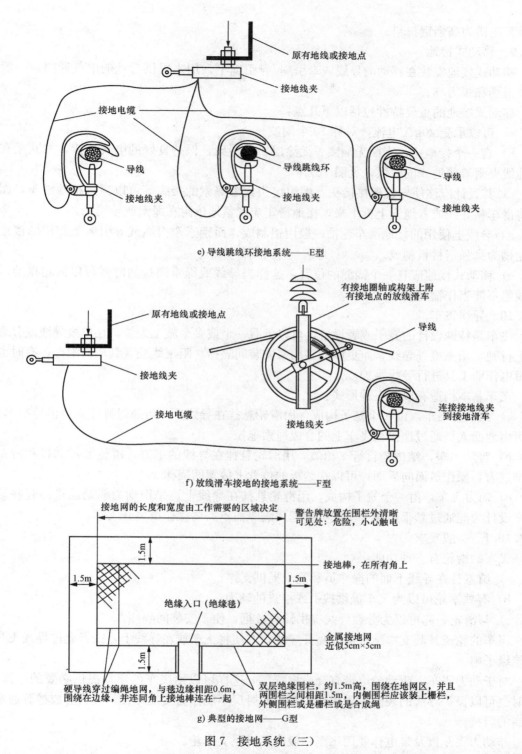

e) 导线跳线环接地系统——E型

f) 放线滑车接地的接地系统——F型

接地网的长度和宽度由工作需要的区域决定

警告牌放置在围栏外清晰可见处：危险，小心触电

1.5m

1.5m

1.5m

接地棒，在所有角上

绝缘入口（绝缘毯）

金属接地网
近似5cm×5cm

1.5m

硬导线穿过编绳地网，与毯边缘相距0.6m，围绕在边缘，并连同角上接地棒连在一起

双层绝缘围栏，约1.5m高，围绕在地网区，并且两围栏之间相距1.5m，内侧围栏应该装上栅栏，外侧围栏或是栅栏或是合成绳

g) 典型的接地网——G型

图 7　接地系统（三）

c）导线压接接头、带连接器的编织接头或者绳索的接头等可以很容易地通过放线滑车接地。

d）导线上使用的接地滑车轮槽一般采用铝质材料，而钢索牵引绳或导引绳上使用的接

299

地滑车轮槽为高强钢材料。

5.3.9 移动式接地。

移动式接地安装在移动的导线或牵引绳/导引绳上，用来提供对地的电气通路，一般用在牵引场和张力场。

移动式接地的重要特性包括以下几点：

a）可以承受 20kA 电流，对称 20 个周波。

b）有一个接地棒，表面无油漆、无涂层、无污染，保持良好的电气连接，尤其是在用接地线夹附着接地线的时候，见图 7b）。

c）其设计应该使导线压接接头、编织接头或者绳索的接头等可以穿过接地滑车，而不必将滑车从导线或者绳索上拆下来，接地滑车应紧紧地依附在绳索或导线上。

d）导线上使用的接地滑车轮槽一般用铝制成，而钢索牵引绳或导引绳上使用的接地滑车轮槽为高强钢材料制成。

e）移动式接地应有一个锚绳的位置，这样当导线或绳索通过的时候可以固定接地，接地线绝不能当作锚绳使用。

5.3.10 导线飞车。

飞车是特殊设计的笼子或者设备，可以承载一个或多个施工人员，在单根导线或分裂导线上行驶，用来检查导线，而更多的是用来安装间隔棒、阻尼线或者其他的附件，有时也作为带电作业工具进行导线维护。

飞车基本构造有以下三种形式：

a）无动力飞车，由一个笼子构成，用滑轮悬挂在导线上，可通过操作人员沿导线牵拉，也可由地面人员通过连接在飞车上的合成绳索拖拉。

b）脚踏飞车，结构与自行车相似，用滑轮悬挂在导线的下方，滑轮通过踏板和链条获得推进力，操作员面向后面，可以在踏板的位置上放置间隔棒。

c）动力飞车，由一个笼子构成，用滑轮悬挂在导线上，采用动力驱动前进。有些动力飞车设计为能通过悬垂绝缘子串或可跨越间隔棒而不需要操作员离开飞车。

5.3.10.1 一般要求。

飞车的滑轮有三种功能：

a）给悬挂在导线下面的操作员和笼子提供支撑；

b）有些滑轮可以为飞车提供拽引或推进的动力；

c）与滑轮一起可以为分裂导线提供计程数据，便于安装间隔棒。

飞车的轮子及其支撑结构可以离开导线，方便将飞车放在导线上，或者允许导线飞车绕过绝缘子串。

对于动力飞车，驱动轮应带有合成橡胶层，这样可以给飞车的驱动提供必要的摩擦力，同时也可以保护导线的表面不受损伤。车轮的衬层不能作为接地路径，因为合成橡胶通常有较高的阻抗。

非动力飞车以及带电作业用飞车一般用无衬层支撑轮。

导线应该在滑轮凹槽的中间，两侧有足够的空间，允许导线及导线接头平滑通过。

动力飞车应设计为能爬 30°的斜坡，并保证安全，在各种条件下不倒滑，包括潮湿导线。

动力飞车一般用汽油发动机提供动力，因此在给发动机加油时应特别小心。有时也用柴油机，但很少，因为柴油机较重。

建议发动机的动力通过液压系统传输给驱动轮或其他机器，这样可以避免使用开放式的链条、齿轮或驱动带等。

动力飞车的控制杆应是自动防故障装置型的，当释放时可以回到空挡或停止位。

发动机应该安装在操作员不易接触到其发烫或旋转部件的地方，但也可接近发动拉绳和油箱。

动力飞车的控制杆应该有一个较大的、显眼的应急按钮，以快速关闭发动机。

液压和发动机的控制装置应位于操作员容易接近的位置。飞车一般是针对一定的类型（相分裂线数）和导线间距设计的，所以，在没有制造厂授权的情况下，一般不要用于其他类型的导线。而有些飞车设计成可根据相分裂导线的数量和间距进行调整的通用形式。

飞车的重力非常重要，尤其当用于带电作业时。当飞车在承载施工人员和施工材料后，不应将导线压得很低，使导线和带电线路或杆塔之间没有足够的净空。对于跨越公路、铁路等也应如此考虑。

另外，尤其当飞车采用人力提升到绝缘子串挂点时，最好是轻型的。所以，飞车应质轻、坚固且具有良好的承载能力。

飞车的设计应考虑到操作人员、工具以及其他必须携带的材料的重力。同时，如果使用拉绳时，还应该考虑到拉绳向下的拉力影响。

在飞车框架显著位置标明其承载量，并注明"不得超载"。

所有的飞车应有手动刹车装置，既可以直接夹在导线上，也可以在其中的两个驱动轮上。

为了间隔棒或者阻尼线跨距的精确定位，建议使用驱动轮接触导线的可调里程表。

在杆塔上适当的位置安装飞车提升设备，允许系绳或吊索，以便将飞车吊起并放置到导线上。

飞车至少应有一根安全绳，两端连接在飞车的构架上，并留有足够的长度，可在导线上移动。当飞车万一从导线上跌落时，安全绳会将其悬吊在导线上。较大的动力飞车应该有两根安全绳，前后两端各一根。

安全绳应具有足够的机械强度，能够承受操作人员、工具、材料以及飞车自重，而且最大总荷载为安全绳断裂强度的 1/10。

安全绳至少一端应有安全钩，可以轻松地从锚固点移开。

飞车操作员应将防坠落安全绳在导线上打成环扣，单线飞车也应有安全带，安装在车架上。

笼式飞车一般为铝材车架，底部为结实耐用的线网，周围是线网或者薄铝板，至少有 12cm 高，以防止工具等坠落。

建议动力飞车在容易接触的位置上安放一个小型多用途灭火器和一个急救包。

带有衬垫滑轮的飞车也应有一个感应连接轮，用全铝材制成，和其中的某一根导线接触，和车架形成低阻抗的电气通路。

有时候地面人员看不见驾驶员，飞车的驾驶员应配备无线通信设备，尤其是在大跨距水上、山区等处作业。

建议在飞车上要配备一根干净的绳子，用绝缘材料做成，其长度可以到达地面，这样可以将材料提到车上。在紧急情况下，操作员也可通过该绳子降落到地面。这种绳子应该通过绝缘连接附着在车架上。绳子的最大使用荷载为绳子断裂强度的 1/10，符合设计的提升负荷。

5.3.10.2 带电作业飞车。

飞车作为带电作业的维护工具，除了一般要求外，还应满足以下要求：

a）飞车的所有部件都用导电材料做成。

b）用于带电作业维护时，飞车的重力很关键，要确保导线与接地构架间有足够的净空，防止发生闪络。

带电作业飞车一般不采用动力型的，且滑轮不得采用绝缘衬垫。

绝缘拖绳或拖链要保持干净、干燥，以保证其良好的绝缘性能。

5.4 通信系统

当采用张力架线法安装导线时，在牵张施工段的关键位置处（如带电线路交叉跨越处），设备操作员、监督员以及护线员之间清晰、快捷的通信非常重要。

这些人员都应该在其作业位置配备不受外界干扰的无线电通信设备，包括牵引机操作员、张力机操作员、监督员、塔与塔间的牵引板的跟随人员以及中间护线员等。

如果在施工中任何一处通信故障或失灵，则应立即停止放线作业。

牵引机操作员和张力机操作员使用的通信设备应是带有耳麦的便携式设备，但不能和机器有任何的导线连接。因为在架线过程中一旦发生触电或者操作员在离开等电位区时而通信设备仍然带在身上，将形成电气通路造成危险。

6 特别接地要求

这里指的是安装导线过程中为每个作业程序所提供的临时接地系统。

在导线安装工程中，接地保护的程度取决于该工程作业区内存在的电气危害。

当新导线的安装在远离带电线路的区域，且当前没有雷电活动，应该采用最低要求的接地，包括牵引场和张力场所有设备的等电位连接和接地。另外，应该在金属牵引绳或导引绳，以及在牵引机和张力机前的导线或地线上安装移动式接地装置。当采用最低接地要求时，应该注意，并没有对工作人员提供跨步电压和接触电压的保护。

和以上情况相反，在闹市区里施工，涉及很多平行或交叉的带电线路，或者有很大可能的雷暴活动及恶劣天气，此时应该采用最高接地要求。最高要求包括：设备的等电位连接和接地、使用移动式接地、在作业点使用接地网以及放线滑车接地等。这些接地和接地网应按照可能直接接触到带电线路的故障电流而设计。

对于单个的接地线夹、接地线或接地棒的尺寸可参见附录 A 中的一般原则。

图 6a）、图 6b）、图 6c）和图 6d）是按照架线作业顺序推荐的接地程序，由于第 4 章中所描述的任何可能产生的严重电气危害时，则需要最高接地要求。

除了确保正在架设的新线路上的断路器（开关）位于断开位置之外，还应该采用接地和其他保护措施来对所有人员进行合理和足够的保护。最好的安全预防是认为所有的设备随时都有可能带电。对于一个具体的工程项目，其保护程度应该由工程监理来决定，并强制执行，清楚地了解电压的危害。本标准所推荐的接地系统已经经过了多年的应用，效果明显。

当在人口稠密地区作业时，路人有可能无意间走进了作业区，这时应该采取额外的措施隔离作业区，比如安全员、警告标记等。工作点用围栏包围起来，用显著的警告标记警告旁观者。

6.1 作业点接地系统

在作业点上的导线、架空地线、牵引绳和导引绳都要求接地。导线、架空地线、金属牵引绳和导引绳都应一视同仁，除非另有具体说明。

下面给出了架线过程中设备和其他元件具体的接地系统建议。

6.1.1 接地棒的使用。

当使用接地棒时，应该对接地棒的电阻进行电气测试，确保其电阻小于 25Ω。

注：对可能接触到正在安装的新导线的所有带电线路的保护是消除故障电流，所以检查接地棒的电阻非常重要。

如果接地电阻不能小于 25Ω，作业点在地面时用接地网，作业点在高空时，采用等电位接地系统。

另外，如果在工作过程中有可能有电气接触，那么所有可能与正在作业的线路有接触的带电线路都应该将其重新接通设备锁住。

为了保证每个作业点不同接地棒具有同等电位，它们应通过接地线夹和接地线进行等电位连接。

当安装接地棒时，应注意避开所有的地下设备，如地埋带电线路、天然气管道、下水道、自来水管、通信电缆等。在安装接地棒之前应该检查该区域内的地埋设施。

6.1.1.1 接地杆的使用。

所有使用的接地线夹应设计成能用一根绝缘棒安装或拆除。

6.1.1.2 连接处的清洁。

因为接地系统的优劣取决于低电阻的通路，所以在接地线夹和其附着的表面应该确保良好的电气接触。

6.1.1.3 安装和拆除接地线夹。

接地线夹和接地线应该首先连接到接地棒或接地源，然后再连接到需要接地的物体上。当拆除接地时，接地线夹应首先从接地物体上拆开，然后再从接地棒或接地源上拆开。使用接地线夹不应对需接地的物体造成损坏。

当用接地杆安装接地线夹时，应将线夹举到导线附近的位置，然后迅速牢靠地夹紧在导线上。如果产生电弧，不要收回线夹，而要保持在导线上，这样使导线接地。

6.1.2 设备接地。

在架线过程中使用的所有设备至少应有一处接地，一般在安装方便的地方。建议所有架线设备制造厂在设备支架上焊接一个特殊接地棒，用来附着接地线夹。

图 7a) 中给出了典型的接地线夹、接地线和接地极，主要针对牵引场和张力场或其他作业区的设备接地。此接地线夹也应通过接地线与接地网和移动式接地等电位连接。

6.1.3 导线、地线、金属和合成绳索的接地。

建议在安装的每根导线上使用接地滑车接地，一般安装在张力场上张力机前面的导线上，及牵引场上牵引机前面的金属牵引绳上。移动式接地也应与接地网和设备接地进行等电位连接。

图 7b) 是典型的接地滑车接地、接地线和接地极的安装。

注：当合成绳作为牵引绳或导引绳时，建议不使用移动式接地或放线滑车接地，临近的带电线路将会产生感应。随着时间的推移，人们发现，合成绳已经成了高阻抗的导线。绳子的表面也会在使用中被雨打湿。

如果在合成绳上使用移动式接地或放线滑车接地，它们将成为电场感应电流对地排泄的汇聚点。经验表明，如果合成绳从牵引场延伸到张力场，并停留一段时间，则绳子表面和接地接触的所有地方会发热升温，情况严重时，绳子会自燃，在张紧状态下断裂。

而且，如果合成绳用来牵引用接地滑车接地进行接地了的金属绳或导线时，则必须使用绝缘连接将两者连接起来，否则，由于感应，合成绳将发生升温并燃烧。

6.1.4 接地网、导线或地线的接地。

在牵引场和张力场用于接地网、导线或地线接地的接地线夹、接地线和接地棒如图 7a）所示。接地线夹也应该通过接地线与设备和接地滑车接地进行等电位连接。

6.1.5 导线或地线在档距中部连接时的接地。

图 7c）显示了导线档距中央接头接地所用的接地线夹、接地线和接地棒系统。

在此过程中，用非导电绳在档距中部处将导线拉到地面，拆除导线临时连接的双头网套，将导线两端进行永久的接头压接。

在工作人员接触任何导线前，将每根导线用接地棒进行接地。否则，工作人员与导线末端接触，容易遭受由感应产生的电流和电压的伤害。

6.1.6 导线或地线线夹安装时的接地。

当导线从放线滑车上移出并安装在悬垂线夹里时，导线接地所用的接地线夹、接地线、杆塔连接系统如图 7d）所示。

6.1.7 安装导线跳线时的接地。

当在耐张杆塔的导线上安装跳线时，导线接地所用的接地线夹、接地线和结构连接系统如图 7e）所示。

6.1.8 放线滑车的接地。

通过放线滑车接地给导线或牵引绳接地的接地线夹、接地线和杆塔连接系统如图 7f）所示。

放线滑车接地有时用在有轮槽衬垫的放线滑车上，在中间杆塔上使用，以消除临近带电线路的感应电影响。

如果放线滑车没有轮槽衬垫，轮槽与滑车框架有良好的接地路径，则一般仅对滑车框构进行接地，而不需使用放线滑车接地。

放线滑车通常悬挂在绝缘子串上。但是在耐张转角杆塔上，放线滑车可以直接悬挂在横担上。建议放线滑车与杆塔之间的连接采用绝缘材料予以电气隔离，或使用放线滑车接地。

6.1.9 接地网。

图 7g）是带有双层围栏的典型的接地网系统。其他设计有不同的网眼尺寸和结构的接地网，只要符合以下的要求也可以接受。

接地网是相互连接的裸导线和一个带有接地棒的金属网系统。接地网一般放置在牵引区、张力区和接头设备下面的地上。

接地网的作用是给作业人员提供等电位保护，而接地网本身不会通过故障电流。

接地网应该有足够的尺寸，以便所有的导线牵引设备都能够完全处于接地网上，并在里层围栏内，而且允许完成必要的工作。

接地网的材料和接地线应该有足够的尺寸和耐受力，既可以承受移动物体的机械要求，也可以支撑设备。

接地网导线和接地棒应该相互连接，在接地网内的所有设备、支架、锚固、牵引绳、导引绳、导线、地线都应该与其等电位连接，设备应该和接地棒采用 A 型接地直接连接，而不用接地网的编织网。

在感应比较严重的地方，应该考虑在接地网的周围竖起双层围栏，如图 7g）所示，通过绝缘垫进入接地网里面。双层围栏可以防止里面的人或物体与外面的人员接触。

6.2 接地系统的一般程序和使用

本节详细表述了在架线过程中每个单独的作业区应该使用哪些接地系统，以及如何使用。接地程序的介绍见图 5a)、图 5b)、图 6a)、图 6b)、图 6c)、图 6d)。

注：当架线过程中一个步骤完成后要开始下一个步骤时，需要改变接地系统，在原接地系统拆除前必须先安装好新的接地系统，这样，导线、绳索或者设备总处于接地状态。

6.2.1 一般程序。

以下是在开始工作前的一些一般程序，所有的操作都必须遵守，以使保护人员和设备免受电气危害，尤其是当需要最大接地系统时。

6.2.1.1 选择正确的设备。

选择完成工作所需要的足够容量的设备非常重要（见 5.3 条），以确保有超出工作实际要求的安全裕度。

6.2.1.2 工作前设备检查。

当在带电线路附近安装新导线时，可能会发生电气接触。所以，事先由培训过的人员对使用的设备如牵引机、张力机和导引绳牵张机等进行彻底的检查非常重要，确保设备正常工作。尤其是制动系统，应该确保正确操作和对最大负荷时的制动能力。

应该检查牵引绳和导引绳的损坏情况，防止使用已严重降低强度的绳索。建议对用作牵引绳或导引的合成绳应每年至少进行一次抽样检查，测试其极限强度，对受损绳索进行更换。

应该对移动式接地、接地线、接地线夹和放线滑车接地进行检查，确保正确运行，无破损元件，以免影响接地通路。

6.2.1.3 工作前交底会。

当正在安装的导线有可能产生感应电或者在带电线路附近作业时，所有的工作人员都应该清楚地了解有关危害，这点非常重要。在开始工作之前，进行交底，应该给他们清楚地解释其工作程序和责任，使他们知道使用接地和等电位连接系统的必要性，以及如何正确安装。

如果工作范围改变或者人员变化，应该对所有涉及到的人员再次重申工作程序和责任。

在工作开始前，安全员应该对牵引场至张力场进行视察，确保所有与带电线路或设备有可能接触的地方都有充分的保护，采用净空、绝缘网等防止与新安装导线的接触。

6.2.1.4 受过培训的作业人员。

在架线工作中使用的特殊设备要求其操作人员必须预先接受特殊的培训，以便安全正确操作。这一点尤其在需要最大接地系统的工程中非常重要，因为导线或设备很有可能带电。

6.2.2 导引绳、牵引绳的安装。

当在每个杆塔的放线滑车上从张力场到牵引场安装导引绳或牵引绳时，要求如下：

最低要求：

——在所有作业线路的末端有一个打开的开关（绝缘），防止重接，确保装置隔离。

——在牵引场和张力场的所有架线设备都应该以 A 型接地系统接地［见图 7a)］。

——在牵引机前面的所有金属绳以 B 型接地［见图 7b)］，对合成牵引绳或导引绳，不使用移动式接地（见 6.1.3 条）。

——当从张力场到牵引场安装绳索的时候，绳索的末端应该使用 A 型接地系统接地［见图 7a)］，直到绳索连到导线上。此时，在牵引场和张力场绳索的两端安装 B 型接地。

最高要求。除了满足以上的要求外，还应该满足以下的要求：

——在所有交叉或平行的带电线路上的自动重合闸应该禁用，其重合可能导致事故。

——跨越所有交叉的带电线路应该搭设跨越架。

——所有的金属绳索应该有一段绝缘连接，如用绝缘绳，以连接到牵引车上。

——所有架线设备，包括设备、绳索或导线的临时锚，应该位于 G 型接地网区域内 ［见图 7g)]。

——在牵引机和张力机前面的第一基杆塔以及每隔两个杆塔应该有一个 G 型放线滑车接地系统 ［见图 7f)]。在感应比较严重的情况下，比如在杆塔的一边新架设线路，而杆塔的另一边是高压带电线路，建议在每基杆塔架上使用放线滑车接地，除非采用了其他的感应补偿方法。如果放线滑车轮槽内没有衬垫，则可以通过其框架接地。但应该说明，通过滑车框架接地相比直接在导线上接地，接地电阻要略高。在使用合成牵引绳或导引绳的地方不应使用放线滑车接地（见 6.1.3 条）。

6.2.3 导线的架设。

当导线从张力场牵引展放到牵引场时，要求如下：

最低要求：

——在所有作业线路的末端有一个打开的开关（绝缘），防止重接，确保装置隔离。

——在牵引场和张力场的所有架线设备，包括设备、绳索或导线的临时锚，都应该以 A 型接地系统接地 ［见图 7a)]。

——在架线时，在牵引机前面的所有绳索以 B 型接地 ［见图 7b)]。

——在架线时，在张力机前面的所有导线以 B 型接地 ［见图 7b)]。

——当架线完成，做弧垂调整时，所有导线应该以 A 型接地系统接地 ［见图 7a)]。

——导线在锚线、压接前应拉升到一定的高度，防止沿线故障性接触。

最高要求。除了满足以上的要求外，还应该满足以下的要求：

——在所有交叉或平行的带电线路上的自动重合闸应该禁用，其重合可能导致事故。

——跨越所有交叉的带电线路应该搭设跨越架。

——所有架线设备应该位于 G 型接地网区域内 ［见图 7g)]。

——在牵引机和张力机前面的第一基杆塔以及每隔两个杆塔应该有一个 G 型放线滑车接地系统 ［见图 7f)]。在感应比较严重的情况下，比如在杆塔的一边新架设线路，而杆塔的另一边是高压带电线路，建议在每基杆塔上使用放线滑车接地，除非采用了其他的感应补偿方法。如果放线滑车轮槽没有衬垫，则可以通过其框架接地。但应该说明，通过滑车框架接地与直接在导线上接地相比其接地电阻要略高。在使用合成牵引绳或导引绳的地方不应使用放线滑车接地系统（见 6.1.3 条）。

6.2.4 导线的连接。

在张力场、牵引场或中间档距内压接导线时要求如下：

最低要求：

——在所有作业线路的末端有一个打开的开关（绝缘），防止重接，确保装置隔离。

——在压接前所有的导线都以 C 型接地系统接地 ［见图 7c)]。

注：如果在中间档距内进行接头，应该用非导电合成绳将导线拉到地面，接头完成后再拉起来。如果使用金属绳索，则牵引设备应该以 A 型接地系统接地 ［见图 7a)]。

——当导线到达地面时，在压接前，两端必须以 C 型接地系统接地 ［见图 7c)]。

最高要求。除了满足以上的要求外，还应该满足以下的要求：

——在所有交叉或平行的带电线路上的自动重合闸应该禁用，其重合可能导致事故。

——跨越所有交叉的带电线路应该搭设跨越架。

——在张力机前或者在中间档距内的压接必须在 G 型接地垫区域内进行［见图 7g〕，所有导线的临锚都应该位于接地垫区域内。

——导线在中间档距内连接区域的两端以 C 型接地系统接地［见图 7c〕，接地棒应连接到接地网上。

——在牵引机和张力机前面的第一基杆塔，以及每隔两基杆塔应该有一个 G 型放线滑车接地系统［见图 7f〕。在感应比较严重的情况下，比如在杆塔的一边新架设线路，而杆塔的另一边是高压带电线路，建议在每基杆塔上使用放线滑车接地，除非采用了其他的感应补偿方法。如果放线滑车轮槽内没有衬垫，则可以通过其框架接地。但应该说明，通过滑车框架接地与直接在导线上接地相比接地电阻要略高。在使用合成牵引绳或导引绳的地方不应使用放线滑车接地（见 6.1.3 条）。

6.2.5　导线紧线。

当导线被拉升到最终的下垂位置，达到标准弧垂时，要求如下：

最低要求：

——在所有作业线路的末端有一个打开的开关（绝缘），防止重接，确保装置隔离。

——在紧线期间，在紧线设备拖车前面的所有导线应该以 B 型接地系统接地［见图 7b〕。

最高要求。除了满足以上的要求外，还应该满足以下的要求：

——在所有交叉或平行的带电线路上的自动重合闸应该禁用，其接触可能导致事故。

——跨越所有交叉的带电线路应该搭设跨越架。

——紧线设备以 A 型接地系统接地［见图 7a〕。

——导线的所有临时锚都应该位于接地网区域内［见图 7g〕。

——在牵引机和张力机前面的第一基杆塔，以及每隔两基杆塔应该有一个 G 型放线滑车接地系统［见图 7f〕。在感应比较严重的情况下，比如在杆塔的一边新架设线路，而杆塔的另一边是高压带电线路，建议在每基杆塔上使用放线滑车接地，除非采用了其他的感应补偿方法。如果放线滑车轮槽内没有衬垫，则可以通过其框架接地。但应该说明，通过滑车框架接地与直接在导线上接地相比接地电阻要略高。在使用合成牵引绳或导引绳的地方不应使用放线滑车接地（见 6.1.3 条）。

6.2.6　卡线。

当导线紧线完成后，导线从放线滑车安装到悬垂绝缘子末端的线夹上时，要求如下：

最低要求：

——在所有作业线路的末端有一个打开的开关（绝缘），防止重接，确保装置隔离。

——在卡线的杆塔上，所有同相导线在耐张转角杆塔或者接地点之前以 D 型接地系统接地［见图 7d〕。

最高要求。除了满足以上的要求外，还应该满足以下的要求：

——在所有交叉或平行的带电线路上的自动重合闸应该禁用，其使用可能导致事故。

——跨越所有交叉的带电线路应该搭设跨越架。

——导线的所有临锚都应该位于接地网区域内［见图 7g〕。

——在牵引机和张力机前面的第一基杆塔，以及每隔两基杆塔应该有一个 G 型放线滑车接地系统［见图 7f］。在感应比较严重的情况下，比如在杆塔的一边新架设线路，而杆塔的另一边是高压带电线路，建议在每基杆塔上使用放线滑车接地，除非采用了其他的感应补偿方法。如果放线滑车轮槽内没有衬垫，则可以通过其框架接地。但应该说明，通过滑车框架接地与直接在导线上接地相比，接地电阻要略高。在使用合成牵引绳或导引绳的地方不应使用放线滑车接地（见 6.1.3 条）。

6.2.7 耐张挂线和跳线安装。

紧线完成后，导线紧挂在耐张杆塔的耐张水平绝缘子串上。当安装耐张塔跳线时，要求如下：

最低要求：

——在所有作业线路的末端有一个打开的开关（绝缘），防止重接，确保装置隔离。

——当使用绞磨将耐张绝缘子串和导线紧挂到耐张杆塔的横担上时，绞磨应该以 A 型接地系统接地［见图 7a］。

——当导线挂在耐张杆塔上后，准备安装跳线时，耐张杆塔两侧所有同相导线应该以 E 型接地系统［见图 7e］对杆塔或接地点接地。接地线夹应该放置在作业区域外的导线上。

最高要求。除了满足以上的要求外，还应该满足以下的要求：

——在所有交叉或平行的带电线路上的自动重合闸应该禁用，其使用可能导致事故。

——跨越所有交叉的带电线路应该搭设跨越架。

除了以上要求外，当利用起重机的吊篮安装跳线时，还应满足以下要求：

——起重机外壳应以 A 型接地系统接地［见图 7a］，当在铁塔上作业时，起重机外壳也要以 A 型接地系统对塔脚接地。

——跳线和导线以 E 型接地系统［见图 7e］接地，跳线的自由端和起重机臂等电位连接。

——在非导电吊篮的底上应使用金属网，并和导线及跳线等电位连接。对金属吊篮，应和导线及跳线等电位连接。

——当起重机以任何形式与导线连接时，操作人员应始终留在起重机上，地面上任何人不得与起重机接触。

6.2.8 间隔棒安装。

当在飞车上安装隔离器、阻尼线、航空警告装置、维修滑车或进行其他作业时，要求如下：

最低要求：

——在所有作业线路的末端有一个打开的开关（绝缘），防止重接，确保装置隔离。

——已隔离的线段，所有同相导线应以 D 型接地系统［见图 7d］对塔脚接地，或者在线段两端的接地点上接地。

——在操作人员进入飞车前，应确保车和人在同一电位，可以先用与操作人员等电位连接的导线接触飞车，或者在飞车上连接等电位连接棒来测试。

——当飞车操作人员希望从飞车里出来，并从杆塔上下来时，他应该首先采用 A 型接地系统将飞车与杆塔接地［见图 7a］。

最高要求。除了满足以上的要求外，还应该满足以下的要求：

——在所有交叉或平行的带电线路上的自动重合闸应该禁用，其使用可能导致事故。

——跨越所有交叉的带电线路应该搭设跨越架。

——飞车的滑轮要么是无衬垫的金属轮，要么始终与导线等电位连接。

——如果飞车需要在每基杆塔悬垂线夹处提升，则飞车在离开导线之前应该与导线等电位连接，直到飞车重新回到导线上时等电位线夹才可以拆除。

6.2.9 导线上的特殊工作。

在导线安装或停电检修过程中，经常需要修理滑轮、安装飞机或航空警告装置等。此工作一般在飞车上完成。但是在条件恶劣的情况下必须采用直升机的办法，悬挂吊篮或平台进行作业。要求如下：

最低要求：

——在所有作业线路的末端有一个打开的开关（绝缘），防止重接，确保装置隔离。

——已隔离的线段，所有同相导线应以 D 型接地系统［见图 7d）］对塔脚接地，或者在线段两端的接地点上接地。

——在操作人员进入飞车前，应确保车和人在同一电位，可以先用与操作人员等电位连接的导线接触飞车，或者在飞车上连接等电位连接棒来测试。

——当飞车操作人员希望从飞车里出来，并从杆塔塔上下来时，他应该首先采用 A 型接地系统将飞车与杆塔接地［见图 7a）］。

最高要求。除了满足以上的要求外，还应该满足以下的要求：

——在所有交叉或平行的带电线路上的自动重合闸应该禁用，其使用可能导致事故。

——跨越所有交叉的带电线路应该搭设跨越架。

——飞车的滑轮要么是无衬里的金属轮，要么始终与导线等电位连接。

——如果飞车需要在每个基杆塔悬垂线夹处提升，则飞车在离开导线之前应该与导线等电位连接，直到飞车重新回到导线上时等电位线夹才可以拆除。

6.2.10 加油。

在牵引场和张力场从油罐给设备加油时，要求如下：

最低要求：

——在所有作业线路的末端有一个打开的开关（绝缘），防止重接，确保装置隔离。

——在加油嘴插入设备的油箱前，油车或油罐首先应该以 A 型接地系统与接地棒接地，设备也和接地棒等电位连接。

最高要求。除上述外，所有设备必须在 G 型接地网系统内［见图 7g）］。

7 设备测试

本章详细介绍了放线滑车接地和移动式接地的电气型式试验。而接地线夹、接地线等型式试验详见 DL/T 879。

7.1 型式试验的次数

放线滑车接地或移动式接地每个新的设计都要进行本标准所要求的型式试验。至少有两次试验成功后才可以认为该设计是安全的。

——一旦该装置通过了型式试验，就没必要对附加产品组件进行试验，除非该设计的确会影响接地能力。

7.2 型式试验装置

放线滑车接地和接地滑车接地试验装置分别如图8和图9所示。

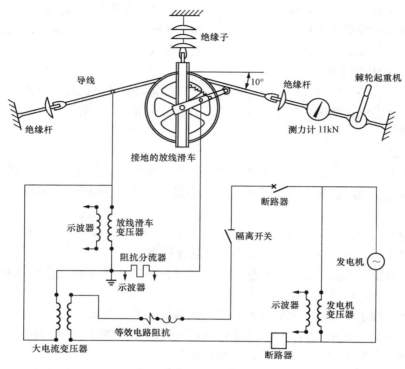

图8 对放线滑车接地的型式试验布置

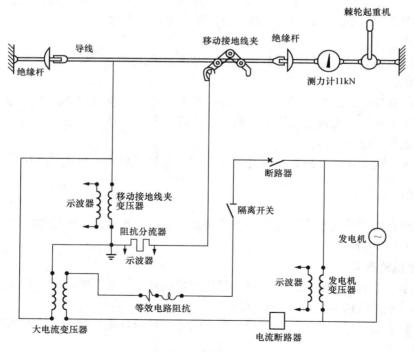

图9 移动接地线夹的型式试验布置

7.3 型式试验通过的判据

对放线滑车接地和接地滑车接地，通过型式试验的标准是：能够承受 20kA 的试验电流，对称 20 个周波。

即在规定的试验时间内，接地装置能够连续通过规定的电流值而不中断。此时，接地装置有可能产生机械性损坏，但是接地部件应该长期保持其通过电流的通道。

注：通过此标准的放线滑车接地和接地滑车接地适合以下情况：

 a）由于正在安装的导线和带电导线事故性接触而产生故障电流；

 b）雷击；

 c）感应电压和电流。

在施工作业中需特别注意，有可能发生与现有带电高压输电线路事故性接触，所以选择放线滑车接地和移动式接地时需考虑其短接容量的要求。对于短路容量更大的系统，还应考虑特殊的型式试验标准要求。

附 录 A
（规范性附录）
接地、接地电缆和连接器尺寸的选择

等电位连接线和接地用电缆和线夹的尺寸应该能够承受最大稳态感应电流以及最大故障电流，也可参见 DL/T 879。

可能受到三种电流的威胁，如：

——雷电；

——故障电流；

——感应电流。

在有可能发生故障电流的地方，接地装置应该较长时间承载此电流，以便线路保护系统动作。在接地装置承载了故障电流后，接地系统中所有暴露的部件必须立即更换。

接地系统的所有元件应该能够承受 20kA 的电流对称 20 个周波，而且仍然能够持续通过稳态感应电流而不中断。这样可以防止以上可能发生的大部分事故。但是，发生更大故障电流的可能性值得特别考虑。

在新导线安装过程中，当新导线和原有带电导线有可能接触的时候，接地系统应该能够承载最大的相对地间或相间故障电流。

当新的输电线路跨过原有输电或配电线路，且不可能切断原有线路的电源时，有可能发生接触。也有的工程，在一个双回路塔的上面或一侧安装新的线路，而塔下面的线路或另一侧的线路仍然带电，也会发生接触。

注：在感应严重的情况下，以上的电流承载能力可能不够，感应电流的量值可以通过测量或计算得出，从而选择合适尺寸的接地和等电位连接电缆。

火力发电建设工程启动试运及验收规程

DL/T 5437—2009

电力建设卷（上册）

目　　次

前　　言

本标准是根据《国家发展改革委办公厅关于印发 2007 年行业标准修订、制定计划的通知》（发改办工业〔2007〕1415 号）的要求安排制定的。

本标准在起草过程中参照原电力工业部颁发的《火力发电厂基本建设工程启动及竣工验收规程（1996 年版）》，结合我国电力体制改革的新形势和火力发电建设的发展及工程建设的成功经验和实际情况，旨在规范火力发电建设工程机组的试运、交接验收、达标考核及竣工验收工作，提高火力发电工程的建设质量，充分发挥火力发电建设投资的效益。

本标准中附录 A、附录 B、附录 C 均为资料性附录。

本标准由中国电力企业联合会提出。

本标准由电力行业火电建设标准化技术委员会归口并负责解释。

本标准主要起草单位：华北电力科学研究院有限责任公司、中国电力建设企业协会。

本标准参加起草单位：广东电网公司电力科学研究院、东北电力科学研究院有限责任公司、上海电力建设启动调整试验所、河南电力建设调试院。

本标准主要起草人：陈冀平、贾元平、郭嘉阳、尤京、张洁、顾红柏、张戟、钱麟、王少俊、孙华芳。

本标准自实施之日起，原电力工业部颁发的《火力发电厂基本建设工程启动及竣工验收规程（1996 年版）》同时作废。

本标准在执行过程中的意见或建议反馈至中国电力企业联合会标准化中心（北京市白广路二条 1 号，100761）。

火力发电建设工程启动试运及验收规程

1 范围

本标准规定了火力发电建设工程机组启动试运及验收阶段工作的基本要求。

本标准适用于单机容量为 300MW 及以上的各类新建、扩建、改建的火力发电建设工程。

单机容量为 300MW 以下的火力发电建设工程可参照本标准执行。

2 总则

2.0.1 机组移交生产前，必须完成单机试运、分系统试运和整套启动试运，并办理相应的质量验收手续；应按本标准要求完成 168h 满负荷试运，机组移交生产；机组移交生产后，必须办理移交生产签字手续；每期工程建设全部竣工后，应进行工程的竣工验收。

2.0.2 机组的试运及其各阶段的交接验收及工程的竣工验收，必须以现行的国家法律、法规和强制性标准、电力行业有关标准以及本工程的批准文件、设计图纸、有效合同等为依据。

2.0.3 为提高火力发电建设工程的管理和机组整体移交水平，每台机组都应达到电力工程达标投产相关标准的要求。

2.0.4 移交生产的机组，在完成全部涉网特殊试验项目验收、符合并网及商业运行相关规定并办理相关手续后，可转入商业运行。

2.0.5 电力建设质量监督机构在工程各个阶段应到现场进行的监督检查，由建设单位负责组织各相关参建单位做好各项准备工作，相关参建单位应参加和配合。

2.0.6 机组达标验收的各项准备工作由建设单位负责组织，工程各参建单位应做好相关资料准备，参加和配合验收检查。

2.0.7 火力发电建设工程机组的保修期，宜为移交生产后一年。

3 机组的试运和交接验收

3.1 通则

3.1.1 机组的试运是全面检验主机及其配套系统的设备制造、设计、施工、调试和生产管理的重要环节，是保证机组能安全、可靠、经济、文明地投入生产，形成生产能力，发挥投资效益的关键性程序。

3.1.2 机组的试运一般分为分部试运（包括单机试运、分系统试运）和整套启动试运（包括空负荷试运、带负荷试运、满负荷试运）两个阶段。分系统试运和整套启动试运中的调试工作必须由具有相应调试能力资格的单位承担。

3.1.3 为了组织和协调好机组的试运和各阶段的验收工作，应成立机组试运指挥部和启动验收委员会（以下简称"启委会"）。机组的试运及其各阶段的交接验收，应在试运指挥部的领导下进行。机组整套启动试运准备情况、试运中的特殊事项和移交生产条件，必须由启委会进行审议和决策。

3.1.4 机组各设备的单机试运及质量验收应按照电力行业有关电力建设施工技术规范和质量验收规程进行；分系统试运和整套启动试运中的调试及质量验收应按照电力行业有关电力建设工程调试技术规范和质量验收规程进行。

3.1.5 机组进入整套启动试运前，必须经过电力建设质量监督机构的监督认可。

3.1.6 机组试运中发生设备损坏、非计划中断运行等事故时，应由总指挥主持，组织工程各参建单位进行事故调查和分析，并制定出相应防范措施。

3.1.7 机组整套启动试运结束后，应由电力建设质量监督机构进行质量监督评价。

3.1.8 机组归档移交工作应符合国家和电力行业有关建设项目档案归档的规定，由建设单位组织施工、设计、调试、监理等有关单位，在机组移交生产后 45 天内完成。

3.1.9 机组试运应移交的档案包括：单机试运记录及验收签证，调试大纲，调试方案或措施，调试报告，调试质量验收签证，涉网特殊试验方案或措施，涉网特殊试验报告，机组性能试验方案或措施，机组性能试验报告等。

3.1.10 按设备供货合同供应的检修用备品配件、施工后剩余的安装用易损易耗备品配件、专用仪器和专用工具，由建设单位组织施工单位在机组移交生产后 45 天内移交生产单位。如本期工程其余机组安装调试时需要继续使用，应由使用单位向生产单位办理借用手续，并按时归还。

3.2 机组试运的组织与职责分工

3.2.1 启动验收委员会。

3.2.1.1 启委会的组成。

一般应由投资方、政府有关部门、电力建设质量监督机构、项目公司、监理、电网调度、设计、施工、调试、主要设备供货商等单位的代表组成。设主任委员一名，副主任委员和委员若干名。主任委员和副主任委员宜由投资方任命，委员由建设单位与政府有关部门和各参建单位协商，提出组成人员名单，上报工程主管单位批准。

3.2.1.2 启委会的职责期。

启委会必须在机组整套启动前组成并开始工作，直到办理完机组移交生产交接签字手续为止。

3.2.1.3 启委会的职责。

1 在机组整套启动试运前，启委会应召开会议，审议试运指挥部有关机组整套启动准备情况的汇报，协调机组整套启动的外部条件，决定机组整套启动的时间和其他有关事宜。

2 在机组整套启动试运过程中，如遇试运指挥部不能做出决定的事宜，由总指挥提出申请，启委会应召开临时会议，讨论决定有关事宜。

3 在机组完成整套启动试运后，启委会应召开会议，审议试运指挥部有关机组整套启动试运情况和移交生产条件的汇报，协调整套启动试运后的未完事项，决定机组移交生产后的有关事宜，主持办理机组移交生产交接签字手续。

3.2.2 试运指挥部。

3.2.2.1 试运指挥部的组成。

一般应由一名总指挥和若干名副总指挥及成员组成。总指挥宜由建设工程项目公司的总经理担任，并由工程主管单位任命。副总指挥和成员若干名，具体人选由总指挥与工程各参建单位协商，提出任职人员名单，上报工程主管单位批准。

3.2.2.2 试运指挥部的职责期。

试运指挥部一般应从机组分部试运开始的一个月前组成并开始工作，直到办理完机组移交生产交接签字手续为止。

3.2.2.3 试运指挥部的职责。

1 全面组织和协调机组的试运工作。

2 对试运中的安全、质量、进度和效益全面负责。

3 审批重要项目的调试方案或措施（如调试大纲、升压站及厂用电受电措施、化学清洗措施、蒸汽管道吹管措施、锅炉整套启动措施、汽轮机整套启动措施、电气整套启动措施、甩负荷试验措施等）和单机试运计划、分系统试运计划及整套启动试运计划。

4 启委会成立后，在主任委员的领导下，筹备启委会全体会议，启委会闭会期间，代表启委会主持整套启动试运的常务指挥工作。

5 协调解决试运中的重大问题。

6 组织和协调试运指挥部各组及各阶段的验收签证工作。

3.2.2.4 试运指挥部下设机构。

试运指挥部下设分部试运组、整套试运组、验收检查组、生产运行组、综合管理组。根据工作需要，各组可下设若干个专业组，专业组的成员，一般由总指挥与工程各参建单位协商任命，并报工程主管单位备案，见图3.2.2.4。

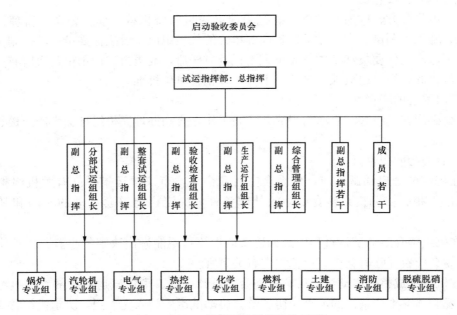

图 3.2.2.4 机组试运组织机构示意

1 分部试运组：

一般应由施工、调试、建设、生产、监理、设计、主要设备供货商等有关单位的代表组成。设组长一名，应由主体施工单位出任的副总指挥兼任，副组长若干名，应由调试、建设、监理和生产单位出任的副总指挥或成员担任。

其主要职责是：

1）负责提出单机试运计划和分系统试运计划，上报总指挥批准。

2）负责分部试运阶段的组织领导、统筹安排和指挥协调工作。按照试运计划合理组织土建、安装、单体调试工作，为单机试运和分系统试运创造条件。

3）在单机和系统首次试运前，组织核查单机试运和系统试运应具备的条件，应使用试运条件检查确认表进行多方签证（见表 A.1 和表 A.2）。

4）组织研究和解决分部试运中发现的问题。

5）组织办理单机试运验收签证和分系统试运验收签证工作。

2　整套试运组：

一般应由调试、施工、生产、建设、监理、设计、主要设备供货商等有关单位的代表组成。设组长一名，应由主体调试单位出任的副总指挥兼任，副组长若干名，应由施工、生产、建设和监理单位出任的副总指挥兼任。

其主要职责是：

1）负责提出整套启动试运计划，上报总指挥批准。

2）组织核查机组整套启动试运前和进入满负荷试运的条件，应使用整套启动试运条件检查确认表进行多方检查确认签证（见表 A.3）。

3）组织实施启动调试方案或措施，全面负责整套启动试运的现场指挥和具体协调工作。

4）组织分析和解决整套启动试运中发现的问题。

5）严格控制整套启动试运的各项技术经济指标，组织办理整套启动试运后的调试质量验收签证工作和各项试运指标统计汇总工作。

3　验收检查组：

一般应由建设、监理、施工、生产、设计等有关单位的代表组成。设组长一名、副组长若干名。组长一般由建设单位出任的副总指挥兼任。

其主要职责是：

1）负责组织对厂区外与市政、公交、航运等有关工程的验收或核查其验收评定结果。

2）负责组织验收由设备供货商或其他承包商负责的调试项目。

3）负责组织机组全部归档资料和技术文件的核查和归档交接工作。

4）负责协调设备材料、备品配件、专用仪器和专用工具的清点移交工作。

5）负责组织建筑及安装工程施工质量验收评定及整套启动试运质量总评。

4　生产运行组：

一般应由生产单位的代表组成。设组长一名、副组长若干名。组长一般由生产单位出任的副总指挥兼任。

其主要职责是：

1）负责核查生产运行的准备情况，包括运行和维护人员的配备、培训、考核和上岗情况，所需的运行规程、管理制度、系统图表、运行记录本和表格、各类工作票和操作票、设备铭牌、阀门编号牌、管道介质流向标志、安全用具和化验、检测仪器、维护工具等配备情况，生产标准化配置情况等。

2）负责机组试运中的运行操作、系统检查和事故处理等生产运行工作。

5 综合管理组：

一般应由建设、施工、生产等有关单位的代表组成。设组长一名、副组长若干名。组长应由建设单位出任的副总指挥兼任。

其主要职责是：

1）负责试运指挥部的文秘、资料和后勤服务等综合管理工作。

2）发布试运信息。

3）核查和协调试运现场的安全、消防和治安保卫工作。

6 各专业组：

一般可在分部试运组、整套试运组、验收检查组和生产运行组下，分别设置锅炉、汽轮机、电气、热控、化学、燃料、土建、消防、脱硫（硝）等专业组，各组设组长1名，副组长和组员若干名。

在分部试运阶段，组长由主体施工单位的人员担任，副组长由调试、监理、建设、生产、设计、设备供应商单位的人员担任；在整套启动试运阶段，组长由主体调试单位的人员担任，副组长由施工、生产、监理、建设、设计、设备供应商单位的人员担任。

燃料、土建、消防和脱硫（硝）专业组的组长和副组长，由承担该项目施工、调试的单位和监理、建设单位派人出任。

验收检查组中各专业组的组长和副组长由建设、监理、生产和施工单位的人员担任。

各专业组的主要职责是：

1）在试运指挥部各相应组的统一领导下，按照试运计划组织本专业各项试运条件的检查和完善，实施和完成本专业试运工作。

2）研究和解决本专业在试运中发现的问题，对重大问题提出处理方案，上报试运指挥部审查批准。

3）组织完成本专业组各试运阶段的验收检查工作，办理验收签证。

4）按照机组试运计划要求，组织完成与机组试运相关的厂区外与市政、公交、航运等有关工程和由设备供货商或其他承包商负责的调试项目的验收。

3.2.3 机组试运各单位的职责。

3.2.3.1 建设单位的主要职责。

1 充分发挥工程建设的主导作用，全面协助试运指挥部，负责机组试运全过程的组织管理和协调工作。

2 负责编制和发布各项试运管理制度和规定，对工程的安全、质量、进度、环境和健康等工作进行控制。

3 负责为各参建单位提供设计和设备文件及资料。

4 负责协调设备供货商供货和提供现场服务。

5 负责协调解决合同执行中的问题和外部关系。

6 负责与电网调度、消防部门、铁路、航运等相关单位的联系。

7 负责组织相关单位对机组联锁保护定值和逻辑的讨论和确定，组织完善机组性能试验或特殊试验测点的设计和安装。

8 负责组织由设备供货商或其他承包商承担的调试项目的实施及验收。

9 负责试运现场的消防和安全保卫管理工作，做好建设区域与生产区域的隔离措施。

10 参加试运日常工作的检查和协调，参加试运后的质量验收签证。

3.2.3.2 监理单位的主要职责。

1 做好工程项目科学组织、规范运作的咨询和监理工作，负责对试运过程中的安全、质量、进度和造价进行监理和控制。

2 按照质量控制监检点计划和监理工作要求，做好机组设备和系统安装的监理工作，严格控制安装质量。

3 负责组织对调试大纲、调试计划及单机试运、分系统试运和整套启动试运调试措施的审核。

4 负责试运过程的监理，参加试运条件的检查确认和试运结果确认，组织分部试运和整套启动试运后的质量验收签证。

5 负责试运过程中的缺陷管理，建立台账，确定缺陷性质和消缺责任单位，组织消缺后的验收，实行闭环管理。

6 协调办理设备和系统代保管有关事宜。

7 组织或参加重大技术问题解决方案的讨论。

3.2.3.3 施工单位的主要职责。

1 负责完成试运所需要的建筑和安装工程，以及试运中临时设施的制作、安装和系统恢复工作。

2 负责编制、报审和批准单机试运措施，编制和报批单体调试和单机试运计划。

3 主持分部试运阶段的试运调度会，全面组织协调分部试运工作。

4 负责组织完成单体调试、单机试运条件检查确认、单机试运指挥工作，提交单体调试报告和单机试运记录，参加单机试运后的质量验收签证。

5 负责单机试运期间工作票安全措施的落实和许可签发。

6 负责向生产单位办理设备及系统代保管手续。

7 参与和配合分系统试运和整套启动试运工作，参加试运后的质量验收签证。

8 负责试运阶段设备与系统的就地监视、检查、维护、消缺和完善，使与安装相关的各项指标满足达标要求。

9 机组移交生产前，负责试运现场的安全、保卫、文明试运工作，做好试运设备与施工设备的安全隔离措施。

10 在考核期阶段，配合生产单位负责完成施工尾工和消除施工遗留的缺陷。

单独承包分项工程的施工单位，其职责与主体安装单位相同。同时，应保证该独立项目按时、完整、可靠地投入，不得影响机组的试运工作，在工作质量和进度上必须满足工程整体的要求。

3.2.3.4 调试单位的主要职责。

1 负责编制、报审、报批或批准（除需要由总指挥批准以外的）调试大纲、分系统调试和整套启动调试方案或措施，分系统试运和整套启动试运计划。

2 参与机组联锁保护定值和逻辑的讨论，提出建议。

3 参加相关单机试运条件的检查确认和单体调试及单机试运结果的确认，参加单机试运后质量验收签证。

4 机组整套启动试运期间全面主持指挥试运工作，主持试运调度会。

5 负责分系统试运和整套启动试运调试前的技术及安全交底，并做好交底记录。

6 负责全面检查试运机组各系统的完整性和合理性，组织分系统试运和整套启动试运条件的检查确认。

7 按合同规定组织完成分系统试运和整套启动试运中的调试项目和试验工作，参加分系统试运和整套启动试运质量验收签证，使与调试有关的各项指标满足达标要求。

8 负责对试运中的重大技术问题提出解决方案或建议。

9 在分系统试运和整套启动试运中，监督和指导运行操作。

10 在分系统试运和整套启动试运期间，协助相关单位审核和签发工作票，并对消缺时间做出安排。

11 考核期阶段，在生产单位的安排下，继续完成合同中未完成的调试或试验项目。

3.2.3.5 生产单位的主要职责。

1 负责完成各项生产运行的准备工作，包括燃料、水、汽、气、酸、碱、化学药品等物资的供应和生产必备的检测、试验工器具及备品备件等的配备，生产运行规程、系统图册、各项规章制度和各种工作票、操作票、运行和生产报表、台账的编制、审批和试行，运行及维护人员的配备、上岗培训和考核、运行人员正式上岗操作，设备和阀门、开关和保护压板、管道介质流向和色标等各种正式标识牌的定制和安置，生产标准化配置等。

2 根据调试进度，在设备、系统试运前一个月以正式文件的形式将设备的电气和热控保护整定值提供给安装和调试单位。

3 负责与电网调度部门有关机组运行的联系及与相关运行机组的协调，确保试运工作按计划进行。

4 负责试运全过程的运行操作工作，运行人员应分工明确、认真监盘、精心操作，防止发生误操作。对运行中发现的各种问题提出处理意见或建议，参加试运后的质量验收签证。

5 单机试运时，在施工单位试运人员的指挥下，负责设备的启停操作和运行参数检查及事故处理；分系统试运和整套启动试运调试中，在调试单位人员的监督指导下，负责设备启动前的检查及启停操作、运行调整、巡回检查和事故处理。

6 分系统试运和整套启动试运期间，负责工作票的管理、工作票安全措施的实施及工作票和操作票的许可签发及消缺后的系统恢复。

7 负责试运机组与运行机组联络系统的安全隔离。

8 负责已经代保管设备和区域的管理及文明生产。

9 机组移交生产后，全面负责机组的安全运行和维护管理工作，负责协调和安排机组施工尾工、调试未完成项目的实施和施工遗留缺陷的消除，负责机组各项涉网特殊试验和性能试验的组织协调工作，加强生产管理，使与生产有关的各项指标满足达标要求。

3.2.3.6 设计单位的主要职责。

1 设备供货商实际供货的设备与设计图纸不符时，负责对设计接口进行确认，并对设备及系统的功能进行技术把关。

2 为现场提供技术服务，负责处理机组试运过程中发生的设计问题，提出必要的设计修改或处理意见。

3 负责完成试运指挥部或启委会提出的完善设计工作，按期完成并提交完整的竣工图。

3.2.3.7 设备供货商的主要职责。

1 按供货合同提供现场技术服务和指导，保证设备性能。

2　参与重大试验方案的讨论和实施。

3　参加设备首次试运条件检查和确认，参加首次受电和试运。

4　按时完成合同中规定的调试工作。

5　负责处理设备供货商应负责解决的问题，消除设备缺陷，协助处理非责任性的设备问题及零部件的订货。

6　参与设备性能考核试验。

3.2.3.8　电网调度部门的主要职责。

1　提供归其管辖的主设备和继电保护装置整定值。

2　根据建设单位的申请，核查并网机组的通信、保护、安全稳定装置、自动化和运行方式等实施情况，检查并网条件。

3　审批或审核机组的并网申请和可能影响电网安全运行的试验方案，发布并网或解列许可命令。

4　在电网安全许可的条件下，满足机组调整试运的需要。

5　创造条件配合机组完成涉网特殊试验和性能试验。

3.2.3.9　电力建设质量监督部门的主要职责。

应按有关规定对机组试运进行质量监督检查。

3.3　分部试运阶段

3.3.1　分部试运阶段应从高压厂用母线受电开始至整套启动试运开始为止。

3.3.2　分部试运包括单机试运和分系统试运两部分。单机试运是指目的为检验该设备状态和性能是否满足其设计和制造要求的单台辅机的试运行；分系统试运是指目的为检验设备和系统是否满足设计要求的联合试运行。

3.3.3　分部试运应具备下列条件：

3.3.3.1　试运指挥部及其下属机构已成立，组织落实，人员到位，职责分工明确。

3.3.3.2　各项试运管理制度和规定以及调试大纲已经审批发布执行。

3.3.3.3　相应的建筑和安装工程已完工，并已按电力行业有关电力建设施工质量验收规程验收签证，技术资料齐全。

3.3.3.4　一般应具备设计要求的正式电源。

3.3.3.5　单机试运和分系统试运计划、试运调试措施已经审批并正式下发。

3.3.3.6　分部试运涉及的单体调试已完成，并经验收合格，满足试运要求。

3.3.4　分部试运由施工单位组织，在调试和生产等有关单位的配合下完成。分部试运中的单机试运由施工单位负责完成，分系统试运由调试单位负责完成。

3.3.5　单机试运完成、经组织验收合格、办理签证后，才能进入分系统试运。

3.3.6　单机试运条件检查确认表由施工单位准备，系统试运条件检查确认表由调试单位准备，单体校验报告和分部试运记录，应由实施单位负责整理和提供。

3.3.7　分部试运项目试运合格后，一般应由施工、调试、监理、建设、生产等单位办理质量验收签证。

3.3.8　供货合同中规定由设备供货商负责的调试项目或其他承包商承担的调试项目，必须由建设单位组织监理、施工、生产、设计等有关单位进行检查验收。验收不合格的项目，不能进入分系统试运或整套启动试运。

3.3.9　与电网调度管辖有关的设备和区域，如启动/备用变压器、升压站内设备和主变压器等，在受电完成后，必须立即由生产单位进行管理。

3.3.10 对于独立或封闭的一些区域，当建筑和安装施工及设备和系统试运已全部完成，并已办理验收签证的，在施工、调试、监理、建设、生产等单位办理完代保管手续之后（见表B.1），可由生产单位代管。代管期间的施工缺陷仍由施工单位消除，其他缺陷由建设单位组织相关责任单位完成。

3.4 整套启动试运阶段

3.4.1 整套启动试运阶段是从炉、机、电等第一次联合启动时锅炉点火开始，到完成满负荷试运移交生产为止。

3.4.2 整套启动试运应具备下列条件：

3.4.2.1 试运指挥部及各组人员已全部到位，职责分工明确，各参建单位参加试运值班的组织机构及联系方式已上报试运指挥部并公布，值班人员已上岗。

3.4.2.2 建筑、安装工程已验收合格，满足试运要求；厂区外与市政、公交、航运等有关的工程已验收交接，能满足试运要求。

3.4.2.3 必须在整套启动试运前完成的分部试运项目已全部完成，并已办理质量验收签证，分部试运技术资料齐全。主要检查项目有：

   1 锅炉、汽轮机（燃机）、电气、热控、化学五大专业的分部试运完成情况。

   2 机组润滑油、控制油、变压器油的油质及 SF_6 气体的化验结果。

   3 空冷岛系统严密性试验、发电机风压试验结果。

   4 发电机封闭母线微正压装置投运情况。

   5 保安电源切换试验及必须运行设备保持情况。

   6 热控系统及装置电源的可靠性。

   7 通信、保护、安全稳定装置、自动化和运行方式及并网条件。

   8 储煤和输煤系统。

   9 除灰和除渣系统。

   10 废水处理及排放系统。

   11 脱硫、脱硝系统和环保监测设施等。

3.4.2.4 整套启动试运计划、重要调试方案及措施已经总指挥批准，并已组织相关人员学习，完成安全和技术交底，首次启动曲线已在主控室张挂。

3.4.2.5 试运现场的防冻、采暖、通风、照明、降温设施已能投运，厂房和设备间封闭整，所有控制室和电子间温度可控，满足试运需求。

3.4.2.6 试运现场安全、文明。主要检查项目有：

   1 消防和生产电梯已验收合格，临时消防器材准备充足且摆放到位。

   2 电缆和盘柜防火封堵合格。

   3 现场脚手架已拆除，道路畅通，沟道和孔洞盖板齐全，楼梯和步道扶手、栏杆齐全且符合安全要求。

   4 保温和油漆完整，现场整洁。

   5 试运区域与运行或施工区域已安全隔离。

   6 安全和治安保卫人员已上岗到位。

   7 现场通信设备通信正常。

3.4.2.7 生产单位已做好各项运行准备。主要检查项目有：

1 启动试运需要的燃料（煤、油、气）、化学药品、检测仪器及其他生产必需品已备足和配齐。

2 运行人员已全部持证上岗到位，岗位职责明确。

3 运行规程、系统图表和各项管理制度已颁布并配齐，在主控室有完整放置。

4 试运设备、管道、阀门、开关、保护压板、安全标识牌等标识齐全。

5 运行必需的操作票、工作票、专用工具、安全工器具、记录表格和值班用具、备品配件等已备齐。

3.4.2.8 试运指挥部的办公器具已备齐，文秘和后勤服务等项工作已经到位，满足试运要求。

3.4.2.9 配套送出的输变电工程满足机组满发送出的要求。

3.4.2.10 已满足电网调度提出的各项并网要求。主要检查项目有：

1 并网协议、并网调度协议和购售电合同已签订，发电量计划已批准。

2 调度管辖范围内的设备安装和试验已全部完成并已报竣工。

3 与电网有关的设备、装置及并网条件检查已完成。

4 电气启动试验方案已报调度审查、讨论、批准，调度启动方案已正式下发。

5 整套启动试运计划已上报调度并获得同意。

3.4.2.11 电力建设质量监督机构已按有关规定对机组整套启动试运前进行了监检，提出的必须整改的项目已经整改完毕，确认同意进入整套启动试运阶段。

3.4.2.12 启委会已经成立并召开了首次全体会议，听取并审议了关于整套启动试运准备情况的汇报，并做出准予进入整套启动试运阶段的决定。

3.4.3 整套启动试运。

3.4.3.1 应按空负荷试运、带负荷试运和满负荷试运三个阶段进行。

3.4.3.2 空负荷试运一般应包括下列内容：

1 锅炉点火，按启动曲线进行升温、升压，投入汽轮机旁路系统。

2 系统热态冲洗，空冷岛冲洗（对于空冷机组）。

3 按启动曲线进行汽轮机启动。

4 完成汽轮机空负荷试验。机组并网前，完成汽轮机 OPC 试验和电超速保护通道试验并投入保护。

5 完成电气并网前试验。

6 完成机组并网试验，带初负荷和暖机负荷运行，达到汽轮机制造商要求的暖机参数和暖机时间。

7 暖机结束后，发电机与电网解列，立即完成汽轮机阀门严密性试验和机械超速试验；完成汽轮机维持真空工况下的惰走试验。

8 完成锅炉蒸汽严密性试验和膨胀系统检查、锅炉安全门校验（对超临界及以上参数机组，主汽系统安全门校验在带负荷阶段完成）和本体吹灰系统安全门校验。

9 对于燃气—蒸汽联合循环机组，空负荷试运一般包括机组启动装置投运试验，燃气轮机首次点火和燃烧调整，机组轴系振动监测，并网前的电气试验，以及余热锅炉和主汽管道的吹管等。

3.4.3.3 带负荷试运一般应包括下列内容：

1 机组分阶段带负荷直到带满负荷。

2 完成规定的调试项目和电网要求的涉网特殊试验项目。

3 按要求进行机组甩负荷试验，测取相关参数。

4 对于燃气—蒸汽联合循环机组，带负荷试运一般包括燃机燃烧调整，发电机假同期试验，发电机并网试验，低压主蒸汽切换试验，机组超速保护试验、余热锅炉安全门校验等规定的调试项目和电网要求的涉网特殊试验项目。

5 在条件许可的情况下，宜完成机组性能试验项目中的锅炉（燃机）最低负荷稳燃试验、自动快减负荷（RB）试验。

3.4.3.4 满负荷试运：

1 同时满足下列要求后，机组才能进入满负荷试运：

1）发电机达到铭牌额定功率值。

2）燃煤锅炉已断油，具有等离子点火装置的等离子装置已断弧。

3）低压加热器、除氧器、高压加热器已投运。

4）静电除尘器已投运。

5）锅炉吹灰系统已投运。

6）脱硫、脱硝系统已投运。

7）凝结水精处理系统已投运，汽水品质已合格。

8）热控保护投入率 100%。

9）热控自动装置投入率不小于 95%、热控协调控制系统已投入，且调节品质基本达到设计要求。

10）热控测点/仪表投入率不小于 98%，指示正确率分别不小于 97%。

11）电气保护投入率 100%。

12）电气自动装置投入率 100%。

13）电气测点/仪表投入率不小于 98%，指示正确率分别不小于 97%。

14）满负荷试运进入条件已经各方检查确认签证、总指挥批准。

15）连续满负荷试运已报请调度部门同意。

2 同时满足下列要求后，即可以宣布和报告机组满负荷试运结束：

1）机组保持连续运行。对于 300MW 及以上的机组，应连续完成 168h 满负荷试运行；对于 300MW 以下的机组一般分 72h 和 24h 两个阶段进行，连续完成 72h 满负荷试运行后，停机进行全面的检查和消缺，消缺完成后再开机，连续完成 24h 满负荷试运行，如无必须停机消除的缺陷，亦可连续运行 96h。

2）机组满负荷试运期的平均负荷率应不小于 90% 额定负荷。

3）热控保护投入率 100%。

4）热控自动装置投入率不小于 95%，热控协调控制系统投入，且调节品质基本达到设计要求。

5）热控测点/仪表投入率不小于 99%，指示正确率分别不小于 98%。

6）电气保护投入率 100%。

7）电气自动装置投入率 100%。

8）电气测点/仪表投入率不小于99％，指示正确率分别不小于98％。

9）汽水品质合格。

10）机组各系统均已全部试运，并能满足机组连续稳定运行的要求，机组整套启动试运调试质量验收签证已完成。

11）满负荷试运结束条件已经多方检查确认签证、总指挥批准。

3.4.3.5 达到满负荷试运结束要求的机组，由总指挥宣布机组试运结束，并报告启委会和电网调度部门。至此，机组投产，移交生产单位管理，进入考核期。

3.5 机组的交接验收

3.5.1 机组满负荷试运结束时，应进行各项试运指标的统计汇总和填表，办理机组整套启动试运阶段的调试质量验收签证。

3.5.2 机组满负荷试运结束后，应召开启委会会议，听取并审议整套启动试运和交接验收工作情况的汇报，以及施工尾工、调试未完成项目和遗留缺陷的工作安排，作出启委会决议，办理移交生产的签字手续（见表C.1）。

3.5.3 机组移交生产后一个月内，应由建设单位负责，向参加交接签字的各单位报送一份机组移交生产交接书。

3.6 特殊情况说明

3.6.1 由于电网或非施工和调试的原因，机组不能带满负荷时，由总指挥上报启委会决定168h试运机组应带的最大负荷。

3.6.2 机组满负荷试运期间，电网调度部门应按照满负荷试运要求安排负荷，如因特殊原因不能安排连续满负荷运行，机组亦可按调度负荷要求连续运行，直至试运结束。

3.6.3 整套启动试运的调试项目和顺序，可根据工程和机组的实际情况，由总指挥确定。个别调试或试验项目经总指挥批准后也可在考核期内完成。

3.6.4 环保设施应随机组试运同时投入，如未能随机组试运投入，应由建设单位负责，组织相关责任单位在国家规定的时间内完成施工和试运。

4 机组的考核期

4.0.1 机组的考核期自总指挥宣布机组试运结束之时开始计算，时间为六个月，不应延期。

4.0.2 在考核期内，机组的安全运行和正常维修管理由生产单位全面负责，工程各参建单位应按照启委会的决议和要求，在生产单位的统一组织协调和安排下，继续全面完成机组施工尾工、调试未完成项目和消缺、完善工作。涉网特殊试验和性能试验合同单位，应在考核期初期全面完成各项试验工作。

4.0.3 考核期的主要任务：

4.0.3.1 全面考验设备、消除缺陷，完成施工及调试未完成的项目，完成电力建设质量监督机构检查提出的整改项目。

4.0.3.2 完成全部涉网特殊试验项目，提交报告、组织验收、办理相关手续，早日转入商业运行。涉网特殊试验一般包括下列项目：

1 发电机定子绕组端部振动特性分析。

2 发电机定子绕组端部表面电位测量。

3 发电机转子通风孔检查试验。

4 发电机进相试验。

5 接地电阻测试。

6 变压器耐压试验。

7 变压器变形试验。

8 PSS 功能整定试验。

9 发电机励磁系统相频、幅频特性试验。

10 励磁系统负载阶跃试验。

11 励磁系统的静差率测试试验。

12 发电机空载阶跃响应试验。

13 系统电抗 X_e 计算试验。

14 发电机调差系数整定试验。

15 发电机励磁系统灭磁试验。

16 机组 AGC 功能试验。

17 机组一次调频试验。

18 汽轮机调速系统动态参数测试。

4.0.3.3 组织完成机组的全部性能试验项目。一般包括下列试验项目：

1 锅炉热效率试验。

2 锅炉最大出力试验。

3 锅炉额定出力试验。

4 锅炉断油最低稳燃出力试验。

5 制粉系统出力试验。

6 磨煤单耗试验。

7 空气预热器漏风率试验。

8 除尘器效率试验。

9 汽轮机最大出力试验。

10 汽轮机额定出力试验。

11 机组热耗试验。

12 机组供电煤耗试验。

13 机组厂用电率测试。

14 汽轮发电机组轴系振动试验。

15 机组 RB 功能试验。

16 机组污染物排放测试。

17 机组噪声测试。

18 机组散热测试。

19 机组粉尘测试。

20 脱硫效率测试。

21 脱硝效率测试。

22 燃机联合热效率试验。

23　燃机联合最大出力试验。

24　燃机额定出力试验。

25　燃机联合热耗试验。

26　燃机供电气耗试验。

4.0.3.4　生产单位应继续维护和保持或进一步提高自动调节品质和保护、自动、测点/仪表的投入和正确率。

4.0.3.5　全面考核机组的各项性能和技术经济指标，一般包括下列内容：

1　机组等效可用系数。

2　机组非计划停运次数。

3　机组汽水品质。

4　汽轮发电机组轴振。

5　汽轮机真空严密性。

6　发电机漏氢量。

7　机组供电煤（气）耗及厂用电率。

8　机组补水率。

9　热控自动投入率。

10　监测仪表投入率。

11　保护投入率。

12　除尘器投入率。

13　高压加热器投入率。

14　主蒸汽温度和再热蒸汽温度。

15　燃机温度。

16　排烟温度。

17　吹灰器可投用率。

18　脱硫和脱硝装置投入率及运行指标。

4.0.4　考核期内机组的非施工问题，应由建设单位组织责任单位或有关单位进行处理，责任单位应承担经济责任。

4.0.5　考核期内，由于非施工和调试原因，个别设备或自动、保护装置仍不能投入运行，应由建设单位组织有关单位提出专题报告，报上级主管单位研究解决。

4.0.6　电网调度部门应在电网安全许可的条件下，安排满足机组消缺、涉网特殊试验和性能试验需要的启停和负荷变动。

4.0.7　各项性能试验完成后，建设单位应按照机组达标验收的相关规定和要求，组织完成相关工作。

5　工程的竣工验收

5.0.1　凡新建、扩建、改建的火力发电工程，已按批准的设计文件所规定的内容全部建成，在本期工程的最后一台机组考核期结束，完成行政主管部门组织的各专项验收且竣工决算审定后，由建设单位按规定申请组织工程竣工验收。

附 录 A

（资料性附录）

各阶段试运条件检查确认表

A.1 单机试运条件检查确认见表 A.1。

表 A.1   **单机试运条件检查确认表**

_____工程   _____机组

专业：_____   设备名称：_____

序号	检 查 内 容	检查结果	备注
结论	经检查确认，该设备已具备试运条件，可以进行单机试运工作		
施工单位代表（签字）：		年　　月　　日	
调试单位代表（签字）：		年　　月　　日	
监理单位代表（签字）：		年　　月　　日	
建设单位代表（签字）：		年　　月　　日	
生产单位代表（签字）：		年　　月　　日	

A.2 系统试运条件检查确认见表 A.2。

表 A.2   **系统试运条件检查确认表**

_____工程   _____机组

专业：_____   系统名称：_____

序号	检 查 内 容	检查结果	备注
结论	经检查确认，该系统已具备试运条件，可以进行系统试运工作		
施工单位代表（签字）：		年　　月　　日	
调试单位代表（签字）：		年　　月　　日	
监理单位代表（签字）：		年　　月　　日	
建设单位代表（签字）：		年　　月　　日	
生产单位代表（签字）：		年　　月　　日	

A.3 整套启动试运条件检查确认见表 A.3。

表 A.3　　　　　　　　　　　　整套启动试运条件检查确认表

_____工程　_____机组　检查节点：_____

序号	检 查 内 容	检查结果
结论	经检查确认，该机组已具备××××试运条件，可以进入××××试运	
施工单位代表（签字）：		年　　月　　日
调试单位代表（签字）：		年　　月　　日
监理单位代表（签字）：		年　　月　　日
建设单位代表（签字）：		年　　月　　日
生产单位代表（签字）：		年　　月　　日
批准（总指挥签字）：		年　　月　　日

附　录　B
（资料性附录）
设备或系统代保管交接签证卡

设备或系统代保管交接签证卡见表 B.1。

表 B.1　　　　　　　　　　　　设备或系统代保管交接签证卡

_____工程　_____机组　代保管区域和设备：_____

检查验收结论：
经联合检查验收，该区域的建筑、装修、安装工作已全部完成，区域内的设备和系统已完成分部试运，并已按有关验收规程验收，办理完签证，区域内卫生状况良好，已经满足生产运行管理要求，生产单位同意对该区域和设备进行代保管，特签此证
主要遗留问题及处理意见：

施工单位代表（签字）：		年　　月　　日
调试单位代表（签字）：		年　　月　　日
监理单位代表（签字）：		年　　月　　日
建设单位代表（签字）：		年　　月　　日
生产单位代表（签字）：		年　　月　　日

机组移交生产交接书

机组移交生产交接书见表 C.1。

表 C.1　　　　　　　　　　　机组移交生产交接书

_____工程　_____机组

机组移交生产交接书

建 设 单 位：_____

生 产 单 位：_____

主体设计单位：_____

主体施工单位：_____

主体调试单位：_____

主体监理单位：_____

验收交接日期：　　　年　　月　　日

工程名称			机组编号	
工程地点				
建设依据				
建设规模				
工程正式开工日期		年　月　日	机组移交生产日期	年　月　日
机组整套试运日期		年　月　日　时至　年　月　日　时		
形成额定发电能力				

一、工程和机组试运概况

二、遗留的主要问题及处理意见

三、启动验收委员会意见

启动验收委员会名单

姓　　名	启委会职务	工　作　单　位	职务/职称	签　　名
	主任委员			
	副主任委员			
	副主任委员			
	委　员			
	委　员			
	委　员			
	委　员			
	委　员			
	委　员			
	委　员			
	委　员			
	委　员			
	委　员			
	委　员			
	委　员			
	委　员			
	委　员			
	委　员			
	委　员			
	委　员			
	委　员			
	委　员			
	委　员			
	委　员			

参加工程建设的单位签章

建设单位：_____

生产单位：_____

主体设计单位：_____

主体施工单位：_____

主体调试单位：_____

主体监理单位：_____

火力发电建设工程启动试运及验收规程

条 文 说 明

目　次

火力发电建设工程启动试运及验收规程

1 范围

本标准中所述"火力发电"是区别于"水力发电"、"风力发电"、"核能发电"、"太阳能发电"等,泛指利用燃烧技术的发电,如燃煤、燃油、燃气、燃烧垃圾或生物质等。

2 总则

2.0.3 规定的每台机组都应达标投产是最基本要求,因此,安排了机组的考核期,期间应按照电力行业达标投产的标准完成机组的达标验收。工程是否参与国家级奖项的评比,由工程主管单位确定。

2.0.4 所述"涉网特殊试验"是指电网管理部门为了确保电网安全所要求的试验项目。涉网特殊试验验收文件的准备和申报由生产单位负责。

2.0.5 本标准中提到的电力建设质量监督机构是指电力建设质量监督中心站。

3 机组的试运和交接验收

3.1.4 取消了责任不清且重复签证的"分部试运后验收签证",改为分别在单机试运后验收签证、分系统试运后验收签证和整套启动试运后验收签证。在电力行业新的电力建设工程调试技术规范和质量验收规程未颁布之前,机组分系统试运和整套启动试运中的调试和质量验收,暂按照原电力工业部颁布的《火电工程启动调试工作规定》和《火电工程调整试运质量检验及评定标准》执行,新规范、规程颁布之后,按新规范、规程执行。

3.1.6 仅对机组试运过程中发生一般性质事故时的处理进行了规定,当发生重大或特大事故时,应按照国家或行业或企业有关规定执行。

3.1.8 少量有特殊情况的资料,经建设单位同意可适当延期移交。

3.2.1.1 启委会的组成中一些术语的定义和说明。

    1 投资方是指参与本工程建设项目投资的各方。投资方代表通常是指本工程建设项目董事会的董事长和副董事长。独资工程建设项目的投资方代表由独资公司委派。

    2 项目公司是指投资方成立的管理和运营本工程建设项目的发电有限责任公司。项目公司代表一般应是项目公司总经理和分管建设和生产的副总经理和总工程师。

    3 工程主管单位一般是指本工程建设项目投资的独资公司或控股公司或董事会。

    4 监理、设计、施工、调试单位一般是指本工程建设项目的主体监理、主体设计、主体施工、主体调试合同单位。各主体参建单位应指派一名单位领导担任副主任委员,各参建单位项目部经理(包括总监、设总、调总)应出任委员。

    5 主要设备供货商一般是指锅炉、汽轮机(燃机)、发电机设备供货商。这些主要设备供货商应委派一名领导作为委员参加启委会。

3.2.2.3

    第3款 所述的重要项目调试方案或措施和各阶段试运计划应由试运指挥部总指挥批准。其中,调试大纲应在受电前一个月完成审批工作。

3.2.2.4

第1款　因在分部试运阶段仍有大量的土建、安装、保温等施工工作，且单体调试和单机试运属施工单位合同工作，因此，分部试运组组长应由主体施工单位出任试运指挥部副总指挥的领导担任，这样更便于组织和协调。

3.2.2.4

第1款第3项　要求单机试运的首次操作就必须在控制室操作盘上进行，不得在就地操作启动试运。单机和系统的首次试运前应进行试运条件检查确认签证。签证表由施工及调试单位编制、保存和归档。

3.2.2.4

第6款第3项　专业组中各单位的代表应参与机组各阶段的试运工作，并有资格代表单位在单机试运、分系统试运和整套启动试运后的验收签证表上签字。

3.2.3.1

第2款　所述各项试运管理制度和规定一般包括：

1　机组试运组织机构及其职责规定。

2　机组试运期间各有关单位的职责。

3　机组调试运行操作分工及责任划分管理办法。

4　机组试运控制目标。

5　机组试运期间安全管理规定。

6　机组试运和调试质量检验管理规定。

7　机组试运期间设备调用、备品配件领用、专用工具借用管理规定。

8　机组试运期间设备代保管管理制度。

9　机组试运期间资料管理办法。

10　机组试运期间工作联系管理规定。

11　机组试运期间交接班制度。

12　机组试运期间会议管理制度。

13　机组试运期间设备异动管理制度。

14　机组试运期间设备缺陷管理制度。

15　机组文明调试、试运管理细则。

16　机组试运期间现场后勤服务管理制度等。

3.2.3.1

第3款　要求建设单位在设计和主要设备供货合同签订时就要充分考虑到现场需要的资料份数，至少要保证：存档资料2套、建设单位3套、监理单位1套、施工单位4套（按承包范围分别分发给不同的施工单位）、调试单位1套、生产单位3套。因调试单位进入现场要稍微晚一些，特别要注意必须给调试单位留出1套，以便调试单位进入现场后能够快速并有针对性地完成调试措施的编制。

3.2.3.1

第7款　要求建设单位在机组施工阶段就请性能试验和特殊试验合同单位到现场检查试验测点设计和安装情况，对不足的试验测点提出清单和设计，以便建设单位委托施工单位完成测点安装。

3.2.3.1

第 9 款　这里所述的消防主要是指特殊消防和专业消防队，安全保卫主要是指试运区域重要部位和厂区的安全保卫。

3.4.3.3

第 3 款　涉网特殊试验中要求进行原动机和发电机数据建模，必须通过甩负荷试验测取相关动态特性参数。

3.4.3.4

第 1 款第 9 项和第 2 款第 4 项　热控自动装置投入率的统计，原则上按照设计套数统计，但经试运指挥部讨论研究，确认的确设计不合理的，可以不计入总套数内。对于电气自动装置投入率的统计，也采用上述方法统计。

3.4.3.4

第 1 款第 10 项和第 13 项及第 2 款第 5 项和第 8 项　测点是指 DCS 和 NCS 系统中的所有模拟量和开关量，投入率和指示正确率由调试单位负责统计；仪表是指设备和系统就地安装的显示表计，投入率和指示正确率由施工单位负责统计。两者应分别达到规定的要求。

4　机组的考核期

4.0.2　涉网特殊试验和性能试验未签订在主体调试单位合同内的，涉网特殊试验和性能试验合同单位应在建设单位的组织下，提前进入现场，做好试验的各项准备和检查工作，按照试运计划完成安排在试运期间的试验项目，其余试验项目在机组考核期内完成。

4.0.3.2　列出了目前涉网特殊试验一般要求的试验项目，建设单位以方便开展工作为原则，在签订合同时，可将全部试验工作交给一个单位完成，也可将设备单体或电厂内部的试验工作与机组并网后的试验工作，分别交给不同的试验单位，承担试验的合同单位应提供试验报告。

附　录　A

（资料性附录）

各阶段试运条件检查确认表

表 A.1 和表 A.2　单机试运条件检查表和系统试运条件检查表，应每台设备或每个系统都有一份。单机试运和系统试运条件中一般应包含下列检查内容：

1　建筑、安装工作完成和验收情况。

2　试运现场环境，包括安全、照明和文明情况。

3　试运组织机构、职责分工、人员到岗及试运现场通信联络情况。

4　试运方案或措施审批和组织学习交底情况。

5　单体调试完成及验收情况，对于系统试运还应包括单机试运完成和验收情况。

6　测点/仪表投运和指示情况、开关和阀门操作和状态指示情况、联锁保护传动验收和投入情况。

7　试运设备或系统具体检查项目检查情况，如电动机绝缘试运前测试数据、设备油位和冷却水投运情况、设备或系统运行方式和注水、排气情况等。

表 A.3　整套启动试运条件检查表中，共分为整套启动试运前和满负荷试运开始两个检查节点。整套启动试运前的条件检查表中，检查内容应包含 3.4.2 整套启动试运应具备的条件中规定的全部内容；满负荷试运开始的条件检查表中，检查内容应包含 3.4.3.4 第 1 项中规定的全部内容。

门座起重机安全操作规程

DL/T 5249—2010

目　　次

前　　言

本标准是根据《国家能源局关于下达 2009 年第一批能源领域行业标准制（修）定计划的通知》（国能科技〔2009〕163 号）的要求制定的。

本标准的制定，贯彻了国家有关的法令、法规；吸取了国内外门座起重机在水电水利工程建设中安全使用及管理方面的成功经验和教训；充分体现了门座起重机新技术、新材料、新工艺及标准化的应用成果。

本标准对水电水利工程用门座起重机的安装与拆卸、使用、维护保养、运输方面的条件及技术要求进行了明确规定。

本标准的附录 A 为资料性附录。

本标准由中国电力企业联合会提出。

本标准由电力行业水电施工标准化技术委员会归口。

本标准主要编写单位：中国水利水电第三工程局有限公司，中国水电建设集团十五工程局有限公司。

本标准主要起草人：王鹏禹、何小雄、张徐章、沈钧、姬脉兴、张胜利、谭建清、孙剑峰、乔勇、续继峰。

本标准在执行过程中的意见或建议反馈至中国电力企业联合会标准化中心（北京市白广路二条 1 号，100761）。

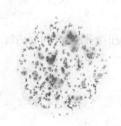

门座起重机安全操作规程

1 范围

本标准规定了水电水利工程用门座起重机安装、使用、维护保养、拆卸和运输安全操作的技术要求。

本标准适用于水电水利工程用门座起重机，其他工程用门座起重机可参照执行。

2 规范性引用文件

下列文件中的条款通过本标准的引用而成为本标准的条款。凡是注日期的引用文件，其随后所有的修改单（不包括勘误的内容）或修订版均不适用于本标准，然而，鼓励根据本标准达成协议的各方研究是否可使用这些文件的最新版本。凡是不注日期的引用文件，其最新版本适用于本标准。

GB 5082　起重吊运指挥信号

GB 5226.2　机械安全　机械电气设备第 32 部分：起重机械技术条件

GB/T 5972　起重机械用钢丝绳检验和报废实用规范

GB 6067　起重机械安全规程

GB 50256　电气装置安装工程起重机电气装置施工及验收规范

DL/T 454　水利电力建设用起重机检验规程

DL/T 946　水利电力建设起重机

3 总则

3.0.1 为了贯彻执行国家"安全第一，预防为主，综合治理"的安全生产方针，坚持以人为本的安全理念，规范水电水利工程门座起重机作业人员的安全操作，预防和控制各类安全事故的发生，确保施工设备和人员的安全，特制定本标准。

3.0.2 门座起重机安装、维修、改造单位，应按国家规定取得相应种类和级别的许可证书。

3.0.3 门座起重机安装使用的环境条件应符合 DL/T 946 的有关要求。

3.0.4 门座起重机电气装置应符合 GB 5226.2 和 GB 50256 的要求。

3.0.5 门座起重机应具有符合国家规定的产品合格证，并按规定向政府主管特种设备的安全监督管理部门登记。

4 安装与拆卸

4.1 准备工作

4.1.1 门座起重机安装单位应在安装前，按规定向政府特种设备安全监督管理部门书面告知。

4.1.2 门座起重机轨道基础应满足设备技术文件要求，轨道及设备附件安装应符合 DL/T 946 的规定。

346

4.1.3 门座起重机使用单位应对安装与拆卸单位进行工作交底。安装与拆卸单位应对施工现场进行勘察，根据安装与拆卸需要向使用单位提出安装与拆卸施工要求。

4.1.4 安装与拆卸之前，施工单位应按设备技术文件的要求，结合场地和吊装机具等条件，参照附录 A 的要求，编写详细的作业指导书并得到有关部门的批准。

4.1.5 安装与拆卸单位应对结构件、连接件、机构等检验。

4.1.6 新钢丝绳在安装前，应确认其型号规格、长度符合设备技术文件的要求。

4.1.7 高处作业应严格执行有关的安全规定。

4.1.8 安装与拆卸不宜夜间作业，确需夜晚作业时，照明应满足场地作业的安全要求。

4.2 安装

4.2.1 轨道及附件检测合格后，方可进行门座起重机安装。

4.2.2 各安装检测值应控制在允许范围内。

4.2.3 安装部件未安全连接稳固前不得停止作业；安装就位的部件，应保证其安全稳定。

4.2.4 配重应按设备技术文件规定的顺序和重量安装。

4.2.5 整机安装完成后应进行系统检测，检测合格后按照 DL/T 454 进行负荷试验，并按规定完成起重机验收及交付工作。

4.3 拆卸

4.3.1 拆卸应将起重机停放到拆卸方案指定的位置。

4.3.2 拆卸不得随意切割钢构件、螺栓、钢丝绳等。

4.3.3 应按照拆卸方案编制的主要构件拆卸顺序安排施工。

4.3.4 起吊部件时，应确认已解除连接，不得斜拉歪吊，应防止碰撞。

4.3.5 拆卸应确保摆放部件、起吊部件、剩余构件的安全稳定。

4.3.6 拆卸完毕，所有部件、配件应整理登记；丢失、损坏应作出说明，做好移交管理工作。

5 运行

5.1 一般规定

5.1.1 门座起重机从业人员应持证上岗。

5.1.2 门座起重机正常作业当班操作人员不少于 2 名。

5.1.3 实习操作人员应在有两年以上操作经验的操作人员监护下进行操作。

5.1.4 非本机操作人员，未经批准，不得上机操作。

5.1.5 门座起重机操作人员应满足所从事作业种类对健康的要求。

5.1.6 操作人员应掌握所操作门座起重机的技术性能、维护保养及使用方法。

5.1.7 应在额定的起重性能范围内作业，严禁超负荷或超幅度起吊，不得斜吊及拉拽重物，不得起吊不明重量（力）的物体。

5.1.8 操作人员应掌握 GB 5082 中规定的起重吊运指挥信号。操作人员必须听从指挥人员的指挥，明确指挥意图，方可作业。当指挥人员所发信号违反安全规定时，操作人员有权拒绝执行。在作业过程中，操作人员对"紧急停止"信号应服从。

5.1.9 操作人员严禁酒后作业。

5.1.10 初次动作、变换动作时操作人员应鸣铃或鸣号警示。

5.1.11 不得采用自由下降的方式下降吊钩及重物。

5.1.12 定期检查主要结构、机构的连接螺栓缺损、松动等现象并及时处理缺陷。

5.1.13 对安全保护装置应做定期检查、维护保养，起重机上配备的安全限位、保护装置，应齐全、灵敏、可靠，严禁擅自调整、拆修。严禁操作缺少安全装置或安全装置失效的起重机；不得用限位开关等安全保护装置停车。

5.1.14 操作室内应悬挂或张贴安全操作规程及起重机特性曲线图表。

5.1.15 操作室挡风玻璃应保持完整、清洁，视野清晰开阔。

5.1.16 夜间作业，臂架及竖塔顶部应有红色障碍信号灯。作业区域应有符合安全规定的照明。

5.1.17 严禁在运转过程中进行调整、检修和维护保养作业。

5.1.18 门座起重机严禁吊运人员。吊运易燃、易爆、危险物品和重要物件时，应有专项安全措施，并由技术熟练的司机操作。

5.1.19 电气安全保护装置应处于完好状态。

5.1.20 门座起重机变压器应设置防护栏并悬挂警示牌。

5.1.21 门座起重机应按规定配备消防器材，操作人员应掌握其使用方法。

5.1.22 起重作业期间，通信器材应保持完好。

5.1.23 设备交叉作业时，应制定专门的施工安全防范措施。

5.1.24 两台同时作业的起重机应根据现场情况确保安全距离。

5.1.25 起重机及吊物与输电线的安全距离应符合 GB 6067 的规定。

5.2 启动

5.2.1 启动前的准备及检查。

1 轨道满足起重机运行要求，行走限位装置完好，夹轨器开启。

2 减速器的润滑油液位在允许范围内，液压传动件处于正常状态。

3 回转驱动装置的制动器处于开启状态。

4 钢丝绳固定牢固，无扭曲、结扣、破损、烧伤、压伤、松股等缺陷。

5 操作手柄置于零位。

6 安全限位保护装置齐全完好。

7 电缆、导线及电气设备绝缘良好，无破损漏电现象，供电系统安全可靠；合闸检查电源电压应正常，其变动范围为额定值的 $-15\% \sim +10\%$。

5.2.2 启动顺序应按设备技术文件要求进行。

5.2.3 启动后检查。传动、制动机构、电气设备、安全限位保护装置运行可靠；仪表显示正常；各机构联合运转 5min～7min 无异常后投入运行。

5.3 作业

5.3.1 操作应平稳，避免频繁制动，不得不经零位直接变换操作手柄方向。

5.3.2 起升作业时，先将重物吊离地面，高度不宜超过 0.5m，检查吊物的平衡、捆绑、吊挂是否牢靠，确认无异常后，方可继续操作；对易晃动的重物，应拴拉绳；当起吊重要物品、吊物达到额定起重量的 90% 及以上时，还应检查起重机的稳定性、制动器的可靠性；起升或下降避免急剧制动；遇紧急情况时，应立即停机，必要时切断总电源。

5.3.3 操作人员应随时观察机构、电气设备的运行情况，发现异常应及时停机并排除故障。

5.3.4 作业时遇突然停电或发生其他故障，应将所有操作手柄（按钮）置于零位，并断开操作及动力总电源；重物不得悬在空中，必要时可用手动操作。

5.3.5 无下降极限位置限制器的起重机，吊钩在最低工作位置时，起升钢丝绳在卷筒上剩余量不得少于设备技术文件规定的安全圈数。

5.3.6 起吊重物越过障碍物时，应先将重物起升到超过障碍最高点的 1.5m 以上方可越过。

5.3.7 多台起重机抬吊应进行安全论证，制定专项吊装方案报相关部门批准。

5.3.8 不得用限制器和限位器代替操作机构。

5.4 停机

5.4.1 将臂杆转至顺风方向，同时置于最大幅度位置，并将空钩升到接近顶端的位置。

5.4.2 操作手柄置于零位，切断动力及操作总电源。

5.4.3 夜间和雾天应打开红色障碍指示灯。

5.4.4 夹轨器应处于夹紧状态。

5.4.5 恶劣天气和特殊情况下停机，应有专项的安全措施。

6 维护保养

6.0.1 维护保养应在停机状态下进行。

6.0.2 维护保养按规定的方法及程序进行，高处作业执行有关安全规定。

6.0.3 定期检查以下各项，发现问题及时处理。

    1 各机构的工作情况是否正常，钢结构有无变形、裂纹等缺陷，连接部位有无松动。

    2 电气设备、安全限位保护装置是否有效。

    3 避雷装置，接地电阻值是否符合安全要求。

    4 钢丝绳、吊钩、滑轮组的磨损及损伤情况。

6.0.4 按时加注、更换润滑油（脂）。

6.0.5 拆检液压系统应先解除压力。

6.0.6 在下述情况下，应按 GB 6067 有关规定对起重机进行检验试验。

    1 正常工作的起重机，每两年进行一次。

    2 经过大修、新安装及改造过的起重机，在交付使用前。

    3 闲置时间超过一年的起重机，在重新使用前。

    4 经过暴风、大地震、重大事故后，可能使强度、刚度、构件的稳定性、机构的重要性能等受到损害的起重机。

7 交接班

7.0.1 交接班应在机上进行。

7.0.2 交接班时应填写机械运行记录、维护保养记录，并签字确认。完成当班保养。未经交接，不得离开工作岗位。

7.0.3 交接班主要内容应包括下述几条。

    1 生产任务、施工条件、质量要求。

    2 机械运行及保养情况。

    3 随机工器具、油料、配件情况。

    4 事故隐患及故障处理情况。

    5 安全措施及注意事项。

8 运输

8.0.1 门座起重机运输前应按设备技术文件提供的单件重量、结构尺寸制订运输方案，运输方案包括运输方式、装卸方法、行车路线、存放场地、安全措施等内容。

8.0.2 门座起重机运输应符合交通运输管理部门的有关规定。超限运输应按交通运输管理部门的要求申报，并有警示标识。

8.0.3 运输过程中应防止碰撞、腐蚀、滑动、变形等现象发生，特型部件应用特种支垫并安全捆绑。

附　录　A

（资料性附录）

安装与拆卸作业指导书的主要内容

安装与拆卸单位编写的作业指导书的主要内容如下。

A.1　概述

A.1.1 应明确安装与拆卸施工的概况，包括安装与拆卸的机型、台数、工作位置、工作范围、施工环境条件等，必要时应指出工作的难点、重点。

A.1.2 对设备的主要技术参数及重要附件应做出整理或说明，包括设备的技术参数，轨道及其附件的型号、规格、数量，使用单位的要求等，对轨道基础、轨道两端行走限位装置、与行程开关配套的限位装置、轨道接地、避雷装置的施工应明确。

A.2　安装与拆卸方法

A.2.1 吊装手段：根据门座起重机的型号、结构、单元重量、现场条件选择大件安装用的吊装手段。

A.2.2 安装与拆卸顺序：对各机构、部件及主要设备编制安装与拆卸顺序计划、吊装计划。

A.2.3 施工方法：按照安装与拆卸顺序计划、吊装计划提出技术要求、工艺要求。

A.3　安装与拆卸进度

编制计划，对安装与拆卸施工的进度进行计划控制。

A.4　资源配置

明确组织机构、作业人员（提供作业人员的资质证明）、施工设备、工具、材料等。

A.5　安全保证措施

A.5.1 根据国家有关法律、法规，结合施工环境、施工条件编制安全细则。

A.5.2 专项安全条款：针对"注意事项"所提出的安全事项制定的安全条款，包括人身安全、设备安全、质量安全。

A.5.3 警戒包括安全值班与隔离等；警示包括安全提示牌、安全标识等。

A.5.4 安装与拆卸施工过程中，针对容易造成周围环境和人身损害所提出的安全措施，如油污、电石对环境的破坏，电焊对人体的伤害等。

A.5.5 道路、桥梁的承载力不够时应采取相应的措施。

A.5.6 为满足安全需要所配置的人、财、物。

A.6　应急措施和救援预案

A.6.1 总则（目的、原则、依据）。

A. 6. 2 组织机构与职责。

A. 6. 3 预警和预防机制。

A. 6. 4 应急响应（分级响应，现场处置）。

A. 6. 5 保障措施。

门座起重机安全操作规程

条 文 说 明

目　次

门座起重机安全操作规程

3 总则

3.0.2 按照《机电类特种设备安装改造维修许可规则》（国质检锅〔2003〕251号）的要求，凡从事电梯、起重机械、客运索道和大型游乐设施等机电类特种设备安装、改造、维修和电梯日常维护保养的单位，需取得《特种设备安装改造维修许可证》，并在许可的范围内从事相应工作。

3.0.5 按照《特种设备安全监察条例》（国务院549号令）的要求，特种设备在投入使用前或者投入使用后30日内，特种设备使用单位通常要向直辖市或者设区的市级特种设备安全监督管理部门登记。登记标志应当置于或者附着于该特种设备的显著位置。

4 安装与拆卸

4.1 准备工作

4.1.1 按照《特种设备安全监察条例》（国务院549号令）的要求，特种设备安装、改造、维修的施工单位一般均在施工前将拟进行的特种设备安装、改造、维修情况书面告知直辖市或者设区的市级特种设备安全监督管理部门，告知后即可施工。

4.1.5 通常安装与拆卸单位均对结构件、连接件、机构等检验，主要包括以下方面。

    1 完成结构件、连接件、机构件及附件的清点和检查工作；完成连接件的除锈和编号检查工作。

    2 对电气设备进行清点、检查、检测。

    3 对吊装设备、吊索吊具、安全防护用具、工器具进行使用前的安全检查。

    4 在起重条件许可时，宜在地面进行部件拼装，减少高处作业。

4.1.6 安装应采用合理穿绳方法，避免钢丝绳产生旋转内力。

4.1.8 门座起重机安装与拆卸不提倡夜间工作。在确需夜间作业的情况下，一般需做好安全防范工作，保证照明应满足相关规定。

5 运行

5.1 一般规定

5.1.3 按照GB 6067的规定，起重机的操作由下述人员进行。

    1 经考试合格的操作人员。

    2 操作人员直接监督下的学习满半年以上的学徒工等受训人员。

    3 为了执行任务需要进行操作的维修、检测人员。

    4 经上级任命的劳动安全监察员。

5.1.24 水电施工中，起重机的群体布置比较常见，不采取措施或采取的措施不当，易发生碰撞事故，避免碰撞很有必要。2007年，某单位在云南某工地发生的两台门座起重机碰撞事故，造成两台门座起重机臂杆损坏，人员一死一伤。根据DL/T 5373中规定，两台门座起重机在同一轨道上作业时，相距不得小于9m，并应注意回转方向，避免臂杆相碰。部分设备技术文件中强调两台起重机之间靠近部位（包括吊物）的安全距离应保证在2m以上。

5.1.25 根据GB 6067的规定，起重机工作时，臂架、吊具、辅具、钢丝绳、缆风绳及重物等，与输电线的最小距离见表1。

表 1   与输电线的最小距离

输电线路电压 U（kV）	<1	$1 \leqslant U \leqslant 35$	$\geqslant 60$
最小距离（m）	1.5	3	$0.01(U-50)+3$

5.3 作业

5.3.7 根据 GB 6067 的规定，两台或多台起重机吊运同一重物时，通常建议钢丝绳保持垂直；各台起重机的升降、运行应保持同步；各台起重机所承受的载荷均不得超过各自的额定起重能力。如达不到上述要求，可降低额定起重能力至 80%；或根据实际情况降低额定起重能力使用。

5.4 停机

5.4.5 恶劣天气主要指工作环境温度低于−20℃，高于＋40℃，最大相对湿度超出 90%，雷雨、浓雾（霾）、风速达 13.8m/s（6 级）以上。如遇到恶劣天气，建议即刻停止工作，并按照预案采取安全防护措施。

8 运输

8.0.1～8.0.3 常规运输方式包括铁路、公路、水运或组合联运等，根据运输条件选择运输路线。运输过程中需注意交通规则、安全事项。

履带起重机安全操作规程

DL/T 5248—2010

电力建设卷（上册）

目　　次

前　言

本标准是根据《国家能源局关于下达 2009 年第一批能源领域行业标准制（修）定计划的通知》（国能科技〔2009〕163 号）的要求制定的。

本标准的制定，贯彻了国家有关的法令、法规；吸取了国内外履带起重机在水电水利工程建设中安全使用及管理方面的成功经验和教训；充分体现了履带起重机新技术、新材料、新工艺及标准化的应用成果。

本标准对水电水利工程中使用履带起重机的安装、使用、维护保养、拆除、运输的安全技术要求进行了明确规定。

本标准由中国电力企业联合会提出。

本标准由电力行业水电施工标准化技术委员会归口。

本标准主要编写单位：中国水利水电第三工程局有限公司。

本标准主要起草人：王鹏禹、孙细安、沈钧、姬脉兴、高统彪、谭建清、袁久峡、黄继敏、张徐章、刘立、蒲华、王再明。

本标准在执行过程中的意见或建议反馈至中国电力企业联合会标准化中心（北京市白广路二条 1 号，100761）。

履带起重机安全操作规程

1 范围

本标准规定了水电水利工程用履带起重机的安装与拆卸、使用、维护保养、运输的安全操作要求。

本标准适用于水电水利工程用履带起重机，其他工程用履带起重机可参照执行。

2 规范性引用文件

下列文件中的条款通过本标准的引用而成为本标准的条款。凡是注日期的引用文件，其随后所有的修改单（不包括勘误的内容）或修订版均不适用于本标准，然而，鼓励根据本标准达成协议的各方研究是否可使用这些文件的最新版本。凡是不注日期的引用文件，其最新版本适用于本标准。

GB 5082　起重吊运指挥信号

GB/T 5972　起重机械用钢丝绳检验和报废实用规范

GB 6067　起重机械安全规程

DL/T 14560　150t 以下履带起重机技术条件

3 总则

3.0.1 为充分发挥履带起重机效能，保障履带起重机的正确、安全使用，确保安全生产，特制订本标准。

3.0.2 履带起重机从业人员除应遵守本标准外，还应执行现行有关国家标准。

3.0.3 履带起重机使用的环境条件应满足设备技术文件要求。

3.0.4 履带起重机在高海拔地区作业时，应考虑对发动机输出功率及起吊能力的影响。

3.0.5 履带起重机应是符合国家规定的合格产品。并按规定向政府主管特种设备的安全监督管理部门登记。

4 安装与拆卸

4.1 准备工作

4.1.1 安装单位应取得国家有关部门颁发的相应类型和等级的起重机安装资质并在有效期内。

4.1.2 安装单位应在安装前，按规定向特种设备安全监督管理部门书面告知。

4.1.3 从事安装与拆卸工作的作业人员应齐全并持证上岗。

4.1.4 安装与拆卸之前，施工单位应按设备技术文件的要求，结合场地和吊装机具等条件，编写详细的作业指导书（包括安全保证措施）并得到有关部门的批准。

4.1.5 安装与拆卸之前，应仔细检查起重机各部件、液压与电气系统等的现状是否符合要求，如有缺陷和安全隐患，应及时校正与消除。

4.1.6 吊装机具应安全可靠，严禁使用有安全隐患、未经检测合格的或不在有效期内的机具。

4.2 安装

4.2.1 安装与拆卸应严格按照作业指导书（包括安全保证措施）分步骤有序进行，并对整个过程做详细记录，有关部门应对实施过程进行监督。

4.2.2 在起重条件许可时，进行部件地面拼装工作，减少高处作业。

4.2.3 安装过程中，吊装的部件未连接稳固前不得停止作业；已安装就位的部件，应保证其安全稳定。

4.2.4 首次安装履带起重机应在厂家技术人员的指导下作业。

4.2.5 带有自安装装置的履带起重机安装时宜优先采用自安装工艺。

4.2.6 整机安装完成后，应按规定进行检测，检测合格后才能投入使用。

4.2.7 安装单位应配合有关部门完成起重机的试验、验收及交付工作。

4.3 拆卸

4.3.1 拆卸时需将起重机停放到拆卸方案指定的位置。

4.3.2 拆卸过程中，不得随意切割钢构件、螺栓、钢丝绳等。

4.3.3 起吊每一部件时，应确认已解除连接，不得斜拉歪吊，防止碰撞。

4.3.4 拆卸时应确保摆放部件、起吊部件、剩余构件的安全稳定。

4.3.5 拆卸过程和暂时存放期间，谨防零部件丢失、损坏。

4.3.6 拆卸不宜夜间作业，确需夜晚作业时，照明应符合场地作业安全要求。

4.3.7 高处作业应严格执行有关安全规定。

4.3.8 拆卸完毕，所有部件、配件应整理登记；丢失、损坏应作出说明，并作好移交管理工作。

5 运行

5.1 一般规定

5.1.1 履带起重机从业人员应满足所从事作业种类对健康的要求。

5.1.2 履带起重机从业人员应持证上岗。

5.1.3 履带起重机操作人员应掌握 GB 5082 规定的起重指挥信号和所操作履带起重机的技术性能、维护保养及使用方法。

5.1.4 履带起重机操作人员作业时应着工作装，将长发扎入帽内。

5.1.5 履带起重机操作人员作业时应集中精力，严禁酒后操作。

5.1.6 操作人员必须听从指挥人员的指挥，明确指挥意图，方可作业。当指挥人员所发信号违反安全规定时，操作人员有权拒绝执行。在作业过程中，操作人员对任何人发出的"紧急停止"信号都应服从。

5.1.7 初次动作、变换动作时起重机操作人员应鸣铃或鸣号警示。工作中突然断电时，应将所有的控制器扳回零位，重新工作前进行必要的检查。

5.1.8 不得采用自由下降的方式下降吊钩及重物。

5.1.9 对安全保护装置应做定期检查、维护保养，起重机上配备的安全限位、保护装置，要求灵敏可靠，严禁擅自调整、拆修。严禁操作缺少安全装置或安全装置失效的起重机；不得用限位开关等安全保护装置停车。

5.1.10 吊钩应具有防脱钩装置。

5.1.11 钢丝绳的检验及报废应符合 GB/T 5972 的规定。

5.1.12 操作室应有起重机特性曲线表，挡风玻璃应保持清洁，视野清晰开阔。

5.1.13 夜间作业时，机上及作业区域应有符合安全规定和施工要求的照明。

5.1.14 履带起重机应按规定配备消防器材，操作人员应掌握其使用方法。

5.1.15 履带起重机及吊物与输电线的安全距离应符合 GB 6067 的规定。

5.1.16 电动式履带起重机的安全接地应满足设备技术文件的要求。

5.1.17 履带起重机的作业环境满足 GB/T 14560 有关要求。

5.2 启动

5.2.1 启动前应进行检查，符合如下条件：各安全防护装置及指示仪表应齐全完好；钢丝绳、连接部位应符合规定；燃油、润滑油、液压油、冷却液等应符合要求。

5.2.2 电动式履带起重机启动前检查：电缆、各导线及电气设备绝缘应良好，无破损漏电现象，供电系统应安全可靠；合闸检查电源电压应在正常范围内，其变动范围不得超过设备技术文件规定波动范围。

5.2.3 闭合主电源前，应使所有的控制器置于零位，并确认起重机上及作业范围内无人，才可以闭合主电源。

5.2.4 如电源断路装置上加锁或有标牌时，应由有关人员解除后才可闭合主电源。

5.2.5 电动式履带起重机的启动顺序按设备技术文件的规定执行。

5.2.6 发动机启动时间和启动未成功的间隔时间应符合设备技术文件要求。

5.2.7 低温启动时，应使用启动预热装置。严禁明火烘烤。

5.2.8 发动机启动后应急速运转 3~5min 进行暖机，观察各仪表指示值是否正常。

5.3 作业

5.3.1 检查各工作机构及其制动器，先进行空载运行，各工作机构正常后方可进行作业。

5.3.2 确认起吊重物的质量、起升高度、工作半径，应符合起重机特性曲线要求。

5.3.3 起升作业时，先将重物吊离地面，高度不宜大于 0.5m，检查重物的平衡、捆绑、吊挂是否牢靠，确认无异常后，方可继续操作。对易晃动的重物，应拴拉安全绳。

5.3.4 当起吊重要物品或重物重量达到额定起重量的 90% 以上时，应检查起重机的稳定性、制动器的可靠性。

5.3.5 无下降极限位置限制器的履带起重机，起升钢丝绳在卷筒上剩余量不得少于设备技术文件规定的安全圈数。

5.3.6 起升重物跨越障碍时，重物底部与所跨越障碍物最高点应有一定的安全距离。

5.3.7 作业过程中，操作应平稳，不得猛起急停；若需换向操作应先将手柄回位后进行。

5.3.8 起重作业范围内，严禁无关人员停留或通过。作业中起重臂下严禁站人。

5.3.9 起吊零星物件和材料应用吊笼或捆绑牢固后，方可起吊。严禁在起吊重物上堆放或悬挂零星物件。

5.3.10 雨雪天气，应先经过试吊，确认可靠后，方可作业。

5.3.11 作业中如突然发生故障，应立即卸载，停止作业，进行检查和修理。

5.3.12 严禁在作业时，对运转部位进行调整、保养、检修等工作。

5.3.13 严禁用起重机吊运人员。吊运易燃易爆等危险物品和重要物件时，应有专项安全措施。

5.3.14 两台以上起重机同时作业时，应保证一定安全距离。

5.3.15 当确需两台或多台起重机起吊同一重物时，应进行论证，并制订专项吊装方案。

5.3.16 起重机行走时，转弯不宜过急，当转弯半径过小时，应分次转弯；当路面凹凸不平时，不得转弯。

5.3.17 电动履带起重机拖拽电缆的人员应穿戴可靠的绝缘防护用品。

5.3.18 起重机带载行走时，载荷不得超过允许起重量的70%，行走道路应坚实平整，坡度在2°范围以内，重物应在起重机正前方向，重物离地面不得大于0.5m，并应拴好拉绳，缓慢匀速行驶。不得长距离带载行驶。

5.3.19 起重机上下坡道（坡度大于2°）时应无载行走，上坡时应将起重臂仰角适当放小，下坡时应将起重臂仰角适当放大，严禁下坡空挡滑行。不得长距离行走（大于1km）。

5.4 超起作业

5.4.1 超起作业时，根据超起质量和提升高度，依据超起特性表确定臂长、工作幅度和增加的配重质量。

5.4.2 依据作业条件和要求，调整标准配重和超起配重位置。

5.4.3 对力矩限制控制装置进行工况选择，输入超起工作参数，进行超起作业模拟演示，确保超起作业安全。

5.4.4 超起作业前应认真检查起重机的工作机构、操作系统、安全装置、显示器等是否灵敏可靠。

5.4.5 超起作业时地面应平整坚实，保证作业过程中地面不得下陷，整机应水平。对环境风速等具体要求应按设备技术文件执行。

5.4.6 超起作业不论是升降、吊臂变幅还是平台回转均应以低速进行，防止重物突然升降或平台突然回转造成吊臂摇摆和车体晃动，从而导致结构件损坏和整机失稳的事故。

5.4.7 超起作业区内及上空应有足够的作业空间和必需的净空高度，注意作业区周围和上空是否有障碍物和架空高压电线。

5.4.8 超起作业当吊臂仰角在较大工况时，重物落地后，应先减小吊臂仰角再摘吊重的挂绳。

5.4.9 超起作业一般吊臂较长，起升高度较大，操作人员不易看清吊钩位置，要随时注意操作室内监视装置上的吊钩位置和吊钩接近高度限位器时的报警，出现危险应立即停止作业。

5.4.10 超起作业完成后，应将力矩限制装置恢复到正常工况。

5.5 停机

5.5.1 操作人员离开操作室前，应将重物放到地面，并锁定制动装置。

5.5.2 当风速超过设备技术文件规定范围时，将起重臂转至顺风方向，停止作业。

5.5.3 工作完毕，应将起重机停放在坚固的地面上，不得靠近边坡和松软路肩停放，起重臂降至40°~60°之间，吊钩提升到接近顶端的位置，使各部制动器置于制动状态、加保险固定，操纵杆置于空挡位置，关闭动力，锁闭操作室。

6 维护保养

6.0.1 维护保养时，应在停机状态下进行；电力拖动的起重机应切断主电源并挂上标识牌或加锁。

6.0.2 液压系统拆检前应先解除压力。

6.0.3 冷却液排放应待温度降到 60℃以下后进行。

6.0.4 应定期检查钢丝绳、吊钩、滑轮组的磨损及损伤情况，按相关规定进行维修更换。

6.0.5 应定期检查电缆、电器的绝缘情况。

6.0.6 按照设备技术文件要求进行走合期和运行期的检查和保养。

6.0.7 按设备技术文件要求定期检查履带板、插销，磨损超限应及时更换。

6.0.8 在下述情况下，应对起重机按 GB 6067 规定进行检验试验。

    1 正常工作的起重机，每两年进行一次。

    2 经过大修、改造过的起重机，在交付使用前。

    3 闲置时间超过一年的起重机，在重新使用前。

    4 经过暴风、大地震、较大事故后，可能使强度、刚度、构件的稳定性、机构的重要性能等受到损害时。

7 交接班

7.0.1 交接班应在设备现场进行。

7.0.2 交接班时应填写机械运行记录、维护保养记录，并签字确认，完成当班保养。未经交班，不得离开工作岗位。

7.0.3 交接班主要内容应包括下述几条。

    1 生产任务、施工条件、质量要求。

    2 机械运行及保养情况。

    3 随机工器具、油料、配件情况。

    4 事故隐患及故障处理情况。

    5 安全措施及注意事项。

8 运输

8.0.1 履带起重机应按设备技术文件运输图的要求安排运输。

8.0.2 履带起重机运输应符合交通运输管理部门的有关规定。超限运输应按交通运输管理部门的要求申报。

8.0.3 履带起重机整机运输时，回转机构应处于锁定状态。

8.0.4 运输过程中应防止碰撞、腐蚀、变形等现象发生，特型部件应用特种支垫并安全捆绑。

8.0.5 运输途中应有警示标识。

履带起重机安全操作规程

条　文　说　明

目　次

履带起重机安全操作规程

3 总则

3.0.5 按照国务院 549 号令《特种设备安全监察条例》的要求，特种设备在投入使用前或者投入使用后 30 日内，特种设备使用单位通常要向直辖市或者设区的市级特种设备安全监督管理部门登记。登记标志应当置于或者附着于该特种设备的显著位置。

4 安装与拆卸

4.1 准备工作

4.1.3 从事安装与拆卸工作的作业人员包括指挥人员、操作人员、钳工、起重工、电工、焊工、架子工、技术人员、安监人员、检验人员等。

4.1.4 安装与拆卸单位通常需要编写详细的作业指导书，包括的主要内容如下。

 1 概述。

 1) 明确安装与拆卸施工的概况，包括安装与拆卸的机型、台数、工作位置、工作范围、施工环境条件等，必要时指出工作的难点、重点。

 2) 对设备的主要技术参数及重要附件做出整理或说明，包括设备的技术参数，使用单位的要求等。

 2 安装与拆卸方法着重反映。

 1) 吊装手段：根据所安装的履带起重机的型号、结构、起重量、地理条件等选择吊装手段。

 2) 安装与拆卸顺序：对各机构、部件编制安装顺序计划。

 3) 施工方法：按照安装与拆卸顺序计划、吊装计划提出技术要求、工艺要求。

 3 安装进度。编制计划图，对安装与拆卸施工的进度进行计划控制。

 4 资源配置。安装与拆卸施工单位一般均需根据所编制的作业指导书，明确施工组织机构、作业人员（提供作业人员的资质证明）、施工设备、工器具及材料等。

 5 注意事项。建议在作业指导书中有专项安全技术措施。

4.2 安装

4.2.6 起重机整机安装完成后，一般均要按规定进行检测，检测合格后才能投入使用。按照国家质检总局 2002 年 296 号《起重机械监督检验规程》的要求，检验机构通常是在安装、大修或改造等施工单位自检合格的基础上进行验收检验。150t 以下的履带起重机性能试验方法按照 GB/T 13330《150t 以下履带起重机性能试验方法》执行，150t 以上履带起重机性能试验参照设备技术文件规定进行。

5 运行

5.1 一般规定

5.1.1 履带起重机从业人员健康情况包括：年满 18 岁身体健康；视力（包括矫正视力）在 0.7 以上，无色盲；听力满足具体工作条件要求。

5.1.15 根据 GB 6067 的规定，起重机工作时，臂架、吊具、辅具、钢丝绳、缆风绳及重物等，与输电线的最小距离，见表 1。

表 1 与输电线的最小距离

输电线路电压 U (kV)	<1	1≤U≤35	≥60
最小距离（m）	1.5	3	0.01（U−50）+3

2000 年在某水利水电施工工地，一台履带起重机在高压输电线路下方作业时没有注意作业上方，起重机与高压线接触产生了弧光放电，致使起重机的电器元件全部烧毁，高压线烧断，给工程造成较大损失，也给用户带来不便。

5.4 超起作业

5.4.1 超起是指超级起重作业。即：附加超级起重装置的履带起重机（亦称辅助平衡式履带起重机）特殊作业状况。在此工况下，起重机通过改变配重的重量和位置，改变臂架的长度，从而提升了起重机的起升高度或额定起重量，与标准工况的履带起重机相比，工作的风险更大，同时也要对力矩限制器进行特殊设置，因此要特别关注此作业下的安全操作。

汽车起重机安全操作规程

DL/T 5250—2010

电力建设卷（上册）

目　　次

前　言

本标准是根据《国家能源局关于下达 2009 年第一批能源领域行业标准制（修）定计划的通知》（国能科技〔2009〕163 号）的要求制定的。

本标准贯彻了国家有关的法令、法规；吸取了国内外水电水利工程用汽车起重机在使用与管理等方面的成功经验和教训；充分体现了汽车起重机行业中的新技术、新材料、新工艺及标准化的应用成果。

本标准对水电水利工程用汽车起重机在运行、维护保养、管理等方面的安全操作技术要求进行了明确规定。

本标准由中国电力企业联合会提出。

本标准由电力行业水电施工标准化技术委员会归口。

本标准主要编写单位：中国水利水电第三工程局有限公司、中国水利水电第二工程局有限公司。

本标准主要起草人：王鹏禹、李启友、刘立、沈钧、姬脉兴、常满祥、袁久峡、王再明、罗维成、高子岐、沈伟。

本标准在执行过程中的意见或建议反馈至中国电力企业联合会标准化中心（北京市白广路二条 1 号，100761）。

汽车起重机安全操作规程

1 范围

本标准规定了水电水利工程用汽车起重机的启动、作业、维护保养等安全操作的技术要求。

本标准适用于水电水利工程用汽车起重机，其他工程用汽车起重机可参照执行。

2 规范性引用文件

下列文件中的条款通过本标准的引用而成为本标准的条款。凡是注日期的引用文件，其随后所有的修改单（不包括勘误的内容）或修订版均不适用于本标准，然而，鼓励根据本标准达成协议的各方研究是否可使用这些文件的最新版本。凡是不注日期的引用文件，其最新版本适用于本标准。

GB 5082 起重吊运指挥信号

GB/T 5972 起重机械用钢丝绳检验和报废实用规范

GB 6067 起重机械安全规程

DL/T 10051.2 起重吊钩 直柄吊钩技术条件

DL/T 10051.3 起重吊钩 直柄吊钩使用检查

3 总则

3.0.1 为了贯彻执行国家"安全第一、预防为主、综合治理"的安全生产方针，坚持"以人为本"的安全理念，规范水电水利工程汽车起重机作业人员的安全操作，预防和控制各类事故的发生，确保施工设备和人员的安全，特制定本标准。

3.0.2 汽车起重机从业人员除应遵守本标准外，还应执行现行有关国家标准。

3.0.3 汽车起重机应具有符合国家规定的产品合格证，并按规定向政府主管特种设备的安全监督管理部门登记。

3.0.4 汽车起重机使用的环境条件应满足设备技术文件要求。

3.0.5 汽车起重机在高海拔地区作业时，应考虑对发动机输出功率及起吊能力的影响。

3.0.6 起重作业环境中存在重大危险源时，应制定专项起重方案，经论证审核后实施。

4 运行

4.1 一般规定

4.1.1 汽车起重机从业人员应持证上岗。

4.1.2 汽车起重机从业人员应满足所从事的作业种类对健康的特殊要求。

4.1.3 汽车起重机行驶时，应符合中华人民共和国道路交通安全法的规定。

4.1.4 汽车起重机从业人员应掌握 GB 5082 规定的起重指挥信号和操作的汽车起重机的主要技术参数、各周期维护保养范围及使用方法。

4.1.5 汽车起重机操作人员作业时应着工作装，将长发扎入帽内。

4.1.6 汽车起重机操作人员作业时，严禁酒后操作。

4.1.7 操作人员必须服从指挥人员的指挥，明确指挥意图，方可作业。当指挥人员所发信号违反安全规定时，操作人员有权拒绝执行。在作业过程中，操作人员对任何人发出的"紧急停止"信号都应服从。

4.1.8 初次动作、变换动作时起重机操作人员应鸣铃或鸣号给出警示。

4.1.9 不得采用自由下降的方式下降吊钩及重物。

4.1.10 对安全保护装置应做定期检查、维护保养，起重机上配备的安全限位、保护装置，应齐全、灵敏、可靠，严禁擅自调整、拆修。严禁操作缺少安全装置或安全装置失效的起重机；不得用限位开关等安全保护装置停车。

4.1.11 吊钩应具有防脱钩装置。吊钩的技术要求应符合 GB/T 10051.2 的规定，吊钩使用检查和报废应符合 GB/T 10051.3 的有关规定。

4.1.12 操作室应有起重机特性曲线表，挡风玻璃应保持清洁，视野清晰开阔。

4.1.13 夜间作业时，机上及作业区域应有符合安全规定和施工要求的照明。

4.1.14 汽车起重机应按规定配备消防器材，并放置于易摘取的安全部位，操作人员应掌握其使用方法。

4.1.15 汽车起重机及吊物与输电线的安全距离应符合 GB 6067 的规定。

4.1.16 汽车起重机应当建立特种设备安全技术档案。

4.2 启动

4.2.1 启动前应进行检查，安全防护装置及指示仪表应齐全完好，钢丝绳、连接部位及轮胎气压应符合规定；燃油、润滑油、液压油、冷却液等应符合设备技术文件要求。

4.2.2 操纵杆应置于空挡位置，拉紧手制动器，取力器置于脱离位置。

4.2.3 发动机启动时间和启动未成功的间隔时间应符合设备技术文件要求。

4.2.4 低温启动时，应使用启动预热装置。严禁明火烘烤。

4.2.5 发动机启动后应怠速运转 3～5min 进行暖机，观察各仪表显示值是否正常。

4.3 就位

4.3.1 工作场地应满足汽车起重机作业要求。

4.3.2 按顺序定位伸展支腿，在支腿座下铺垫垫块，调节支腿使起重机呈水平状态，其倾斜度满足设备技术文件规定，并使轮胎脱离地面。

4.3.3 作业中不得操作支腿控制手柄。

4.3.4 作业中应随时观察支腿座下地基，发现地基下沉、塌陷时，应立即停止作业及时处理。

4.4 作业

4.4.1 检查各工作机构及其制动器，进行空载运行，正常后方可进行作业。

4.4.2 确认起吊重物的质量、起升高度、工作半径应符合起重特性曲线要求。

4.4.3 起升作业时，先将重物吊离地面，距离不宜大于 0.5m，检查重物的平衡、捆绑、吊挂是否牢靠，确认无异常后，方可继续操作。对易晃动的重物，应拴拉安全绳。

4.4.4 当起吊重要物品或吊物达到额定起重量的 90% 以上时，应检查起重机的稳定性、制动器的可靠性。

4.4.5 伸缩臂杆应严格按照设备技术文件要求操作。

4.4.6 伸缩起重臂时，应保持起重臂前滑轮组与吊钩之间有一定安全距离，并确保吊钩不接触地面。

4.4.7 起升钢丝绳在卷筒上的安全剩余量不得少于设备技术文件规定。

4.4.8 起升重物跨越障碍时，重物底部至少应高出所跨越障碍物最高点0.5m以上。

4.4.9 作业过程中，操作应平稳，不得猛起急停；若需换向操作，应先将手柄回位后进行。

4.4.10 起重作业范围内，严禁无关人员停留或通过。作业中起重臂下严禁站人。

4.4.11 起吊零星物件和材料应用吊笼或捆绑牢固后，方可起吊。严禁在起吊重物上堆放或悬挂零星物件。

4.4.12 雨雪天气，为了防止制动器受潮失灵，应先经过试吊，确认可靠后，方可作业。

4.4.13 作业中如突然发生故障，应立即停止作业、卸载、进行检查和修理。

4.4.14 严禁在作业时，对运转部位进行调整、保养、检修等工作。

4.4.15 严禁用起重机吊运人员。吊运易燃、易爆、危险物品和重要物件时，应有专项安全措施。

4.4.16 同一施工地点两台以上起重机作业时，应保持两机间任何接近部位（包括起重物）的安全距离不得小于2m。

4.4.17 当实际载荷达到额定载荷的90％及以上或力矩限制器发生蜂鸣报警时，操作应缓慢进行，并严禁同时进行两种及以上操作动作。

4.4.18 当确需两台或多台起重机起吊同一重物时，应进行论证，并制定专项吊装方案。

4.4.19 起重作业完成后，收回起重臂并固定牢靠，按规定收回支腿并锁定，锁定回转、断开取力器后方可行驶。

5 维护保养

5.0.1 维护保养应在停机状态下进行。

5.0.2 液压系统拆检前应先解除压力。

5.0.3 排放冷却液应待温度降到60℃以下进行。

5.0.4 应定期检查钢丝绳、吊钩、滑轮组的磨损及损伤情况，按相关规定进行维修更换。

5.0.5 按照设备技术文件要求进行走合期和运行期的检查和保养。

5.0.6 在下述情况下，应按GB 6067有关规定对起重机进行检验试验。

　　1 正常工作的起重机，每两年进行一次。

　　2 经过大修、新安装及改造过的起重机，在交付使用前。

　　3 闲置时间超过一年的起重机，在重新使用前。

　　4 经过暴风、大地震、重大事故后，可能使强度、刚度、构件的稳定性、机构的重要性能等受到损害的起重机。

6 交接班

6.0.1 交接班应在设备现场进行。

6.0.2 交接班时应填写机械运行记录、维护保养记录，并签字确认。完成当班保养。未经交班，不得离开工作岗位。

6.0.3 交接班主要内容应包括下述几条。

　　1 生产任务、施工条件、质量要求。

　　2 机械运行及保养情况。

3　随机工器具、油料、配件情况。
4　事故隐患及故障处理情况。
5　安全措施及注意事项。

汽车起重机安全操作规程

条 文 说 明

目　　次

汽车起重机安全操作规程

3 总则

3.0.3 根据《特种设备安全监察条例》（国务院第 549 号令），通常有下述要求。

1 特种设备的制造、安装、改造单位应具备下列条件。

1) 有与特种设备制造、安装、改造相适应的专业技术人员和技术工人。

2) 有与特种设备制造、安装、改造相适应的生产条件和检测手段。

3) 有健全的质量管理制度和责任制度。

2 特种设备出厂时，附有安全技术规范要求的设计文件、产品质量合格证明、安装及使用维修说明、监督检验证明等文件。

3 特种设备的维修部门有与特种设备维修相适应的专业技术人员和技术工人以及必要的检测手段，并经省、自治区、直辖市特种设备安全监督管理部门许可后再从事相应的维修活动。

4 特种设备在投入使用前或者投入使用后 30 日内，使用单位通常要向直辖市或者设区的市级特种设备安全监督管理部门登记，登记标志应当置于或者附着于该特种设备的显著位置。

3.0.4 汽车起重机使用的环境条件一般均符合中华人民共和国机械作业标准 JB/T 9738《汽车起重机和轮胎起重机技术要求》的要求，温度环境为 -20℃~40℃，风速不超过 13.8m/s。当使用环境超出标准要求时，起重机有可能无法正常工作，造成安全隐患。在高原地区使用起重机时应注意功率降低对起重能力的影响。

3.0.6 汽车起重机在跨越障碍物、光线不清、噪声大、风速较大、周围有高压线路等特殊环境中作业时存在较大危险，此时可由技术人员、操作人员进行技术论证，并制定专项起重方案，在作业中配备专门人员进行监护，确保安全。

4 运行

4.1 一般规定

4.1.1 汽车起重机从业人员在按照国家有关规定经特种设备安全监督管理部门考核合格，取得国家特种作业人员证书后，方可从事相应的作业或者管理工作。

1 汽车起重机操作人员属特种作业人员，需符合特种设备从业人员的相关规定，经过专业培训，经理论、实际操作考试合格，取得特种设备安全监督管理部门颁发的从业资格证书后方可上岗。

2 汽车底盘驾驶员需取得公安交管部门核发的相应准驾车型的驾驶证。

3 操作人员需身体健康，年满 18 周岁，无色盲，视力良好，身体健康，无精神病、高血压、心脏病、癫痫病、听力不正常等禁忌性疾病。

4 每台起重机一般均要配备专职操作人员。

5 非本机操作人员，未经批准，不能上机操作。

6 实习操作人员一般均要在熟练的正式操作人员的监护下进行操作。

4.1.3 汽车起重机因本身具备行走能力，机动性能好，可远距离转移地点，时常在公路上行驶转移。起重机在道路上行驶时也要遵守机动车驾驶和公路交通管理的有关规定。汽车起重机的操作人员如无机动车驾驶证，则不能驾驶汽车起重机。

4.1.10 根据《特种设备安全监察条例》（国务院第549号令）的规定，特种设备使用单位对在用特种设备应当至少每月进行一次自行检查，并做记录。发现异常情况时要及时处理。对在用特种设备的安全附件、安全保护装置、测量调控装置及有关附属仪器仪表进行定期校验、检修，并做记录。

4.1.15 根据 GB 6067 的规定，起重机工作时，臂架、吊具、辅具、钢丝绳、缆风绳及重物等，与输电线的最小距离见表1。

表1   与输电线的最小距离

输电线路电压 U（kV）	<1	$1 \leqslant U \leqslant 35$	$\geqslant 60$
最小距离（m）	1.5	3	$0.01(U-50)+3$

4.1.16 根据《特种设备安全监察条例》（国务院第549号令）的规定，特种设备的使用单位通常均需建立特种设备安全技术档案。安全技术档案包括以下内容。

1 特种设备设计文件、制造单位、产品质量合格证明、使用维护说明等文件以及安装技术文件和资料。

2 特种设备定期检验和定期自行检查的记录。

3 特种设备日常使用状况记录。

4 特种设备及其安全附件、安全保护装置、测量调控装置及有关附属仪器仪表的日常维护保养记录。

5 特种设备运行故障和事故记录。

6 高耗能特种设备的能效测试报告、能耗状况记录以及节能改造技术资料。

4.3 就位

4.3.1 汽车起重机流动性强，经常变换工作场地，因此起重机进入施工现场前通常都要检查作业区域周围的环境条件。起重机应在平坦坚实的基础上作业，支腿不得支撑在承载力不够的结构物上面和松软泥土地面；支腿未全部伸出严禁作业。

4.3.4 汽车起重机流动性强，其作业环境变化比较大，操作人员对地基基础情况不易掌握，作业中需要及时掌握支腿及地基变化情况。例1：2005年某局在山西某工地一台70t汽车起重机在起重作业中，由于铺垫的枕木破碎，造成起重机倾翻。例2：西安某建筑施工单位租用一台 QY50H 型汽车起重机协助安装一台施工用自升式塔式起重机，在吊装组装好的塔吊起重臂（以下简称塔臂）往塔吊塔身上就位的过程中因起重机地基塌陷造成汽车吊倾覆事故。

4.4 作业

4.4.5 作业时，不得在起吊负荷时进行伸缩臂作业（除设备技术文件另有规定外）。臂杆可变倾角不得超过设备技术文件规定；如无规定时，最大倾角不得超过78°，并注意观察臂杆伸缩顺序，防止误操作。例如：在××年云南某工地使用40t汽车起重机吊钢模板作业时，操作臂杆伸缩顺序有误，造成臂杆折断的事故。

4.4.7 无下降极限位置限制器的起重机，当吊钩处于工作位置最低点时，钢丝绳在卷筒上的缠绕，除固定绳尾的圈数外，卷筒上的钢丝绳必须保持有设计规定的安全圈数，一般安全剩余量不应少于3圈。

4.4.18 两台或多台起重机吊运同一重物时，通常要求钢丝绳保持垂直；各台起重机的升降、运行应保持同步；各台起重机所承受的载荷均不得超过各自的额定起重能力。如达不到上述要求，可降低额定起重能力至原来的 80%；也可由技术负责人根据实际情况降低额定起重能力使用。吊运时，技术负责人需在场指导。

5　维护保养

5.0.4　钢丝绳的安装、维护保养、检验及报废需符合 GB/T 5972 的规定。吊钩的报废需符合 GB/T 10051.3 的有关规定。卷筒和滑轮的报废需符合 GB 6067 的规定。

　　1　吊钩的报废一般符合 GB/T 10051.3 的有关规定。

　　1）裂纹。

　　2）扭转变形超过 10°。

　　3）危险断面及吊钩颈部有塑性变形。

　　4）危险断面磨损面达原尺寸的 10%。

　　5）开口度比原尺寸增加 15%。

　　6）吊钩螺纹被腐蚀。

　　7）板钩心轴磨损量达其直径的 5%，应报废心轴。

　　8）板钩衬套磨损量达原尺寸 50% 时，应更换衬套。

　　2　吊钩的报废一般符合 GB/T 10051.3 的有关规定。

　　1）裂纹或轮缘破损。

　　2）卷筒槽底磨损超过钢丝绳直径的 25%。

　　3）焊接滑轮的磨损量超过轮缘板厚的 20%。

　　4）其他滑轮槽底磨损超过钢丝绳直径的 25%。

5.0.6　特种设备应按规定定期检验。

　　1　按照安全技术规范的定期检验要求，在安全检验合格有效期届满前 1 个月向特种设备检验检测机构提出定期检验要求，及时进行安全性能检验和能效测试。未经定期检验或者检验不合格的特种设备，严禁继续使用。

　　2　存在严重事故隐患，无改造、维修价值，或者超过安全技术规范规定使用年限的汽车起重机应当及时予以报废，并应当向原登记的特种设备安全监督管理部门办理注销。

施工现场临时用电
安全技术规范

JGJ 46—2005

电力建设卷（上册）

目　　次

前　言

根据建设部建标〔2001〕16号文的要求，标准编制组在广泛调查研究，认真总结实践经验，参考有关国际标准，并广泛征求意见基础上，修订了本规范。

本规范的主要技术内容是：1.总则；2.术语、代号；3.临时用电管理；4.外电线路及电气设备防护；5.接地与防雷；6.配电室及自备电源；7.配电线路；8.配电箱及开关箱；9.电动建筑机械和手持式电动工具；10.照明；三个附录。

本规范修订的主要技术内容是：1.综合规定在施工现场专用的供电系统中应采用的三项技术原则；2.增设术语、代号为正文单独一章，删去附录中的名词解释；3.补充对施工现场临时用电工程验收的规定；4.将原"施工现场与周围环境"一章更名为"外电线路及电气设备防护"，增补对外电线路搭设防护设施和对易燃易爆物、腐蚀介质、机械损伤防护措施的规定；5.补充在接零保护系统中，保护零线的设置以及相线、工作零线、保护零线绝缘颜色的规定，补充按滚球法确定防雷保护范围的规定；6.增加配电室照明设置的规定；7.增补电缆线路电缆选择原则和敷设方式、方法的规定，以及五芯电缆应用原则的规定；8.增补配电箱、开关箱箱体结构和电器配置与接线的规定；9.增加电焊机设置二次触电保护装置，频繁操作设备设置控制器，以及对手持式电动工具进行绝缘检查的规定；10.增补使用安全隔离变压器的规定，以及灯具与易燃易爆物之间的安全距离和防护措施的规定。

本规范由建设部负责管理和对强制性条文的解释，由主编单位负责具体技术内容的解释。

本规范主编单位：沈阳建筑大学（地址：沈阳市浑南新区　邮政编码：110000）

本规范参编单位：中国建筑业协会建筑安全分会

上海市建设安全协会

山东省建筑施工安全监督站

江苏省建筑安全与设备管理协会

安徽省建设行业安全协会

云南省建设工程安全监督站

武汉市城乡安全生产管理站

陕西省建设工程质量安全监督总站

烟台市施工安全监督站

辽宁省建设厅

抚顺市工程质量安全监督站

本规范主要起草人：徐荣杰　秦春芳　孙锦强　李　印　吴秀丽

顾建生　刘世才　张　明　蒲宇锋　操贤平

边尔伦　王晓波　刘少飞　李长凯　白　波

施工现场临时用电安全技术规范

1 总则

1.0.1 为贯彻国家安全生产的法律和法规，保障施工现场用电安全，防止触电和电气火灾事故发生，促进建设事业发展，制定本规范。

1.0.2 本规范适用于新建、改建和扩建的工业与民用建筑和市政基础设施施工现场临时用电工程中的电源中性点直接接地的 220/380V 三相四线制低压电力系统的设计、安装、使用、维修和拆除。

1.0.3 建筑施工现场临时用电工程专用的电源中性点直接接地的 220/380V 三相四线制低压电力系统，必须符合下列规定：

    1 采用三级配电系统；

    2 采用 TN-S 接零保护系统；

    3 采用二级漏电保护系统。

1.0.4 施工现场临时用电，除应执行本规范的规定外，尚应符合国家现行有关强制性标准的规定。

2 术语、代号

2.1 术语

2.1.1 低压 low voltage

    交流额定电压在 1kV 及以下的电压。

2.1.2 高压 high voltage

    交流额定电压在 1kV 以上的电压。

2.1.3 外电线路 external circuit

    施工现场临时用电工程配电线路以外的电力线路。

2.1.4 有静电的施工现场 construction site with electrostatic field

    存在因摩擦、挤压、感应和接地不良等而产生对人体和环境有害静电的施工现场。

2.1.5 强电磁波源 source of powerful electromagnetic wave

    辐射波能够在施工现场机械设备上感应产生有害对地电压的电磁辐射体。

2.1.6 接地 ground connection

    设备的一部分为形成导电通路与大地的连接。

2.1.7 工作接地 working ground connection

    为了电路或设备达到运行要求的接地，如变压器低压中性点和发电机中性点的接地。

2.1.8 重复接地 iterative ground connection

    设备接地线上一处或多处通过接地装置与大地再次连接的接地。

2.1.9 接地体 earth lead

    埋入地中并直接与大地接触的金属导体。

2.1.10　人工接地体 manual grounding

人工埋入地中的接地体。

2.1.11　自然接地体　natural grounding

施工前已埋入地中，可兼作接地体用的各种构件，如钢筋混凝土基础的钢筋结构、金属井管、金属管道（非燃气）等。

2.1.12　接地线　ground line

连接设备金属结构和接地体的金属导体（包括连接螺栓）。

2.1.13　接地装置 grounding device

接地体和接地线的总和。

2.1.14　接地电阻　ground resistance

接地装置的对地电阻。它是接地线电阻、接地体电阻、接地体与土壤之间的接触电阻和土壤中的散流电阻之和。

接地电阻可以通过计算或测量得到它的近似值，其值等于接地装置对地电压与通过接地装置流入地中电流之比。

2.1.15　工频接地电阻　power frequency ground resistance

按通过接地装置流入地中工频电流求得的接地电阻。

2.1.16　冲击接地电阻　shock ground resistance

按通过接地装置流入地中冲击电流（模拟雷电流）求得的接地电阻。

2.1.17　电气连接　electric connect

导体与导体之间直接提供电气通路的连接（接触电阻近于零）。

2.1.18　带电部分 live-part

正常使用时要被通电的导体或可导电部分，它包括中性导体（中性线），不包括保护导体（保护零线或保护线），按惯例也不包括工作零线与保护零线合一的导线（导体）。

2.1.19　外露可导电部分 exposed conductive part

电气设备的能触及的可导电部分。它在正常情况下不带电，但在故障情况下可能带电。

2.1.20　触电（电击）　electric shock

电流流经人体或动物体，使其产生病理生理效应。

2.1.21　直接接触 direct contact

人体、牲畜与带电部分的接触。

2.1.22　间接接触 indirect contact

人体、牲畜与故障情况下变为带电体的外露可导电部分的接触。

2.1.23　配电箱　distribution box

一种专门用作分配电力的配电装置，包括总配电箱和分配电箱，如无特指，总配电箱、分配电箱合称配电箱。

2.1.24　开关箱　switch box

末级配电装置的通称，亦可兼作用电设备的控制装置。

2.1.25　隔离变压器　isolating transformer

指输入绕组与输出绕组在电气上彼此隔离的变压器，用以避免偶然同时触及带电体（或因绝缘损坏而可能带电的金属部件）和大地所带来的危险。

2.1.26 安全隔离变压器 safety isolating transformer

为安全特低电压电路提供电源的隔离变压器。

它的输入绕组与输出绕组在电气上至少由相当于双重绝缘或加强绝缘的绝缘隔离开来。

它是专门为配电电路、工具或其他设备提供安全特低电压而设计的。

2.2 代号

2.2.1 DK——电源隔离开关;

2.2.2 H——照明器;

2.2.3 L_1、L_2、L_3——三相电路的三相相线;

2.2.4 M——电动机;

2.2.5 N——中性点,中性线,工作零线;

2.2.6 NPE——具有中性和保护线两种功能的接地线,又称保护中性线;

2.2.7 PE——保护零线,保护线;

2.2.8 RCD——漏电保护器,漏电断路器;

2.2.9 T——变压器;

2.2.10 TN——电源中性点直接接地时电气设备外露可导电部分通过零线接地的接零保护系统;

2.2.11 TN-C——工作零线与保护零线合一设置的接零保护系统;

2.2.12 TN-C-S——工作零线与保护零线前一部分合一,后一部分分开设置的接零保护系统;

2.2.13 TN-S——工作零线与保护零线分开设置的接零保护系统;

2.2.14 TT——电源中性点直接接地,电气设备外露可导电部分直接接地的接地保护系统,其中电气设备的接地点独立于电源中性点接地点;

2.2.15 W——电焊机。

3 临时用电管理

3.1 临时用电组织设计

3.1.1 施工现场临时用电设备在 5 台及以上或设备总容量在 50kW 及以上者,应编制用电组织设计。

3.1.2 施工现场临时用电组织设计应包括下列内容:

1 现场勘测;

2 确定电源进线、变电所或配电室、配电装置、用电设备位置及线路走向;

3 进行负荷计算;

4 选择变压器;

5 设计配电系统;

1) 设计配电线路,选择导线或电缆;

2) 设计配电装置,选择电器;

3) 设计接地装置;

4) 绘制临时用电工程图纸,主要包括用电工程总平面图、配电装置布置图、配电系统接线图、接地装置设计图。

6 设计防雷装置；

7 确定防护措施；

8 制定安全用电措施和电气防火措施。

3.1.3 临时用电工程图纸应单独绘制，临时用电工程应按图施工。

3.1.4 临时用电组织设计及变更时。必须履行"编制、审核、批准"程序，由电气工程技术人员组织编制，经相关部门审核及具有法人资格企业的技术负责人批准后实施。变更用电组织设计时应补充有关图纸资料。

3.1.5 临时用电工程必须经编制、审核、批准部门和使用单位共同验收，合格后方可投入使用。

3.1.6 施工现场临时用电设备在 5 台以下和设备总容量在 50kW 以下者，应制定安全用电和电气防火措施，并应符合本规范第 3.1.4、3.1.5 条规定。

3.2 电工及用电人员

3.2.1 电工必须经过按国家现行标准考核合格后，持证上岗工作；其他用电人员必须通过相关安全教育培训和技术交底，考核合格后方可上岗工作。

3.2.2 安装、巡检、维修或拆除临时用电设备和线路，必须由电工完成，并应有人监护。电工等级应同工程的难易程度和技术复杂性相适应。

3.2.3 各类用电人员应掌握安全用电基本知识和所用设备的性能，并应符合下列规定：

1 使用电气设备前必须按规定穿戴和配备好相应的劳动防护用品，并应检查电气装置和保护设施，严禁设备带"缺陷"运转；

2 保管和维护所用设备，发现问题及时报告解决；

3 暂时停用设备的开关箱必须分断电源隔离开关，并应关门上锁；

4 移动电气设备时，必须经电工切断电源并做妥善处理后进行。

3.3 安全技术档案

3.3.1 施工现场临时用电必须建立安全技术档案，并应包括下列内容：

1 用电组织设计的全部资料；

2 修改用电组织设计的资料；

3 用电技术交底资料；

4 用电工程检查验收表；

5 电气设备的试、检验凭单和调试记录；

6 接地电阻、绝缘电阻和漏电保护器漏电动作参数测定记录表；

7 定期检（复）查表；

8 电工安装、巡检、维修、拆除工作记录。

3.3.2 安全技术档案应由主管该现场的电气技术人员负责建立与管理。其中"电工安装、巡检、维修、拆除工作记录"可指定电工代管，每周由项目经理审核认可，并应在临时用电工程拆除后统一归档。

3.3.3 临时用电工程应定期检查。定期检查时，应复查接地电阻值和绝缘电阻值。

3.3.4 临时用电工程定期检查应按分部、分项工程进行，对安全隐患必须及时处理，并应履行复查验收手续。

4 外电线路及电气设备防护

4.1 外电线路防护

4.1.1 在建工程不得在外电架空线路正下方施工、搭设作业棚、建造生活设施或堆放构件、架具、材料及其他杂物等。

4.1.2 在建工程（含脚手架）的周边与外电架空线路的边线之间的最小安全操作距离应符合表4.1.2规定。

表4.1.2 在建工程（含脚手架）的周边与架空线路的边线之间的最小安全操作距离

外电线路电压等级（kV）	<1	1～10	35～110	220	330～500
最小安全操作距离（m）	4.0	6.0	8.0	10	15

注：上、下脚手架的斜道不宜设在有外电线路的一侧。

4.1.3 施工现场的机动车道与外电架空线路交叉时，架空线路的最低点与路面的最小垂直距离应符合表4.1.3规定。

表4.1.3 施工现场的机动车道与架空线路交叉时的最小垂直距离

外电线路电压等级（kV）	<1	1～10	35
最小垂直距离（m）	6.0	7.0	7.0

4.1.4 起重机严禁越过无防护设施的外电架空线路作业。在外电架空线路附近吊装时，起重机的任何部位或被吊物边缘在最大偏斜时与架空线路边线的最小安全距离应符合表4.1.4规定。

表4.1.4 起重机与架空线路边线的最小安全距离

安全距离（m） ＼ 电压（kV）	<1	10	35	110	220	330	500
沿垂直方向	1.5	3.0	4.0	5.0	6.0	7.0	8.5
沿水平方向	1.5	2.0	3.5	4.0	6.0	7.0	8.5

4.1.5 施工现场开挖沟槽边缘与外电埋地电缆沟槽边缘之间的距离不得小于0.5m。

4.1.6 当达不到本规范第4.1.2～4.1.4条中的规定时，必须采取绝缘隔离防护措施，并应悬挂醒目的警告标志。

架设防护设施时，必须经有关部门批准，采用线路暂时停电或其他可靠的安全技术措施，并应有电气工程技术人员和专职安全人员监护。

防护设施与外电线路之间的安全距离不应小于表4.1.6所列数值。

防护设施应坚固、稳定，且对外电线路的隔离防护应达到IP30级。

表4.1.6 防护设施与外电线路之间的最小安全距离

外电线路电压等级（kV）	≤10	35	110	220	330	500
最小安全距离（m）	1.7	2.0	2.5	4.0	5.0	6.0

4.1.7 当本规范第4.1.6条规定的防护措施无法实现时，必须与有关部门协商，采取停电、迁移外电线路或改变工程位置等措施，未采取上述措施的严禁施工。

4.1.8 在外电架空线路附近开挖沟槽时，必须会同有关部门采取加固措施，防止外电架空线路电杆倾斜、悬倒。

4.2 电气设备防护

4.2.1 电气设备现场周围不得存放易燃易爆物、污源和腐蚀介质，否则应予清除或做防护处置，其防护等级必须与环境条件相适应。

4.2.2 电气设备设置场所应能避免物体打击和机械损伤，否则应做防护处置。

5 接地与防雷

5.1 一般规定

5.1.1 在施工现场专用变压器的供电的 TN-S 接零保护系统中，电气设备的金属外壳必须与保护零线连接。保护零线应由工作接地线、配电室（总配电箱）电源侧零线或总漏电保护器电源侧零线处引出（图 5.1.1）。

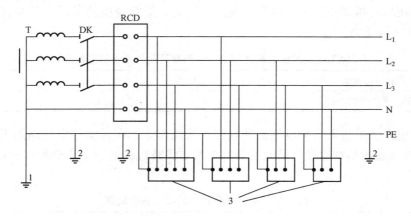

图 5.1.1　专用变压器供电时 TN-S 接零保护系统示意

1—工作接地；2—PE 线重复接地；3—电气设备金属外壳（正常不带电的外露可导电部分）；
L_1、L_2、L_3—相线；N—工作零线；PE—保护零线；DK—总电源隔离开关；RCD—总漏
电保护器（兼有短路、过载、漏电保护功能的漏电断路器）；T—变压器

5.1.2 当施工现场与外电线路共用同一供电系统时，电气设备的接地、接零保护应与原系统保持一致。不得一部分设备做保护接零，另一部分设备做保护接地。

采用 TN 系统做保护接零时，工作零线（N 线）必须通过总漏电保护器，保护零线（PE 线）必须由电源进线零线重复接地处或总漏电保护器电源侧零线处，引出形成局部 TN-S 接零保护系统（图 5.1.2）。

5.1.3 在 TN 接零保护系统中，通过总漏电保护器的工作零线与保护零线之间不得再做电气连接。

5.1.4 在 TN 接零保护系统中，PE 零线应单独敷设。重复接地线必须与 PE 线相连接，严禁与 N 线相连接。

5.1.5 使用一次侧由 50V 以上电压的接零保护系统供电，二次侧为 50V 及以下电压的安全隔离变压器时，二次侧不得接地，并应将二次线路用绝缘管保护或采用橡皮护套软线。

当采用普通隔离变压器时，其二次侧一端应接地，且变压器正常不带电的外露可导电部分应与一次回路保护零线相连接。

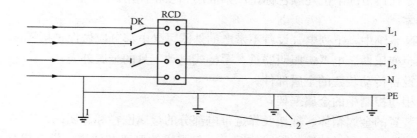

图 5.1.2 三相四线供电时局部 TN-S 接零保护系统保护零线引出示意
1—NPE 线重复接地；2—PE 线重复接地；L₁、L₂、L₃—相线；N—工作零线；
PE—保护零线；DK—总电源隔离开关；RCD—总漏电保护器（兼有短路、
过载、漏电保护功能的漏电断路器）

以上变压器尚应采取防直接接触带电体的保护措施。

5.1.6 施工现场的临时用电电力系统严禁利用大地做相线或零线。

5.1.7 接地装置的设置应考虑土壤干燥或冻结等季节变化的影响，并应符合表 5.1.7 的规定，接地电阻值在四季中均应符合本规范第 5.3 节的要求。但防雷装置的冲击接地电阻值只考虑在雷雨季节中土壤干燥状态的影响。

表 5.1.7 接地装置的季节系数 ψ 值

埋深（m）	水平接地体	长 2~3m 的垂直接地体
0.5	1.4~1.8	1.2~1.4
0.8~1.0	1.25~1.45	1.15~1.3
2.5~3.0	1.0~1.1	1.0~1.1

注：大地比较干燥时，取表中较小值；比较潮湿时，取表中较大值。

5.1.8 PE 线所用材质与相线、工作零线（N 线）相同时，其最小截面应符合表 5.1.8 的规定。

表 5.1.8 PE 线截面与相线截面的关系

相线芯线截面 S（mm²）	PE 线最小截面（mm²）
$S \leqslant 16$	S
$16 < S \leqslant 35$	16
$S > 35$	$S/2$

5.1.9 保护零线必须采用绝缘导线。

配电装置和电动机械相连接的 PE 线应为截面不小于 2.5mm² 的绝缘多股铜线。手持式电动工具的 PE 线应为截面不小于 1.5mm² 的绝缘多股铜线。

5.1.10 PE 线上严禁装设开关或熔断器，严禁通过工作电流，且严禁断线。

5.1.11 相线、N 线、PE 线的颜色标记必须符合以下规定：相线 L₁（A）、L₂（B）、L₃（C)相序的绝缘颜色依次为黄、绿、红色；N 线的绝缘颜色为淡蓝色；PE 线的绝缘颜色为绿/黄双色。任何情况下上述颜色标记严禁混用和互相代用。

5.2 保护接零

5.2.1 在 TN 系统中，下列电气设备不带电的外露可导电部分应做保护接零：

1 电机、变压器、电器、照明器具、手持式电动工具的金属外壳；

2 电气设备传动装置的金属部件；

3 配电柜与控制柜的金属框架；

4 配电装置的金属箱体、框架及靠近带电部分的金属围栏和金属门；

5 电力线路的金属保护管、敷线的钢索、起重机的底座和轨道、滑升模板金属操作平台等；

6 安装在电力线路杆（塔）上的开关、电容器等电气装置的金属外壳及支架。

5.2.2 城防、人防、隧道等潮湿或条件特别恶劣施工现场的电气设备必须采用保护接零。

5.2.3 在 TN 系统中，下列电气设备不带电的外露可导电部分，可不做保护接零：

1 在木质、沥青等不良导电地坪的干燥房间内，交流电压 380V 及以下的电气装置金属外壳（当维修人员可能同时触及电气设备金属外壳和接地金属物件时除外）；

2 安装在配电柜、控制柜金属框架和配电箱的金属箱体上，且与其可靠电气连接的电气测量仪表、电流互感器、电器的金属外壳。

5.3 接地与接地电阻

5.3.1 单台容量超过 100kVA 或使用同一接地装置并联运行且总容量超过 100kVA 的电力变压器或发电机的工作接地电阻值不得大于 4Ω。

单台容量不超过 100kVA 或使用同一接地装置并联运行且总容量不超过 100kVA 的电力变压器或发电机的工作接地电阻值不得大于 10Ω。

在土壤电阻率大于 1000Ω·m 的地区，当达到上述接地电阻值有困难时，工作接地电阻值可提高到 30Ω。

5.3.2 TN 系统中的保护零线除必须在配电室或总配电箱处做重复接地外，还必须在配电系统的中间处和末端处做重复接地。

在 TN 系统中，保护零线每一处重复接地装置的接地电阻值不应大于 10Ω。在工作接地电阻值允许达到 10Ω 的电力系统中，所有重复接地的等效电阻值不应大于 10Ω。

5.3.3 在 TN 系统中，严禁将单独敷设的工作零线再做重复接地。

5.3.4 每一接地装置的接地线应采用 2 根及以上导体，在不同点与接地体做电气连接。

不得采用铝导体做接地体或地下接地线。垂直接地体宜采用角钢、钢管或光面圆钢，不得采用螺纹钢。

接地可利用自然接地体，但应保证其电气连接和热稳定。

5.3.5 移动式发电机供电的用电设备，其金属外壳或底座应与发电机电源的接地装置有可靠的电气连接。

5.3.6 移动式发电机系统接地应符合电力变压器系统接地的要求。下列情况可不另做保护接零：

1 移动式发电机和用电设备固定在同一金属支架上，且不供给其他设备用电时；

2 不超过 2 台的用电设备由专用的移动式发电机供电，供、用电设备间距不超过 50m，且供、用电设备的金属外壳之间有可靠的电气连接时。

5.3.7 在有静电的施工现场内，对集聚在机械设备上的静电应采取接地泄漏措施。每组专设的静电接地体的接地电阻值不应大于100Ω，高土壤电阻率地区不应大于1000Ω。

5.4 防雷

5.4.1 在土壤电阻率低于200Ω·m区域的电杆可不另设防雷接地装置，但在配电室的架空进线或出线处应将绝缘子铁脚与配电室的接地装置相连接。

5.4.2 施工现场内的起重机、井字架、龙门架等机械设备，以及钢脚手架和正在施工的在建工程等的金属结构，当在相邻建筑物、构筑物等设施的防雷装置接闪器的保护范围以外时，应按表5.4.2规定安装防雷装置。表5.4.2中地区年均雷暴日（d）应按本规范附录A执行。

当最高机械设备上避雷针（接闪器）的保护范围能覆盖其他设备，且又最后退出现场，则其他设备可不设防雷装置。

确定防雷装置接闪器的保护范围可采用本规范附录B的滚球法。

表5.4.2 施工现场内机械设备及高架设施需安装防雷装置的规定

地区年平均雷暴日（d）	机械设备高度（m）
≤15	≥50
>15，<40	≥32
≥40，<90	≥20
≥90及雷害特别严重地区	≥12

5.4.3 机械设备或设施的防雷引下线可利用该设备或设施的金属结构体，但应保证电气连接。

5.4.4 机械设备上的避雷针（接闪器）长度应为1~2m。塔式起重机可不另设避雷针（接闪器）。

5.4.5 安装避雷针（接闪器）的机械设备，所有固定的动力、控制、照明、信号及通信线路，宜采用钢管敷设。钢管与该机械设备的金属结构体应做电气连接。

5.4.6 施工现场内所有防雷装置的冲击接地电阻值不得大于30Ω。

5.4.7 做防雷接地机械上的电气设备，所连接的PE线必须同时做重复接地，同一台机械电气设备的重复接地和机械的防雷接地可共用同一接地体，但接地电阻应符合重复接地电阻值的要求。

6 配电室及自备电源

6.1 配电室

6.1.1 配电室应靠近电源，并应设在灰尘少、潮气少、振动小、无腐蚀介质、无易燃易爆物及道路畅通的地方。

6.1.2 成列的配电柜和控制柜两端应与重复接地线及保护零线做电气连接。

6.1.3 配电室和控制室应能自然通风，并应采取防止雨雪侵入和动物进入的措施。

6.1.4 配电室布置应符合下列要求：

1 配电柜正面的操作通道宽度，单列布置或双列背对背布置不小于1.5m，双列面对面布置不小于2m；

2 配电柜后面的维护通道宽度，单列布置或双列面对面布置不小于0.8m，双列背对背布置不小于1.5m，个别地点有建筑物结构凸出的地方，则此点通道宽度可减少0.2m；

3 配电柜侧面的维护通道宽度不小于1m；

4 配电室的顶棚与地面的距离不低于3m；

5 配电室内设置值班或检修室时，该室边缘距配电柜的水平距离大于1m，并采取屏障隔离；

6 配电室内的裸母线与地面垂直距离小于2.5m时，采用遮栏隔离，遮栏下面通道的高度不小于1.9m；

7 配电室围栏上端与其正上方带电部分的净距不小于0.075m；

8 配电装置的上端距顶棚不小于0.5m；

9 配电室内的母线涂刷有色油漆，以标志相序；以柜正面方向为基准，其涂色符合表6.1.4规定；

10 配电室的建筑物和构筑物的耐火等级不低于3级，室内配置砂箱和可用于扑灭电气火灾的灭火器；

表 6.1.4　　　　　　　　　　母 线 涂 色

相　别	颜　色	垂直排列	水平排列	引下排列
L₁（A）	黄	上	后	左
L₂（B）	绿	中	中	中
L₃（C）	红	下	前	右
N	淡蓝	—	—	—

11 配电室的门向外开，并配锁；

12 配电室的照明分别设置正常照明和事故照明。

6.1.5 配电柜应装设电度表，并应装设电流、电压表。电流表与计费电度表不得共用一组电流互感器。

6.1.6 配电柜应装设电源隔离开关及短路、过载、漏电保护电器。电源隔离开关分断时应有明显可见分断点。

6.1.7 配电柜应编号，并应有用途标记。

6.1.8 配电柜或配电线路停电维修时，应挂接地线，并应悬挂"禁止合闸、有人工作"停电标志牌。停送电必须由专人负责。

6.1.9 配电室应保持整洁，不得堆放任何妨碍操作、维修的杂物。

6.2　230/400V 自备发电机组

6.2.1 发电机组及其控制、配电、修理室等可分开设置；在保证电气安全距离和满足防火要求情况下可合并设置。

6.2.2 发电机组的排烟管道必须伸出室外。发电机组及其控制、配电室内必须配置可用于扑灭电气火灾的灭火器，严禁存放贮油桶。

6.2.3 发电机组电源必须与外电线路电源连锁，严禁并列运行。

6.2.4 发电机组应采用电源中性点直接接地的三相四线制供电系统和独立设置 TN-S 接零保护系统，其工作接地电阻值应符合本规范第 5.3.1 条要求。

6.2.5 发电机控制屏宜装设下列仪表：

　　1　交流电压表；

　　2　交流电流表；

　　3　有功功率表；

　　4　电度表；

　　5　功率因数表；

　　6　频率表；

　　7　直流电流表。

6.2.6 发电机供电系统应设置电源隔离开关及短路、过载、漏电保护电器。电源隔离开关分断时应有明显可见分断点。

6.2.7 发电机组并列运行时，必须装设同期装置，并在机组同步运行后再向负载供电。

7　配电线路

7.1　架空线路

7.1.1 架空线必须采用绝缘导线。

7.1.2 架空线必须架设在专用电杆上，严禁架设在树木、脚手架及其他设施上。

7.1.3 架空线导线截面的选择应符合下列要求：

　　1　导线中的计算负荷电流不大于其长期连续负荷允许载流量。

　　2　线路末端电压偏移不大于其额定电压的 5%。

　　3　三相四线制线路的 N 线和 PE 线截面不小于相线截面的 50%，单相线路的零线截面与相线截面相同。

　　4　按机械强度要求，绝缘铜线截面不小于 $10mm^2$，绝缘铝线截面不小于 $16mm^2$。

　　5　在跨越铁路、公路、河流、电力线路档距内，绝缘铜线截面不小于 $16mm^2$，绝缘铝线截面不小于 $25mm^2$。

7.1.4 架空线在一个档距内，每层导线的接头数不得超过该层导线条数的 50%，且一条导线应只有一个接头。

　　在跨越铁路、公路、河流、电力线路档距内，架空线不得有接头。

7.1.5 架空线路相序排列应符合下列规定：

　　1　动力、照明线在同一横担上架设时，导线相序排列是：面向负荷从左侧起依次为 L_1、N、L_2、L_3、PE；

　　2　动力、照明线在二层横担上分别架设时，导线相序排列是：上层横担面向负荷从左侧起依次为 L_1、L_2、L_3；下层横担面向负荷从左侧起依次为 L_1（L_2、L_3）、N、PE。

7.1.6 架空线路的档距不得大于 35m。

7.1.7 架空线路的线间距不得小于 0.3m，靠近电杆的两导线的间距不得小于 0.5m。

7.1.8 架空线路横担间的最小垂直距离不得小于表 7.1.8-1 所列数值；横担宜采用角钢或方木，低压铁横担角钢应按表 7.1.8-2 选用，方木横担截面应按 $80mm \times 80mm$ 选用；横担长度应按表 7.1.8-3 选用。

表 7.1.8-1　　　　　　　横担间的最小垂直距离（m）

排列方式	直线杆	分支或转角杆
高压与低压	1.2	1.0
低压与低压	0.6	0.3

表 7.1.8-2　　　　　　　低压铁横担角钢选用

导线截面（mm²）	直线杆	分支或转角杆	
		二线及三线	四线及以上
16 25 35 50	L50×5	2×L50×5	2×L63×5
70 95 120	L63×5	2×L63×5	2×L70×6

表 7.1.8-3　　　　　　　横担长度选用

横 担 长 度 （m）		
二线	三线、四线	五线
0.7	1.5	1.8

7.1.9 架空线路与邻近线路或固定物的距离应符合表 7.1.9 的规定。

7.1.10 架空线路宜采用钢筋混凝土杆或木杆。钢筋混凝土杆不得有露筋、宽度大于 0.4mm 的裂纹和扭曲；木杆不得腐朽，其梢径不应小于 140mm。

表 7.1.9　　　　　　　架空线路与邻近线路或固定物的距离

项目	距 离 类 别					
最小净空 距离（m）	架空线路的过引线、 接下线与邻线	架空线与架空线电杆外缘		架空线与摆动最大时树梢		
	0.13	0.05		0.50		
最小垂直 距离（m）	架空线同杆 架设下方的通 信、广播线路	架空线最大弧垂与地面		架空线最大 弧垂与暂设工 程顶端	架空线与邻近电力线路交叉	
		施工现场	机动车道	铁路轨道		1kV 以下	1～10kV
	1.0	4.0	6.0	7.5	2.5	1.2	2.5
最小水平 距离（m）	架空线电杆与 路基边缘	架空线电杆与 铁路轨道边缘		架空线边线与建筑物 凸出部分		
	1.0	杆高（m）＋3.0		1.0		

7.1.11 电杆埋设深度宜为杆长的 1/10 加 0.6m，回填土应分层夯实。在松软土质处宜加大埋入深度或采用卡盘等加固。

7.1.12 直线杆和 15°以下的转角杆，可采用单横担单绝缘子，但跨越机动车道时应采用单横担双绝缘子；15°到 45°的转角杆应采用双横担双绝缘子；45°以上的转角杆，应采用十字横担。

7.1.13 架空线路绝缘子应按下列原则选择：

    1   直线杆采用针式绝缘子；

    2   耐张杆采用蝶式绝缘子。

7.1.14 电杆的拉线宜采用不少于 3 根 $D4.0$mm 的镀锌钢丝。拉线与电杆的夹角应在 $30°\sim$ $45°$ 之间。拉线埋设深度不得小于 1m。电杆拉线如从导线之间穿过，应在高于地面 2.5m 处装设拉线绝缘子。

7.1.15 因受地形环境限制不能装设拉线时，可采用撑杆代替拉线，撑杆埋设深度不得小于 0.8m，其底部应垫底盘或石块。撑杆与电杆的夹角宜为 $30°$。

7.1.16 接户线在档距内不得有接头，进线处离地高度不得小于 2.5m。接户线最小截面应符合表 7.1.16-1 规定。接户线线间及与邻近线路间的距离应符合表 7.1.16-2 的要求。

表 7.1.16-1   **接 户 线 的 最 小 截 面**

接户线架设方式	接户线长度 (m)	接户线截面 （mm²）	
		铜 线	铝 线
架空或沿墙敷设	10～25	6.0	10.0
	≤10	4.0	6.0

表 7.1.16-2   **接户线线间及与邻近线路间的距离**

接户线架设方式	接户线档距 （m）	接户线线间距离 （mm）
架空敷设	≤25	150
	>25	200
沿墙敷设	≤6	100
	>6	150
架空接户线与广播电话线交叉时的距离 （mm）		接户线在上部，600 接户线在下部，300
架空或沿墙敷设的接户线零线和相线交叉时的距离 （mm）		100

7.1.17 架空线路必须有短路保护。

    采用熔断器做短路保护时，其熔体额定电流不应大于明敷绝缘导线长期连续负荷允许载流量的 1.5 倍。

    采用断路器做短路保护时，其瞬动过流脱扣器脱扣电流整定值应小于线路末端单相短路电流。

7.1.18 架空线路必须有过载保护。

    采用熔断器或断路器做过载保护时，绝缘导线长期连续负荷允许载流量不应小于熔断器熔体额定电流或断路器长延时过流脱扣器脱扣电流整定值的 1.25 倍。

7.2 电缆线路

7.2.1 电缆中必须包含全部工作芯线和用作保护零线或保护线的芯线。需要三相四线制配电的电缆线路必须采用五芯电缆。

    五芯电缆必须包含淡蓝、绿/黄二种颜色绝缘芯线。淡蓝色芯线必须用作 N 线；绿/黄双色芯线必须用作 PE 线，严禁混用。

7.2.2 电缆截面的选择应符合本规范第 7.1.3 条 1、2、3 款的规定，根据其长期连续负荷允许载流量和允许电压偏移确定。

7.2.3 电缆线路应采用埋地或架空敷设，严禁沿地面明设，并应避免机械损伤和介质腐蚀。

埋地电缆路径应设方位标志。

7.2.4 电缆类型应根据敷设方式、环境条件选择。埋地敷设宜选用铠装电缆；当选用无铠装电缆时，应能防水、防腐。架空敷设宜选用无铠装电缆。

7.2.5 电缆直接埋地敷设的深度不应小于0.7m，并应在电缆紧邻上、下、左、右侧均匀敷设不小于50mm厚的细砂，然后覆盖砖或混凝土板等硬质保护层。

7.2.6 埋地电缆在穿越建筑物、构筑物、道路、易受机械损伤、介质腐蚀场所及引出地面从2.0m高到地下0.2m处，必须加设防护套管，防护套管内径不应小于电缆外径的1.5倍。

7.2.7 埋地电缆与其附近外电电缆和管沟的平行间距不得小于2m，交叉间距不得小于1m。

7.2.8 埋地电缆的接头应设在地面上的接线盒内，接线盒应能防水、防尘、防机械损伤，并应远离易燃、易爆、易腐蚀场所。

7.2.9 架空电缆应沿电杆、支架或墙壁敷设，并采用绝缘子固定，绑扎线必须采用绝缘线，固定点间距应保证电缆能承受自重所带来的荷载，敷设高度应符合本规范第7.1节架空线路敷设高度的要求，但沿墙壁敷设时最大弧垂距地不得小于2.0m。

架空电缆严禁沿脚手架、树木或其他设施敷设。

7.2.10 在建工程内的电缆线路必须采用电缆埋地引入，严禁穿越脚手架引入。电缆垂直敷设应充分利用在建工程的竖井、垂直孔洞等，并宜靠近用电负荷中心，固定点每楼层不得少于一处。电缆水平敷设宜沿墙或门口刚性固定，最大弧垂距地不得小于2.0m。

装饰装修工程或其他特殊阶段，应补充编制单项施工用电方案。电源线可沿墙角、地面敷设，但应采取防机械损伤和电火措施。

7.2.11 电缆线路必须有短路保护和过载保护，短路保护和过载保护电器与电缆的选配应符合本规范第7.1.17条和7.1.18条要求。

7.3 室内配线

7.3.1 室内配线必须采用绝缘导线或电缆。

7.3.2 室内配线应根据配线类型采用瓷瓶、瓷（塑料）夹、嵌绝缘槽、穿管或钢索敷设。

潮湿场所或埋地非电缆配线必须穿管敷设，管口和管接头应密封；当采用金属管敷设时，金属管必须做等电位连接，且必须与PE线相连接。

7.3.3 室内非埋地明敷主干线距地面高度不得小于2.5m。

7.3.4 架空进户线的室外端应采用绝缘子固定，过墙处应穿管保护，距地面高度不得小于2.5m，并应采取防雨措施。

7.3.5 室内配线所用导线或电缆的截面应根据用电设备或线路的计算负荷确定，但铜线截面不应小于1.5mm²，铝线截面不应小于2.5mm²。

7.3.6 钢索配线的吊架间距不宜大于12m。采用瓷夹固定导线时，导线间距不应小于35mm，瓷夹间距不应大于800mm；采用瓷瓶固定导线时，导线间距不应小于100mm，瓷瓶间距不应大于1.5m；采用护套绝缘导线或电缆时，可直接敷设于钢索上。

7.3.7 室内配线必须有短路保护和过载保护，短路保护和过载保护电器与绝缘导线、电缆的选配应符合本规范第7.1.17条和7.1.18条要求。对穿管敷设的绝缘导线线路，其短路保护熔断器的熔体额定电流不应大于穿管绝缘导线长期连续负荷允许载流量的2.5倍。

8 配电箱及开关箱

8.1 配电箱及开关箱的设置

8.1.1 配电系统应设置配电柜或总配电箱、分配电箱、开关箱，实行三级配电。

配电系统宜使三相负荷平衡。220V 或 380V 单相用电设备宜接入 220/380V 三相四线系统；当单相照明线路电流大于 30A 时，宜采用 220/380V 三相四线制供电。

室内配电柜的设置应符合本规范第 6.1 节的规定。

8.1.2 总配电箱以下可设若干分配电箱；分配电箱以下可设若干开关箱。

总配电箱应设在靠近电源的区域，分配电箱应设在用电设备或负荷相对集中的区域，分配电箱与开关箱的距离不得超过 30m，开关箱与其控制的固定式用电设备的水平距离不宜超过 3m。

8.1.3 每台用电设备必须有各自专用的开关箱，严禁用同一个开关箱直接控制 2 台及 2 台以上用电设备（含插座）。

8.1.4 动力配电箱与照明配电箱宜分别设置。当合并设置为同一配电箱时，动力和照明应分路配电；动力开关箱与照明开关箱必须分设。

8.1.5 配电箱、开关箱应装设在干燥、通风及常温场所，不得装设在有严重损伤作用的瓦斯、烟气、潮气及其他有害介质中，亦不得装设在易受外来固体物撞击、强烈振动、液体浸溅及热源烘烤场所。否则，应予清除或做防护处理。

8.1.6 配电箱、开关箱周围应有足够 2 人同时工作的空间和通道，不得堆放任何妨碍操作、维修的物品，不得有灌木、杂草。

8.1.7 配电箱、开关箱应采用冷轧钢板或阻燃绝缘材料制作，钢板厚度应为 1.2～2.0mm，其中开关箱箱体钢板厚度不得小于 1.2mm，配电箱箱体钢板厚度不得小于 1.5mm，箱体表面应做防腐处理。

8.1.8 配电箱、开关箱应装设端正、牢固。固定式配电箱、开关箱的中心点与地面的垂直距离应为 1.4～1.6m。移动式配电箱、开关箱应装设在坚固、稳定的支架上。其中心点与地面的垂直距离宜为 0.8～1.6m。

8.1.9 配电箱、开关箱内的电器（含插座）应先安装在金属或非木质阻燃绝缘电器安装板上，然后方可整体紧固在配电箱、开关箱箱体内。

金属电器安装板与金属箱体应做电气连接。

8.1.10 配电箱、开关箱内的电器（含插座）应按其规定位置紧固在电器安装板上，不得歪斜和松动。

8.1.11 配电箱的电器安装板上必须分设 N 线端子板和 PE 线端子板。N 线端子板必须与金属电器安装板绝缘；PE 线端子板必须与金属电器安装板做电气连接。

进出线中的 N 线必须通过 N 线端子板连接；PE 线必须通过 PE 线端子板连接。

8.1.12 配电箱、开关箱内的连接线必须采用铜芯绝缘导线。导线绝缘的颜色标志应按本规范第 5.1.11 条要求配置并排列整齐；导线分支接头不得采用螺栓压接，应采用焊接并做绝缘包扎，不得有外露带电部分。

8.1.13 配电箱、开关箱的金属箱体、金属电器安装板以及电器正常不带电的金属底座、外壳等必须通过 PE 线端子板与 PE 线做电气连接，金属箱门与金属箱体必须通过采用编织软铜线做电气连接。

8.1.14 配电箱、开关箱的箱体尺寸应与箱内电器的数量和尺寸相适应，箱内电器安装板板面电器安装尺寸可按照表 8.1.14 确定。

8.1.15 配电箱、开关箱中导线的进线口和出线口应设在箱体的下底面。

表 8.1.14 配电箱、开关箱内电器安装尺寸选择值

间距名称	最小净距（mm）
并列电器（含单极熔断器）间	30
电器进、出线瓷管（塑胶管）孔与电器边沿间	15A，30 20～30A，50 60A 及以上，80
上、下排电器进出线瓷管（塑胶管）孔间	25
电器进、出线瓷管（塑胶管）孔至板边	40
电器至板边	40

8.1.16 配电箱、开关箱的进、出线口应配置固定线卡，进出线应加绝缘护套并成束卡固在箱体上，不得与箱体直接接触。移动式配电箱、开关箱的进、出线应采用橡皮护套绝缘电缆，不得有接头。

8.1.17 配电箱、开关箱外形结构应能防雨、防尘。

8.2 电器装置的选择

8.2.1 配电箱、开关箱内的电器必须可靠、完好，严禁使用破损、不合格的电器。

8.2.2 总配电箱的电器应具备电源隔离，正常接通与分断电路，以及短路、过载、漏电保护功能。电器设置应符合下列原则：

1 当总路设置总漏电保护器时，还应装设总隔离开关、分路隔离开关以及总断路器、分路断路器或总熔断器、分路熔断器。当所设总漏电保护器是同时具备短路、过载、漏电保护功能的漏电断路器时，可不设总断路器或总熔断器。

2 当各分路设置分路漏电保护器时，还应装设总隔离开关、分路隔离开关以及总断路器、分路断路器或总熔断器、分路熔断器。当分路所设漏电保护器是同时具备短路、过载、漏电保护功能的漏电断路器时，可不设分路断路器或分路熔断器。

3 隔离开关应设置于电源进线端，应采用分断时具有可见分断点，并能同时断开电源所有极的隔离电器。如采用分断时具有可见分断点的断路器，可不另设隔离开关。

4 熔断器应选用具有可靠灭弧分断功能的产品。

5 总开关电器的额定值、动作整定值应与分路开关电器的额定值、动作整定值相适应。

8.2.3 总配电箱应装设电压表、总电流表、电度表及其他需要的仪表。专用电能计量仪表的装设应符合当地供用电管理部门的要求。

装设电流互感器时，其二次回路必须与保护零线有一个连接点，且严禁断开电路。

8.2.4 分配电箱应装设总隔离开关、分路隔离开关以及总断路器、分路断路器或总熔断器、分路熔断器。其设置和选择应符合本规范第 8.2.2 条要求。

8.2.5 开关箱必须装设隔离开关、断路器或熔断器，以及漏电保护器。当漏电保护器是同时具有短路、过载、漏电保护功能的漏电断路器时，可不装设断路器或熔断器。隔离开关应采用分断时具有可见分断点，能同时断开电源所有极的隔离电器，并应设置于电源进线端。当断路器是具有可见分断点时，可不另设隔离开关。

8.2.6 开关箱中的隔离开关只可直接控制照明电路和容量不大于 3.0kW 的动力电路，但不应频繁操作。容量大于 3.0kW 的动力电路应采用断路器控制，操作频繁时还应附设接触器或其他启动控制装置。

8.2.7 开关箱中各种开关电器的额定值和动作整定值应与其控制用电设备的额定值和特性相适应。通用电动机开关箱中电器的规格可按本规范附录 C 选配。

8.2.8 漏电保护器应装设在总配电箱、开关箱靠近负荷的一侧，且不得用于启动电气设备的操作。

8.2.9 漏电保护器的选择应符合现行国家标准《剩余电流动作保护器的一般要求》（GB 6829）和《漏电保护器安装和运行的要求》（GB 13955）的规定。

8.2.10 开关箱中漏电保护器的额定漏电动作电流不应大于 30mA，额定漏电动作时间不应大于 0.1s。

使用于潮湿或有腐蚀介质场所的漏电保护器应采用防溅型产品，其额定漏电动作电流不应大于 15mA，额定漏电动作时间不应大于 0.1s。

8.2.11 总配电箱中漏电保护器的额定漏电动作电流应大于 30mA，额定漏电动作时间应大于 0.1s，但其额定漏电动作电流与额定漏电动作时间的乘积不应大于 30mA·s。

8.2.12 总配电箱和开关箱中漏电保护器的极数和线数必须与其负荷侧负荷的相数和线数一致。

8.2.13 配电箱、开关箱中的漏电保护器宜选用无辅助电源型（电磁式）产品，或选用辅助电源故障时能自动断开的辅助电源型（电子式）产品。当选用辅助电源故障时不能自动断开的辅助电源型（电子式）产品时，应同时设置缺相保护。

8.2.14 漏电保护器应按产品说明书安装、使用。对搁置已久重新使用或连续使用的漏电保护器应逐月检测其特性，发现问题应及时修理或更换。

漏电保护器的正确使用接线方法应按图 8.2.14 选用。

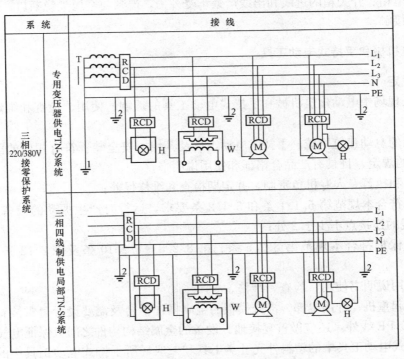

图 8.2.14 漏电保护器使用接线方法示意图

L₁、L₂、L₃—相线；N—工作零线；PE—保护零线、保护线；1—工作接地；2—重复接地；
T—变压器；RCD—漏电保护器；H—照明器；W—电焊机；M—电动机

8.2.15 配电箱、开关箱的电源进线端严禁采用插头和插座做活动连接。

8.3 使用与维护

8.3.1 配电箱、开关箱应有名称、用途、分路标记及系统接线图。

8.3.2 配电箱、开关箱箱门应配锁，并应由专人负责。

8.3.3 配电箱、开关箱应定期检查、维修。检查、维修人员必须是专业电工。检查、维修时必须按规定穿、戴绝缘鞋、手套，必须使用电工绝缘工具，并应做检查、维修工作记录。

8.3.4 对配电箱、开关箱进行定期维修、检查时，必须将其前一级相应的电源隔离开关分闸断电，并悬挂"禁止合闸、有人工作！"停电标志牌，严禁带电作业。

8.3.5 配电箱、开关箱必须按照下列顺序操作：

    1 送电操作顺序为：总配电箱—分配电箱—开关箱；

    2 停电操作顺序为：开关箱—分配电箱—总配电箱。

但出现电气故障的紧急情况可除外。

8.3.6 施工现场停止作业 1 小时以上时，应将动力开关箱断电上锁。

8.3.7 开关箱的操作人员必须符合本规范第 3.2.3 条规定。

8.3.8 配电箱、开关箱内不得放置任何杂物，并应保持整洁。

8.3.9 配电箱、开关箱内不得随意挂接其他用电设备。

8.3.10 配电箱、开关箱内的电器配置和接线严禁随意改动。

熔断器的熔体更换时，严禁采用不符合原规格的熔体代替。漏电保护器每天使用前应启动漏电试验按钮试跳一次，试跳不正常时严禁继续使用。

8.3.11 配电箱、开关箱的进线和出线严禁承受外力，严禁与金属尖锐断口、强腐蚀介质和易燃易爆物接触。

9 电动建筑机械和手持式电动工具

9.1 一般规定

9.1.1 施工现场中电动建筑机械和手持式电动工具的选购、使用、检查和维修应遵守下列规定：

    1 选购的电动建筑机械、手持式电动工具及其用电安全装置符合相应的国家现行有关强制性标准的规定，且具有产品合格证和使用说明书；

    2 建立和执行专人专机负责制，并定期检查和维修保养；

    3 接地符合本规范第 5.1.1 条和 5.1.2 条要求，运行时产生振动的设备的金属基座、外壳与 PE 线的连接点不少于 2 处；

    4 漏电保护符合本规范第 8.2.5 条、第 8.2.8～8.2.10 条及 8.2.12 条和 8.2.13 条要求；

    5 按使用说明书使用、检查、维修。

9.1.2 塔式起重机、外用电梯、滑升模板的金属操作平台及需要设置避雷装置的物料提升机，除应连接 PE 线外，还应做重复接地。设备的金属结构构件之间应保证电气连接。

9.1.3 手持式电动工具中的塑料外壳Ⅱ类工具和一般场所手持式电动工具中的Ⅲ类工具可不连接 PE 线。

9.1.4 电动建筑机械和手持式电动工具的负荷线应按其计算负荷选用无接头的橡皮护套铜芯软电缆，其性能应符合现行国家标准《额定电压 450/750V 及以下橡皮绝缘电缆》

（GB 5013）中第 1 部分（一般要求）和第 4 部分（软线和软电缆）的要求；其截面可按本规范附录 C 选配。

电缆芯线数应根据负荷及其控制电器的相数和线数确定：三相四线时，应选用五芯电缆；三相三线时，应选用四芯电缆；当三相用电设备中配置有单相用电器具时，应选用五芯电缆；单相二线时，应选用三芯电缆。

电缆芯线应符合本规范第 7.2.1 条规定，其中 PE 线应采用绿/黄双色绝缘导线。

9.1.5 每一台电动建筑机械或手持式电动工具的开关箱内，除应装设过载、短路、漏电保护电器外，还应按本规范第 8.2.5 条要求装设隔离开关或具有可见分断点的断路器，以及按照本规范第 8.2.6 条要求装设控制装置。正、反向运转控制装置中的控制电器应采用接触器、继电器等自动控制电器，不得采用手动双向转换开关作为控制电器。电器规格可按本规范附录 C 选配。

9.2 起重机械

9.2.1 塔式起重机的电气设备应符合现行国家标准《塔式起重机安全规程》（GB 5144）中的要求。

9.2.2 塔式起重机应按本规范第 5.4.7 条要求做重复接地和防雷接地。轨道式塔式起重机接地装置的设置应符合下列要求：

    1 轨道两端各设一组接地装置；

    2 轨道的接头处作电气连接，两条轨道端部做环形电气连接；

    3 较长轨道每隔不大于 30m 加一组接地装置。

9.2.3 塔式起重机与外电线路的安全距离应符合本规范第 4.1.4 条要求。

9.2.4 轨道式塔式起重机的电缆不得拖地行走。

9.2.5 需要夜间工作的塔式起重机，应设置正对工作面的投光灯。

9.2.6 塔身高于 30m 的塔式起重机，应在塔顶和臂架端部设红色信号灯。

9.2.7 在强电磁波源附近工作的塔式起重机，操作人员应戴绝缘手套和穿绝缘鞋，并应在吊钩与机体间采取绝缘隔离措施，或在吊钩吊装地面物体时，在吊钩上挂接临时接地装置。

9.2.8 外用电梯梯笼内、外均应安装紧急停止开关。

9.2.9 外用电梯和物料提升机的上、下极限位置应设置限位开关。

9.2.10 外用电梯和物料提升机在每日工作前必须对行程开关、限位开关、紧急停止开关、驱动机构和制动器等进行空载检查，正常后方可使用。检查时必须有防坠落措施。

9.3 桩工机械

9.3.1 潜水式钻孔机电机的密封性能应符合现行国家标准《外壳防护等级（IP 代码）》GB 4208中的 IP68 级的规定。

9.3.2 潜水电机的负荷线应采用防水橡皮护套铜芯软电缆，长度不应小于 1.5m，且不得承受外力。

9.3.3 潜水式钻孔机开关箱中的漏电保护器必须符合本规范第 8.2.10 条对潮湿场所选用漏电保护器的要求。

9.4 夯土机械

9.4.1 夯土机械开关箱中的漏电保护器必须符合本规范第 8.2.10 条对潮湿场所选用漏电保护器的要求。

9.4.2 夯土机械 PE 线的连接点不得少于 2 处。

9.4.3 夯土机械的负荷线应采用耐气候型橡皮护套铜芯软电缆。

9.4.4 使用夯土机械必须按规定穿戴绝缘用品，使用过程中应有专人调整电缆，电缆长度不应大于 50m。电缆严禁缠绕、扭结和被夯土机械跨越。

9.4.5 多台夯土机械并列工作时，其间距不得小于 5m；前后工作时，其间距不得小于 10m。

9.4.6 夯土机械的操作扶手必须绝缘。

9.5 焊接机械

9.5.1 电焊机械应放置在防雨、干燥和通风良好的地方。焊接现场不得有易燃、易爆物品。

9.5.2 交流弧焊机变压器的一次侧电源线长度不应大于 5m，其电源进线处必须设置防护罩。发电机式直流电焊机的换向器应经常检查和维护，应消除可能产生的异常电火花。

9.5.3 电焊机械开关箱中的漏电保护器必须符合本规范第 8.2.10 条的要求。交流电焊机械应配装防二次侧触电保护器。

9.5.4 电焊机械的二次线应采用防水橡皮护套铜芯软电缆，电缆长度不应大于 30m，不得采用金属构件或结构钢筋代替二次线的地线。

9.5.5 使用电焊机械焊接时必须穿戴防护用品。严禁露天冒雨从事电焊作业。

9.6 手持式电动工具

9.6.1 空气湿度小于 75% 的一般场所可选用 I 类或 II 类手持式电动工具，其金属外壳与 PE 线的连接点不得少于 2 处；除塑料外壳 II 类工具外，相关开关箱中漏电保护器的额定漏电动作电流不应大于 15mA，额定漏电动作时间不应大于 0.1s，其负荷线插头应具备专用的保护触头。所用插座和插头在结构上应保持一致，避免导电触头和保护触头混用。

9.6.2 在潮湿场所或金属构架上操作时，必须选用 II 类或由安全隔离变压器供电的 III 类手持式电动工具。金属外壳 II 类手持式电动工具使用时，必须符合本规范第 9.6.1 条要求；其开关箱和控制箱应设置在作业场所外面。在潮湿场所或金属构架上严禁使用 I 类手持式电动工具。

9.6.3 狭窄场所必须选用由安全隔离变压器供电的 III 类手持式电动工具，其开关箱和安全隔离变压器均应设置在狭窄场所外面，并连接 PE 线。漏电保护器的选择应符合本规范第 8.2.10 条使用于潮湿或有腐蚀介质场所漏电保护器的要求。操作过程中，应有人在外面监护。

9.6.4 手持式电动工具的负荷线应采用耐气候型的橡皮护套铜芯软电缆，并不得有接头。

9.6.5 手持式电动工具的外壳、手柄、插头、开关、负荷线等必须完好无损，使用前必须做绝缘检查和空载检查，在绝缘合格、空载运转正常后方可使用。绝缘电阻不应小于表 9.6.5 规定的数值。

表 9.6.5 手持式电动工具绝缘电阻限值

测量部位	绝缘电阻（MΩ）		
	I 类	II 类	III 类
带电零件与外壳之间	2	7	1

注：绝缘电阻用 500V 兆欧表测量。

9.6.6 使用手持式电动工具时，必须按规定穿、戴绝缘防护用品。

9.7 其他电动建筑机械

9.7.1 混凝土搅拌机、插入式振动器、平板振动器、地面抹光机、水磨石机、钢筋加工机械、木工机械、盾构机械、水泵等设备的漏电保护应符合本规范第 8.2.10 条要求。

9.7.2 混凝土搅拌机、插入式振动器、平板振动器、地面抹光机、水磨石机、钢筋加工机械、木工机械、盾构机械的负荷线必须采用耐气候型橡皮护套铜芯软电缆，并不得有任何破损和接头。

水泵的负荷线必须采用防水橡皮护套铜芯软电缆，严禁有任何破损和接头，并不得承受任何外力。

盾构机械的负荷线必须固定牢固，距地高度不得小于 2.5m。

9.7.3 对混凝土搅拌机、钢筋加工机械、木工机械、盾构机械等设备进行清理、检查、维修时，必须首先将其开关箱分闸断电，呈现可见电源分断点，并关门上锁。

10 照明

10.1 一般规定

10.1.1 在坑、洞、井内作业、夜间施工或厂房、道路、仓库、办公室、食堂、宿舍、料具堆放场及自然采光差等场所，应设一般照明、局部照明或混合照明。

在一个工作场所内，不得只设局部照明。

停电后，操作人员需及时撤离的施工现场，必须装设自备电源的应急照明。

10.1.2 现场照明应采用高光效、长寿命的照明光源。对需大面积照明的场所，应采用高压汞灯、高压钠灯或混光用的卤钨灯等。

10.1.3 照明器的选择必须按下列环境条件确定：

1 正常湿度一般场所，选用开启式照明器；

2 潮湿或特别潮湿场所，选用密闭型防水照明器或配有防水灯头的开启式照明器；

3 含有大量尘埃但无爆炸和火灾危险的场所，选用防尘型照明器；

4 有爆炸和火灾危险的场所，按危险场所等级选用防爆型照明器；

5 存在较强振动的场所，选用防振型照明器；

6 有酸碱等强腐蚀介质场所，选用耐酸碱型照明器。

10.1.4 照明器具和器材的质量应符合国家现行有关强制性标准的规定，不得使用绝缘老化或破损的器具和器材。

10.1.5 无自然采光的地下大空间施工场所，应编制单项照明用电方案。

10.2 照明供电

10.2.1 一般场所宜选用额定电压为 220V 的照明器。

10.2.2 下列特殊场所应使用安全特低电压照明器：

1 隧道、人防工程、高温、有导电灰尘、比较潮湿或灯具离地面高度低于 2.5m 等场所的照明，电源电压不应大于 36V；

2 潮湿和易触及带电体场所的照明，电源电压不得大于 24V；

3 特别潮湿场所、导电良好的地面、锅炉或金属容器内的照明，电源电压不得大于 12V。

10.2.3 使用行灯应符合下列要求：

1 电源电压不大于 36V；

2 灯体与手柄应坚固、绝缘良好并耐热耐潮湿；

3 灯头与灯体结合牢固，灯头无开关；

    4　灯泡外部有金属保护网；

    5　金属网、反光罩、悬吊挂钩固定在灯具的绝缘部位上。

10.2.4　远离电源的小面积工作场地、道路照明、警卫照明或额定电压为 12～36V 照明的场所，其电压允许偏移值为额定电压值的－10％～5％；其余场所电压允许偏移值为额定电压值的±5％。

10.2.5　照明变压器必须使用双绕组型安全隔离变压器，严禁使用自耦变压器。

10.2.6　照明系统宜使三相负荷平衡，其中每一单相回路上，灯具和插座数量不宜超过 25 个，负荷电流不宜超过 15A。

10.2.7　携带式变压器的一次侧电源线应采用橡皮护套或塑料护套铜芯软电缆，中间不得有接头，长度不宜超过 3m，其中绿/黄双色线只可作 PE 线使用，电源插销应有保护触头。

10.2.8　工作零线截面应按下列规定选择：

    1　单相二线及二相二线线路中，零线截面与相线截面相同；

    2　三相四线制线路中，当照明器为白炽灯时，零线截面不小于相线截面的 50％；当照明器为气体放电灯时，零线截面按最大负载相的电流选择；

    3　在逐相切断的三相照明电路中，零线截面与最大负载相相线截面相同。

10.2.9　室内、室外照明线路的敷设应符合本规范第 7 章要求。

10.3　照明装置

10.3.1　照明灯具的金属外壳必须与 PE 线相连接，照明开关箱内必须装设隔离开关、短路与过载保护电器和漏电保护器，并应符合本规范第 8.2.5 条和第 8.2.6 条的规定。

10.3.2　室外 220V 灯具距地面不得低于 3m，室内 220V 灯具距地面不得低于 2.5m。

普通灯具与易燃物距离不宜小于 300mm；聚光灯、碘钨灯等高热灯具与易燃物距离不宜小于 500mm，且不得直接照射易燃物。达不到规定安全距离时，应采取隔热措施。

10.3.3　路灯的每个灯具应单独装设熔断器保护。灯头线应做防水弯。

10.3.4　荧光灯管应采用管座固定或用吊链悬挂。荧光灯的镇流器不得安装在易燃的结构物上。

10.3.5　碘钨灯及钠、铊、铟等金属卤化物灯具的安装高度宜在 3m 以上，灯线应固定在接线柱上，不得靠近灯具表面。

10.3.6　投光灯的底座应安装牢固，应按需要的光轴方向将枢轴拧紧固定。

10.3.7　螺口灯头及其接线应符合下列要求：

    1　灯头的绝缘外壳无损伤、无漏电；

    2　相线接在与中心触头相连的一端，零线接在与螺纹口相连的一端。

10.3.8　灯具内的接线必须牢固，灯具外的接线必须做可靠的防水绝缘包扎。

10.3.9　暂设工程的照明灯具宜采用拉线开关控制，开关安装位置宜符合下列要求：

    1　拉线开关距地面高度为 2～3m，与出入口的水平距离为 0.15～0.2m，拉线的出口向下；

    2　其他开关距地面高度为 1.3m，与出入口的水平距离为 0.15～0.2m。

10.3.10　灯具的相线必须经开关控制，不得将相线直接引入灯具。

10.3.11　对夜间影响飞机或车辆通行的在建工程及机械设备，必须设置醒目的红色信号灯，其电源应设在施工现场总电源开关的前侧，并应设置外电线路停止供电时的应急自备电源。

附　录　A
全国年平均雷暴日数

表 A　　　　　　　　　　　全国主要城镇年平均雷暴日数

序号	地　名	雷暴日数 (d/a)	序号	地　名	雷暴日数 (d/a)
1	北京市	35.6		营口市	28.2
2	天津市	28.2		阜新市	28.6
3	河北省		7	吉林省	
	石家庄市	31.5		长春市	36.6
	唐山市	32.7		吉林市	40.5
	邢台市	30.2		四平市	33.7
	保定市	30.7		通化市	36.7
	张家口市	40.3		图们市	23.8
	承德市	43.7		白城市	30.0
	秦皇岛市	34.7		天池	29.0
	沧州市	31.0	8	黑龙江省	
4	山西省			哈尔滨市	30.9
	太原市	36.4		齐齐哈尔市	27.7
	大同市	42.3		双鸭山市	29.8
	阳泉市	40.0		大庆市（安达）	31.9
	长治市	33.7		牡丹江市	27.5
	临汾市	32.0		佳木斯市	32.2
5	内蒙古自治区			伊春市	35.4
	呼和浩特市	37.5		绥芬河市	27.5
	包头市	34.7		嫩江市	31.8
	乌海市	16.6		漠河乡	36.6
	赤峰市	32.4		黑河市	31.2
	二连浩特市	22.9		嘉荫县	32.9
	海拉尔市	30.1		铁力县	36.5
	东乌珠穆沁旗	32.4	9	上海市	30.1
	锡林浩特市	32.1	10	江苏省	
	通辽市	27.9		南京市	35.1
	东胜市	34.8		连云港市	29.6
	杭锦后旗	24.1		徐州市	29.4
	集宁市	43.3		常州市	35.7
6	辽宁省			南通市	35.6
	沈阳市	27.1		淮阴市	37.8
	大连市	19.2		扬州市	34.7
	鞍山市	26.9		盐城市	34.0
	本溪市	33.7		苏州市	28.1
	丹东市	26.9		泰州市	37.1
	锦州市	28.8	11	浙江省	

序号	地　名	雷暴日数 (d/a)	序号	地　名	雷暴日数 (d/a)
	杭州市	40.0		开封市	22.0
	宁波市	40.0		洛阳市	24.8
	温州市	51.0		平顶山市	22.0
	衢州市	57.6		焦作市	26.4
12	安徽省			安阳市	28.6
	合肥市	30.1		濮阳市	28.0
	芜湖市	34.6		信阳市	28.7
	蚌埠市	31.4		南阳市	29.0
	安庆市	44.3		商丘市	26.9
	铜陵市	41.1		三门峡市	24.3
	屯溪市	60.8	17	湖北省	
	阜阳市	31.9		武汉市	37.8
13	福建省			黄石市	50.4
	福州市	57.6		十堰市	18.7
	厦门市	47.4		沙市市	38.9
	莆田市	43.2		宜昌市	44.6
	三明市	67.5		襄樊市	28.1
	龙岩市	74.1		恩施市	49.7
	宁德县	55.8	18	湖南省	
	建阳县	65.3		长沙市	49.5
14	江西省			株洲市	50.0
	南昌市	58.5		衡阳市	55.1
	景德镇市	59.2		邵阳市	57.0
	九江市	45.7		岳阳市	42.4
	新余市	59.4		大庸市	48.3
	鹰潭市	70.0		益阳市	47.3
	赣州市	67.2		永州市（零陵）	64.9
	广昌县	70.7		怀化市	49.9
15	山东省			郴州市	61.5
	济南市	26.3		常德市	49.7
	青岛市	23.1	19	广东省	
	淄博市	31.5		广州市	81.3
	枣庄市	32.7		汕头市	52.6
	东营市	32.2		湛江市	94.6
	潍坊市	28.4		茂名市	94.4
	烟台市	23.2		深圳市	73.9
	济宁市	29.1		珠海市	64.2
	日照市	29.1		韶关市	78.6
16	河南省			梅县市	80.4
	郑州市	22.6			

序号	地　　名	雷暴日数 (d/a)	序号	地　　名	雷暴日数 (d/a)
20	广西壮族自治区			昌都县	57.1
	南宁市	91.8		林芝县	31.9
	柳州市	67.3		那曲县	85.2
	桂林市	78.2	26	陕西省	
	梧州市	93.5		西安市	17.3
	北海市	83.1		宝鸡市	19.7
	百色市	76.9		铜川市	30.4
	凭祥市	83.4		渭南市	22.1
21	重庆市	36.0		汉中市	31.4
22	四川省			榆林县	29.9
	成都市	35.1		安康县	32.3
	自贡市	37.6	27	甘肃省	
	渡口市	66.3		兰州市	23.6
	泸州市	39.1		金昌市	19.6
	乐山市	42.9		白银市	24.2
	绵阳市	34.9		天水市	16.3
	达州市	37.4		酒泉市	12.9
	西昌市	73.2		敦煌市	5.1
	甘孜县	80.7		靖远县	23.9
	酉阳土家族自治县			窑街	30.2
	苗族自治县	52.6	28	青海省	
23	贵州省			西宁市	32.9
	贵阳市	51.8		格尔木市	2.3
	六盘水市	68.0		德令哈市	19.8
	遵义市	53.3		化隆回族自治区	50.1
24	云南省			茶卡	27.2
	昆明市	66.6	29	宁夏回族自治区	
	东川市	52.4		银川市	19.7
	个旧市	50.2		石嘴山市	24.0
	大理市	49.8		固原县	31.0
	景洪县	120.8	30	新疆维吾尔自治区	
	昭通县	56.0		乌鲁木齐市	9.3
	丽江纳西族自治县	75.6		克拉玛依市	31.3
25	西藏自治区			石河子市	17.0
	拉萨市	73.2		伊宁市	27.2
	日喀则县	78.8		哈密市	6.9
				库尔勒市	21.6
				喀什市	20.0

序号	地　　名	雷暴日数 (d/a)	序号	地　　名	雷暴日数 (d/a)
	奎屯市	21.0	31	海南省	
	吐鲁番市	9.9		海口市	114.4
	且末县	6.0	32	台湾省	
	和田市	3.2		台北市	27.9
	阿克苏市	33.1	33	香港	34.0
	阿勒泰市	21.6	34	澳门	

注：a 表示年，d 表示日。

附 录 B
滚 球 法

B.0.1 按照滚球法，单支避雷针（按闪器）的保护范围应按下列方法确定：

1　当避雷针高度（h）小于或等于滚球半径（h_r）时（图 B.0.1-1），避雷针在被保护物高度的 XX' 平面上的保护半径和在地面上的保护半径可按下列公式确定：

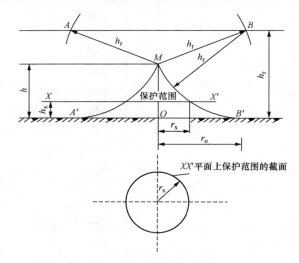

图 B.0.1-1　单支避雷针的保护范围（$h \leqslant h_r$）

$$r_x = \sqrt{h(2h_r - h)} - \sqrt{h_x(2h_r - h_x)} \tag{B.0.1-1}$$

$$r_o = \sqrt{h(2h_r - h)} \tag{B.0.1-2}$$

式中　h——避雷针高度（m）；

　　　h_x——被保护物高度（m）；

　　　r_x——在被保护物高度的 XX' 平面上的保护半径（m）；

　　　r_o——在地面上的保护半径（m）；

　　　h_r——滚球半径（m）。

在现行国家标准《建筑物防雷设计规范》（GB 50057）中，对于第一、二、三类防雷建筑物的滚球半径分别确定为 30m、45m、60m。对一般施工现场，在年平均雷暴日大于 15d/a 的地区，高度在 15m 及以上的高耸建构筑物和高大建筑机械；或在年平均雷暴日小于或等于 15d/a 的地区，高度在 20m 及以上的高耸建构筑物和高大建筑机械，可参照第三类防雷建筑物。

　　2　当避雷针高度（h）大于滚球半径（h_r）时（图 B.0.1-2），避雷针在被保护物高度的 XX' 平面上的保护半径和在地面上的保护半径可按下列公式确定：

$$r_x = h_r - \sqrt{h_x(2h_r - h_x)}$$ (B.0.1-3)

$$r_o = h_r$$ (B.0.1-4)

B.0.2　按照滚球法，单根避雷线（接闪器）的保护范围应按下列方法确定：

　　当避雷线的高度大于或等于 2 倍滚球半径时，无保护范围；当避雷线的高度小于 2 倍滚球半径时（图 B.0.2），滚球半径的 2 圆弧线（柱面）与地面之间的空间即是保护范围。

　　当 $h_r < h < 2h_r$ 时，保护范围最高点的高度 h_o 可按下式计算：

$$h_o = 2h_r - h$$ (B.0.2-1)

　　当 $h \leqslant h_r$ 时，保护范围最高点的高度即为 h：

$$h_o = h$$ (B.0.2-2)

　　避雷线在 h_x 高度的 XX' 平面上的保护宽度 b_x，可按下式计算：

$$b_x = \sqrt{h(2h_r - h)} - \sqrt{h_x(2h_r - h_x)}$$ (B.0.2-3)

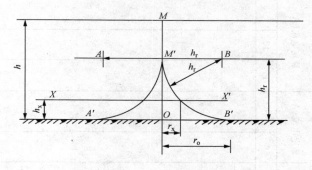

图 B.0.1-2　单支避雷针的保护范围（$h > h_r$）

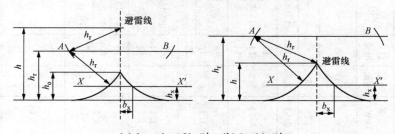

（a）$h_r < h < 2h_r$ 时；（b）$h \leqslant h_r$ 时

图 B.0.2　单根架空避雷线的保护范围

　　避雷线两端的保护范围按单支避雷针的方法确定。

　　多支避雷针和多根避雷线的保护范围可按现行国家标准《建筑物防雷设计规范》（GB 50057）规定执行。

附 录 C
电动机负荷线和电器选配

表 C 电动机负荷线和电器选配

电动机				熔断器 熔断器规格(A)				启动器 额定电流(A)			接触器 额定电流(A)		漏电保护器 脱扣器额定电流(A)		负荷线 通用橡套软电缆主芯线截面(mm²) 环境35℃	负荷线 铜芯绝缘线芯线截面(mm²) 环境30℃
型号 Y	功率(kW)	额定电流(A)	启动电流(A)	RL1	RM10	RT10	RC1A	QC20	MSIB MSBB	B	CJX	LC1-D	DZ15L	DZ20L		
1	2	3	4	5	6	7	8	9	10	11	12	13	14	15	16	17
801-4	0.55	1.6	10	15/4			10/4							15		
801-2	0.75	1.8	13	15/5		20/6										
802-4		2.0	14	15/5												
90S-6		2.3	14													
802-2	1.1	2.5	18	15/6	15/6		10/6						6			
90S-4		2.7	18													
90L-6		3.2	19													
90S-2	1.5	3.4	24	15/10	15/10	20/15	10/10									
90L-4		3.7	24													
100L-6		4.0	24													
90L-2	2.2	4.8	33	15/15	15/15	20/20		16.	8.5	8.5	9	9		16	2.5	1.5
100L1-4		5.0	35	60/20												
112M-6		5.6	34													
132S-8		5.8	32	15/15												
100L2-2	3.0	6.4	45	60/20	60/20	20/20	15/15						10			
100L2-4		6.8	48													
132S-6		7.2	47													
132M-8		7.7	43													
112M-2	4.0	8.2	57	60/30	60/25	30/25	30/20						16			
112M-4		8.8	62													
132M1-6		9.4	61													
160M1-8		9.9	59													

412

电动机 型号 Y	功率(kW)	额定电流(A)	启动电流(A)	熔断器规格(A) RL1	RM10	RT10	RC1A	启动器 额定电流(A) QC20	MSJB MSBB	接触器 额定电流(A) B	CJX	LC1-D	漏电保护器 脱扣器额定电流(A) DZ15L	DZ20L	负荷线 通用橡套软电缆主芯线截面(mm²) 环境35℃	铜芯绝缘线芯线截面(mm²) 环境30℃
1	2	3	4	5	6	7	8	9	10	11	12	13	14	15	16	17
132S1-2	5.5	11	78	60/35	60/35	30/30	30/25	16	11.5	11.5 (B12)	12	12	16	15	2.5	1.5
132S-4	5.5	12	81	60/35	60/35	30/30	30/25	16	11.5	11.5 (B12)	12	12	16	15	2.5	1.5
132M2-6	5.5	13	82	60/35	60/35	30/30	30/25	16	11.5	11.5 (B12)	12	12	16	15	2.5	1.5
160M2-8	5.5	13	80	60/35	60/35	30/30	30/25	16	11.5	11.5 (B12)	12	12	16	15	2.5	1.5
132S2-2	7.5	15	105	60/50	60/45	60/40	60/40	16	15.5	15 (B16)	16	16	20	16	2.5	1.5
132M-4	7.5	15	108	60/50	60/45	60/40	60/40	16	15.5	15 (B16)	16	16	20	16	2.5	1.5
160M-6	7.5	17	111	60/50	60/45	60/40	60/40	16	15.5	15 (B16)	16	16	20	16	2.5	1.5
100L-8	7.5	18	97	60/40	60/45	60/40	60/40	16	15.5	15 (B16)	16	16	20	16	2.5	1.5
160M1-2	11	22	153	100/80	60/45	60/50	60/50	32	22	22 (B25)	22 (CJ×1) / 25 (CJ×2)	25	25	20	4.0	2.5
160M-4	11	23	158	100/80	60/45	60/50	60/50	32	22	22 (B25)	22 (CJ×1) / 25 (CJ×2)	25	25	20	4.0	2.5
160L-6	11	25	160	100/80	60/45	60/50	60/50	32	22	22 (B25)	22 (CJ×1) / 25 (CJ×2)	25	25	20	4.0	2.5
180L-8	11	25	151	100/80	60/45	60/50	60/50	32	22	22 (B25)	22 (CJ×1) / 25 (CJ×2)	25	25	20	4.0	2.5
160L2-2	15	29	206	100/80	100/80	60/60	60/60	32	30	30 (B30)	32 (CJ×1)	32	32	32	6.0	4.0
160L-4	15	30	212	100/80	100/80	60/60	60/60	32	30	30 (B30)	32 (CJ×1)	32	32	32	6.0	4.0
180L-6	15	32	205	100/80	100/80	60/60	60/60	32	30	30 (B30)	32 (CJ×1)	32	32	32	6.0	4.0
200L-8	15	34	205	100/80	100/80	60/60	60/60	32	30	30 (B30)	32 (CJ×1)	32	32	32	6.0	4.0
160L-2	18.5	36	249	100/100	100/80	100/80	100/80	63	37	37 (B37)		40	40	40	10.0	6.0
180M-4	18.5	36	251	100/100	100/80	100/80	100/80	63	37	37 (B37)		40	40	40	10.0	6.0
200I1-6	18.5	38	245	100/100	100/80	100/80	100/80	63	37	37 (B37)		40	40	40	10.0	6.0
225S-8	18.5	41	248	100/100	100/80	100/80	100/80	63	37	37 (B37)		40	40	40	10.0	6.0
180M-2	22	42	295	100/100	100/80	100/80	100/100	63	45	45 (B45)		50	50	50	10.0	6.0
180L-4	22	43	298	100/100	100/80	100/80	100/100	63	45	45 (B45)		50	50	50	10.0	6.0
200L2-6	22	45	290	100/100	100/80	100/80	100/100	63	45	45 (B45)		50	50	50	10.0	6.0
225M-8	22	48	286	100/100	100/80	100/80	100/100	63	45	45 (B45)		50	50	50	10.0	6.0
220L1-2	30	57	398	200/125	200/125	100/100	200/120		65	65 (B65)		63	63	63	16.0	10.0
200L-4	30	57	398	200/125	200/125	100/100	200/120		65	65 (B65)		63	63	63	16.0	10.0
225M-6	30	60	387	200/125	200/125	100/100	200/120		65	65 (B65)		63	63	63	16.0	10.0
250M-8	30	63	378	200/125	200/125	100/100	200/120		65	65 (B65)		63	63	63	16.0	10.0

电动机 型号 Y	功率(kW)	额定电流(A)	启动电流(A)	熔断器 RL1	RM10	RT10	RC1A	启动器 QC20 额定电流(A)	MSJB MSBB 额定电流(A)	接触器 B 额定电流(A)	CJX	LC1-D	漏电保护器 DZ15L 脱扣器额定电流(A)	DZ20L	负荷线 通用橡套软电缆主芯线截面(mm²) 环境35℃	铜芯绝缘线芯线截面(mm²) 环境30℃
1	2	3	4	5	6	7	8	9	10	11	12	13	14	15	16	17
2202L-2		70	489													
225S-4	37	70	489					80		85(B85)		80	80	80	16	10
250M-6		72	468	200/150	200/160		200/150									
280S-8		79	472						85							
225M-2		84	587													
225M-4		84	589									95				
280S-6	45	85	555	200/200	200/200		200/200						100	100	25	16
280M-8		93	559													
315M-10		98	637							105(B105)						
250M-2		103	719													
250M-4		103	718													
280M-6	55	105	682		350/225				105		115(CJ×4)		125	125	35	25
315S-8		109	709													
315M2-10		120	780													
280S-2		140	981													
280S-4		140	978										160	160	50	
315S-6	75	142	923		350/260				170	170(B170)	185(CJ×2)					35
315M1-8		148	962										180	180	70	
315M3-10		160	1040													

注:
1. 熔体的额定电流是按电动机轻载启动计算的;
2. 接触器的约(额)定发热电流均大于其额定(工作)电流,因而表中所选接触器均有一定承受过载能力;
3. MSJB, MSBB 系列磁力启动器均采用B系列接触器和T系列热继电器,表中所列数据为启动器额定(工作)电流,均小于其配套接触器的约(额)定发热电流,因而表中所选接触器也有一定承受过载能力。类似地,QC20系列磁力启动器也有一定承受过载能力;
4. 漏电保护器的脱扣器额定电流系指其长延时动作电流整定值;
5. 负荷线选配按空气中明敷设条件考虑,其中电缆为三芯以上电缆。

本规范用词说明

1　为便于在执行本规范条文时区别对待，对要求严格程度不同的用词说明如下：

1) 表示很严格，非这样做不可的：

正面词采用"必须"；

反面词采用"严禁"；

2) 表示严格，在正常情况下均应这样做的：

正面词采用"应"；

反面词采用"不应"或"不得"；

3) 表示允许稍有选择，在条件许可时首先应这样做的：

正面词采用"宜"；

反面词采用"不宜"；

表示有选择，在一定条件下可以这样做的，采用"可"。

2　条文中指定应按其他有关标准执行的，写法为"应按……执行"或"应符合……规定（要求）"。

施工现场临时用电安全技术规范

JGJ 46—2005

条 文 说 明

目　次

前　言

　　《施工现场临时用电安全技术规范》（JGJ 46—2005），经建设部 2005 年 4 月 15 日以建设部第 322 公告批准、发布。

　　本规范第一版的主编单位是沈阳建筑工程学院，参加单位是中国建筑科学研究院。

　　为便于广大设计、施工、科研、学校等单位的有关人员在使用本规范时能正确理解和执行条文规定，《施工现场临时用电安全技术规范》编制组按章、节、条顺序编制了本规范的条文说明，供国内使用者参考。在使用中如发现本条文说明有不妥之处，请将意见函寄沈阳建筑大学。

施工现场临时用电安全
技术规范

1 总则

10.3 本条综合规定了在本规范适用范围内的用电系统中所完整体现的三项基本安全技术原则。它们是建造施工现场用电工程的主要安全技术依据，也是保障用电安全、防止触电和电气火灾事故的主要技术措施。

3 临时用电管理

3.1 临时用电组织设计

3.1.1 触电及电气火灾事故的机率与用电设备数量、种类、分布和计算负荷大小有关，对于用电设备数量较多（5台及以上）、用电设备总容量较大（50kW及以上）的施工现场，为规范临时用电工程、加强用电管理、实现安全用电，本条依照施工现场临时用电实际，按照现行行业标准《电力建设安全工作规程（变电所部分）》（DL 5009.3），规定做好用电组织设计，用以指导建造用电工程，保障用电安全可靠。

3.1.2 本条确定了临时用电组织设计的内容，包含应当完成的工作，具有普遍适用性。其中，负荷计算的依据是用电设备的容量、类别、分组、运行规律等，可采用需要系数法；绘制配电装置布置图只是针对配电室装设成列配电柜的规定；安全用电措施和电气防火措施均包含技术和管理两个方面的措施。

3.1.3 临时用电组织设计是一个单独的专业技术文件，为保障其对临时用电工程和施工现场用电安全的指导作用，其相关图纸需要单独绘制，不允许与其他专业施工组织设计混在一起。

3.1.4、3.1.5 为加强管理，明确职责，这两条按照现行国家标准《用电安全导则》（GB/T 13869）和现行行业标准《电力建设安全工作规程（变电所部分）》（DL 5009.3），结合施工现场用电实际，规定用电组织设计及其变更的编制、审核、批准程序。其中，临时用电组织设计的相关审核部门是指相关安全、技术、设备、施工、材料、监理等部门。

3.1.6 对符合规定的较小规模施工现场，可不编制用电组织设计，但仍要求编制安全用电措施和电气防火措施，并且与临时用电组织设计一样，严格履行相同的编制、审核、批准程序。

3.2 电工及用电人员

3.2.1 本条是根据现行国家标准《用电安全导则》（GB/T 13869）的规定，禁止非电工人员从事电工工作。

3.2.2 本条根据现行国家标准《用电安全导则》（GB/T 13869）的规定，结合施工现场作业特点，对各类用电人员的用电工作技能、防护技能，以及教育、培训、技术交底等工作作出明确规定。本条中的用电人员是指直接操作用电设备进行施工作业的人员。

3.2.3 本条明确规定电工和用电人员在经过教育培训后持证上岗。电气设备是指发电、变电、输电、配电或用电的任何设施或产品，诸如电机、变压器、电器、电气测量仪表、保护电器、布线系统和电气用具等，也泛指上述设备及其机械连载体或机械结构体，如各种电动机械、电动工具、灯具、电焊机等。其中，电动机、电焊机、灯具、电动机械、电动工具等将电能转化为其他形式非电能量的电气设备又称为用电设备。

3.3 安全技术档案

3.3.1 本条规定的 8 项安全技术档案中，电气设备的试、检验凭单和调试记录应由设备生产者提供，或由专业维修者提供。

3.3.3、3.3.4 这两条是关于施工现场临时用电工程检查制度及其执行程序的规定。其执行周期最长可为：施工现场每月一次；基层公司每季度一次。

4 外电线路及电气设备防护

4.1 外电线路防护

4.1.1 本条是根据现行国家标准《电击防护　装置和设备的通用部分》（GB/T 17054）以及国际电工委员会标准《电击防护　装置和设备的通用部分》（IEC 1140：1992）关于电气隔离防护原则，对施工现场施工人员可能发生直接接触触电的特殊隔离防护规定。

4.1.2 本条规定是按照现行国家标准《建筑物的电气装置　电击防护》（GB 14821.1）关于直接接触防护的原则及现行国家标准《66kV 及以下架空电力线路设计规范》（GB 50061）和现行行业标准《电业安全工作规程》（DL 409）规定，结合施工现场在建工程搭设外脚手架及施工人员作业等因素，为防止人体直接或通过金属器材间接接触或接近外电架空线路，作出的最小安全操作距离规定。本条规定较现行行业标准《电业安全工作规程（电力线路部分）》要求偏高，一方面为了保障施工作业安全；另一方面，当不满足规定要求时，为搭设防护设施提供空间。

4.1.3 本条是按照现行国家标准《66kV 及以下架空电力线路设计规范》（GB 50061），考虑到施工现场车辆运输物料等因素而作出的防止人体直接或间接接近外电架空线路的最小安全距离规定。

4.1.4 本条是按照现行国家标准《塔式起重机安全规程》（GB 5144）和现行行业标准《电力建设安全工作规程（架空电力线路部分）》（DL 5009.2），考虑到起重机吊装作业被吊物摆幅等因素而作出的防止起重机（包括吊臂、吊绳）及其吊装物接近外电架空线路和吊装落物损伤外电架空线路的规定。

4.1.6 本条防护设施符合现行国家标准《建筑物的电气装置　电击防护》GB 14821.1 以及等效采用的国际电工委员会标准《建筑物的电气装置　安全防护　电击防护》[IEC 364—4—41（1992）]直接接触防护措施中用遮栏、外护物防护和用阻挡物防护的规定。防护设施宜采用木、竹或其他绝缘材料搭设，不宜采用钢管等金属材料搭设。防护设施的警告标志必须昼、夜均醒目可见。防护设施与外电线路之间的最小安全距离为按照现行行业标准《电力建设安全工作规程（架空电力线路部分）》（DL 5009.2）关于高处作业与带电体的最小安全距离所作的规定。防护设施坚固、稳定是指所架设的防护设施能承受施工过程中人体、工具、器材落物的意外撞击，而保持其防护功能。IP31 级的规定是指防护设施的缝隙，能防止 $\phi 2.5mm$ 固体异物穿越。

4.1.7 本条指明达不到第 4.1.6 条防护要求时的进一步措施，强调在无任何措施的情况下不允许强行施工。

4.2 电气设备防护

4.2.1 本条符合现行国家标准《用电安全导则》（GB/T 13869）、《爆炸和火灾危险环境电力装置设计规范》（GB 50058）和《外壳防护等级（IP 代码）》（GB 4208）的规定，并适应施工现场作业环境条件。对易燃易爆物的防护，所规定的防护处置和防护等级是指电气设备的防护结构和措施与危险类别和区域范围相适应；对污源及腐蚀介质的防护，所规定的防护处置和防护等级是指在原已存在污源和腐蚀介质的环境中，电气设备应具备与环境条件相适应的防护结构或措施。

4.2.2 本条是针对施工现场电气设备露天设置及各工种交叉作业实际，为防止电气设备因机械损伤而引发电气事故所作的规定。

5 接地与防雷

5.1 一般规定

5.1.1、5.1.2 这两条按照现行国家标准《系统接地的型式及安全技术要求》（GB 14050），结合施工现场实际，规定了适合于施工现场临时用电工程系统接地的基本型式，强调采用TN-S接零保护系统，禁止采用TN-C系统，明确规定TN-S系统的形成方式和方法，防止TN与TT系统混用的潜在危害。中性点是指三相电源作Y连接时的公共连接端。中性线是指由中性点引出的导线。工作零线是指中性点接地时，由中性点引出，并作为电源线的导线，工作时提供电流通路。保护零线是指中性点接地时，由中性点或中性线引出，不作为电源线，仅用作连接电气设备外露可导电部分的导线，工作时仅提供漏电电流通路。

5.1.3 本条是保证TN-S系统不被改变的补充规定，符合现行国家标准《系统接地的型式及安全技术要求》（GB 14050）。

5.1.4 本条符合现行国家标准《系统接地的型式及安全技术要求》（GB 14050）规定。

5.1.5 本条符合现行国家标准《隔离变压器和安全隔离变压器技术要求》（GB 13028），该标准系等效采用国际电工委员会标准《隔离变压器和安全隔离变压器要求》［IEC 742（1983）］，以及符合现行国家标准《系统接地的型式及安全技术要求》（GB 14050）的规定。

5.1.6 本条符合现行国家标准《用电安全导则》（GB/T 13869）规定。相线是由三相电源（发电机或变压器）的三个独立电源端引出的三条电源线（用L_1、L_2、L_3或A、B、C表示），又称端线，俗称火线。

5.1.7 本条是按照现行行业标准《民用建筑电气设计规范》（JGJ/T 16），并且保证接地电阻在一年四季中均能符合要求的规定。在表5.1.7中，凡埋深大于2.5m的接地体都称为"深埋接地体"。

5.1.8、5.1.9 这两条符合现行国家标准《系统接地的型式及安全技术要求》（GB 14050）、《建筑物电气装置第5部分：电气设备的选择和安装第54章：接地装置和保护导体》（GB 16895.3）（即国际电工委员会标准IEC 364—5—54：1980）和现行行业标准《民用建筑电气设计规范》（JGJ/T16）的规定。

5.1.10 本条符合现行国家标准《系统接地的型式及安全技术要求》（GB 14050）、《10kV及以下变电所设计规范》（GB 50053）和现行国家标准《导体的颜色或数字标识》（GB 7947）（即国际电工委员会标准IEC 446.1989），以及现行国家标准《建筑电气工程施工质量验收规范》（GB 50303）规定。

5.2 保护接零

5.2.1 本条符合现行国家标准《系统接地的型式及安全技术要求》（GB 14050）及《电气装置安装工程 接地装置施工及验收规范》（GB 50169）关于电气设备接零保护的规定。

5.2.2 本条符合现行国家标准《电击防护 装置和设备的通用部分》（GB 17045）（即国际电工委员会标准IEC 446.1992）和现行国家标准《建筑物的电气装置 电击防护》（GB 14821.1）

及该标准等效采用的国际电工委员会标准《建筑物电气装置 安全防护 电击防护》［IEC 364—4—41（1992）］规定。

5.2.3 本条符合现行国家标准《电气装置安装工程 接地装置施工及验收规范》（GB 50169）规定。

5.3 接地与接地电阻

5.3.1 本条符合现行行业标准《民用建筑电气设计规范》（JGJ/T 16）规定。

5.3.2 本条是根据现行国家标准《系统接地的型式及安全技术要求》（GB 14050）规定的原则，对 TN 系统保护零线接地要求作出的规定。其中对 TN 系统保护零线重复接地、接地电阻值的规定是考虑到一旦 PE 线在某处断线，而其后的电气设备相导体与保护导体（或设备外露可导电部分）又发生短路或漏电时，降低保护导体对地电压并保证系统所设的保护电器可在规定时间内切断电源，符合下列二式关系：

$$Z_s \cdot I_a \leqslant U_0$$
$$Z_s \cdot I_{\Delta n} \leqslant U_0$$

式中 Z_s——故障回路的阻抗（Ω）；

I_a——短路保护电器的短路整定电流（A）；

$I_{\Delta n}$——漏电保护器的额定漏电动作电流（A）；

U_0——故障回路电源电压（V）。

5.3.3 本条是保证 TN-S 系统不被改变的又一补充规定。

5.3.4 本条依据现行国家标准《建筑物电气装置第 5 部分：电气设备的选择和安装 第 54 章：接地配置和保护导体》（GB 16895.3）（即国际电工委员会标准 IEC 364—5—54：1980）要求，按照现行行业标准《民用建筑电气设计规范》（JGJ/T 16）而作的规定。其中，用作人工接地体材料的最小规格尺寸为：角钢板厚不小于 4mm，钢管壁厚不小于 3.5mm，圆钢直径不小于 4mm；不得采用螺纹钢的规定主要是因其难于与土壤紧密接触、接地电阻不稳定之故。

5.3.5、5.3.6 这两条是按照现行行业标准《民用建筑电气设计规范》（JGJ/T 16），考虑到发电机主要是作为外电线路停止供电时的接续供电电源使用的规定。

5.3.7 本条符合现行国家标准《防止静电事故通用导则》（GB 12158）关于静电防护措施的规定。

5.4 防雷

5.4.1 本条符合现行行业标准《民用建筑电气设计规范》（JCJ/T 16）关于不设避雷器防雷装置时，为防止雷电波沿架空线侵入配电装置的规定。

5.4.2～5.4.5 这四条按照现行国家标准《建筑物防雷设计规范》（GB 50057）和《塔式起重机安全规程》（GB 5144），结合全国各地年平均雷暴日数分布规律和施工现场机械设备高度，综合规定施工现场防直击雷装置的设置和要求。相邻建筑物、构筑物等设施的防雷装置接闪器的保护范围是指按滚球法确定的保护范围。

所谓滚球法是指选择一个其半径 h_r，由防雷类别确定的一个可以滚动的球体，沿需要防直击雷的部位滚动，当球体只触及接闪器（包括被利用作为接闪器的金属物），或只触及接闪器和地面（包括与大地接触并能承受雷击的金属物），而不触及需要保护的部位时，则该未被触及部分就得到接闪器的保护。单支避雷针（接闪器）的保护范围如图 B.0.1 和 B.0.2 所示，保护范围分别是圆弧曲线 MA'、MB' 与地面之间和圆弧曲线 $M'A'$、$M'B'$ 与地面之间的一个对称锥体。

机械设备的动力、控制、照明、信号及通信线路采用钢管敷设，并与设备金属结构体做电气连接是基于通过屏蔽和等电位连接防止雷电侧击的危害。

5.4.6 本条符合现行国家标准《建筑物防雷设计规范》（GB 50057）确定防雷冲击接地电阻值的一般要求。

5.4.7 本条符合现行国家标准《建筑物防雷设计规范》（GB 50057）规定的原则，其中综合接地电阻值满足现行国家标准《塔式起重机安全规程》（GB 5144）关于起重机接地电阻不大于 4Ω 的要求。

6 配电室及自备电源

6.1 配电室

6.1.1 本条符合现行国家标准《低压配电设计规范》（GB 50054）的规定。

6.1.2 本条符合现行国家标准《10kV 及以下变电所设计规范》（GB 50053）的规定。

6.1.3 本条符合现行国家标准《10kV 及以下变电所设计规范》（GB 50053）对配电室建筑的要求。

6.1.4 本条符合现行国家标准《10kV 及以下变电所设计规范》（GB 50053）和《低压配电设计规范》（GB 50054）的规定。

6.1.5 本条是按照现行国家标准《电力装置的电测量仪表装置设计规范》（GBJ 63）的规定。

6.1.6 本条是按照现行国家标准《低压配电设计规范》（GB 50054），结合施工现场对电源线路实施可靠控制和保护，以及设置漏电保护系统之规定。

6.1.7～6.1.9 这三条是为保障施工现场用电工程使用、停电维修，以及停、送电操作过程安全、可靠而作的技术性管理规定。

6.2 230/400V 自备发电机组

6.2.1～6.2.3 这三条符合现行行业标准《民用建筑电气设计规范》（JGJ/T 16）的规定。

6.2.4 本条规定与第 5.1.1 条相适应。

6.2.5 本条符合现行国家标准《电力装置的电测量仪表装置设计规范》（GBJ 63）的规定。

6.2.6 本条符合现行行业标准《民用建筑电气设计规范》（JGJ/T 16）的一般要求，补充强调适应施工用电工程电源隔离和短路、过载、漏电保护的需要。

6.2.7 本条符合现行国家标准《建设工程施工现场供用电安全规范》（GB 50194）关于并列发电机设置同期装置和发电机并列运行条件的要求。

7 配电线路

7.1 架空线路

7.1.1 本条符合现行国家标准《66kV 及以下架空电力线路设计规范》（GB 50061）的规定。

7.1.2 本条符合现行国家标准《66kV 及以下架空电力线路设计规范》（GB 50061）和《建设工程施工现场供用电安全规范》（GB 50194）的规定，结合施工现场实际，强调架空线路要设置专用电杆。

7.1.3 本条按现行国家标准《低压配电设计规范》（GB 50054），结合施工现场用电工程的特点，对架空线路导线截面选择条件和截面最小限值作出了规定。

7.1.4 本条符合现行国家标准《66kV 及以下架空电力线路设计规范》（GB 50061）和《建设工程施工现场供用电安全规范》（GB 50194）关于限制架空线路导线接头数的规定，目的是防止断线和断线引起的电杆倾倒、断线落地，以及电接触不良影响供电安全可靠性。

7.1.5 本条符合现行行业标准《民用建筑电气设计规范》（JGJ/T 16）关于低压架空线相序排列的规定，考虑到 TN-S 系统的应用，补充了 PE 线架设位置的统一规定。

7.1.6~7.1.8 这三条符合现行国家标准《66kV 及以下架空电力线路设计规范》（GB 50061）的一般规定，结合施工现场临时用电工程特点，明确规定了架空线路横担材质和尺寸限值。

7.1.9 本条符合现行国家标准《66kV 及以下架空电力线路设计规范》（GB 50061）的一般规定，考虑到施工现场环境条件较差，个别项略高于该规范要求。

7.1.10、7.1.11 这两条符合现行国家标准《建设工程施工现场供用电安全规范》（GB 50194）的规定。

7.1.12 本条符合现行行业标准《民用建筑电气设计规范》（JGJ/T 16）的规定。

7.1.13 本条符合现行国家标准《66kV 及以下架空电力线路设计规范》（GB 50061）的规定。

7.1.14、7.1.15 这两条符合现行国家标准《建设工程施工现场供用电安全规范》（GB 50194）和现行行业标准《民用建筑电气设计规范》（JGJ/T 16）的规定。

7.1.16 本条符合现行行业标准《民用建筑电气设计规范》（JGJ/T 16）相关规定，考虑到施工现场强电、弱电线路同杆架设实际，补充规定了架空接户线与广播、电话线交叉敷设的间距。

7.1.17、7.1.18 这两条符合现行国家标准《低压配电设计规范》（GB 50054）和现行行业标准《民用建筑电气设计规范》（JGJ/T 16）原则规定，对被保护配电线路略增加安全裕度。

7.2 电缆线路

7.2.1 本条符合现行国家标准《电力工程电缆设计规范》（GB 50217）及现行国家标准《额定电压 450/750V 及以下聚氯乙烯绝缘电缆 第 1 部分：一般要求》（GB 5023.1）（即国际电工委员会标准 IEC 227—1：1993Amendment No.1 1995）和现行国家标准《额定电压 450/750V 及以下橡皮绝缘电缆 第 1 部分：一般要求》（GB 5013.1）（即国际电工委员会标准 IEC 245—1：1994）关于电缆芯线的规定。

7.2.2~7.2.4 这三条符合现行国家标准《电力工程电缆设计规范》（GB 50217）的规定。

7.2.5~7.2.8 这四条符合现行国家标准《电力工程电缆设计规范》（GB 50217）和现行行业标准《民用建筑电气设计规范》（JGJ/T 16）的规定。其中，埋地电缆与附近外电电缆及管沟间距要求略高是考虑其敷设安全性。另外，适应施工现场实际需要，便于对电缆接头进行检查、维护，强调电缆接头设于地上专用接线盒内。

7.2.9、7.2.10 这两条是按照现行国家标准《电力工程电缆设计规范》（GB 50217）、《低压配电设计规范》（GB 50054）、《建设工程施工现场供用电安全规范》（GB 50194），以及现行行业标准《民用建筑电气设计规范》（JGJ/T 16），适应施工现场实际条件并保护电缆线路安全、可靠运行的规定。其中，架空电缆严禁沿脚手架敷设，严禁穿越脚手架的规定，是为了防止电缆因机械损伤而导致脚手架带电。装饰装修阶段电源线沿墙角地面敷设的防机械损伤和电火措施是指采用穿阻燃绝缘管或线槽等遮护的方法。

7.3 室内配线

7.3.1~7.3.3 这三条符合现行国家标准《低压配电设计规范》（GB 50054）和现行行业标准《民用建筑电气设计规范》（JGJ/T 16）的规定。这里所说的"室内"是指施工现场所有办公、生产、生活等暂设设施内部。

7.3.4、7.3.5 这两条符合现行行业标准《民用建筑电气设计规范》（JGJ/T 16）规定，其中对绝缘导线最小截面的要求略高。

7.3.6 本条是按照现行行业标准《民用建筑电气设计规范》（JGJ/T 16）的规定，其中对采用瓷瓶固定导线时的要求略有提高，同时增加对采用瓷夹固定导线时的要求。

8 配电箱及开关箱

8.1 配电箱及开关箱的设置

8.1.1~8.1.4 为综合适应施工现场用电设备分区布置和用电特点，提高用电安全、可靠性，这四条依据现行国家标准《供配电系统设计规范》（GB 50052）明确规定了施工现场用电工程三级配电原则，开关箱"一机、一闸、一漏、一箱"制原则和动力、照明配电分设原则。规定三相负荷平衡的要求主要是为了降低三相低压配电系统的不对称度和电压偏差，保证用电的电能质量。

8.1.5、8.1.6 这两条按照现行国家标准《用电安全导则》（GB/T 13869）和《建设工程施工现场供用电安全规范》（GB 50194），结合施工现场施工作业状况，为保障配电箱、开关箱运用的安全可靠性，对其装设位置的周围环境条件作出相关限制性规定。

8.1.7 本条规定配电箱、开关箱的统一箱体材料标准，包含禁止使用木板配电箱和木板开关箱。

8.1.8 本条按照现行国家标准《建设工程施工现场供用电安全规范》（GB 50194）和《低压配电设计规范》（GB 50054）有关规定。考虑到便于操作维修，防止地面杂物、溅水危害，适应施工现场作业环境，对配电箱、开关箱的装设高度作出规定。

8.1.9~8.1.17 按照现行国家标准《用电安全导则》（GB/T 13869）、《建设工程施工现场供用电安全规范》（GB 50194）、《低压配电设计规范》（GB 50054）相关规定，为适应施工现场露天作业环境条件和用电系统接零保护需要，这九条对配电箱、开关箱的箱体结构作出综合性规范化规定。其中，箱内电器安装尺寸是按照现行国家标准《低压系统内设备的绝缘配合 第一部分：原理、要求和试验》（GB/T 16935.1）（idt IEC664—1：1992）和《电气设备安全设计导则》（GB 4064）关于电气间隙和爬电距离的要求，考虑到电器安装、维修、操作方便需要而作的规定。

8.2 电器装置的选择

8.2.1 本条符合现行国家标准《用电安全导则》（GB/T 13869）的规定。

8.2.2 本条按照现行国家标准《低压配电设计规范》（GB 50054）的一般规定，结合施工现场临时用电工程对电源隔离以及短路、过载、漏电保护功能的要求，对总配电箱的电器配置作出综合性规范化规定。其中，用作隔离开关的隔离电器可采用刀形开关、隔离插头，也可采用分断时具有明显可见分断点的断路器如 DZ20 系列透明的塑料外壳式断路器，这种断路器具有透明的塑料外壳，可以看见分断点，这种断路器可以兼作隔离开关，不需要另设隔离开关。不可采用分断时无明显可见分断点的断路器兼作隔离开关。

8.2.3 本条符合现行国家标准《电力装置的电测量仪表装置设计规范》（GBJ 63）和现行

行业标准《民用建筑电气设计规范》（JGJ/T 16）规定，其中电流互感器二次回路严禁开路是为了防止运行时二次回路开路高压引起的触电危险。

8.2.4 本条符合现行国家标准《低压配电设计规范》（GB 50054）规定，适应配电系统分支电源隔离、控制和短路、过载保护，以及操作、维修安全、方便的需要，包含在分配电箱中不要求设置漏电保护电器。

8.2.5～8.2.7 这三条符合现行国家标准《低压配电设计规范》（GB 50054）、《通用用电设备配电设计规范》（GB 50055）及《漏电保护器安装和运行》（GB 13955）要求，适应用电设备电源隔离和短路、过载、漏电保护需要。其中，用作隔离开关的隔离电器系指能同时断开电源所有极的、且分断时具有明显可见分断点的刀形开关、刀熔开关、断路器等电器，采用刀熔开关、分断时具有可见分断点的断路器等兼有过流保护功能的电器时，熔断器、断路器等过流保护电器可不再单独重复设置。

8.2.10～8.2.14 这五条符合现行国家标准《剩余电流动作保护器的一般要求》（GB 6829）、《漏电保护器安装和运行》（GB 13955），以及《电流通过人体的效应 第一部分：常用部分》（GB/T 13870.1）的规定。其中，8.2.11 条安全界限值 30mA·s 的确定主要来源于现行国家标准《电流通过人体的效应 第一部分：常用部分》（GB/T 13870.1）中图 1（15～100Hz 正弦交流电的时间/电流效应区域的划分）。

8.2.15 本条是按照现行国家标准《用电安全导则》（GB/T 13869），适应施工现场露天作业条件的规定。严禁电源进线采用插头和插座做活动连接主要是防止插头被触碰带电脱落时造成意外短路和人体直接接触触电危害。

8.3 使用与维护

8.3.1 本条按照现行国家标准《建设工程施工现场供用电安全规范》（GB 50194）对配电箱、开关箱名称、用途、分路做出标记，主要是为了防止误操作。

8.3.2～8.3.4 这三条是按照现行国家标准《用电安全导则》（GB/T 13869），考虑到施工现场实际环境条件，为保障配电箱、开关箱安全运行和维修安全所作的规定。其中，定期检查、维修周期不宜超过一个月。

8.3.5 本条符合电力系统通用停、送电安全操作规则，保障正常情况下总配电箱、分配箱始终处于空载操作状态。

8.3.6 本条是按照现行国家标准《用电安全导则》（GB/T 13869）和《建设工程施工现场供用电安全规范》（GB 50194），结合施工现场实际情况的规定。其中包含午休、下班或局部停工 1 小时以上时要将动力开关箱断电上锁，以防止设备被误启动。

8.3.7 本条是按照现行国家标准《建设工程施工现场供用电安全规范》（GB 50194）对用电作业人员知识、技能的要求，结合施工现场实际情况的规定。

8.3.8、8.3.9 这两条是按照现行国家标准《用电安全导则》（GB/T 13869），为保障配电箱、开关箱安全可靠的运行，以及保障系统三级配电制和开关箱"一机、一闸、一漏、一箱"制不被破坏而作的规定。

8.3.10、8.3.11 这两条是按照现行国家标准《低压配电设计规范》（GB 50054）、《用电安全导则》（GB/T 13869）和现行行业标准《电力建设安全工作规程》（DL 5009.2），为保障配电箱、开关箱正常电器功能配置和保护配电箱、开关箱进、出线及其接头不被破坏的规定。

9 电动建筑机械和手持式电动工具

9.1 一般规定

9.1.1 本条是按照现行国家标准《用电安全导则》（GB/T 13869），对施工现场露天作业条件下的电动建筑机械和手持式电动工具作出的共性安全技术规定。

9.1.2 本条按照现行国家标准《建设工程施工现场供用电安全规范》（GB 50194），综合兼顾高大机械设备接零保护、防雷接地保护和 PE 线重复接地需要，作出设置综合接地的规定。

9.1.3 本条符合现行国家标准《手持式电动工具的安全 第一部分：一般要求》（GB 3883.1）（即国际电工委员会标准 IEC 745—1）关于Ⅱ、Ⅲ类工具防触电保护主要依靠双重绝缘（加强绝缘）和安全特低电压（SELV）供电的规定。

9.1.4 本条符合现行国家标准《电力工程电缆设计规范》（GB 50217）规定，适应 TN-S 接零保护系统要求。三相用电设备中配置有单相用电器具，如指示灯即为单相用电器具。

9.1.5 本条符合现行国家标准《通用用电设备配电设计规范》（GB 50055）规定。

9.2 起重机械

9.2.2 本条符合现行国家标准《电气装置安装工程 起重机电气装置施工及验收规范》（GB 50256）、《塔式起重机安全规程》（GB 5144）和现行行业标准《电力建设安全工作规程》（DL 5009）规定。

9.2.4 本条是按照现行国家标准《建设工程施工现场供用电安全规范》（GB 50194）作出的规定。

9.2.5～9.2.7 这三条符合现行国家标准《塔式起重机安全规程》（GB 5144）规定。其中在防电磁波感应方面的绝缘和接地措施主要是防人体触电。

9.2.8～9.2.12 外用电梯的安全运行，在电气方面主要依赖于完善的电气控制技术和机、电连锁装置，诸条文对此作出了相关规定。

9.3 桩工机械

9.3.1 本条符合现行国家标准《外壳防护等级（IP 代码）》（GB 4208）规定，IP68 级防护为最高级防止固体异物进入（尘密）和防止进水（连续浸水）造成有害影响的防护，可适应潜水式钻孔机电机工作条件。

9.3.2 本条规定是指按现行国家标准（即国际电工委员会标准 IEC 245—1：1994）《额定电压 450/750V 及以下橡皮绝缘电缆第一部分：一般要求》（GB 5013.1）附录 C 选电缆型号，以适应潜水电机工作环境条件。

9.3.3 本条规定适应潜水式钻孔机工作环境条件下对漏电保护的要求。

9.4 夯土机械

9.4.1 本条规定适应夯土机械可能工作于潮湿环境条件。

9.4.2 本条是适应夯土机械强烈振动工作状态，提高 PE 线与夯土机械金属外壳电气连接可靠性的规定。

9.4.3 同第 9.3.2 条条文说明。

9.4.4、9.4.5 夯土机械工作状态振动强烈，且电缆随之移动，易于发生漏电和砸伤、扭断电缆事故，本条规定目的是强化操作者的绝缘隔离和操作规则，防止意外触电。其中，电缆长度不应大于 50m 的规定是指对夯土机械在其开关箱周围作业时，场地大小的限制。

9.5 焊接机械

9.5.1 本条符合现行国家标准《建设工程施工现场供用电安全规范》（GB 50194）和现行行业标准《电力建设安全工作规程》（DL 5009.2）规定，考虑到电焊火花可能点燃易燃、易爆物引发火灾，本规定包含清除焊接现场周围易燃、易爆物的要求。

9.5.2～9.5.5 这四条符合现行国家标准《通用用电设备配电设计规范》（GB 50055）和《建设工程施工现场供用电安全规范》（GB 50194）的规定。其中，交流电焊机械除应在开关箱内装设一次侧漏电保护器以外，还应在二次侧装设触电保护器，是为了防止电焊机二次空载电压可能对人体构成的触电伤害。当前施工现场普遍使用 JZ 型弧焊机触电保护器，它可以兼做一次侧和二次侧的触电保护。

9.6 手持式电动工具

9.6.1～9.6.4 这四条符合现行国家标准（即国际电工委员会标准 IEC 745—1）《手持式电动工具的安全 第一部分：一般要求》（GB 3883.1）及现行国家标准《手持式电动工具的管理、使用、检查和维修安全技术规程》（GB 3787）和《用电安全导则》（GB/T 13869）的相关规定。狭窄场所是指锅炉、金属容器、地沟、管道内等场所。

Ⅰ类工具的防触电保护不仅依靠基本绝缘，而且还包括一个保护接零或接地措施，使外露可导电部分在基本绝缘损坏时不能变成带电体。Ⅱ类工具的防触电保护不仅依靠基本绝缘，而且还包括附加的双重绝缘或加强绝缘，不提供保护接零或接地或不依赖设备条件，外壳具有"回"标志。Ⅱ类工具又分为绝缘材料外壳Ⅱ类工具和金属材料外壳Ⅱ类工具二种。Ⅲ类工具的防触电保护依靠安全特低电压供电，工具中不产生高于安全特低电压的电压。

9.7 其他电动建筑机械

9.7.1 本条符合现行行业标准《建筑机械使用安全技术规程》（JGJ 33）的规定，并适应所列各电动机械在其相应工作环境下对漏电保护器设置的要求。

9.7.2 本条是按照现行国家标准《额定电压 450/750V 及以下橡皮绝缘电缆 第 1 部分：一般要求》（GB 5013.1）（即国际电工委员会标准 IEC 245—1：1994）规定，使所采用的电缆性能符合各电动机械工作环境条件的要求。

9.7.3 本条符合现行行业标准《建筑机械使用安全技术规程》（JGJ 33）的要求。

10 照明

10.1 一般规定

10.1.1 本条符合现行国家标准《建筑照明设计标准》（GB 50034）规定，并适合于施工现场照明设置的需要。

10.1.2 本条按照现行国家标准《建筑照明设计标准》（GB 50034）规定，所选灯具适应施工中可靠性高，不需经常开闭以及节能的要求。

10.1.3 本条符合现行国家标准《建筑照明设计标准》（GB 50034）和现行行业标准《城市道路照明设计标准》（CJJ 45）规定。

10.1.4 本条符合现行国家标准《用电安全导则》（GB/T 13869）中对一般电气装置使用前确认其完好性的要求。

10.1.5 本条规定的单项照明用电方案可按本章要求并结合现场实际编写。

10.2 照明供电

10.2.1 本条按照现行国家标准《建筑照明设计标准》(GB 50034)的相关规定,对照施工现场各种照明场所环境条件特点,对各分类场所照明供电电压分别作出限制性规定。

10.2.2、10.2.3 本条按照现行国家标准《建筑照明设计标准》(GB 50034),考虑到现场行灯作为局部照明的移动性和裸露性,为防止由于灯具缺陷而造成意外触电、电火等事故,而对其供电电压和灯具结构作出限制性规定。安全特低电压是指用安全隔离变压器与电力电源隔离的电路中,导体之间或任一导体与地之间交流有效值不超过 50V 或直流脉动值不超过 $50\sqrt{2}V$ 的电压。直流脉动值 $50\sqrt{2}V$ 是暂定的。有特殊要求时,尤其是当允许直接与带电部分接触时,可以规定低于交流有效值 50V 或直流脉动值 $50\sqrt{2}V$ 的最高电压限值。无论是满载还是空载此电压限值均不应超过。

10.2.4 本条符合现行国家标准《建筑照明设计标准》(GB 50034)规定。

10.2.5 本条符合现行国家标准《建设工程施工现场供用电安全规范》(GB 50194)关于行灯变压器的规定,同时强调禁止使用自耦变压器,因其一次绕组与二次绕组之间有电气联系,加之二次侧电压可调,容易使二次侧电压不稳,并且会因绕组故障将一次侧较高电压导入二次侧而烧毁灯具和引起触电。

10.2.6 本条符合现行国家标准《建筑照明设计标准》(GB 50034)的规定。

10.2.7 本条是按照现行国家标准《用电安全导则》(GB/T 13869)和《建设工程施工现场供用电安全规范》(GB 50194)而综合作出的规定。其中变压器一次侧电源线长度不宜超过 3m,主要是使其与开关箱靠近,便于操作和控制。

10.2.8 本条符合现行国家标准《建筑照明设计标准》(GB 50034)、《低压配电设计规范》(GB 50054)和现行行业标准《民用建筑电气设计规范》(JGJ/T 16)有关规定。

10.3 照明装置

10.3.1 本条符合现行国家标准《用电安全导则》(GB/T 13869)中规定的原则,并与本规范第 8 章规定的用电设备接零保护和漏电保护要求相适应。

10.3.2 本条关于室内、外灯具的安装高度和灯具与易燃物之间的安全距离的规定符合现行国家标准《建设工程施工现场供用电安全规范》(GB 50194)和《建筑照明设计标准》(GB 50034)。

10.3.3 本条符合现行国家标准《建筑照明设计标准》(GB 50034)和《建筑电气工程施工质量验收规范》(GB 50303)规定。

10.3.4 本条是依据现行国家标准《建筑照明设计标准》(GB 50034)作出的规定。由于与荧光灯配套的电磁式镇流器工作时有热能散发,本条规定主要是防止镇流器发热或短路烧毁时可能点燃易燃结构物。

10.3.5、10.3.6 这两条符合现行国家标准《电气装置安装工程电气照明装置施工及验收规范》(GB 50259)规定。

10.3.7 本条符合现行国家标准《用电安全导则》(GB/T 13869)和《电气装置安装工程电气照明装置施工及验收规范》(GB 50259)的规定。

10.3.8、10.3.9 这两条是按照现行国家标准《电气装置安装工程 电气照明装置施工及验收规范》(GB 50259),适应施工现场露天照明环境条件和暂设工程照明安全控制的规定。

10.3.10 本条符合现行国家标准《建设工程施工现场供用电安全规范》(GB 50194)和现行行业标准《电力建设安全工作规程》(DL 5009.2)的规定。

10.3.11 本条规定主要强调对于施工现场有碍外部安全的高大在建工程，建筑机械及开挖沟槽、基坑等，设置夜间警戒照明，而且要求从电源取用上保证警戒照明更加可靠。采用红色警戒信号灯则是依据现行国家标准《安全色》（GB 2893）的规定。

———————